Identités en chantiers dans les Alpes

Mathieu Petite

Identités en chantiers dans les Alpes

Des projets qui mobilisent objets, territoires et réseaux

PETER LANG

Bern · Berlin · Bruxelles · Frankfurt am Main · New York · Oxford · Wien

Information bibliographique publiée par «Die Deutsche Nationalbibliothek»

«Die Deutsche Nationalbibliothek» répertorie cette publication dans la «Deutsche Nationalbibliografie»; les données bibliographiques détaillées sont disponibles sur Internet sous ‹http://dnb.d-nb.de›.

Publication soutenue par le Fonds national suisse de la recherche scientifique, par la Faculté des Sciences économiques et sociales de l'Université de Genève et par la Fondation Schmidheiny.

Image de couverture: Maison en ruine à Ossona, St-Martin, Mars 2008.
Photographie: Mathieu Petite
Réalisation de couverture: Thomas Grütter, Peter Lang AG

ISBN 978-3-0343-0514-3

Remerciements

Cet ouvrage est la version remaniée d'une thèse de doctorat soutenue le 8 mai 2009 à l'Université de Genève. C'est pourquoi je voudrais d'abord remercier mon directeur de thèse, Bernard Debarbieux, pour son pilotage exigeant et efficace durant ces années. Ensuite, j'adresse mes remerciements à l'ensemble des jurés de la thèse qui ont bien voulu accepter d'endosser ce rôle et qui m'ont encouragé à la publier sous la forme d'un ouvrage: Ruggero Crivelli, Claudio Minca, Maria Gravari Barbas et Ola Söderström.

Je remercie également Jean-Paul Guérin, professeur émérite à l'Institut de Géographie Alpine à Grenoble, qui a accepté de relire une version antérieure de la thèse et de me suggérer des améliorations fort utiles.

Je remercie l'ensemble des personnes que j'ai interrogées pour ce travail. Je voudrais en particulier citer: Madeleine Kuonen-Eggo, Marie-Thérèse Roux, Gérard Morand, Michel Gaspoz, Bernard Mathieu, Francine Stoll, Dominique Ancey, Nathalie Devillaz, Peter Oggier, Eric Nanchen, Laurence Vuagniaux, Geneviève Pralong, Carmen Grasmick, Elsbeth Flueler, Marie-Thérèse Sangra, Patrick Chevrier, Thomas Antonietti, Ruedi Bucher, Jasmine Said Bucher, Bernard Crettaz, Gabriel Bender, Rafael Matos et François Walter, qui ont toutes et tous été, à des degrés divers, des interlocuteurs privilégiés de mes terrains d'étude.

Merci aussi à mes anciens collègues du Département de géographie, qui m'ont prodigués des conseils avisés et avec qui j'ai partagé des moments agréables ainsi que des discussions passionnantes: Gilles Rudaz, Vincent Tornay, Alexandre Mignotte, Emmanuelle Petit, Marie-Anne Guérin, Anne Fournand, Alexandre Gillet, Gianluigi Giacomel, Antonio Martin Diaz, Sébastien Karmann, Micol Di Perri, Louca Lerch, Juliet Fall, Jean-François Staszak, Irène Hirt, Marius Schaffter et Cristina Del Biaggio. Je dois en particulier à ces quatre dernières personnes l'amélioration de certains passages du manuscrit.

Je remercie enfin Julien Pralong, qui a relu attentivement l'ensemble du manuscrit, et Thierry Waser, des éditions Peter Lang, pour l'aide apportée à la confection de cet ouvrage.

Une spéciale dédicace à Maria et à Esteban qui ont supporté autant que soutenu leur mari et père durant ces années.

Table des matières

Introduction

Projets culturels, paysagers et touristiques dans un contexte alpin

Le 15 juillet 2005, une passerelle suspendue bâtie selon des savoir-faire bhoutanais est inaugurée au centre du Valais en présence de membres du gouvernement valaisan et d'une délégation bhoutanaise. Quelques jours plus tard, des bénévoles sympathisants de l'association Mountain Wilderness achèvent de nettoyer de ses barbelés et autres objets ferreux la crête du Mont-Sauveur dans le Parc National du Mercantour. Trois mois plus tard, le maire de Vallorcine accueille une délégation de plusieurs communautés Walser, venues discuter d'un projet autour de leurs origines culturelles communes. Au même moment, des ouvriers terminent la maçonnerie de la grange qui pourra abriter les chèvres qui paissent depuis plusieurs mois déjà sur le plateau d'Ossona et Gréféric, en bas de la commune de Saint-Martin. Ces quatre événements illustrent quatre projets collectifs, parmi tant d'autres que l'on pourrait citer à travers les Alpes, qui témoignent de ces «identités en chantiers».

Ces identités sont en chantiers parce qu'elles sont constamment construites par des individus et des groupes qui la réfèrent à des objets matériels, qui les mettent en discours et qui les rattachent à des représentations portant notamment sur la montagne et les Alpes. Celles et ceux qui interviennent dans des projets tels que ceux décrits ici expriment collectivement leur appartenance à la montagne et aux Alpes. En effet, dans tous ces projets est mise en scène une certaine identité des populations de montagne qui, tantôt se démarque de représentations stéréotypées de ces catégories Alpes et montagne, tantôt s'y réfère en les affinant le cas échéant.

Même s'ils peuvent paraître éloignés de ces préoccupations, nombre de ces projets doivent forcément composer avec l'identité, quand celle-ci ne fait pas partie explicitement de leurs objectifs. Et, de manière générale, tous ces projets ne peuvent pas être compris sans porter attention à la part d'imaginaire, d'émotions ou de symbolique qu'ils génèrent et qui les motive. Les projets que nous étudions dans cette recherche, en jouant, directement ou indirectement, implicitement ou explicitement, sur ce registre identitaire, racontent tous la manière dont se pensent les groupes qui les portent. Sans mettre au cœur de l'explication cette dimension symbolique et identitaire, on échouerait à comprendre pourquoi une passerelle bhoutanaise a été construite en Valais, pourquoi une escouade de volontaires nettoie chaque année des barbelés à plus de 2000 mètres d'altitude, pourquoi le petit village de Vallorcine est devenu Walser ou encore pourquoi des chèvres paissent sur le plateau d'Ossona et Gréféric.

La profusion des projets tels que ceux-ci intervient dans un contexte particulier propre aux régions de montagne qu'il s'agit de rappeler. Certaines d'entre elles sont de plus en plus considérées comme des «espaces périphériques» pour différentes raisons. D'une part, parce que le capital créé par l'économie se concentre de plus en plus dans les agglomérations de plaine (Torricelli 2001, p. 2) et parce que des agglomérations importantes aux portes des chaînes de montagne attirent nombre d'employés habitant les régions montagneuses et augmentent la mobilité pendulaire (Perlik 1996). D'autre part, parce que les services publics locaux y sont menacés (Petite & Egger 2007) et que toute une série de politiques publiques sont remises en question ou renouvelées (nouvelles politiques de redistribution des ressources: politiques régionales nationales, aide aux agricultures de montagne, notamment).

Cette tendance à la marginalisation est contrecarrée par une forte volonté (qu'on pourrait qualifier a priori d'endogène, même si l'adjectif, on le verra, est discutable) de la part des autorités politiques de ces régions de disposer de leur propre autonomie de décision et de construire des projets orientés vers la qualité de vie des populations.

Cette volonté s'inscrit dans un contexte de complexification des rapports entre l'action collective et les territorialités politiques dans ces régions. La redéfinition des politiques publiques dédiées aux régions de montagne dans la plupart des pays, la mise en place de la politique régionale de l'Union Européenne et l'attention des agences internationales et des ONG pour les montagnes du monde amènent de nouvelles manières de concevoir du projet et d'y associer des acteurs de plus en plus nombreux et hétérogènes.

Que visent exactement ces projets? Depuis les années 1990, ils sont tournés vers trois types de préoccupations au moins: la culture, le tourisme et l'environnement.

D'abord, une part importante de ces projets a une vocation culturelle. Certains d'entre eux s'intéressent en effet à ce qu'on appelle le patrimoine culturel, constitués autant d'objets matériels (bâtiments, outils, paysages agricoles, etc.) que d'éléments immatériels (savoir-faire, valeurs, etc.), lesquels illustrent le passé des sociétés concernées.

Ensuite, on a pu observer une multiplication de projets qui sont orientés vers le tourisme dit doux. Ce tourisme s'érige, dans une large mesure, en réaction à des formes de tourisme que l'on dit prédatrices de l'environnement d'une part et du tissu social local d'autre part. Après une phase d'équipement massif dans les Alpes, par exemple, caractéristique de la période 1950-1970, les décideurs politiques ont davantage parlé, dès les années 1980, de développement qualitatif et de rentabilisation des investissements consentis[1]. Ces projets visent aussi à faire profiter plus largement la population locale des retombées économiques dues au tourisme. Répondant à la mondialisation du marché touristique et à la concurrence acharnée que se livrent les différentes destinations mondiales, l'offre touristique classique en montagne (alpinisme, ski, par exemple) s'est adjointe de nouvelles formes de tourisme, tels le tourisme culturel, l'agrotourisme ou le tourisme vert.

Enfin, aujourd'hui quantité de projets en montagne se prétendent attentifs à la protection de l'environnement et se donnent pour objectif de conserver la biodiversité, ainsi que de (re)créer des conditions favorables à des espèces végétales et animales. En même temps, nombre de projets se sont plus largement réclamés d'une prise en compte explicite des critères paysagers.

Les quatre projets étudiés, s'ils sont motivés soit par l'un de ces objectifs soit par plusieurs d'entre eux à la fois, revêtent en même temps une dimension symbolique forte.

---

1   On ne peut que constater qu'au-delà de ce discours convenu, des grands projets immobiliers, portés par des investisseurs étrangers, foisonnent aujourd'hui dans les Alpes (par exemple, le projet de la société russe Mirax à Aminona en Valais, le projet d'un promoteur égyptien à Andermatt à Uri, ou la réalisation d'Arc 1950, en Savoie, entre 2003 et 2007 par une entreprise canadienne).

Des projets confrontés à des objets et appuyés par des discours : esquisse d'une problématique

Plus précisément, ces projets sont tous issus d'un couplage singulier entre des idéalités et des matérialités : ils permettent de combiner des objets matériels entre eux avec des discours et des représentations. Ils construisent des objets, ils en transforment certains, ils en éradiquent ou en préservent d'autres, que ces objets soient naturels ou artificiels. Il y a ainsi des objets valorisés, connotés positivement et des objets négligés ou dévalorisés. Le sens de ces objets est donné par des représentations que chaque groupe ou chaque individu exprime sous la forme de discours. A un niveau plus théorique et général, ce livre se veut une contribution à l'analyse des rapports entre les sociétés et la matérialité. On sait en effet beaucoup sur la dimension imaginaire de l'identité, notamment suite aux travaux d'historiens sur la nation. En revanche, le rôle des objets dans les processus identitaire est bien moins connu. Il mérite d'être interrogé en sciences sociales et plus particulièrement en géographie, dans la mesure où toutes les sociétés ont à négocier leurs relations avec une matérialité déjà là, à transformer ou non, et une matérialité à construire, auxquelles elles donnent forcément sens. Or, l'ensemble de ces objets matériels, par leur disposition et leur forme, sont dotés d'une dimension spatiale. Ils sont ainsi mobilisés par des groupes sociaux pour se dire d'un territoire et pour revendiquer une identité. On peut dès lors se demander comment des représentants de ces groupes s'efforcent de territorialiser et d'identifier leurs membres par ces projets, avec des objets matériels ou, au contraire, sans les objets matériels. La territorialisation et l'identification en œuvre sont, en grande partie, les produits de discours. Plus que tout autre, les Alpes sont un espace clairement identifié et dont un ensemble de discours a construit l'existence même. Depuis le 18e siècle au moins, les Alpes ont été instituées comme un milieu à part, spécifique, par une multitude de discours (scientifique, touristique, littéraire, etc.). Ces discours traduisent autant de représentations contemporaines assignées aux Alpes : celles sur la Nature, celles sur le patrimoine, celles sur les loisirs, parmi un ensemble vaste mais probablement fini. Ces représentations donnent un « contenu », une « substance » à l'espace en question, désigné comme alpin.

En d'autres termes, deux interrogations initiales fondent cette réflexion : l'une sur les processus délibérés d'ancrage d'individus et de fabrication de leur identité; l'autre sur la dimension discursive de ces processus et leur matérialisation le cas échéant. Par conséquent, nous sommes à même de lancer trois séries de questions, auxquelles nous répondrons, à l'issue de la présentation des concepts, par trois hypothèses, qu'il s'agira de vérifier dans la partie empirique.

1. Comment un projet fait-il sens dans un tissu social, dans une «communauté»[2]? On fait toujours un projet pour quelqu'un, en général pour un collectif dont on se fait le porte-parole. Mais comment un projet est-il jugé pertinent pour ceux qu'il concerne? N'est-ce pas parce que ce projet fait appel à des représentations partagées qui le rendent parfaitement lisible et légitime? Quelles sont ces représentations et d'où viennent-elles? Cependant, arrive-t-il précisément que ce projet ne soit pas pertinent pour certains groupes et se heurte ainsi à des résistances? Et, en conséquence, comment les représentants des groupes réussissent-ils à imposer leur projet et son orientation de manière à ce que justement il fasse sens? Comment diffusent-ils des représentations qui donnent à voir l'identité de l'espace et l'identité des usagers[3] de ces espaces?

2. Dans ces projets, quel rôle joue la matérialité? Est-ce que ces projets s'appuient sur des objets? De quelle nature sont-ils? En quoi faire advenir des représentations en matérialité (c'est-à-dire au-delà ou en-deçà du discours) est-il utile à la réussite ou à l'acceptation du projet? Comment un discours assez général peut-il s'appliquer à des situations particulières micro-locales?

3. En quoi ces projets sont-ils des configurations circonstanciées, parfois éphémères, de groupes, d'espaces de référence, d'institutions et d'individus? En quoi ces projets participent-ils des nouvelles formes d'action collective (comme des coopérations transfrontalières, des regroupements de communes, des partenariats à distance, etc.) et en quoi participent-ils de la circulation généralisée de représentations standardisées?

La première série de questions nous amènera à explorer les concepts d'identité collective et d'idéologie; la deuxième celui d'objet symbolique; enfin la dernière celui de réseau.

---

2   On se gardera bien de concevoir une communauté comme un donné immuable ou comme un assemblage homogène de personnes interagissant sur un espace circonscrit mais plutôt comme une configuration variable d'individus poursuivant un but commun.

3   Pour prendre un terme plus large que celui d'habitant.

Quatre projets…

Nous présentons en quelques lignes les quatre projets dont il sera question dans ce livre. Ils sont suffisamment divers quant aux échelles auxquelles ils réfèrent ; aux types de représentations qu'ils véhiculent et au rapport à la matérialité qu'ils entretiennent. Leur choix est justifié plus en détail à la fin du chapitre 1 de la partie II.

Un projet de passerelle à la sauce bhoutanaise dans un parc naturel

La première étude de cas est un projet de construction d'un pont piétonnier d'un type particulier. Il s'agit d'une passerelle bhoutanaise qui a été construite dans le cadre de la coopération Valais – Bhoutan, elle-même initiée durant l'Année internationale de la montagne en 2002. Cette passerelle est située dans le périmètre d'un parc naturel régional, Pfyn-Finges, à l'interface entre le Valais germanophone et le Valais francophone (Suisse). Cet objet n'est pas patrimonial, puisqu'il a été créé ex nihilo, mais il est probablement le plus chargé symboliquement de tous. Il a été en effet projeté et construit pour symboliser la rencontre entre deux peuples de montagne et entre deux régions linguistiques.

Un projet de valorisation d'un héritage culturel méconnu dans une commune

La deuxième illustration porte sur la participation de la commune de Vallorcine (Haute-Savoie, France) au projet européen INTERREG IIIB « Walser Alps ». Les Walser[4] sont un peuplement originaire du Haut-Valais (Suisse) qui a, dès le 12e siècle, colonisé principalement des sites de l'actuelle région de la Vallée d'Aoste en Italie, et des vallées du canton des Grisons en Suisse, ainsi qu'une partie de l'actuel Land du Vorarlberg, en Autriche. Les porteurs de projet à Vallorcine se sont attelés à valoriser les

---

4   Dans la mesure où il s'agit d'un terme germanophone, Walser sera écrit tout au long
     du texte avec une majuscule, même lorsqu'il sera utilisé comme adjectif.

différents attributs, et notamment des objets matériels, qui pouvaient fonder une «identité Walser» (notion questionnée par les protagonistes eux-mêmes) pour aider la population à se reconnaître dans cet héritage.

Un projet de redonner la vie à un plateau

La troisième étude de cas concerne la réhabilitation d'un hameau habité et abandonné durant les années 1960 sur la commune de Saint-Martin en Valais (Suisse). Confrontées à un déclin démographique progressif et à l'inexorable déprise agricole du territoire, les autorités de la commune de Saint-Martin se sont lancées dans une politique de développement durable à la fin des années 1980. Fer de lance de cette politique, le projet agro-touristique du plateau d'Ossona et Gréféric consiste à rénover des bâtiments pour en faire des logements touristiques et à rétablir des pratiques agricoles sur le site. Ce projet a profité autant de ressources institutionnelles que de la connexion de la commune à toutes sortes de réseaux. Ce projet a par ailleurs enclenché toute une dynamique régionale dans la vallée, dont l'ensemble des communes ont désormais entamé une réflexion territoriale commune.

Un projet de nettoyage des friches touristiques

La dernière étude de cas s'intéresse aux «installations obsolètes». L'association internationale Mountain Wilderness désigne ainsi depuis quelques années des installations abandonnées, principalement des remontées mécaniques aménagées à des fins touristiques, qu'elle aimerait bien voir disparaître du paysage montagnard. Elle mène donc campagne pour pousser au démantèlement de ces installations, voire participe ou conduit elle-même ces «nettoyages», comme elle aime à les appeler. Seulement, cette volonté exogène peut se heurter à des intérêts locaux, soit parce que l'objet (indésirable pour Mountain Wilderness ou d'autres associations écologistes) doit resservir, soit parce qu'il est décrété comme patrimoine par certaines autres associations ou par des habitants.

Méthodologie et plan de l'ouvrage

Le discours sous toutes ses formes sera le principal matériau de recherche. Qu'il émane d'un habitant, d'un élu local, d'un chef de projet ou d'un responsable d'association, qu'il soit écrit ou oral, le discours est un moyen d'accéder à la réalité sociale. Il nous permet d'établir des faits, de retracer un processus, mais aussi de saisir des représentations et des imaginaires. Le discours traduit cette articulation entre identité individuelle et identité collective; c'est à travers lui, la parole d'un individu, qu'un collectif peut être repéré.

Mais là n'est peut-être pas l'essentiel. Le discours sera surtout ici considéré comme un puissant médium de justification. Car les individus ou les collectifs ont à constamment justifier leurs conduites et leurs actions, comme l'ont montré Luc Boltanski et Laurent Thévenot, surtout, d'ailleurs, quand celles-ci marquent le territoire.

Ce livre est structuré en quatre parties.

La première partie s'attache à définir les concepts fondamentaux et à les articuler entre eux. Le chapitre 1 positionne la problématique parmi les différentes acceptions des concepts de territorialité et d'identité en science sociale. Le chapitre 2 explore les dimensions idéelles de la territorialité, en discutant, en particulier, des notions d'idéologie et d'imaginaire. Le chapitre 3, pour finir, aborde les objets matériels, en exposant d'abord différentes approches de la matérialité pour ensuite spécifier les types d'objets auxquels aura affaire la partie empirique.

La deuxième partie présente la méthodologie retenue dans ce travail et la situe dans les grandes tendances de l'analyse de données qualitatives en science sociale. Le chapitre 1 commence par présenter les différentes études de cas, en insistant sur le contexte dans lequel les projets étudiés prennent place. Le chapitre 2 décrit simplement les matériaux de recherche qui ont été recueillis. Enfin, les chapitres 3 et 4 détaillent respectivement la méthode de récolte de ces données et la méthode d'analyse de celles-ci.

La troisième partie rend compte de l'analyse des argumentaires des discours de chacun des projets. Elle tente de mettre en évidence les idéologies produites au travers du processus de montage du projet (chapitre 1) et au travers de la réception sociale des objets qui en découle (chapitre 2). A chaque fois, l'analyse de ces idéologies est rapportée plus généralement à des images stéréotypées de la montagne et des Alpes. Le chapitre 3 se concentre sur la mise en scène discursive des effets exercés par les objets et les projets, tant au niveau des identités collectives que de l'espace local et régional dans lesquelles ils s'inscrivent. Cette partie s'intéresse, enfin, à la mobilisation d'individus et de groupes variés dans les processus de projet (chapitre 4).

La synthèse reprend les principaux résultats exposés dans la troisième partie pour les confronter aux hypothèses. Elle revient en particulier sur les différentes idéologies à l'œuvre (chapitre 1), le rôle territorialisant des objets (chapitre 2) et les réseaux configurés par les projets (chapitre 3).

* * * * * * *

Partie I

*Construire des identités et des territorialités
par des représentations et des objets*

Dans cette partie sont posés les fondements d'un raisonnement qui servira à comprendre les quatre projets que nous avons choisis d'étudier. Chacun de ces projets est redevable d'idéologies, à visée identitaire et territoriale, concrétisées dans des objets matériels. En suivant cette idée nous procédons en trois temps: nous commençons par replacer cette réflexion dans les relations des sociétés avec l'espace, lesquelles sont saisies par les termes de territorialité et d'identité. Nous démontrons ensuite que ces relations sont médiatisées à la fois par des assemblages d'idéalités (des représentations, des idéologies et des imaginaires) et de matérialités (en particulier des objets symboliques). Nous terminons enfin par analyser les formes spatiales prises par les projets qui nous intéressent, et les références spatiales qu'ils convoquent, ce qui nous amène à explorer les notions de réseau et de coopération.

Chapitre 1

Des identités et des territorialités en actions et en discours

Cette recherche s'intéresse aux identités que des groupes affichent, en s'appuyant pour partie, et seulement pour partie, sur des objets. Nous nous intéresserons à la construction collective d'une identité et à celle, souvent conjointe, d'un territoire. Les réalités que ces deux termes décrivent ne sont pas figées. Nous entendrons groupe ou collectif comme une entité forgée à la fois par l'action et par sa propre réflexivité. Ce processus est évidemment intimement lié à ce que l'on va appeler l'identité. Reprenons ces deux conceptions dans le détail:

- le groupe se construit par l'action que ses membres mènent ensemble. C'est la perspective adoptée par un auteur comme Georges Gurvitch pour qui un groupe se définit par l'addition des «attitudes collectives continues et actives», des «œuvres communes accomplies et à accomplir» et d'un «cadre structurable tendant vers une cohésion relative des formes de sociabilité» (GURVITCH 1957, p. 302). Plus récemment, cette acception a été renouvelée par les théories de l'action collective qui fondent la réflexion sur les mouvements sociaux (CASTELLS 1999b; CÉFAÏ 2007).
- le groupe n'existe que parce que les individus qui le composent le reconnaissent comme tel. On parle ainsi d'auto-référence (POCHE 2000), laquelle est moins liée aux pratiques d'un groupe qu'aux significations que ces membres en donnent. La sociologie cognitive et l'ethnométhodologie ont contribué à diffuser cette position.

Ces deux conceptions sont éloignées de celle qui voit le groupe comme une donnée objective, qui précède et détermine l'individu. Le groupe n'existe donc pas en soi, mais il est en permanente (re)construction: l'identité désignerait la production de l'intelligibilité, par le groupe lui-même, de cette construction (*Cf.* POCHE 1996). Ainsi, un groupe peut recouvrir un ensemble, pas forcément très structuré, de personnes engagées dans un projet commun, une institution politique (une commune) ou une association. Il faut distinguer d'une part les personnes réellement investies dans le projet, et d'autre part le groupe qu'elles disent représenter par leur projet (à la fois officiellement – un maire représente une commune – mais aussi symboliquement – un maire représente toute la communauté de personnes habitant la commune). L'identité est ainsi souvent présentée comme ce qui constitue un groupe.

1.1 Le processus d'identification: produit de l'action collective et de la sélection d'attributs

Pourtant, il est devenu assez courant de souligner le caractère problématique de la notion d'identité dans les sciences sociales. A l'instar d'autres termes usités dans celles-ci (et le territoire en serait un exemple frappant), celui d'identité est à la fois une catégorie de l'analyse que les chercheurs en sciences sociales emploient comme concept, et une catégorie pratique, c'est-à-dire mobilisé dans le savoir ordinaire ou dans le langage politique (BRUBAKER 2001, p. 69). Or, pour beaucoup d'auteurs, la perméabilité entre ces deux catégories a fini par disqualifier le concept d'identité dans les sciences sociales et à remettre en cause sa capacité à expliquer les phénomènes sociaux auxquels il réfère (BRUBAKER 2001, p. 70; AVANZA & LAFERTÉ 2005). Sans entrer ici dans les détails de l'émergence et les différentes acceptions de ce concept dans ces disciplines, il faut retenir que l'identité oscille entre des acceptions fortes du terme, qui relèvent d'une tendance essentialiste, et des acceptions faibles, qui ressortissent davantage à une tendance constructiviste.

1.1.1 L'identité, une construction dans l'action

Selon une perspective essentialiste, l'identité existe en soi, elle est un invariant universel: elle peut être décelée dans n'importe quelle société humaine. De plus, elle serait suffisamment tangible et profonde pour garantir la stabilité d'un groupe à travers le temps (LAPIERRE 1984, p. 196). Cette manière de penser l'identité est très répandue chez les individus, les groupes et les élus politiques enclins à s'emparer de la question. Cet emploi de l'identité comme un ensemble de similitudes est récurrent dans le langage ordinaire et politique. En tant que catégorie d'analyse, cette acception de l'identité apparaîtra ici peu tenable.

A l'inverse, se réclamer d'une posture constructiviste, comme nous le faisons volontiers, exige l'adhésion à des acceptions plus «faibles» (BRUBAKER 2001). Une telle posture affirme que les identités ne sauraient jamais être des structures figées ou prédéterminées: «Collective identities are seen as invented, created, reconstituted, or cobbled together rather than being biologically preordained or structurally or culturally determined» (SNOW 2001, p. 5).

Les spécialistes des mouvements sociaux conçoivent l'identité à la fois comme rendant possible l'action collective et elle-même comme motif de l'action collective. Cette acception contient l'idée que l'identité est le résultat ou le produit des pratiques communes des membres d'un groupe. «Collective identities typically are forged [...] with and through the experience of collective action» (SNOW 2001, p. 6). L'identité n'est jamais préexistante à un mouvement social, c'est par l'action qu'elle émerge (POLLETTA & JASPERS 2001, p. 291). Ces définitions appellent deux remarques. La première est que l'identité est toujours instrumentalisée; le sociologue Manuel Castells nous le rappelle. Ce dernier conçoit la construction identitaire en tant que radicalement orientée vers l'action, lui qui a notamment travaillé sur des mouvements urbains de revendication sociale. Pour lui, l'identité se construit toujours dans un rapport de force (CASTELLS 1999b). «L'identité repose sur des référents multiples et [...] leur utilisation est largement déterminée par des critères d'efficacité» (KLEIN *et al.* 2003, p. 236).

Les effets sociaux et spatiaux que peut déclencher la formation d'une identité amènent à s'intéresser à «comment le [discours identitaire] définit les uns et les autres, pourquoi il parvient à mobiliser dans l'action, ce qu'il veut obtenir et les conséquences des phénomènes qu'il déclenche» (MARTIN 1994, p. 18). Ainsi, l'identité n'échappe jamais à des visées politiques, dans la mesure où elle «consigne les rapports de force établis à un moment donné et les mouvements conçus pour les modifier ou les sauvegarder» (*idem*, p. 29).

Certains sociologues, qui ne sont pas forcément des spécialistes des mouvements sociaux, se reconnaîtraient dans une telle définition, qui envisage les pratiques comme le fondement de l'identité. C'est le cas notamment de Bernard Poche (1996), qui, même s'il rebute à utiliser le terme d'identité, tient pour décisives les pratiques communes des membres d'un groupe dans leur sentiment d'appartenance à ce groupe.

De ce fait, les identités se transforment au gré des contextes dans lesquelles elles sont invoquées : «identities are never unified and, in late modern times, increasingly fragmented and fractured; never singular but multiply constructed across different, often intersecting and antagonistic, discourses, practices and positions. They are subject to a radical historicization, and are constantly in the process of change and transformation» (HALL 2000, p. 17). Cette position est devenue incontournable pour qui se réclame un tant soit peu du constructivisme social. Pourtant, comme pour le terme de territorialité, celui d'identité peine à réellement restituer cet état de perpétuel changement; c'est pourquoi nombre d'auteurs (TAP 1986; HALL 2000; BRUBAKER 2001) proposent de le remplacer par le concept d'identification.

1.1.2 L'identité comme signification : l'approche de la sociologie compréhensive

Il est indéniable que ce concept d'identification rend mieux compte du processus de construction, en constante évolution, de ce qui fait un groupe social. L'identification et la formation des groupes (ethniques, en l'occurrence) est bien connue depuis les travaux de l'anthropologue Fredrik Barth (1995 [1969]) : «Les groupes ethniques sont des catégories d'attribution et d'identification opérées par les acteurs eux-mêmes et ont donc la caractéristique d'organiser les interactions entre les individus» (p. 205). Un groupe ethnique se définit par une frontière établie avec d'autres groupes. Pour Stuart Hall, l'identification est un processus toujours contingent qui aboutit à la création d'un groupe, au travers de la reconnaissance d'une commune origine ou de caractéristiques partagées (HALL 2000, p. 17).

L'identification est un processus fondamentalement endogène à un groupe. C'est ce que le sociologue Bernard Poche appelle l'auto-référence (1999, p. 216), laquelle désigne le processus de reconnaissance (groupale) et d'expression de cette reconnaissance (POCHE 1996, p. 224), en un mot la «construction collective de la reconnaissance» (*idem*, p. 229). Ce terme correspond à l'auto-compréhension, telle que la définit Rogers Brubaker (2001, p. 77) : «la conception que l'on a de qui l'on est, de sa localisation dans l'espace social et de la manière (en fonction des deux premières) dont on est préparé à l'action», à ceci près que l'auto-référence ou l'auto-identification supposent d'être énoncées discursivement, contrairement à l'auto-compréhension, tout aussi efficace à «informer l'action, sans être elle-même articulée discursivement» (*idem*, p. 78). C'est précisément l'un des apports de la sociologie compréhensive que d'avoir focalisé son attention sur la construction de sens à laquelle procèderait l'identification et dont le langage est l'une des modalités. S'inspirant des travaux de Max Weber sur le sens de l'activité sociale, l'ethnométhodologie a fait de l'intelligibilité de la construction du monde un de ces principes: «find, collect, specify and make instructably observable the local endogenous production and natural accountability of immortal familiar society's most ordinary organizational things in the world» (GARFINKEL 1996, p. 6). C'est donc bien un sens endogène qui participe du processus d'identification; «la façon dont les acteurs rendent visibles pour autrui, notamment par leurs jeux de langage, les activités qu'ils leur destinent» (PHARO 1985, p. 127). La sociologie compréhensive a privilégié l'étude du langage, en tant que véhicule de la signification, qui révèle «la manière dont l'interaction sociale quotidienne est coordonnée et représentée» (CICOUREL 1979, p. 7). Pour la sociologie compréhensive (qui se dit aussi à dessein cognitive), l'interaction monde – société – individu est donc régulée par des processus cognitifs: «le groupe se définit bien par le constant «compte-rendu» qu'il donne de son monde, et par la manière dont, en amont de cette procédure, il pré-organise le monde en question pour en faire l'objet de ce compte-rendu» (POCHE 1996, p. 181). Bernard Poche affirme que l'identité (quand bien même dans ses écrits il évite d'employer ce terme) d'un groupe social repose sur la conjugaison nécessaire entre une «endogénéité» de sens (il se réclame explicitement de l'héritage de la sociologie compréhensive et de l'ethnométhodologie) et un rapport du groupe à la matière (POCHE, comm. pers., 2005).

Par ailleurs, l'identification passe nécessairement par un positionnement face à l'autre. La distinction face à l'extérieur contribue à créer de l'identité sociale, qui «se définit et s'affirme dans la différence» (BOURDIEU 1979, p. 191). Cette double dynamique identification – différenciation ou auto-identification – identification par les autres est inhérente à tout processus de construction et de perpétuation d'un groupe social. «Tout sujet social en tant qu'il est un objet potentiel de catégorisation, ne peut riposter à la perception partielle qui l'enferme dans une de ses propriétés qu'en mettant en avant, pour se définir, la meilleure de ses propriétés…» (*idem*, p. 554). Ainsi, d'un côté, un groupe social se conforme aux représentations dont il n'est pas l'auteur, tandis que, de l'autre côté, il tend à se distinguer des groupes qu'il est amené à côtoyer et vis-à-vis des représentations qui lui sont imposées, en valorisant certains attributs qu'il juge représentatifs de son «être».

L'identification est toujours relative: «L'identité est un processus constant d'identification de soi par le détour de l'autre et de l'autre par rapport à soi» (CENTLIVRES *et al.* 1981, p. 236). C'est la classique définition «en négatif» du groupe: «Nous nous identifions moins par rapport à la positivité d'une communauté d'appartenance ou d'une culture que par rapport aux communautés ou aux cultures avec lesquels nous sommes en relation» (BAYART 1996, p. 101).

En outre, cette dynamique pose la question de l'auteur (quel groupe, individu ou institution) de l'identification. «[Le terme d'identification] nous invite à spécifier quels sont les agents qui procèdent à l'identification. Et il ne présuppose pas qu'une telle identification (même si elle est effectuée par des agents revêtus d'un certain pouvoir, tels que l'Etat) aura pour conséquence nécessaire la similitude interne, la distinction, la ‹groupalité› soudée que les leaders politiques cherchent à créer» (BRUBAKER 2001, p. 75). Mais l'identification peut être un phénomène plus diffus et ne pas émaner d'une source bien identifiable; elle peut s'immiscer plus lentement et plus subrepticement dans la société (*idem*, pp. 76-77).

1.1.3 *Les marqueurs identitaires et le bricolage*

L'identité serait fondée sur des attributs que les membres d'un groupe partagent: «a shared sense of ‹one-ness› or ‹we-ness› anchored in real or imagined shared attributes and experiences among those who comprise the collectivity and in relation or contrast to or more or actual or imagined sets of ‹others›» (SNOW 2001, p. 2). Dans le processus d'identification sont mobilisées des ressources symboliques, «used to bound and distinguish the collectivity both internally and externally by accenting commonalities and differences. Symbolic resources include the interpretive frameworks (or frames), avowed and imputed names, and dramaturgical codes of expression and demeanor […] that are generated and employed during the course of a collectivity's efforts to distinguish itself from one or more other collectivities» (SNOW 2001, p. 6). L'identité repose sur la mise en exergue de traits distinctifs et propres à une société, qui les définit comme tels: «Certains traits culturels sont utilisés par des acteurs comme signaux et emblèmes de différence, alors que d'autres ne sont pas retenus, et que dans certaines relations, des différences radicales sont minimisées ou niées» (BARTH 1995 [1969], p. 211). Il s'agit d'attributs élevés au rang de symboles identitaires, comme la langue, par exemple. Cette position insiste moins sur «le fait de posséder certains attributs (matériels, linguistiques ou territoriaux), mais [surtout] sur la *conscience* de posséder ces attributs et sur leur *naturalisation induite*, qui deviendraient les composantes essentielles de l'identité d'un groupe» (APPADURAI 2001a, p. 46, soul. par nous). Le processus qui aboutit à l'identité collective dépend donc de la «construction consciente» d'attributs propres à un groupe. Ces attributs, parmi eux des référents géographiques ou des objets matériels, fonctionneraient ainsi comme autant de marqueurs identitaires. Un groupe opère donc un choix parmi des référents qui lui semblent opératoires dans la construction de son identité collective, mais toujours dans un but pratique.

La constitution de l'identité dépend donc de choix pertinents, réalisés par la société en question ou repris d'une assignation externe, et de la mise en discours de ces attributs. «L'opération du récit identitaire consiste alors à tirer de ce réservoir [de sens et de pratiques, c'est-à-dire la culture] quelques éléments seulement, à les isoler des autres et à leur donner une signification neuve de sorte [...] qu'ils manifestent la singularité [...] Tirés des stocks culturels, parfois créés de toutes pièces, des rituels, des symboles, des langages sont remodelés pour distinguer et rassembler» (MARTIN 1994, pp. 26-27).

Les marqueurs identitaires contribuent à «objectiver» l'identité d'un groupe (BROMBERGER, CENTLIVRES & COLLOMB 1989, p. 142). A cet égard, il faut se demander, comme nous y invitent ces auteurs, si les marqueurs identitaires constituent le fondement même de l'identité affichée, qu'eux seuls l'autoriseraient à s'exprimer, sinon à exister, ou alors s'ils ne sont qu'un signe brandi par le groupe pour refléter une identité, qui est autonome par rapport à eux (*idem*, p. 143). C'est en somme l'opposition entre un symbole et un simple emblème; le symbole performerait l'identité, alors que l'emblème ne ferait que la représenter. Si l'on suit la première voie, comme nous sommes tentés de le faire, il faut entendre l'identité comme une injonction, laquelle est énoncée dans un contexte de «luttes

pour accorder ou refuser aux acteurs sociaux la légitimité de dire l'identification» (*idem*, p. 143). Car ces marqueurs identitaires auraient la capacité de dire l'identité. Ils peuvent être apparentés à des représentations
objectales, qui sont «des choses (emblèmes, drapeaux, insignes, etc.) ou
des actes, stratégies intéressées de manipulation symbolique qui visent à
déterminer la représentation (mentale) que les autres peuvent se faire de
ces propriétés et de leurs porteurs» (BOURDIEU 1980, p. 65). Nous aurons
donc l'occasion de dire que, dans cette recherche, les objets matériels sont
souvent mobilisés en tant que marqueurs identitaires.

L'identification se construit, ainsi, à partir d'une hétérogénéité de matériaux, que chaque groupe, sinon chaque individu, combine à sa façon.
Beaucoup d'auteurs font état de ce phénomène, qu'ils appellent recyclage
identitaire (KAUFMANN 2005) ou bricolage des restes culturels (CRETTAZ
1993). Ces chercheurs décrivent en somme une réutilisation, dans un processus identitaire actuel, d'éléments appartenant à une culture ou à une
identité antérieure. Le sociologue Jean-Claude Kaufmann s'appuie sur les
réflexions embryonnaires de Georges Balandier. L'anthropologue a décrit,
dans des sociétés marquées par la décolonisation, comment des agence-
ments sociaux et politiques anciens étaient récupérés et réactivés dans les
sociétés et les Etats en cours de construction (BALANDIER 1984). De son
côté, Bernard Crettaz, en étudiant la pénétration de la modernité dans les
vallées alpines, s'est intéressé au processus de bricolage des restes culturels
auquel procédait toute société confrontée aux traces de celles qui l'ont
précédée. En s'inspirant de la réflexion de Claude Lévi-Strauss (1962) sur
le bricolage, Bernard Crettaz désigne les restes comme un ensemble de
pratiques, de connaissances ou d'objets dont le sens est indéterminé après
la décomposition du contexte dans lequel ils puisaient leur sens (le contexte traditionnel des sociétés agro-pastorales jusqu'au début du 20e siècle)
et sa substitution par un autre contexte. Ce sont des restes de l'ancienne
économie pastorale, de l'architecture paysanne, des systèmes de bourgeoi-
sie, etc. (CRETTAZ 1987). Le bricolage consiste à assembler ces objets divers selon un projet (contemporain) qui va leur conférer un sens nouveau.
Le processus d'identification emprunte beaucoup à ce bricolage, non seulement sémantique, mais aussi matériel[5]. L'identité est un rapport au temps;

---

5   La notion de traditions inventées, proposée par l'historien Eric Hobsbawm (1995
     [1983]) est très proche des processus dont il est question ici: «Des traditions qui
     semblent anciennes car se proclament comme telles, ont souvent une origine très

et ce bricolage permet de faire perdurer un groupe social dans la durée (*Cf.* I 3.3.2). La recréation de pratiques à partir des matériaux d'une société ancienne sert ainsi à projeter le groupe dans l'avenir.

1.1.4 L'injonction identitaire généralisée

Tout cela nous amène à considérer l'identité comme une injonction (à faire ou à être quelque chose). Les individus, les groupes et les institutions politiques la mobiliseraient comme une catégorie de pensée pour parvenir à leurs fins et amorcer des dynamiques. En ce sens, l'identité est un performatif (AUSTIN 1991 [1965]): par le fait même d'en parler on crée de l'identité. Ce faisant, on élargit considérablement l'acception habituelle de la performativité telle que l'entend ce dernier auteur, pour qui l'acte de langage est la pratique elle-même à laquelle il réfère. Le lien est bien sûr plus indirect, dans notre raisonnement, entre le «dire» et le «faire». Mais, par la manipulation qui en est faite (pour répondre aux visées d'un groupe), le terme d'identité, comme celui de territoire, dissimule une réalité spatiale qu'il chercherait à influencer; il peut être donc qualifié d'idéologie au sens de Luis J. Prieto (*Cf.* I 2.1.2).

C'est ainsi que Pierre Bourdieu interprète les identités régionales: «Les luttes à propos de l'identité ethnique ou régionale […] sont un cas particulier de luttes de classements, luttes pour le monopole du pouvoir de faire voir et de faire croire, de faire connaître et de faire reconnaître, d'imposer la définition légitime des divisions du monde social et, par là, *de faire et de défaire les groupes*» (BOURDIEU 1980, p. 65, soul. par l'aut.). L'identité est un discours que tiennent des groupes ou des institutions pour produire un effet sur la société qu'ils disent représenter. «Le discours régionaliste est un *discours performatif*, visant à imposer comme légitime une nouvelle définition des frontières et à faire connaître et reconnaître la *région* ainsi délimitée contre la définition dominante et méconnue comme

---

récente et sont parfois inventées» (*idem*, p. 3). Comme dans le processus de patrimonialisation, que nous abordons plus loin (*Cf.* I 3.3.2), ces pratiques procèdent d'une rupture: «La particularité des traditions ‹inventées› tient au fait que leur continuité avec ce passé est largement fictive» (*ibidem*). L'invention puise ses ressources dans «un large éventail de matériaux anciens [qui] s'est accumulé dans le passé de chaque société, et un langage élaboré de pratique et de communication symbolique [qui] est toujours disponible» (*idem*, p. 6).

telle, donc reconnue et légitime, qui l'ignore. […] Les catégories ‹ethniques› ou ‹régionales› […] instituent une réalité en usant du pouvoir de *révélation* et de *construction* exercé par *l'objectivation dans le discours*. […] L'acte de magie sociale qui consiste à tenter de produire à l'existence la chose nommée peut réussir si celui qui l'accomplit est capable de faire reconnaître à sa parole le pouvoir qu'elle s'arroge par une usurpation provisoire ou définitive, celui d'imposer une nouvelle vision et une nouvelle division du monde» (*idem*, p. 66. soul. par l'aut.).

Les individus adhéreraient d'autant plus facilement à ce discours d'ancrage identitaire qu'ils sont confrontés au contexte de mondialisation: «Les hommes et les femmes recherchent des groupes auxquels appartenir assurément et pour toujours dans un monde où tout le reste bouge et change, où tout le reste est incertain […]. L'attention que cette ‹identité› reçoit et les passions qu'elle engendre, elle le doit au fait qu'elle est un ‹substitut de communauté›, un succédané de cette prétendue ‹résidence naturelle› qui n'est plus disponible dans un contexte de mondialisation rapide. Pour cette raison même, l'identité peut être librement imaginée comme un havre confortable de sécurité et de confiance. Pourtant, le paradoxe est que pour offrir ne serait-ce qu'un minimum de sécurité et jouer ainsi son rôle guérisseur, l'identité doit donner une fausse idée de son origine, elle doit nier le fait qu'elle n'est qu'un succédané[6] et plus encore faire surgir le fantôme de cette communauté qu'elle est venue remplacer» (BAUMAN 2000, p. 68). On s'identifierait pour donner sens au futur. «Les phénomènes identitaires […] mettent en place des stratégies collectives innovantes pour tenter de maîtriser pratiquement et symboliquement un destin incertain» (JOLIVET & LÉNA 2000, p. 8).

Dans ce contexte, il est loisible de parler d'un récit identitaire qui se chargerait «de rendre normal, logique, nécessaire, inévitable le sentiment d'appartenir, avec une forte intensité, à un groupe […] Le récit identitaire a pour tâche de définir le groupe, de le faire passer de l'état latent à celui d'une ‹communauté› dont les membres sont persuadés d'avoir des intérêts communs, d'avoir quelque chose à défendre ensemble» (MARTIN 1994, p. 23).

Dès lors, comme le dit bien Jean-François Bayart, «il n'y a pas d'identité naturelle qui s'imposerait à tous par la force des choses […] Il n'y a que des stratégies identitaires, rationnellement conduites par des acteurs identi-

---

6   Le terme de succédané reflète bien l'idée que l'identité ne peut être qu'un effet de discours.

fiables […] et des rêves ou des cauchemars identitaires auxquels nous adhérons parce qu'ils nous enchantent ou nous terrorisent» (BAYART 1996, p. 10).

1.2 La territorialité: relations, discours, projets

Nous avons dit que l'identité, comme construction, est la mise en signification délibérée d'attributs à des fins pratiques. Or, ces attributs peuvent relever d'une territorialité et d'un territoire. La géographie peut difficilement se passer, aujourd'hui, d'évoquer même rapidement ces notions. Mais il y a quantité de manières de l'entendre et, le cas échéant, d'en faire des concepts. Il nous faut annoncer d'emblée que le territoire, en tant que concept scientifique, ne jouera pas une place centrale dans notre recherche. Par contre, nous aurons plus volontiers recours aux concepts de territorialité et de territorialisation.

Sans entrer dans les détails des différents sens dont est revêtu le terme de territoire et par conséquent celui de territorialité, on peut préciser que la notion de territoire est issue, à son origine, du droit et de l'éthologie animale. Dans le sens du droit, le territoire est un espace limité dans lequel des règles s'établissent. On parle alors de territoire politico-administratif.

Cette acception du terme n'est pas, on l'aura compris, celle qui prévaudra dans cette recherche. Elle ne sera pas écartée pour autant, puisque les projets étudiés ont constamment affaire à ce type de réalité institutionnelle (des systèmes de lois cantonales, fédérales; des subventions; des territoires communaux, etc.). Nous serons amenés, dans ce cas, à utiliser le terme d'espace institutionnel (voir I 5.2).

Il n'est pas non plus possible de faire totale abstraction de l'acception éthologique, sous peine de vider complètement le terme de son sens. Cette filiation a durablement marqué l'usage du mot, si bien qu'il continue à désigner le résultat du processus par lequel des individus et des groupes s'approprient un espace, limité ou non.

Dans nos cas d'étude, la territorialisation et l'identification seront envisagés comme des processus conjoints, chacun renforçant l'autre. Le territoire, comme l'identité, serait donc un moyen, pour une collectivité donnée, de se constituer comme telle. Il est invoqué par les acteurs pour justifier leurs actions. Cette acception du terme est plus restrictive que l'usage privilégié notamment par la géographie culturelle et l'anthropologie: c'est-à-dire, en simplifiant, le résultat de la relation localisée d'un groupe avec l'espace, définition très large pour que beaucoup puissent s'y reconnaître.

1.2.1 La territorialité, des relations matérielles et sémantiques

Plus précisément, selon cette acception, le territoire est l'espace quotidien et existentiel d'une communauté qui se voit investi des représentations et des valeurs de celle-ci. L'anthropologie et la géographie sont assez familiè-res de cette conception. Pour les géographes français en particulier, cette acception se rapproche le plus de celle d'espace vécu (FRÉMONT 1990). Ce sont autant les routines quotidiennes (DI MÉO 2001) que le «compte-rendu» de celles-ci qui composent la territorialité d'une société (POCHE 1996), la quotidienneté et la territorialité entretenant des rapports de co-détermination (RAFFESTIN & BRESSO 1982).

Claude Raffestin a beaucoup contribué à doter la géographie d'une définition de la territorialité. Il conçoit celle-ci comme le processus de sémiotisation d'un espace par un acteur: «Le territoire est une réordination de l'espace dont l'ordre est à chercher dans les systèmes informationnels dont dispose l'homme en tant qu'il appartient à une culture» (RAFFESTIN 1986, p. 177). On y décèle là l'influence de la sémiologie et de la linguis-tique. La territorialité, telle qu'elle est entendue ici, implique des relations entre un acteur, individuel ou collectif, et, ce que Claude Raffestin appelle l'altérité et l'extériorité. L'altérité recoupe les autres groupes auxquels l'ac-teur est confronté, alors que l'extériorité correspond à la matière, au sens de Bernard Poche[7] (ce qui fait face au monde social).

Ces relations ressortissent à une combinaison d'idéel et de matériel, puisqu'elles investissent la matière de codes sociaux: c'est ce que Claude Raffestin appelle la «sémiotisation»[8] de l'espace (RAFFESTIN 1986), à sa-

---

7   «L'espace est, peut-on dire, le récit de la matière [...] Le récit, c'est d'abord le dis-cours sur ‹autre chose›: il suppose la reconnaissance d'un *principe de réalité, d'exté-riorité*» (POCHE 2001, p. 139, soul. par l'aut.).

8   Selon Claude Raffestin (1986), l'espace est informé par la sémiosphère, dans un processus qu'il nomme territorialisation. Le concept de sémiosphère, par analogie avec celui de biosphère, a été proposé par Youri Lotman pour désigner un «espace sémiotique nécessaire à l'existence et au fonctionnement des différents langages» (LOTMAN 1999, p. 10).

voir le codage de la matière qui oriente la manipulation sensu stricto de la matière au travers de: 1. la définition d'une utilité à certaines portions de matière, et 2. la sacralisation ou symbolisation de certaines portions de matière. Car, si l'on suit Maurice Godelier, «nulle action matérielle de l'homme sur la nature, entendons nulle action intentionnelle, voulue par lui, ne peut s'accomplir sans mettre en œuvre dès son commencement dans l'intention des réalités ‹idéelles›, des représentations, des jugements, des principes de la pensée» (GODELIER 1984, p. 21). La territorialisation relève de ce double processus: la relation du groupe à la matérialité, qui contribue à définir à la fois le groupe en question et son territoire, ainsi que la mise en intelligibilité de cette relation (POCHE 1996). Un espace est territorialisé d'abord par l'action de l'homme sur la matière. «Un espace géographique est de la matière, entre autres choses, […] Dans nombre de ses activités, et notamment dans son travail, l'homme entre en rapport avec la matière, et ce rapport est créateur notamment de *techniques*, lesquelles ont souvent une fonction territoriale importante» (BAREL 1986, p. 132, soul. par l'aut.). Mais, ajoute Yves Barel, la matière (l'extériorité) est codée par le social: «Tout élément, même physique ou biologique, n'entre dans le territoire qu'après être passé par le crible d'un processus de symbolisation qui le ‹dématérialise› en quelque sorte […] L'espace géographique, le sexe ou tout autre élément matériel, doivent se réfléchir *dans* et *sur* les sens et le cerveau humains, passer par le stade de la représentation, pour devenir des faits territoriaux» (BAREL 1986, p. 133, soul. par l'aut.).

Se territorialiser consiste donc non seulement à conférer de l'utilité à de la matière (à des objets naturels et à des objets construits), mais aussi à l'investir symboliquement. La territorialisation est bien un processus fondé sur des actes relatifs à la matière, au sens et aux symboles (TURCO 1997, p. 134). De ce point de vue, un groupe investit l'espace de significations à double titre. Il utilise l'espace pour le repérage (de ses routines quotidiennes, par exemple) – Angelo Turco parle de «désignation référentielle» (p. 135) –, mais également pour la communion symbolique. Dans l'espace, le groupe valorise des objets, qui, par-là même, vont se détacher d'un environnement a priori indifférencié. Ces objets sont donc des médiateurs (voire des opérateurs) dans le processus de territorialisation, ils le rendent possible. Ces considérations ne peuvent que nous amener à adopter le terme de territorialisation, plus apte à refléter toutes ces dynamiques en jeu.

1.2.2 *Territorialiser des groupes: les injonctions territoriales*

Au-delà de la territorialisation qui s'accomplirait presque naturellement au gré des pratiques d'un groupe, il peut y avoir une volonté délibérée d'une fraction de groupe ou d'un groupe tout entier d'imposer ou de susciter une territorialisation du groupe ou d'autres groupes. A l'instar de l'identité, le territoire ne serait qu'une injonction, il ne serait institué que par le discours. Nous sommes loin ici de la compétition pour s'approprier un espace, chère à l'éthologie: il s'agit d'actions, qui peuvent être d'abord discursives (d'où le terme de *performativité*) ou plus fondamentalement matérielles (par exemple un travail sur les objets) exécutées dans un but conscient de (re)territorialisation. «Puisque le territoire dérive du mot terre, nous formulons en l'évoquant le vœu de nous réapproprier un espace humain auquel nous pourrons nous identifier, où nous pourrons nous enraciner. Il devient ainsi un cadre de référence à partir duquel le monde tout autour se reconstruit peu à peu» (BUREAU 2003, p. viii). Ces initiatives ne sont pas lancées seulement par des pouvoirs politiques, mais aussi par des associations, des groupes d'intérêt, etc. Dans cette optique, «le territoire est considéré comme une ressource que le sentiment d'appartenance régional peut contribuer à valoriser» (JOLIVET & LÉNA 2000, p. 6). Cela dit, le terme même de territoire n'est, nous le verrons, pas véritablement prononcé par les porteurs de projet; par contre, leur intention est clairement orientée vers le souci de territorialiser.

En fait, il sera moins question ici de comprendre comment des habitants, a fortiori des groupes, construisent une territorialité, par la répétition de leurs pratiques quotidiennes, presque à leur insu, mais plutôt comment des groupes ou des institutions tentent intentionnellement de territorialiser les populations qu'ils prétendent représenter par l'entremise des projets et des objets qu'ils mettent en œuvre. Or, cette intentionnalité ne peut assurément se manifester sans la référence à une territorialité vécue.

La territorialité vécue présuppose pourtant une perspective différente de celle qui envisage le territoire comme un effet de discours. La première verrait plutôt la construction du territoire comme un «effet non recherché d'un ensemble d'interdépendances ou même d'interactions» alors que la seconde la considérerait comme «le résultat d'une action collective organisée» (pour reprendre une expression d'Alain Bourdin (1996, p. 39) concernant la localisation). C'est la nuance apportée par David Delaney: «A subject, an individual or a collective agent engages in territorial practices in relation to others. Often these activities entail deliberation, intentionality, or strategy, but this is not necessary insofar as some territorial configurations may be the unintended or unforeseen consequences of other social forces or processes or the aggregate effect of numerous specific territorializations» (DELANEY 2005, p. 16).

Si elle tient pour acquis que la territorialisation procède du travail de toute société sur la matière, dont l'agencement forme des objets, cette recherche ne prétend pas pour autant formuler une théorie générale du territoire. Elle cherche bien plutôt à comprendre comment des objets sont sélectionnés consciemment (même si le choix est présenté comme naturel), et comment ils contribuent ainsi à territorialiser des groupes (qui seraient d'autant plus constitués qu'ils seraient territorialisés – les Vallorcins, les Bas-Valaisans et les Haut-Valaisans à Finges, les Saint-Martinois à Ossona, pour prendre quelques exemples en anticipant l'examen des cas empiriques).

1.2.3 Le territoire comme projet et les projets de territoire

«Faire du territoire» est une injonction qui équivaut aussi à mener un projet. C'est justement par le projet, ou plus précisément par des projets, que seront étudiées les injonctions au territoire. Dans son acception classique, le projet relève largement du discours. Le projet s'exprime sur des supports papiers, des écrans d'ordinateurs, dans l'esprit de ceux qui le portent, avant de se transformer en actes dans la matérialité de l'espace. Mais le terme s'applique, notamment en architecture, à l'ensemble du processus qui va de la conception à la réalisation. Le terme est paradoxal, puisqu'il désigne à la fois ce qui est projeté, donc ce qui n'est pas encore matérialisé, et le résultat concret de cette projection. «Comment cerner une telle figure destinée à rester toujours en pointillés puisqu'elle se détruit par le fait même qu'elle se réalise? Mais paradoxalement elle ne prend consistance qu'en se matérialisant, au moins verbalement: il n'y a de projet qu'à travers une matérialisation de l'intention, qui en se réalisant cesse d'exister comme telle» (BOUTINET 1990, p. 16). Un projet consiste à arranger, d'abord dans la pensée, une collection d'objets, à les disposer les uns par rapport aux autres.

Nous emploierons donc le terme de projet ici dans le double sens d'une intention et d'un processus qui se met en matérialité et en objets. On sait bien, d'ailleurs, que ces deux phases ne sont dans les faits ni dissociables ni dissociées, puisque très souvent une partie du projet est en cours de matérialisation et qu'en même temps une autre partie du projet est seulement à l'état de projet, au sens étroit du terme. Quoi qu'il en soit, le projet se dessine avant tout par le discours, avant et après qu'il soit effectivement réalisé. Avant sa réalisation, parce qu'il faut le motiver, le justifier, et une fois réalisé parce qu'il s'agit de constamment revenir sur ses choix et ses orientations.

Or, il se trouve que les mots de territoire et de projet ont été associés en maintes occasions. En France en particulier, l'expression «projet de territoire» s'est généralisée depuis une dizaine d'années, pas seulement sous la plume des scientifiques, mais aussi dans les discours des décideurs (Lajarge 1999). Le projet de territoire relève tout autant d'une vision souhaitée d'un territoire, que des intentions d'action, visant à transformer la réalité (*idem*, p. 81). Dans nos études de cas, pour trois d'entre elles situées en Suisse, le terme de projet de territoire n'est absolument pas utilisé. Toutefois, certains des projets étudiés visent bel et bien à créer ou à transformer un territoire.

1.3 Des identités (dé-)territorialisées?

L'identité et le territoire, comme des catégories de discours, sont bien souvent associés à la fois sous la plume des scientifiques mais aussi dans les projets que mènent des groupes. Poursuivons notre revue de la littérature en tentant de croiser les deux notions de territorialité et d'identité, pour évaluer si les deux processus se renforcent mutuellement. D'un côté, il semble que les deux termes (et les processus qu'ils décrivent) soient indissociables, mais, de l'autre côté, ils peuvent très bien se désolidariser l'un de l'autre.

1.3.1 Identité et territorialité: superposition? La dimension spatiale de l'identité

Qu'apporte l'espace dans le processus d'identification? L'identité est-elle nécessairement spatiale? Ces questions, on s'en doute, ont interpellé les géographes, lesquels ont eu tendance à systématiquement mettre en évidence le rôle décisif que l'espace pouvait jouer dans un tel processus. Et s'il ne lui était pas indispensable, il contribuait néanmoins à vigoureusement le renforcer. Cette question nous renvoie à l'éventuel recoupement entre d'un côté territorialité, au sens anthropologique et politique du terme, et identité de l'autre.

La territorialité peut être vue comme un moyen commode de renforcer et de cimenter une identité collective, le territoire fonctionnant comme discriminant social: «L'identité [...] obtiendrait donc son actualisation dans un espace délimité qui se différencierait par là même de l'espace environnant» (WALTER 2004, p. 302). La territorialité est ici considérée comme l'une des modalités de création et de reproduction d'identités collectives. Il existerait une correspondance au moins partielle entre identité et territoire: «lorsqu'on juxtapose les notions d'identité et de territoire, on évoque en général un espace communautaire, à la fois fonctionnel et symbolique, où des pratiques et une mémoire collective construites ont permis de définir un ‹Nous› différencié et un sentiment d'appartenance» (JOLIVET & LÉNA 2000, p. 8). Sociologues, géographes et anthropologues, quand ils étudiaient ce qu'ils appelaient des «sociétés locales», ont pu être tentés de surestimer ce modèle de superposition entre identité et territorialité, dans lequel chacun des deux phénomènes décrits renforçait l'autre: «La matérialité des caractéristiques propres d'un espace, tout comme des signes qui y sont inscrits par le groupe, constitue un gage de permanence. Quant à la continuité de l'occupation d'un même espace, elle permet la transmission de valeurs et de significations localement référencées, assurant la pérennité de la représentation collective de soi et de l'identification au lieu» (*idem*, pp. 8-9). A l'évidence, le territoire confère une visibilité à l'identité: «Le territoire forme la figure visible, sensible et lisible de l'identité sociale» (DI MÉO & BULÉON 2005, p. 47). C'est ce que Bernard Poche appelle la co-extensivité entre groupe et territoire, qu'il tient pour indiscutable: «il y a nécessairement une association entre le phénomène groupalité et une territorialité, parce que cette dernière correspond à l'*extension spatiale* des éléments du monde matériel sur lesquels le groupe se définit» (POCHE 1996, p. 123, soul. par l'aut.).

Sans réduire le lien espace – identité à une simple superposition, il serait tout de même possible de déceler dans tout processus identitaire une dimension spatiale (LE BOSSÉ 1999). Pour Guy Di Méo, «bien sûr, [qu'] il existe des identités sociales dépourvues de territorialité et d'assises spatiales. Cependant, la relation territoriale paraît, en bien des cas, un facteur de consolidation, voire de formation des identités sociales que l'on peut qualifier, dès lors, de socio-spatiales» (DI MÉO 2002, p. 175). Ce qui amène Marie-Christine Fourny à parler d'identité territoriale, comme la «modalité à partir de laquelle une société fonde la conscience de sa singularité en la référant à un espace qu'elle institue sien» (FOURNY 2005, p. 122).

Mais cette consubstantialité espace – identité n'apparaît pas aussi évidente : les psychologues environnementaux nous apprennent par exemple que le lieu (ou l'espace) ne doit pas être considéré comme incontournable dans le processus d'identification. Tout au plus le lieu ajoute-t-il de la vigueur à l'identité, il n'est qu'un moyen possible parmi d'autres de construire de l'identité : «place identifications are a legitimate addition to existing range of identification» (TWIGGER-ROSS & UZZELL 1996, p. 218).

Le géographe Mathis Stock relativise également le rôle d'un espace ou d'un lieu unique dans la définition identitaire. En reprenant les écrits d'Edward Relph, il décompose l'identité spatiale en une identité de l'espace, singularisant, d'une part un lieu d'un autre et une identité par les lieux d'autre part (STOCK 2006, p. 144). Dans ce dernier sens, l'identité spatiale peut être comprise comme un type de signification assignée aux lieux (*idem*, p. 148). Or, «le lien identitaire entre résidents et lieux a longtemps été posé comme étant évident, voire univoque, à chaque individu, un seul lieu» (*idem*, p. 146). Mathis Stock propose désormais de concevoir le lien entre identité et lieux comme étant parfaitement arbitraire : il est d'autres manières de se relier au lieu que de l'investir d'identité. Pour un individu ou un groupe, le lieu peut être fonctionnel ou simplement familier sans nécessairement être identificatoire. De surcroît, les liens identitaires ne se construisent pas forcément avec les lieux les plus pratiqués dans le quotidien (*idem*, p. 145).

Outre que le lieu (ou par extension le territoire) n'est pas immanquablement l'objet d'investissement identitaire, à l'inverse, les identités elles-mêmes ne réfèrent pas non plus nécessairement aux territoires ou en tout cas pas à des lieux clairement circonscrits. «Il faut tenir compte du fait que les individus n'ont pas que des identités territoriales ; ils ont aussi des identités sociales. Ces deux types d'identités ne sont pas toujours convergents, bien au contraire. L'identité par rapport à une strate sociale, à un groupe socio-professionnel, au sexe ou à une classe sociale transcende les limites géographiques et réunit des individus localisés dans des lieux éloignés et divers» (KLEIN *et al.* 2003, p. 236). Les identités prenant appui sur les territorialités ne représentent qu'une modalité parmi d'autres d'actualisation de l'identité collective (GUÉRIN-PACE 2006).

1.3.2 Identité et territorialité: décalage? Les effets de la mondialisation

De même, le modèle de superposition parfaite entre identité et territoire est remis en question par les évolutions contemporaines, la mondialisation et le contexte que l'on qualifie parfois de postmoderne. Bernard Poche (comm. pers., 2005) lui-même reconnaît que le sens que produit un groupe social n'est plus endogène et que la relation de celui-ci à la matière n'est plus confinée au local. L'éclatement du sens est également relevé par André Micoud, qui y voit une crise identitaire: «il ne saurait y avoir de groupement humain durable sans sa propre construction d'un double attachement, à la réalité biophysique de son entour et à la présence perpétuée des traditions dont il procède» (MICOUD 2004, p. 13), l'origine de cette crise des identités étant à rechercher dans la «dénégation de ce double attachement» (*idem*, 14).

Ces évolutions contemporaines obligent à remettre en cause «les présupposés classiques du territoire: modèle concentrique à forte centralité, frontières bien tranchées entre un dedans et un dehors, identités à base spatiale» (PÉRON 1998, p. 67). On est en effet invité à penser plutôt une dissociation entre les lieux et les liens, c'est-à-dire à se demander «comment saisir la relation entre l'espace géographique, où s'inscrivent les lieux, et l'espace social, où se tissent les liens, alors que les premiers restent immobiles et que les seconds peuvent dorénavant se nouer et s'entretenir à distance?» (SENCÉBÉ 2004, p. 23). Dans un contexte de complexification des territorialités, lié à l'augmentation de la mobilité des personnes, des biens et des images (FEATHERSTONE & LASH 1995; LÉVY 1998; URRY 2005 [2000]; DEBARBIEUX & VANIER 2002), les identités collectives se transforment. Trois enseignements sont à tirer quant à ces rapports entre identités et territorialités.

Premièrement, les identités sont construites avec l'aide de ressources qui sont librement choisies. Il apparaît que les individus sont nettement plus libres pour choisir leurs groupes d'appartenance, de s'en affilier et s'en désaffilier comme bon leur semble. Ces identités expriment dès lors davantage l'adhésion d'un individu que son positionnement social prédestiné. Les identités ne sont plus «légitimantes» (CASTELLS 1999b, p. 19): elles ne renvoient plus à des espaces bornés (la commune, la région, la nation…) ou à des positions sociales figées. Les identités avaient pu, jusqu'au milieu du 20ᵉ siècle, essentiellement être déterminées par la classe sociale, le niveau économique ou davantage encore par l'appartenance à un territoire, comme un village ou une région (DUBAR 2000). Elles sont désormais conçues sur le mode de l'adhésion: elles forment des «collectifs multiples, variables, éphémères auxquels les individus adhèrent pour des périodes limitées et [...] leur fournissent des ressources d'identification qu'ils gèrent de manière diverse et provisoire» (*idem*, p. 5). Ainsi un seul individu peut se sentir appartenir à plusieurs groupes. La métaphore de la fluidité est régulièrement convoquée pour rendre compte de la labilité des identités, «le sentiment d'appartenance sociale s'est distendu et modifié, l'identification exclusive des individus à leurs rôles professionnels laissant place à des quêtes identitaires diverses et fluides» (DUBET & MARTUCCELLI 1998, p. 212). Nous assistons donc à l'émergence de nouvelles relations sociales multiples et parfois éphémères. L'agencement de ces multiples composantes, spatiales ou non, «confère à l'identité son caractère unique» (GUÉRIN-PACE 2006, p. 299): l'individu choisit ses appartenances lesquelles contribuent dès lors à le spécifier. Dans le processus d'identification, l'individu joue désormais un rôle moteur: «le processus identificatoire part pour l'essentiel, et de plus en plus, des individus-sujets, qui ont besoin de revendiquer des appartenances diverses pour alimenter les contenus significatifs de leur existence» (KAUFMANN 2005, p. 122).

Deuxièmement, l'espace peut n'y jouer qu'un rôle accessoire, au sens où l'identité n'est pas nécessairement à référence spatiale, comme nous l'avons déjà signalé. De même, l'espace des pratiques quotidiennes n'est pas forcément investi dans un processus identitaire. Des espaces plus éclatés, disséminés et «non-quotidiens» peuvent être en effet intégrés dans l'identité individuelle. En effet, si la mobilité généralisée permet incontestablement un élargissement des espaces pratiqués (qu'ils le soient pour le travail, pour les loisirs, pour les vacances, etc.), les moyens de communication à distance (la télévision, Internet, etc.) permettent aussi de connecter des individus sans qu'ils n'entretiennent des relations face-à-face (HOYAUX 2003). Le phénomène de mondialisation a engendré la circulation toujours plus accélérée des hommes, des marchandises et des images à travers la planète (HANNERZ 1996; APPADURAI 2001a; URRY 2005 [2000]). En particulier, la la mise à disposition permanente d'images de la planète permise par les développements technologiques induit un imaginaire mondialisé (VIARD 1994, p. 14). L'identification peut donc activer des références à des espaces imaginaires et à des espaces à distance, pas nécessairement fréquentés.

Troisièmement et en conséquence, les identités collectives peuvent (ou pas) s'élaborer sur le mode du réseau : des collectifs peuvent se construire une identité commune avec des collectifs qui leur sont éloignés. Par le biais des médias, des individus même séparés par des milliers de kilomètres peuvent se sentir appartenir à une même communauté, des «diasporic public spheres» (APPADURAI 2001). Cette forme de globalisation culturelle est loin d'affaiblir le local. Bien au contraire, au travers des «habitats of meanings», qui sont alimentés d'un «network of direct and indirect relationships, stretching out wherever they may, within or across national boundaries» (HANNERZ 1996, p. 48), le local se renforcerait et rendrait possible le global : «The local is [...] something special. In the end, however, it is an arena where various people's habitats of meaning intersect, and where the global, or what has been local somewhere else, also has some chance of making itself at home» (*idem*, p. 28). On assisterait donc à la conjonction des identités imaginaires (transnationales) d'un côté et de ces mêmes identités qui seraient réinvesties (dans les lieux), de l'autre.

Synthèse du chapitre 1

Résumons succinctement le propos : l'identification procède moins d'une mise en signification d'une territorialité conçue comme l'ensemble des pratiques quotidiennes dessinant des espaces appropriés. Elle découle davantage d'un complexe bricolage de référents divers que les individus agencent à leur manière pour se construire une appartenance à des groupes, toujours fluctuants et circonstanciels, mais dont certains, sous l'influence de «leaders d'opinion» ou d'institutions politiques, sont volontairement territorialisés. Dans ce processus d'identification, et, le cas échéant, de territorialisation, nous allons voir que les imaginaires, les représentations et les idéologies sont portés par ces «faiseurs d'identité et de territoire», lesquels rendent les objets particulièrement aptes à accompagner ce processus.

Chapitre 2
Des idéologies et des identités montagnardes et alpines

Après avoir admis que l'identité et le territoire étaient des motifs d'action pour les porteurs de projet et les individus, nous allons démontrer, dans ce chapitre 2, que ces deux termes renvoient à des représentations, qualifiées d'idéologiques. Ce chapitre introduit le terme d'idéologie pour le définir comme un type particulier de représentation. Ensuite, nous montrerons que ces idéologies empruntent, en partie, à des imaginaires, notamment des Alpes et de la montagne.

2.1 Les idéologies, des représentations teintées d'imaginaires

S'intéresser à l'identité collective exige, nous l'avons évoqué, la prise en compte non seulement des actions des groupes affichant une telle identité, mais aussi de la «mise en signification» de celles-ci. En somme, c'est la question du lien social: un ensemble d'idéalités (appelons-les ainsi pour l'instant) circulent dans une société et un groupe. Posons donc l'hypothèse que «quelque chose» tient ensemble les individus: une cause commune (comme diraient les spécialistes des mouvements sociaux), mais plus généralement des idéalités auxquelles adhèrent les individus, et qui sont actualisées par le groupe.

Ces «idéalités», ou représentations, sont centrales dans notre raisonnement, pour trois raisons: *primo*, parce qu'elles s'expriment dans les discours qui justifient les pratiques des groupes (à l'égard des objets, en particulier); *secundo* parce qu'elles orientent elles-mêmes l'aménagement (souhaité et réalisé) des objets; et *tertio* parce qu'elles se concrétisent dans ces objets par un processus de co-construction. En définitive, ces représentations participent des processus d'identification et de territorialisation, à la fois en les reflétant (en en produisant le «compte-rendu») et en les influençant (en contribuant à la sélection d'attributs – et des objets parmi ceux-ci – retenus comme pertinents). Ces représentations renvoient notamment à des «espaces de référence», qui peuvent correspondre à des échelles de grandeur différente: une commune, une vallée, les Alpes, la montagne. Elles révèlent aussi comment les individus (et les groupes) voient ces espaces et comment ils conçoivent leur aménagement, en fonction de la «vocation» qu'ils leur attribuent.

2.1.1 L'idéologie, une représentation essentialisée

Les psychologues sociaux envisagent la représentation comme «une forme de connaissance, socialement élaborée et partagée ayant une visée pratique et concourant à la construction d'une réalité commune à un ensemble social» (JODELET 1989, p. 36). L'idéologie est un exemple parmi d'autres de représentation. Le terme est d'un usage plus ancien que celui de représentation. Il est évidemment, quoi qu'on en dise, très connoté par une inspiration marxiste. Pour Karl Marx, l'idéologie était pure illusion, elle n'était qu'une déformation imaginaire de la réalité, «dont le capitalisme se servait pour couvrir d'un voile le processus véritable par lequel il sécrétait le travail aliéné» (CALVEZ 1956, p. 244). L'idéologie est toujours présentée comme vraie: «de par sa forme apodictique, elle ne vise pas à être discutée; elle vise l'action, l'efficacité, qui sont ses vrais critères d'évaluation» (BERDOULAY 1979, p. 3).

En restant fidèle à une perspective marxiste, il faut reconnaître que l'idéologie repose sur la légitimation, la dissimulation des rapports de pouvoir qui instaurent la signification diffusée par l'idéologie et la réification, c'est-à-dire la naturalisation de ces rapports, comme s'ils étaient dans l'ordre naturel des choses (CHARAUDEAU 2005, p. 149).

L'idéologie est consubstantielle à l'exercice d'un pouvoir qui la donne à voir comme incontestable. C'est la définition qu'en propose le linguiste Luis J. Prieto, plus généralement à propos d'une connaissance: «tout discours se référant à une connaissance de la réalité matérielle qui vise à ‹naturaliser› cette connaissance, c'est-à-dire à l'expliquer ou à la faire apparaître comme étant la conséquence nécessaire de ce qu'est son objet» (PRIETO 1975, p. 160). L'idéologie dissimule la construction qui l'a créée. «Une idéologie joue toujours, à l'égard d'une connaissance de la réalité matérielle, un même rôle, celui de nier, implicitement ou explicitement, son historicité, et de la maintenir ainsi dans la condition de connaissance idéologique» (*idem*, pp. 160-161). Dans cette perspective, il est possible d'associer le travail de l'idéologie au besoin de légitimité qu'un groupe satisfait, afin de maintenir sa domination ou son pouvoir. L'idéologie produit une justification et légitime la position ou l'action de l'individu ou du groupe qui la formule.

Nous y reviendrons dans la partie II, mais on sait que ce sont les discours qui maintiennent les idéologies, comme le montre l'exemple de l'idéologie néo-libérale: «texts can be seen as doing ideological work, in assuming, taking as an unquestioned and unavoidable reality, the factuality of a global economy» (FAIRCLOUGH 2003, p. 58). Les discours, politiques notamment, fixent une «version du monde» particulière: «A political project will attempt to weave together different strands of discourse in an effort to dominate or organise a field of meaning so as to fix the identities of objects and practices in a particular way» (HOWARTH & STAVRAKAKIS 2000, p. 3).

Cette idée de «version du monde» peut être confortée par l'acception de l'idéologie donnée par Raymond Boudon et François Bourricaud (1994, p. 296): «On parlera d'idéologie lorsqu'un système de valeurs [que ces auteurs qualifient par ailleurs de croyances à caractère normatif] ou plus généralement de croyances, d'une part ne fait pas appel aux notions de sacré et de transcendance, d'autre part traite particulièrement de l'organisation sociale et politique des sociétés ou, plus généralement, de leur devenir». Selon ces auteurs, l'idéologie est donc un cas particulier des croyances, dont la fonction majeure est d'«offrir une justification aux valeurs dont on présume qu'elles peuvent fonder le consensus et l'ordre social» (*idem*, p. 300).

2.1.3 L'imaginaire: des images historicisées et structurantes

Si l'idéologie est un type de représentation, en quoi alors se distingue-t-elle de l'imaginaire? En revenant à l'étymologie de ce concept, il est possible de simplement définir ce terme comme un ensemble d'images. C'est la définition retenue, d'ailleurs, par Gilbert Durand: «musée de toutes les images, qu'elles soient passées, possibles, produites, ou à produire» (DURAND 1999). Pour Gilbert Durand, l'imaginaire se compose d'archétypes, c'est-à-dire d'images fondamentales et stables par-delà les cultures qui vont se stabiliser dans des symboles (LEGROS *et al.* 2006, p. 97). Cette conception «postule le sémantisme des images, le fait qu'elles ne sont pas des signes, mais contiennent en quelque sorte matériellement leur sens» (DURAND 1992 [1972], p. 601). Cette perspective structuraliste a été critiquée, pour son penchant à classifier de manière rigide l'imaginaire et à rechercher des lois dans l'apparition et la combinaison des images du psychisme humain. Il est vrai que cette position a pu apparaître comme peu compatible avec une approche pragmatique ou constructiviste.

Dans leur «Sociologie de l'imaginaire», Patrick Legros *et al.* (pp. 102-103) distinguent nettement les représentations, qui ne font que véhiculer les imaginaires, de ceux-ci, qui sont eux plus profonds. Ils s'opposent en cela aux psychologues sociaux pour qui le terme de représentation sociale équivaut à celui d'image. Pour les sociologues cités, au contraire, «la représentation est un organisateur du psychisme, un système cognitif concrétisant une image inobservable» (*idem*, p. 103). Pour notre part, nous proposons de réserver le terme d'imaginaire à un ensemble d'images qui s'expriment de manière récurrente à propos d'un espace, parce qu'elles se sont solidifiées au cours de l'histoire, durant laquelle elles ont été en permanence actualisées par des représentations, des discours et des images figuratives. En adoptant une telle perspective, nous nous appuyons sur nombre d'auteurs qui ont utilisé le concept d'imaginaire pour analyser les processus identitaires.

Dans cette perspective, l'imaginaire est vu comme le moyen de «faire tenir ensemble» des individus. Cette conception emprunte beaucoup à Cornelius Castoriadis, qui considère l'imaginaire comme le fondement d'une société: «ce qui tient une société ensemble, c'est le tenir ensemble de son monde de significations» (CASTORIADIS 1975, p. 481); significations qu'il définit comme un «faisceau de renvois à partir et autour d'un terme» (*idem*, p. 463). Nous pouvons qualifier ces significations d'imaginaires dans la mesure où elles ne peuvent pas être attribuées à la rationalité. Elles ont en effet pour objectif de fournir des réponses à des questions fondamentales d'une collectivité, qui ne sont pas fonctionnelles (*idem*, pp. 205 ss.).

La contribution de l'historien Benedict Anderson (1996 [1983]) ouvre une réflexion sur le rapport entre imaginaire et identité à l'échelle nationale. Le titre original de cet ouvrage, *Imagined communities,* est pourtant largement plus prometteur que son contenu, selon Christine Chivallon, qui a bien montré que le statut imaginaire de cette construction qu'est la nation restait largement inexploré chez Benedict Anderson (CHIVALLON

2007). Pour autant, les communautés imaginées d'Anderson ont rencontré un large succès auprès des chercheurs en science sociale : par celles-ci, il a tenté d'expliquer le «ciment» à l'œuvre entre des individus très différents mais qui se reconnaissent dans une entité commune. Dans une telle perspective, le travail de Pierre Sansot sur la France a montré que les individus avaient intériorisé une image profonde de ce qu'était le pays auquel ils se disaient appartenir (SANSOT 1988). Pour le cas de la Suisse, les imaginaires ont été particulièrement exhibés lors des Expositions nationales, qui ont constitué autant d'occasions de faire refléter une identité suisse bien présente (CRETTAZ & MICHAELIS-GERMANIER 1984 ; CENTLIVRES 2002). De ce point de vue, l'adhésion d'un individu à des telles identités relève bien d'une «connexion émotionnelle» (POLLETTA & JASPERS 2001, p. 285).

Luc Bureau, en analysant la littérature produite sur la nation québécoise, minimise le poids d'une territorialité nouant concrètement des sociétés à leurs espaces de vie (BUREAU 1984). Le rapport de celles-ci au monde est tout autant conditionné par des lieux éloignés, qui ne correspondent pas au territoire de leur vie quotidienne, des lieux qui sont institués par des processus imaginatifs. Car, selon Luc Bureau, «le rêve de l'homme est d'échapper à son espace et d'en inventer un autre qui réponde à ses attentes fugaces» (*idem*, p. 192). La rhétorique identitaire (et territoriale) supplanterait une absence et obéirait à des jeux d'images: «The secret of identity lies in an ongoing to conceal an intrinsic absence by entry into the symbolic order or the world of fantasy. Thus claims to an essential ‹belonging› to a homeland, a nation or an ethnic group are effort to invoke the mythical unity and stability of closed identity rather than expressions of something that already exists» (MARTIN 2005, p. 99). L'identité conférée à l'espace oscille entre deux pôles inatteignables, l'Eden et l'Utopie. «Tantôt l'on bouscule la nature pour l'apprivoiser, la domestiquer et c'est l'utopie, du contrôle, de la planification et de l'aménagement dirigistes. Tantôt l'on souhaite recouvrer cet état soi-disant primitif où l'homme vivait dans un rapport harmonieux avec l'environnement, et c'est la réactivation du mythe de l'Eden» (BUREAU 1984, p. 12).

Cela dit, si l'on peut estimer que l'identification est un processus qui ressortit en partie aux imaginaires, on doit aussi nécessairement admettre que ceux-ci se concrétisent dans de la matérialité sur laquelle le processus d'identification s'appuie. Nous verrons dans le chapitre suivant (I 3.1) que l'interaction sociale ne peut s'accomplir sans la médiation d'objets. Comme le dit Castoriadis, la société est pénétrée par l'imaginaire seulement parce

que celui-ci accède à la matérialité : «Dire des significations sociales qu'elles sont instituées, ou dire que l'institution de la société est institution
d'un monde de significations imaginaires sociales, veut dire aussi que ces
significations sont présentifiées et figurées dans et par l'effectivité des individus, des actes et des objets qu'elles ‹informent›» (CASTORIADIS 1975,
pp. 476-477). Objets et imaginaires se constituent mutuellement. «L'institution de la société est ce qu'elle est et telle qu'elle est en tant qu'elle
matérialise un magma de significations imaginaires sociales, par référence
auxquelles seulement individus et objets peuvent être saisis et même simplement exister ; et ce magma ne peut pas non plus être dit être séparément
des individus et des objets qu'il fait être» (*idem*, p. 477). Jean-François
Bayart réfute de la même manière une vision moniste de l'imaginaire :
«nous rencontrons, dans une société donnée, que des procédures dans l'imaginaire qui donnent naissance à des figures imaginaires plus ou moins
fortes, plus ou moins partagées» (*idem*, p. 225). L'imaginaire n'est jamais
indépendant de celui qui le produit et ne se suffit jamais à lui-même. Il n'a
pas de sens en soi mais un sens toujours attribué dans un contexte particulier : «Les imaginaires sociaux sont des nébuleuses de figures souvent dis-
parates, définitivement ambivalentes du point de vue politique, d'une
durabilité variable» (*idem*, p. 226).

2.2 Les imaginaires de la Montagne et des Alpes : une longue histoire

Engagés dans des projets, les individus et les groupes sont susceptibles de
mobiliser des imaginaires, ou en tout cas d'y faire référence pour ajouter
de la puissance aux idéologies qu'ils défendent. Ces imaginaires portent,
de temps à autre, sur des catégories géographiques que sont les Alpes et la
montagne. Or, cet ensemble d'images ne peut être complètement décon-
necté des images forgées depuis plusieurs siècles sur ces espaces et dont un
certain nombre d'auteurs a mis en évidence la genèse.

    La plupart de ceux-ci voient dans la manipulation d'images, au sein du
contexte touristique ou au travers des discours politiques, la relance ou la
reformulation, voire la reproduction, d'images bien plus anciennes qui
ont été attachées aux espaces montagnards et alpins dès le 18e siècle. Cette

période est souvent évoquée pour qualifier le tournant représentationnel qui instaure la montagne comme un espace de désir et non plus un repoussoir comme il était considéré jusqu'alors. Cinq types d'images (WALTER 1998, pp. 102-105) qui participent des imaginaires contemporains alpins et, plus généralement, montagnards, sont ici détaillées. A cet égard, peu d'auteurs, à la notable exception d'Edwin Bernbaum (1999), se sont risqués à proposer une histoire des représentations de la montagne en son entier et à en montrer des récurrences dans plusieurs massifs montagneux de la planète, bien que pour Bernard Crettaz par exemple, la catégorie montagne soit implicitement ramenée à celle d'Alpes.

Ces cinq ensembles d'images ne reflètent bien sûr qu'une partie des significations qui ont circulé à travers l'histoire. Mais elles se manifestent tout particulièrement lors de la construction des idéologies par les groupes.

Le premier type d'image, d'ordre esthétique, procède de la «double invention» des Alpes, durant le 18ᵉ siècle, c'est-à-dire d'une invention scientifique et d'une invention romantique, qui instaure une vision sensible du paysage alpin (DEBARBIEUX 1995b, pp. 78-79; EQUIPE MIT 2005). Horace-Bénédict de Saussure, Johann-Jacob Scheuchzer et bien d'autres effectuent les premières expéditions en montagne, dans un but scientifique. Mais, parallèlement, des voyageurs, comme Jean-Jacques Rousseau ou Albrecht von Haller, motivés par d'autres desseins, commencent à chanter les merveilles alpestres, en louant la Nature et ses beautés épargnées par la civilisation. A ces images, s'ajoute celle qui insiste sur les vertus curatives de la montagne, à laquelle sont reliés les mythes de l'air pur (REICHLER 2005). Ce sont des images qui orientent encore fortement nos perceptions de la montagne, pensée comme naturellement belle. Elles se retrouvent dans le «mythe conservateur», comme l'appelle Jean-Paul Guérin (1989): «cette tendance qui fait des Alpes un lieu de choix pour l'expression d'un certain conservatisme, d'un souci de la nature, de valeurs retrouvées, procède de l'attribution d'un statut d'espace à part, exceptionnel au milieu alpin» (p. 274).

Le deuxième type d'images est daté historiquement: il s'agit du recours à la montagne comme figure paysagère, dans le processus d'unification d'une nation, la Suisse, par exemple (WALTER 2004, p. 247). Car «le support de la montagne stimule les images patriotiques» (*idem*, 249). L'identité suisse s'est d'ailleurs construite sur la confusion nature – patrie, en formant la synthèse parfaite entre nature et montagne. Les représentations collectives établissent, en outre, des correspondances entre la beauté du paysage et leurs habitants idéalisés (WALTER 2004). D'une part, au 18ᵉ siècle, les Alpes reflètent ce qui est authentiquement suisse. D'autre part, au 20ᵉ siècle le paysage alpin est décrit comme déterminant le caractère national (ZIMMER 1998, p. 638). Cette utilisation patriotique de la montagne est aujourd'hui désuète, mais des associations comme *Heimatschutz* ont été motivées à leur fondation par ce type d'attachement à la montagne comme figure de la patrie, attachement qui persiste encore dans leur discours et leurs actions d'aujourd'hui.

Le troisième type est formé des images liées à la double fonction touristique de la montagne, le repos et le jeu (EQUIPE MIT 2002). La montagne serait particulièrement bien adaptée aux activités touristiques «douces» (thermalisme, promenade, etc.), accompagnées des qualités bienfaitrices et régénératrices de la montagne (le soleil et l'air pur) (STREMLOW 1998). Parallèlement, la montagne s'impose comme un terrain de jeux, dans lequel une gamme de sports, les plus anciens (le ski, l'alpinisme) aux plus novateurs (sports extrêmes, par exemple) sont possibles. Ces images correspondent à une attitude qui sous-tend une soumission des éléments naturels à l'arsenal technique de l'homme (mythe de Prométhée) et une autre qui, au contraire, préconise une immersion respectueuse dans les éléments naturels (mythe d'Icare) (BOZONNET 1992, pp. 40-43). C'est ainsi que Jean-Paul Guérin (1989) argue d'une concomitance dans les Alpes du mythe de la conquête, qu'il fait remonter au 18ᵉ siècle, et d'un mythe conservateur, qui se manifeste à partir des années 1970.

Le quatrième type d'images est plus récent (début des années 1970) et est volontiers diffusée par les tenants de l'écologie politique. Ces images ont remis en question l'ancrage identitaire que pouvaient offrir les Alpes et la montagne (WALTER 2004, p. 196). La montée des images écologiques a, en effet, deux incidences. D'une part, elles mettent le doigt sur les dégradations que l'homme cause à l'environnement (terme inventé pour l'occasion). La relation homme – nature n'est ainsi plus vécue sur le mode identitaire mais sur le mode de la culpabilité *(ibidem).* D'autre part, les images écologiques contribuent à élever les milieux montagnards (alpins, en particulier) comme des espaces d'une richesse biologique sans équivalents, justifiant par-là même une gestion de la nature, notamment par des mesures de protection des sites et des espèces. Ces images sont étroitement liées à la dimension touristique: elles ont largement contribué à ce que le marché touristique investisse la valorisation de l'environnement. Ce thème indirectement introduit par les mouvements écologistes a renouvelé l'économie touristique (MORAND 1993, p. 33). Il est également possible de voir les images écologiques comme une reprise contemporaine des images patriotiques, par l'intermédiaire de la relation établie entre le caractère des lieux et celui des hommes. «As a moral construct, nature means the Alps, with landscapes, animal life, people, activities and products. Such is the view that is found in some works, known in the eighteenth century throughout western Europe. In this symbolic way to represent Nature, what is constantly emphasised is simplicity or primordial purity as a moral rule, to counterbalance the multiple excesses of urban life. To balance a more and more urbanised world in constant transformation, the apparent permanency of rurality is searched with passion. For instance, four elements are constitutive of the Alps, and metaphorically of Switzerland as a whole: cows in a great number, the so-called civilisation of the shepherd, viewed as ‹the Man of Nature›, the good milk and the well-known cheese» (BERTHOUD 2001, p. 85).

Ces stéréotypes composent un cinquième type d'image, que nous pouvons qualifier de «discours nostalgique». Ce type d'image tend à idéaliser le rapport que les sociétés dites montagnardes entretiennent avec leur environnement. Elles se traduisent donc par la valorisation d'objets patrimoniaux, par la mise en scène d'éléments d'histoire locale (par exemple dans des musées), par des fêtes plus ou moins reconstituées ou inventées. Ces images entretiennent une relation vague avec la temporalité: elles se réfèrent à des temps anciens, sans précision chronologique, durant lesquels l'homme s'accordait parfaitement à son environnement. La figure du paysan est, dans ce cas, survalorisée. Ce que l'on appelle tradition s'apparente à un discours réinjecté dans le système touristique, lequel en devient un important demandeur. Dans cette optique, l'étude de l'iconographie des dépliants touristiques amène Flora Madic à mettre en exergue la récurrence de l'argument portant sur l'aspect traditionnel de la société (en plus de l'aspect naturel et de la modernité revendiquée de la station) dans la communication touristique des stations de sports d'hiver. «Ainsi le ‹typique› affiché dans les prospectus définit moins la culture d'une région donnée à une époque déterminée qu'il ne satisfait les envies d'exotisme et d'‹autrefois› du vacancier séjournant dans les Alpes» (MADIC 1993, p. 119). La catégorie tradition est mobilisée en opposition à celle de modernité. «La tradition est plaquée sur le prospectus afin que le visiteur retrouve le *paradis perdu* d'une montagne vierge, aujourd'hui souillée – ou perçue comme telle – par les pylônes des télécabines […]. Un seul élément de décoration est sensé représenter tout l'univers paysan qui devient l'archétype de la culture montagnarde souhaitée» (*idem*, p. 127, soul. par nous). Plus généralement, dans l'histoire des représentations portées sur le Valais, les discours sur la vitalité des traditions sont légion. Ils encensent «l'isolement et la pauvreté, garants de l'authenticité heureuse de la culture montagnarde et parfaits antidotes aux transformations économiques et sociales qui travaillent l'Europe, devient l'introduction obligée de tout ce qui s'écrit sur le Valais, qu'il s'agisse de littérature ou d'ethnologie» (MORAND 1991).

Mais la tradition peut aussi être connotée négativement et, par là même, invoquée pour justifier des interventions politiques ou d'aménagement: «La représentation de la montagne et de ses habitants est prisonnière de la vision dichotomique entre un passé traditionnel misérable et un présent moderne et opulent [...] Le passage obligé d'une ‹civilisation pastorale misérable› à une ‹société technicienne› devient l'emblème de toute représentation du changement[...]. Parce que [cette image fictive du passé] frappe les imaginaire et reste sans appel, elle sert comme paravent idéologique pour légitimer les transformations souhaitées» (KILANI 1984, pp. 46-47). Les images nostalgiques sont donc utilisées de manière contradictoire pour servir des finalités antagonistes. Cette invocation de la tradition est utilisée à la fois par ceux qui réclament par exemple l'accession aux infrastructures de transport, afin de sortir un canton de son arriération, et par ceux qui condamnent la modernisation et son prétendu pouvoir de perversion desdites traditions (KILANI 1984; MORAND 1991). Les deux figures paradoxales du montagnard, le noble et l'ignoble paysan, se côtoient (BERTHOUD 2001).

Loin de se cantonner aux seuls espaces montagnards, l'imaginaire de la tradition est plus général (CHARAUDEAU 2005, p. 163): «l'imaginaire de la ‹tradition› est porté par des discours qui se réfèrent à un monde éloigné dans le temps, un monde dans lequel les individus auraient connu un état de pureté. Ce monde est évoqué comme un paradis perdu (l'âge d'or de l'Antiquité, l'Eden de la Bible) vers lequel il faudrait remonter pour retrouver une origine, source d'authenticité. Est alors décrite une histoire de la communauté concernée, une histoire parfois inventée mais nécessaire pour établir une filiation avec des ancêtres, un territoire, une langue. Les descendants en seraient les héritiers, ce qui leur imposeraient un devoir de ‹ressourcement›, de récupération de l'origine identitaire» (*idem*, p. 163). Ces discours se traduisent par des éléments valorisés comme la pureté, la nature, la fidélité (devoir d'assumer l'origine) ou la responsabilité (*idem*, p. 165). Cet imaginaire-là s'oppose à celui de modernité, qui pose celle-ci comme un état supérieur (*idem*, p. 167).

Les travaux de Jean-Paul Bozonnet, s'ils ne dénient pas l'historicité des images de la montagne, démontrent leur caractère récurrent dans différents contextes. Ces images constituent une «structure imaginaire de base» (BOZONNET 1992, p. 6), dont on peut retrouver les traces dans plusieurs cultures; la démarche est directement inspirée des travaux de Gilbert Durand. De même, la référence explicite à la définition du symbole de Saussure implique l'adoption du postulat d'une prévisibilité du signifié (*idem*, p. 237). Les archétypes propres par exemple à l'ascension ou à la hauteur traversent les cultures, mais leur actualisation dans des mythes est un processus historique. Dans la première moitié du 20e siècle, ce sont les institutions qui diffusent des images prométhéennes de la montagne – notamment avec le discours nationaliste ou les discours qui accompagnent l'équipement en infrastructures hydroélectriques et l'aménagement touristique d'après-guerre –, tout autant que l'imaginaire de la montagne régénératrice. S'ensuit une période de déprise des institutions qui étaient porteuses des imaginaires; il n'y a désormais guère plus que la publicité qui les actualise et qui les fait entrer dans la sphère marchande: «lorsqu'il subsiste, le discours alpestre, hormis l'exception environnementaliste, ne véhicule plus guère de récits globaux mais tous sont décontextualisés et les images fragmentées» (BOZONNET 2002, p. 351).

Ces cinq types d'images, que nous avons volontairement présentées dans un ordre chronologique, ne doivent pourtant pas être compris comme une succession, mais bien comme une sédimentation, dont les couches s'interpénètrent et qui ne disparaissent jamais complètement une fois recouvertes.

Pour tous ces auteurs attentifs aux significations conférées aux Alpes et à la montagne (CRETTAZ 1993; WALTER 1998; GUÉRIN 1989) et plus particulièrement pour Bernard Poche et Jean-Paul Zuanon (1986), la majorité de ces images sont projetées depuis l'extérieur sur la montagne. Des représentations endogènes s'opposeraient donc à des représentations exogènes. Cette opposition est difficilement tenable aujourd'hui dans un contexte de brassage des populations, de mobilité touristique et résidentielle croisées ainsi que de circulation des images de référence. Toutefois, ce couple conserve toute sa pertinence pour analyser les positionnements des individus: on observe en effet que certains groupes se revendiquent explicitement d'une endogénéité (face à des discours qualifiés d'exogènes, tels le discours environnemental). De surcroît, la question de l'origine et des producteurs originels de ces images est importante dans une perspective historique, tout autant d'ailleurs que la réappropriation ou non de ces images par les populations montagnardes qui peuvent s'y reconnaître ou pas. Quoi qu'il en soit, aujourd'hui, ces images circulent. Ou, plutôt, certains groupes choisissent de les faire circuler.

Ces images sédimentées au cours du temps tendent à définir des attributs ontologiques des espaces concernés; attributs que l'on désigne par les termes de montagnité et d'alpinité. Ces deux termes peuvent être rapprochés des réflexions de Roland Barthes sur la distinction entre dénotation et connotation, qu'il a également appliquée à des lieux géographiques. Par exemple, le Pays Basque est bien une chose dénotée, mais cette région peut être connotée et exprimer la basquité, c'est-à-dire une «identité emphatique» du Pays Basque (BARTHES 1985 [1966], p. 257); le mot Alpes dénote une région, mais la connotation de ce mot correspond aux images communément diffusées sur la région: c'est l'alpinité. Beaucoup d'auteurs se sont servi de cette dichotomie: l'*Englishness* (PALMER 2005), la *Swissness* (HOELSCHER 1998) ou la *suissitude*, pour décrire les stéréotypes construits à propos d'un espace.

Il s'agit donc de l'identité d'un espace qui est énoncé, moins par ce qu'il contient réellement que par l'idée que l'on s'en fait habituellement. En même temps, l'identité de l'espace appelle aussi l'identité par l'espace: les populations qui habitent cet espace seront définies par celui-ci. C'est souvent ainsi que sont convoquées les deux catégories «Alpes» et «Montagne», dont l'alpinité et la montagnité décrivent les caractères emphatiques.

Dans le sens commun, on assiste à un brouillage des deux catégories «Alpes» et «Montagne» et à un emploi interchangeable, plutôt d'ailleurs dans un sens que dans un autre. En effet, un lieu (ou un objet) alpin sera facilement qualifié de montagnard, sans que le sens du discours n'en soit altéré ou transformé. Les images qui sont en actes dans nos projets réfèrent tantôt aux Alpes tantôt à la montagne sans qu'on puisse faire la part des choses – ni dans le discours, ni dans les pratiques.

Synthèse du chapitre 2

Délaissant le territoire comme résultat et produit de l'activité sociale et quotidienne d'un groupe particulier, nous avons envisagé le territoire comme un effet de discours, donc le fait d'idéologies produites par des groupes. Ce territoire, que certains groupes appellent de leurs vœux, est apte à fonder une identité bien ancrée. Nous avons été amenés à considérer conjointement ces processus de territorialisation et d'identification. Dans ces processus, les représentations jouent un rôle crucial. Lorsqu'elles ont le pouvoir de performer, sinon d'imposer, un territoire ou une identité, sans se parer d'une intentionnalité, nous les avons appelé idéologies. Celles-ci dessinent à la fois une identité de l'espace (elles définissent des caractères ontologiques de l'espace, que ce soit le local, les Alpes ou la montagne) et une identité par l'espace (elles qualifient les populations habitant ces espaces par analogie à ceux-ci). Ces idéologies sont d'autant plus efficaces si elles font appel à des stéréotypes largement partagés par une société sur les espaces concernés; elles se rapprochent ainsi d'imaginaires. Les idéologies sont d'autant plus naturalisées si elles renvoient à des images conventionnellement adoptées par un grand nombre de personnes. Mais elles peuvent aussi être efficaces si elles sont détachées implicitement ou explicitement des certaines de ces images perçues comme trop exogènes. L'idéologie patrimoniale, l'idéologie localiste ou d'autres idéologies se servent plus ou moins intensément de ces images de la montagne.

Chapitre 3
Des objets et leurs significations sociales

Les idéalités qui circulent et qui sont mobilisées par des groupes ont été abordées dans le chapitre précédent. Il convient maintenant de mettre en exergue les matérialités que les groupes créent et qui s'imposent à eux comme extériorité.

Sans prétendre à l'exhaustivité, ce chapitre passe en revue les thèses de certains auteurs préoccupés par la double matérialité du social et du spatial. Ainsi, ce chapitre propose d'abord de caractériser globalement la matérialité telle que l'ont pensée des sociologues ou des anthropologues. Il poursuit en identifiant, parmi la matérialité, des objets perçus et définis comme tels par des sociétés. Ces objets n'ont pas tous le même statut, selon qu'ils soient communément qualifiés de naturels ou de construits. Ensuite, ce chapitre examine différentes approches théoriques de l'objet en lien avec son utilisation sociale, ce qui conduira *in fine* à distinguer des objets instrumentaux et des objets «symboliques».

3.1 La matérialité créatrice de société

Les sciences sociales ont beaucoup traité de la relation du social avec la matérialité, à commencer par les sociologues Emile Durkheim et Maurice Halbwachs.

Le premier avait pressenti le rôle fondamental des objets dans le fonctionnement de la société. «Un type déterminé d'architecture est un phénomène social; or il est incarné en partie dans des maisons, dans des édifices de toute sorte qui, une fois construits, deviennent des réalités autonomes, indépendantes des individus. […] La vie sociale, qui s'est ainsi comme cristallisée et fixée sur des supports matériels, se trouve donc par cela même extériorisée, et c'est du dehors qu'elle agit sur nous» (DURKHEIM 1896, p. 354).

La société a une importante composante matérielle. Maurice Halbwachs a, dans une perspective proche, souligné que le monde matériel en général offrait une stabilité à la société. «La société s'insère dans le monde matériel, et la pensée du groupe trouve, dans les représentations qui lui viennent de ces conditions spatiales, un principe de régularité et de stabilité, tout comme la pensée individuelle a besoin de percevoir le corps et l'espace pour se maintenir en équilibre» (HALBWACHS 1938, p. 18). Une société modèle donc son monde matériel, tandis que celui-ci non seulement lui oppose des résistances, mais en vient aussi à imposer à la société une orientation contraignante: «[Une société] s'enferme à certains égards, elle se fixe dans des formes, des arrangements matériels qu'elle impose aux groupes dont elle est faite» (HALBWACHS 1938, p. 185). C'est l'effet configurant des objets. «S'appliquant, s'identifiant peu à peu à des groupes humains relativement stables et qui ont une structure matérielle définie, toutes les institutions, toutes les grandes fonctions de la société non seulement prennent corps, mais prennent un corps, et s'installent solidement dans l'espace» (HALBWACHS 1938, p. 201). Cinquante ans plus tard, Maurice Godelier reprend la réflexion sur l'effet configurant de la matérialité sur la société, à l'instar de ce que proposent les sociologues Yves Barel et Bernard Poche, déjà cités auparavant. «Il s'agit d'analyser comment et jusqu'à quel point les réalités matérielles, celles de la nature extérieure à l'homme et celles qu'il a lui-même créées ou transformées, agissent sur l'organisation de sa vie sociale et, plus profondément, sur le processus de production de nouvelles formes de société» (GODELIER 1984, p. 12).

Il s'agit néanmoins d'éviter de trop opposer mécaniquement matérialité et idéalité, en ne voyant qu'un mouvement uniforme entre l'idée qui préexisterait et la matérialité qui l'accueillerait (TILLEY 2006, p. 60). Cette conception se rapprocherait de celle de l'archéologie, qui consiste à reconstituer par la matérialité visible les structures invisibles qui l'ont générée.

Christopher Tilley conteste cette approche dichotomique. «Ideas, values, and social relations do not exist prior to culture forms which then become merely passive reflections of them, but are themselves actively created through the processes in which these forms themselves come into being. Thus material forms do not simply mirror pre-existing social distinctions, sets of ideas or symbolic systems. They are instead the very medium through which these values, ideas and social distinctions are constantly reproduced and legitimized, or transformed» (*idem*, p. 61). C'est dans ce sens que Daniel Miller parle d'objectivation (*objectification*) comme un processus par lequel une substance indifférenciée devient un objet et instaure un sujet (MILLER 1987).

En fait, il semble bien que l'émergence d'un sujet et d'un objet soit simultanée et ne justifie pas qu'on les distingue. D'où la question qui pourrait se poser : la matérialité est-elle une extériorité pour l'homme, comme l'affirmait Emile Durkheim, ou au contraire, est-elle configurée par les actions et les pratiques de celui-ci ? La réponse n'est pas aisée et nous soutiendrons, avec Nicky Gregson, que « people continue to regard the worlds of things and human subjects as distincts and hierarchically differentiated, even if they conjoint them in practice » (GREGSON 2005, p. 28).

Cela nous ramène à la banale mais fondamentale contradiction entre l'action *(agency)* et la structure : le monde est à la fois construit par nos actions *(agency)*, et contraint par les structures (*Cf.* GREGSON 2005 ; GIDDENS 1987 [1984]). La matérialité procure d'un côté de la stabilité aux relations sociales, mais est terriblement vulnérable aux transformations, voire aux destructions et au discours qui la configure, de l'autre (GIERYN 2002).

La matérialité n'est toutefois pas faite d'une seule pièce : elle est différenciée en objets. L'objet est, en effet, issu de cette opération qui individualise des portions de matière en lui désignant un caractère propre. L'objet peut être défini comme « une entité, constituée comme un tout, extérieure au sujet, et distinguée par lui comme telle » (BLANDIN 2002, p. 15).

Les objets matériels (ou concrets) nous intéresseront particulièrement. « Les objets concrets détiennent des propriétés spatio-temporelles. Ils meublent une portion d'espace en stationnant dans le temps. Les objets concrets ont une forme caractéristique qu'on peut observer et qui permet de les reconnaître ; ils manifestent une consistance interne qui leur donne à nos yeux une allure unitaire » (LENCLUD 2007, p. 61). Il découle de ces réflexions que l'objet ne peut être ici considéré comme caractérisé par une essence invariable : « Un objet concret n'existe pour nous que toujours *déjà* représenté […]. Ce que les objets signifient ou symbolisent n'est pas inscrit dans ce qu'ils sont physiquement » (*idem*, pp. 63-64).

Les relations entre les hommes et les objets peuvent être déclinés en différents « registres », selon les termes de Bernard Blandin. Des relations avec un même objet peuvent ressortir à des registres différents : le registre affectif, le registre cognitif, le registre utilitaire ou le registre symbolique (BLANDIN 2002, p. 17).

3.2 Les approches de l'objet

Pour explorer ces différents registres, il convient de passer en revue quelques approches théoriques intéressées à la place des objets dans la société. Cela permettra de préciser notre positionnement.

3.2.1 L'interactionnisme symbolique

Les premiers jalons posés par Emile Durkheim et Maurice Halbwachs sur les liens entre société et objets font écho au courant de l'interactionnisme symbolique, en particulier tel qu'il a été théorisé par Herbert Blumer.

Herbert Blumer, qui a introduit le terme d'interactionnisme symbolique, a résumé les principales thèses de ce courant (BLUMER 1969, pp. 2-6 et 68-69), dans lesquelles la place laissée à l'objet est considérable:

– les humains agissent à l'égard des objets[9] en fonction des significations que ces objets ont pour eux. Ceux-ci ne sont pas des stimuli mais ce sont les individus qui décident ou non d'agir sur eux,
– la signification de ces objets est construite par l'interaction sociale. La signification d'un objet n'est pas intrinsèque à l'objet mais elle résulte de la manière qu'ont les autres individus de considérer cet objet. Les individus sont incités à agir à l'égard des objets selon les significations qu'ils ont pour eux,
– les objets sont des productions sociales dans la mesure où ils sont fabriqués et transformés par un processus de définition inhérent à l'interaction sociale. Les significations sont manipulées et modifiées au travers d'un processus d'interprétation dans la relation individus – objets. Ce processus d'interprétation comporte deux phases: au niveau individuel, les objets avec lesquels l'acteur agit sont définis par un processus social intériorisé par l'individu; dans un deuxième temps, l'individu manipule les significations en fonction de la situation et de la direction de son action. En conséquence, «interpretation should not be regarded as a mere automatic application of established meanings but as a formative process in which meanings are used and revised as instruments for the guidance and formation for action» (BLUMER 1969, p. 5).

9   Herbert Blumer emploie le terme de «thing» (chose) et non «object». Mais pour notre réflexion, nous croyons plus simple de retenir le second terme.

Dans ce contexte, les objets s'avèrent indispensables à toute interaction sociale. «Human beings live in a world or environment of objects, and their activities are formed around objects» (*idem*, p. 68).

Deux enseignements majeurs peuvent être alors tirés de cette approche sur les objets. D'une part, les groupes sociaux et les individus qui les composent interagissent nécessairement dans un «monde des objets», en se référant constamment à des objets, même si ce terme reste très vague pour Herbert Blumer (la catégorie recouvre des objets physiques, imaginaires, des concepts…). Pour nous, ces objets se restreindront à des matérialités spatiales, mises en lumière par le travail (autant représentationnel que physique) du groupe. D'autre part, si l'on s'accorde sur le fait que les collectifs sociaux sont formés par l'interaction sociale, on doit donc supposer que, dans le cadre de cette interaction, des significations communes des objets circulent parmi les membres d'un collectif.

Le courant de l'interactionnisme symbolique influence fortement certains travaux en sciences sociales aujourd'hui, notamment dans le champ de la sociologie pragmatique, «orientée vers l'observation des formes d'ajustement des personnes entre elles ou avec leur environnement dans des actions concrètes» (DODIER 1993). Bernard Poche lui-même s'est explicitement servi des thèses de l'interactionnisme symbolique, en insistant particulièrement sur le fait que «le monde des objets d'un groupe représente véritablement son organisation pratique» (BLUMER 1969, p. 69). En appliquant ce principe notamment sur le village de Bessans, en Haute-Maurienne, Bernard Poche s'est efforcé de repérer l'auto-représentation de ce groupe, ses schémas de représentations de l'espace et la mise en correspondance de ces deux niveaux. Il a en effet tenté de «[…] déceler comment les habitants développent entre eux un langage commun qui s'établit comme inter-compréhensible par l'intermédiaire de l'utilisation de ressources physiques, c'est-à-dire d'objets qui sont constitués comme repères précisément à cette fin» (POCHE 1996, p. 136).

Les tournures de Bernard Poche témoignent précisément d'une perspective pragmatiste et interactionniste: «[…] la collectivité bessanaise […] va se construire d'un point de vue plus strictement interne et représentationnel en incluant une dramatisation ou une fixation d'aspects matériels, en opérant une ritualisation de l'espace, c'est-à-dire en affectant à divers points caractéristiques la tâche de visualiser ou de permettre de mémoriser des actions ou des significations» (POCHE 1996, p. 136). Ce modèle convenait bien pour une société rurale encore bien ancrée dans son territoire, malgré des déplacements fréquents et parfaitement banals. Pour les sociétés contemporaines alpines, les territoires se sont démultipliés, l'unité apparente d'une communauté a explosé et les objets locaux susceptibles de constituer référence se sont raréfiés, ou plutôt ne sont plus désormais rattachés à un seul territoire, dans lequel se reconnaîtrait un seul groupe. La multiplicité des groupes d'appartenance, auxquels peuvent s'affilier un seul et même individu, a déjà été soulignée (*Cf.* I 1.3.2). Or, gageons que ces collectifs confèrent des significations, aussi différentes que le nombre de groupes, à des objets, là aussi variés. Cependant, le balisage quotidien d'un territoire ne disparaît pas pour autant. Il ne constitue cependant qu'une ressource parmi d'autres objets à disposition de l'identification collective.

Mais ce positionnement général ne présage rien des différents registres (BLANDIN 2002) selon lesquels les groupes entretiennent une relation avec les objets. Chacun de ces registres traduit une approche différente de l'objet. Envisagé sur le mode instrumental, ce dernier a été traité par l'anthropologie et la sociologie des techniques; conçu comme un signe, il est abordé par la sémiologie; et considéré dans sa dimension symbolique, il est questionné notamment par les spécialistes du patrimoine.

3.2.2 L'anthropologie des objets: de la technologie culturelle à l'étude de la société de consommation

Depuis la fin des années 1970, un champ nouveau a émergé en anthropologie suite à l'intérêt porté à ce que l'on appelle la «culture matérielle» (JULIEN & ROSSELIN 2005; TILLEY 2006; TURGEON 2007). Laurier Turgeon différencie quatre approches de la culture matérielle (2007): l'objet-témoin, l'objet-signe, l'objet social et l'objet-mémoire.

La première approche considère l'objet comme le témoin d'un passé qui est à reconstituer. C'est évidemment, par exemple, la perspective de l'archéologie. En anthropologie, le travail d'André Leroi-Gourhan sur la préhistoire, période pour laquelle les seuls témoignages sont des restes d'outils, a popularisé l'idée que les techniques de l'homme étaient un produit de leur culture. A travers le concept de chaîne opératoire, qui désigne «une séquence de gestes qui transforme une matière première en produit utilisable» (BENSA 1996, p. 127), Leroi-Gourhan a montré qu'aucune technique ne peut s'émanciper du social dans lequel elle est insérée. Plus largement, la conception de l'objet comme un outil est revendiquée par la sociologie des techniques (voir I 3.2.3).

Une deuxième approche rassemble les acceptions de l'objet comme signe. Roland Barthes est l'un de ceux qui a le plus contribué à cette approche sémiologique. «L'objet sert effectivement à quelque chose, mais il sert aussi à communiquer des informations» (BARTHES 1985 [1966], p. 252). L'objet peut donc être aussi apparenté à un langage. Mais souvent «le sens ne naît pas d'un objet, mais d'un assemblage intelligible d'objets [...]. Les objets ne sont liés que par une seule forme de connexion, qui est la parataxe, c'est-à-dire la juxtaposition pure et simple d'éléments» (*idem*, pp. 256-257). Cette juxtaposition peut créer un signifié extrêmement fort.

Contrairement à la technologie culturelle, pour laquelle la signification de l'objet est considérée comme produite essentiellement par le concepteur de l'objet, l'approche sémiologique appréhende le sens donné à l'objet autant par le point du vue des concepteurs que par celui des récepteurs.

Dans son travail sur la distinction sociale, Pierre Bourdieu a, au moins implicitement, mis le doigt sur l'univers des objets et leur pouvoir signifiant d'une réalité sociale. Il a montré par exemple que l'objet d'art sous-tendait une relation de distinction (BOURDIEU 1979, p. 250). Dans son étude célèbre de la maison kabyle, il a observé une correspondance (qu'il appelle homologie) entre la partition sociale de la société kabyle (notamment entre homme et femme) et la partition matérielle de la maison (BOURDIEU 1972, p. 51).

Plus récemment, Andrea Semprini s'est intéressé à la nature langagière de l'objet. D'après lui, la signification de l'objet est le résultat de l'interaction sociale. «Loin de se limiter à définir ou à nommer la réalité ou à exprimer des rapports sociaux qui leur sont externes, les objets fonctionnent comme des véritables opérateurs socio-sémiotiques. Ils contribuent à l'institution des significations sociales et régulent activement les relations interindividuelles» (SEMPRINI 1995, p. 24).

Le sociologue Bruno Latour a critiqué cette conception de l'objet comme des «outils transmettant fidèlement l'intention sociale qui les traverse sans rien recevoir d'eux et sans rien leur donner. Comme infrastructures, ils sont reliés entre eux formant une base continue de matière, sur laquelle se trouve ensuite coulé le monde social des représentations et des signes. Comme écrans, ils ne peuvent que refléter le statut social et servir de support aux jeux subtils de la distinction» (LATOUR 1994, p. 597). Luc Boltanski et Laurent Thévenot (1991, pp. 30-31) ne réduisent pas non plus l'objet à un support offert à l'investissement symbolique ou comme un simple moyen de manifester une distinction. Au contraire, ils affirment que l'objet participe de la définition d'un ordre social.

Mais les approches qui viennent d'être décrites et qui ont été rassemblées sous le terme de sémiologie ne sont pas éloignées de celles qui mettent en avant le pouvoir d'action sociale des objets; elles y participent même dans certains cas. Au-delà de la nature de l'objet, des chercheurs se sont attachés à l'action qu'il déclenche (TURGEON 2007, p. 21). Déjà cité, le travail de Pierre Bourdieu sur la maison kabyle a préfiguré le courant s'intéressant à l'effet structurant de la matérialité sur les sociétés. La relation ne joue pas seulement dans un sens: les sociétés manipulent les objets et les façonnent, mais les objets eux-mêmes opposent une résistance et influencent la société, dans la mesure où «things have the capacity to refuse to do what we attempt to do with them» (GREGSON, METCALFE & CREWE 2007, p. 198). C'est ce que résume à merveille Thomas Gieryn: «We mold buildings, they mold us, we mold them anew…» (GIERYN 2002, p. 65). D'après Bernard Conein, c'est ce que la sociologie interactionniste n'a pas su étudier: «les objets manufacturés, les outils et les artefacts ne peuvent être intégrés dans l'analyse de l'action car la contribution de l'environnement au ‹formatage› des actions n'est pas prise en compte» (CONEIN 1991, p. 102). La sociologie de l'interaction confine l'action à la seule coordination sociale entre deux sujets.

Dans la continuité de ces préoccupations a été développée l'étude de la biographie des objets, fondée sur l'analogie de la biographie des personnages. L'objet prend une forme décidée par des concepteurs, mais est aussi redevable de ses usages (GARABAUU-MOUSSAOUI & DESJEUX 2000, pp. 14-15). «Les fonctions de l'objet ne s'épuisent pas dans celles qui sont définies *a priori*, par les concepteurs, mais qu'ils [sic] sont investis de fonctions plurielles, voire contradictoires, par les personnes qui les manipulent, qui sont en contact avec eux» (*idem*, p. 15). Cette approche est extrêmement intéressante, en ce qu'elle ne tient pas l'objet pour une entité immuable et dont la signification est fixée une fois pour toute depuis sa conception jusqu'à son abandon, en passant par son usage. «La biographie d'une chose est en fait l'histoire de ses singularisations successives, et des clarifications et reclassements qu'elle subit» (BONNOT 2004, p. 158). Dans cette perspective, «la marchandisation est un processus et non un état fixe et définitif de l'objet d'échange, qui ne peut en aucun cas épuiser sa biographie […] la marchandise […] est une étape dans la vie de quelque chose» *(ibidem)*. Cela ne peut que conduire à radicalement relativiser le sens d'un objet. «Les valeurs accordées aux objets, y compris la valeur scientifique – historique, technique, symbolique – ne sont ni univoques, ni immuables. Elles sont constituées par les charges accumulées durant le parcours biographique desdits objets, et par la sédimentation des statuts sociaux qui se produit au cours de leur circulation parmi les hommes. Les objets n'ont ni valeur intrinsèque, ni destinée prévisible: ils sont des choses qui se chargent et se déchargent de sens lors de leur passage de main en main» *(idem, p. 160)*. Dès lors, le principe suivant peut être énoncé: «it is impossible to determine the meaning of an object outside of its context of use» (HALL 1997, p. 45). Plus généralement, «The meaning is *not* in the object or person or thing, nor is it *in* the word. It is we who fix the meaning so firmly that, after a while, it comes to seem natural and inevitable. The meaning is *constructed by the system of representation*» *(idem, p. 21, soul. par l'aut.)*. Stuart Hall réfute l'idée qu'il y aurait d'un côté la signification et de l'autre la représentation qui en serait le véhicule.

Ce courant de recherche et les conclusions que l'on peut en tirer trouvent leur origine dans le travail d'Arjun Appadurai et d'Igor Kopytoff, qui a popularisé l'idée d'une vie sociale des objets. «How does the thing's use change with its age, and what happens to it when it reaches the end of its usefulness?» (KOPYTOFF 1986, p. 67).

La dimension sociale de l'objet est également illustrée par les travaux sur les objets de la vie quotidienne et leur caractère d'«allant de soi» (SEMPRINI 1995). Ce type d'objets puise son efficacité dans l'invisibilité de la réalité sociale qui le caractérise. «Objects are important not because they are evident and physically constrain or enable, but often precisely because we do not ‹see› them. […] They determine what takes place to the extent that we are unconscious of their capacity to do so» (MILLER 2005, p. 5).

Ne pas réduire l'objet à un simple outil a également motivé les recherches de Jean Baudrillard, qui s'est suffisamment et explicitement intéressé à l'objet en tant que tel pour que sa réflexion soit ici signalée. Dans une perspective très critique, il a dénoncé la prolifération des objets qu'il a expliquée par la société de consommation. Son projet consistait à «savoir comment les objets sont vécus, à quels besoins autres que fonctionnels ils répondent, quelles structures mentales s'enchevêtrent avec les structures fonctionnelles et y contredisent, sur quel système culturel […] est fondée leur quotidienneté vécue» (BAUDRILLARD 1968, p. 9). Pour Jean Baudrillard, l'objet est toujours inclus dans un système de consommation: «pour devenir objet de consommation, il faut que l'objet devienne signe, c'est-à-dire extérieur de quelque façon à une relation qu'il ne fait que signifier – donc arbitraire et non cohérent à cette relation concrète, mais prenant sa cohérence, et donc son sens, dans une relation abstraite et systématique à tous les autres objets-signes» (BAUDRILLARD 1968, p. 277). Les relations entre les individus et les objets ne sont plus vécues, mais ressortissent à l'image qu'ils se font de cette relation. Or, diagnostique Jean Baudrillard, ce type de relation ne peut être qu'aliénante.

Dans la lignée des travaux de Baudrillard, un courant de recherche au Royaume-Uni s'est attaché à comprendre les pratiques de consommation comme un ensemble de relations à des objets dont les consommateurs donnent des significations diverses. On peut montrer comment ces objets participent de routines quotidiennes (SHOVE & PANTZAR 2005) ou comment ils ont une durée de vie limitée et en viennent à être abandonnés ou recyclés (GREGSON, METCALFE & CREWE 2007).

D'autres auteurs ont croisé la question des objets et avec leur circulation transnationale, que ces objets soient des marchandises (CRANG, DWYER & JACKSON 2003 ; COOK 2004) ou des formes architecturales (KING 2004 ; SÖDERSTRÖM 2006). Le premier de ces auteurs étudie les effets sociaux et politiques de la transposition de types architecturaux d'une culture à une autre (KING 2004, p. xvi). Quant au second, il appelle à prendre en compte à la fois les flux et les formes, et à considérer la matérialité comme une inscription de la circulation des personnes, des capitaux et de l'esthétique (SÖDERSTRÖM 2006, p. 557).

La dernière approche de l'objet est celle qui le conçoit comme un support d'une mémoire. Toutes les approches du patrimoine et des monuments peuvent y être classées (nous reviendrons sur ce point). Dans ce sens, l'objet aide à rappeler un événement, une personne ou une période historique. Mais pour Laurier Turgeon (2007), la mémoire n'est pas figée dans les lieux. Elle est (ré)activée ou organisée par les objets.

3.2.3 La sociologie de la traduction

Cette approche de l'objet est autonomisée par rapport aux autres parce qu'elle est singulière à la fois par la refondation théorique qu'elle ambitionne mais aussi par la portée qu'elle a dans la recherche actuelle en sciences sociales. Issue de la sociologie des techniques, la sociologie de la traduction (un terme que les instigateurs de ce courant revendiquent[10]) focalise sur le registre utilitaire de l'objet. Pour la problématique proposée ici, nous pouvons relever trois principaux apports de la sociologie de la traduction :

- sa conception du réseau (le chapitre 4 y revient),
- sa conception de l'objet, qualifié autant d'humain que de non humain, deux entités ainsi placées sur le même plan,
- sa conception de la non dissociabilité entre le «monde» et les «mots».

En préambule, il faut préciser que les tenants de la sociologie de la traduction ont d'abord et avant tout travaillé sur des objets techniques et scientifiques, à partir desquels ont été élaborées leurs théories. Cela pour dire que le registre symbolique ou imaginaire de l'objet n'est pas leur question prioritaire.

Nous pouvons néanmoins puiser dans ces théories des enseignements généraux qui peuvent s'appliquer à nos objets.

Comment la société tient-elle ensemble? Telle pourrait être la question à laquelle la sociologie de la traduction tente d'apporter une réponse. Sa proposition consiste à assimiler la société (instituée par l'action) à un assemblage d'entités hétérogènes. «[Les acteurs] travaillent en permanence sur la société et la nature, définissant et associant des entités, montant des alliances changeantes pour parvenir à des configurations qui ne s'avèrent stables que par endroits et pour une durée déterminée» (CALLON 1986, p. 203). Or, l'action est distribuée entre les différents actants (dans l'assemblage hétérogènes d'humains et de non-humains) plutôt que dans l'intentionnalité des acteurs (GREGSON 2005, p. 26). Les actants, terme repris du sémioticien Algirdas J. Greimas, désignent donc autant des humains que des non humains.

Pour Bruno Latour, les instruments exosomatiques sont des actants de plein droit (l'exemple de la barrière posée par un berger pour éviter les moutons ne se fassent attaquer). Ainsi, la dichotomie sujet – objet est niée par Bruno Latour: «des circulations, des parcours, des transferts, des traductions, des cristallisations, beaucoup de mouvements certes, mais dont pas un seul, peut-être, ne ressemble à une contradiction» (LATOUR 1993, p. 34).

---

10 On parle souvent d'actor network theory ou de théorie de l'acteur réseau. Mais puisque l'anthologie publiée récemment sur ce sujet avait pour titre «Sociologie de la traduction», nous retenons aussi ce terme.

Du coup, il réfute l'existence d'objets mais il propose l'idée qu'il n'y a que des associations d'humains et de non-humains.

Dans sa célèbre étude des clés d'hôtel, il en vient à la conclusion que «c'est parce que le social ne peut se construire avec du social, qu'il lui faut des clés et des serrures» (*idem*, p. 44). Le non humain est actif. Les humains délèguent des tâches aux non humains, ce qui implique un processus de traduction (l'énoncé initial va changer par le fait de cette délégation). Dans cet exemple de la clé d'hôtel, pour laquelle on ajoute des stratagèmes destinés à inciter les clients à rapporter la clé à la réception, des non-humains sont progressivement ajoutés, chargeant *ipso facto* de sens l'énoncé initial (*idem*, p. 52).

La matérialité technique est donc posée comme indispensable au déroulement d'une action collective. «Dans le laboratoire et en-dehors du laboratoire, les non humains agissent et les chercheurs qui s'établissent en porte-parole de ces entités nous disent ce qu'elles peuvent faire et ce qu'elles sont prêtes à faire. De même, les artefacts techniques constituent des assemblages d'actants profilés pour rendre envisageables et possibles certaines actions collectives. La notion de société est remplacée par celle de collectif produit par des humains et des non humains» (CALLON 2006, p. 272). La sociologie de la traduction met en avant un échange symétrique entre le social et le non social (MURDOCH 1997).

Un processus d'innovation, qui peut être vu comme un type d'action, donc comme la «construction d'un réseau d'association entre des entités hétérogènes, acteurs humains et non humains» (AKRICH 1993, p. 36), se décompose entre sa conception et son usage. Dans la première phase, l'action est distribuée entre les différentes entités à l'œuvre: «la préparation de l'action, son accomplissement, sa signification ne résultent pas d'une simple projection de l'intention du sujet agissant mais sont répartis entre l'objet, l'acteur et l'environnement et se constituent au point de rencontre entre ces différents éléments» (*idem*, p. 47).

Cela amène à considérer qu'un objet est non seulement soumis à l'influence de multiples entités, mais aussi constitué matériellement par de multiples entités. «The meaning of an extant artifact is contingent and variable, never fully determined by the intent of designers or by the technical requirements or capabilities of the machine itself» (GIERYN 2002, p. 44). Un objet est au «centre d'un tissu de relations liant des entités hétérogènes» (CALLON 2006, p. 270), c'est-à-dire un acteur-réseau.

L'autre apport essentiel de la sociologie de la traduction est l'indissociabilité entre le monde et les mots qu'elle défend: «les références ne sont pas extérieures à l'univers des énoncés: elles circulent avec eux et avec les inscriptions dont ils sont issus» (CALLON 2006, p. 269). La circulation des énoncés qui se transforment avec leur passage dans de la matérialité est désignée par le concept de traduction.

«La traduction n'est rien d'autre que le mécanisme par lequel un monde social et naturel se met progressivement en forme et se stabilise pour aboutir, si elle réussit, à une situation dans laquelle certaines entités arrachent à d'autres, qu'elles mettent en forme, des aveux qui demeurent vrais aussi longtemps qu'ils demeurent incontestés» (CALLON 1986, p. 205). Le mécanisme de traduction, dont la maîtrise est convoitée, n'échappe pas aux enjeux de pouvoir; il «permet d'expliquer comment s'établit le silence du plus grand nombre qui assure à quelques-uns la légitimité de la représentativité et le droit à la parole» *(ibidem)*.

Au-delà de l'inévitable effet de mode qui la caractérise, la sociologie de traduction reste une manière stimulante et nouvelle d'aborder la relation société – matérialité. Pour notre problématique toutefois, la transposition de cette «théorie» ne peut pas se faire telle quelle, dans la mesure où celle-ci se préoccupe d'abord et avant tout d'objets techniques et moins directement d'objets symboliques. Or, non seulement quantité d'objets dans les projets étudiés ici fonctionnent sur le registre symbolique, mais aussi la sociologie de la traduction, comme d'autres approches abordées, a souvent tendance à considérer que les objets sont poussés à l'invisibilité dans leur utilisation quotidienne. Ce n'est pas le cas de la plupart des objets étudiés ici qui sont aménagés dans un objectif de visibilité sociale (on veut qu'ils montrent quelque chose).

Curieusement, les géographes ont été silencieux a l'égard de cette question de l'objet, à la notable exception de certains auteurs. Pourtant, les géographes, français en particulier, ont longtemps privilégié la la matérialité: accrochés à la «face visible» de l'espace, ils ont décrit des paysages agricoles, des villes et des activités. Dès les années 1960, l'analyse spatiale a dénoncé cette manière de faire en dotant la géographie de modèles et de lois censés expliquer la structure de l'espace géographique, non immédiatement visible, et qui ne serait pas directement rattachée à la matérialité, forcément singulière, donc jugée suspecte. Mais pour certains, dans les années 1970, cette géographie-là échouait à expliquer à la fois les rapports sociaux (d'où l'émergence de la géographie radicale, aux Etats-Unis et au

Royaume-Uni et de la géographie sociale en France) et les valeurs que les hommes accordaient à l'espace (d'où l'émergence simultanée dans les pays précités de la géographie humaniste, puis de la géographie dite des représentations). De manière générale, les sciences sociales ont été marquées par le linguistic turn et le cultural turn, qui focalisent l'analyse sur l'immatériel (PHILO & SÖDERSTRÖM 2004). Dans une contre-réaction logique, certains auteurs ont dénoncé ce nouveau penchant à exclure la matérialité, conduisant désormais à un rééquilibrage entre les dimensions idéelles et matérielles (Guy Di Méo et Pascal Buléon (2005) en France, les théories postreprésentationnelles au Royaume-Uni). Dans ce pays en particulier, les appels ont été nombreux pour ré-ancrer l'analyse géographique dans la matérialité (JACKSON 2000 ; PHILO 2000 ; KEARNES 2003 ; WHATMORE 2006).

C'est dans ce contexte qu'a émergé le mouvement post-représentationnel au Royaume-Uni, essentiellement autour de la figure de Nigel Thrift. Les propositions théoriques se réclamant de ce courant ont bourgeonné ces dernières années, en se référant volontiers à des philosophes français, tels Deleuze, Baudrillard ou de Certeau. Ces recherches ont en commun de considérer que toutes les pratiques ne sont pas rendues intelligibles par des représentations. «The emphasis of human geography should be on practices – either on their reproduction (stable repetitions), or on the production of new practices (perhaps inspired improvisations) – because it is practices (performances using materials to hand) rather than representations that are at the root of the geographies that humans make every day» (SMITH 2003, p. 68). Cela ouvre également l'analyse à des entités non humaines, comme diraient les sociologues de la traduction. «Agency is not a property unique to human beings, and that correspondingly it cannot and should not be identified exclusively in terms of linguistic and communicative capabilities and possibilities» (GREGSON 2005, p. 25). La *non representational theory* (terme exact en anglais) souhaite prendre au sérieux les pratiques et les flux, ce qui implique quatre principes qui fondent cette «théorie»[11] (THRIFT 2000, p. 556).

11   En langue anglaise, ce courant est en effet connu sous le nom de «non representional theory». Toutefois, en étant conforme à ce qu'en disent ses tenants à l'heure actuelle, il semble qu'à la fois les termes de théorie et de non représentationnel prêtent à confusion. Nous préférons le terme de mouvement à celui de théorie, car en aucun cas il s'agit de produire une nouvelle théorie qui explique le social. De même, ce mouvement ne réfute pas les représentations dans l'explication ; il vise simplement à les dépasser et à compléter l'analyse classique de représentations ou linguistique par d'autres facteurs non verbaux ou non discursifs.

- le monde doit être vu comme momentané (instantané) et comme le résultat du présent. Le concept de performance, central dans cette approche, désigne le processus d'improvisation quotidienne qui produit le présent (on devine ici l'influence de Michel de Certeau),
- la société est un ensemble de réseaux plus ou moins durables d'acteurs hétérogènes (il s'agit d'une proposition tirée de l'actor network theory),
- le monde n'est pas en première instance un phénomène discursif. Les interactions sociales ne sont pas nécessairement explicitées dans le discours,
- l'espace et le temps sont les effets des multiples interconnexions produites par la construction des réseaux (et non le contraire).

Au-delà des chercheurs intéressés par la thématique du patrimoine, que nous présentons dans le chapitre suivant, peu de géographes francophones ont théorisé la question des objets. Toutefois, Michel Lussault propose des linéaments utiles dans cette direction.

Cet auteur, adhérant largement aux propositions de la sociologie de la traduction, inclut dans son analyse des non humains considérés comme des actants au même titre que des personnes ou des groupes. «Les objets, les choses, en certaines occasions peuvent posséder une fonction d'opérateur[12] de spatialité» (LUSSAULT 2007, p. 177). Michel Lussault explore quatre rôles que peuvent avoir des objets, en dehors de leur rôle instrumental. Cette typologie, que nous présentons rapidement, peut être rapprochée de celle sur les registres de l'objet proposée par Bernard Blandin (*cf.* I 3.1).

Premièrement, l'objet peut être marqueur: il contribue, en compagnie d'autres objets, à définir l'identité d'un espace. Deuxièmement, l'objet peut être identitaire: «Chacun d'entre nous possède ses fétiches, chargés d'affects, points d'ancrage de l'imaginaire et de la mémoire dressés en emblèmes de son espace personnel, fussent-ils objets sans importance aux yeux des autres ou/et fonctionnellement banals, et qui ponctuent et scandent le monde vécu» (LUSSAULT 2007, p. 178). Le terme de repaire se rapproche de l'idée qui est défendue ici. Claude Raffestin joue également sur l'homonymie entre le repère – objet capable d'organiser des parcours quotidiens en balisant l'espace – et le repaire, «où l'on vient se réfugier et

---

12 Pour Michel Lussault, ce terme désigne n'importe quelle entité douée d'une capacité d'action.

que l'on investit d'un imaginaire poétique» (RAFFESTIN 1988, p. 11). Troi-sièmement, l'objet peut être distinctif, en ce sens que l'usage d'objets par-ticuliers distingue socialement (une qualité des objets déjà exprimée par Pierre Bourdieu). Quatrièmement, l'objet peut être transitif: ce sont des objets qui balisent le passage d'un espace à un autre.

Il est tout de même clair que, sans qu'ils n'aient jamais clairement em-ployé le terme d'objet, les géographes sont familiers de l'interaction entre la matérialité et les valeurs qu'elle peut cristalliser. D'autres géographes ont introduit le concept de haut lieu pour caractériser la fixation maté-rielle d'idéalités sociales. Les hauts lieux peuvent être considérés comme des lieux symboliques, à savoir qu'ils mettent en jeu une réalité abstraite. Tous les lieux, a priori, évoquent autre chose qu'eux-mêmes, mais certains sont plus symboliques que d'autres[13]. Il en va ainsi des espaces doués d'une matérialité particulière (forme singulière, taille exceptionnelle,…) qui con-fèrent une visibilité maximale au symbole et, donc, à ce qu'il représente; des espaces dont l'importance des significations qui leur sont attachées les rend centraux ou majeurs; des espaces dont le nombre de choses auxquels ils réfèrent sont multiples (MONNET 2000, p. 407).

Par ailleurs, le haut lieu transcende les échelles. Il n'évoque pas seule-ment des représentations qu'il est convenu de lui associer, mais aussi des espaces plus englobant que lui-même (DEBARBIEUX 1995a, p. 98). Michel Lussault parle lui d'emblème territorial, qu'il définit comme «une fraction repérable d'un espace […] qui par métonymie représente et *signi-fie* cet espace et les valeurs qui lui sont attribuées» (LUSSAULT 2007, p. 173, soul. par l'aut.). Un emblème est une icône du territoire. Pour André Micoud, les hauts lieux sont conçus pour signifier la possibilité de fondation d'un nouveau territoire. Ils sont «construits pour être repro-duits et imités» (MICOUD 1991, p. 53). Il en va de même des objets maté-riels qui sont exemplaires à double titre: ils sont conçus non seulement pour signifier la possibilité d'un espace commun entre les groupes, mais aussi pour leur capacité à essaimer dans cet espace.

---

13   «Pour distinguer le symbole du signe, je propose de considérer comme symboles les
      objets spatiaux dont l'identification intègre systématiquement et volontairement une
      dimension signifiante, au-delà d'une simple fonction signalisatrice» (MONNET 2000,
      p. 405).

3.3 Les objets symboliques : les sémiophores et les objets patrimoniaux

Précédemment, nous avons introduit la distinction entre le registre pratique (fonction de production, fonction de repérage,…) et le registre symbolique (consolidation d'une identité collective, affirmation d'un pouvoir, etc.) dont pouvait relever un objet. Et nous avons précisé que le second registre se trouvait au cœur de notre questionnement.

3.3.1 Des objets signifiant : les sémiophores

L'historien Krzysztof Pomian a proposé le terme de sémiophore pour désigner les objets relevant du registre symbolique. Les sémiophores sont des objets dépourvus d'utilité et «dotés d'une signification» (POMIAN 1987, p. 42), ils sont «fabriqués ou exposés de manière à s'adresser au regard soit exclusivement soit tout en gardant une fonction utilitaire» (POMIAN 1999, p. 167). Il se compose toujours d'un support et d'un signe (POMIAN 1997). Des objets créés *ad hoc*, des choses ou des productions naturelles peuvent être des sémiophores.

«C'est le traitement d'une chose de façon à en faire une image, en l'exposant au regard et en empêchant qu'on s'en serve, qui transforme cette chose en sémiophore» (POMIAN 1999, p. 167), mais une chose peut dans le même temps être exposée au regard et utilisée. Il faut répéter encore une fois que le statut de sémiophore ou le caractère utilitaire d'un objet n'est en aucun cas inscrit dans la «nature» de l'objet, quand bien même celle-ci influe sur l'usage, pratique ou symbolique, qui en est fait : le statut est conditionné par le groupe (et donc ses intentions) qui s'empare de l'objet et le contexte dans lequel il baigne. En conséquence, un objet peut se révéler tantôt comme un sémiophore, objet à fonction symbolique, tantôt comme une chose, objet à fonction pratique, et tantôt comme un objet «hybride», qui combine simultanément les deux registres.

Un exemple suffira à faire comprendre la relativité d'un objet. Prenons un bâtiment rural, tel un grenier à blé qui cesse d'être utilisé selon ce pour quoi il avait été conçu. Il est transformé en maison de week-end. Pour ses propriétaires et ses éventuels locataires, il s'agit manifestement et avant tout pour eux d'un objet pratique, destiné à satisfaire des besoins (s'abriter, dormir, etc.) et à poursuivre un but de loisir. Mais, dans le même temps, parce que l'on a rénové un ancien bâtiment agricole et que l'on a détourné sa destination originelle tout en gardant la forme et des éléments du bâtiment, on entretient une mémoire de la vie paysanne montagnarde, autant que l'on s'affilie à des caractères alpins qui participent d'une insertion jugée «naturelle» dans le milieu: l'objet renvoie à autre chose que lui-même. Pour ses propriétaires, ce bâtiment n'est certainement pas un pur outil fonctionnel. De la même manière, pour des conservateurs du patrimoine, cet objet fait partie d'un ensemble de sémiophores qui forment tous un patrimoine commun à une collectivité.

Adopter le concept de sémiophore nous permet de dépasser la distinction entre ce qui relève du patrimoine (des sémiophores dont le support est issu d'une chose ou d'une production naturelle antérieure) et ce qui n'en relève pas, à savoir des objets créés *ad hoc*. Le sémiophore nous permet de qualifier tout ce qui est l'objet d'une intervention délibérée de mise en exposition ou en visibilité: des objets créés de toutes pièces (la passerelle bhoutanaise, par exemple) qui ne sont habituellement pas qualifiés de patrimoniaux, des objets «naturels» et des objets dits patrimoniaux.

Jean Baudrillard désignerait un sémiophore par l'objet marginal ou l'objet ancien, qui «semblent contredire aux exigences de calcul fonctionnel pour répondre à un vœu d'un autre ordre: témoignage, souvenir, nostalgie, évasion. […] L'objet ancien n'a plus d'incidence pratique, il est là uniquement pour signifier» (BAUDRILLARD 1968, pp. 103-104). L'objet ancien signifie le temps. «Bien sûr, ce n'est pas le temps réel, ce sont les signes, ou indices culturels du temps, qui sont repris dans l'objet ancien» (*idem*, p. 104).

Ce type d'objet participe directement d'une image à diffuser, souvent délibérément. «[L'objet] vient me chercher pour m'obliger à reconnaître le corps d'intentions qui l'a motivé, disposé là comme le signal d'une histoire individuelle, comme une confidence et une complicité» (BARTHES 1957, p. 210). Cela nous renvoie à la montagnité ou à l'alpinité: un chalet alpin implanté à Genève exprime l'alpinité. Dans quantité de situations et de lieux, l'espace est truffé de sémiophores dans l'intention de faire passer une idée sur l'espace en question et orienter la manière dont il allait être perçu. Les exemples de ces constructions paysagères sont nombreux. Steve Hoelscher, parmi d'autres auteurs, a montré, à l'exemple d'une ville aux Etats-Unis fondée par des colons suisses (New Glarus), que ses notables avaient tenté de lui apporter une connotation spécifique par la construction d'objets particuliers. Et les intentions étaient clairement dirigées vers la diffusion d'une image singulière: «local efforts to create a *recognizably* themed place, in places deliberately contrived to appeal to the outsider» (HOELSCHER 1998, p. 372, soul. par l'aut.). En même temps, cette construction de paysages est empêtrée dans des enjeux de pouvoir, dans la mesure où ce sont des acteurs bien particuliers qui décident de ce qui doit être construit et conservé, s'arrogeant ainsi le pouvoir de décréter ce qui est authentique (ce qui est conforme à l'helvétisation de leur ville) et ce qui ne l'est pas.

Dans la même optique, Samuel Périgois s'est intéressé aux mesures d'aménagement dans les petites villes de la région Rhône-Alpes et à la multiplication d'un mobilier urbain, destiné à diffuser une image canonique et standardisée de la petite ville. «Il s'agirait de ‹faire ville›, d'entrer dans des jeux d'imitation, de normes et de modes, dans une logique également liée à l'esthétique, et de produire ce que les individus attendent de la petite ville, c'est-à-dire répondre à la représentation que la société s'est forgée de sa forme urbaine ‹type›» (PÉRIGOIS 2006, p. 3). Dans ses travaux, Samuel Périgois dégage deux tendances d'aménagement: l'installation d'artefacts génériques qui signifient l'ancienneté et la convivialité d'une part et l'implantation d'artefacts qui s'inscrivent dans l'histoire du lieu d'autre part. Ces deux tendances ne relèvent pas de la patrimonialisation mais plutôt d'une «esthétisation de la scène urbaine» (*idem*, p. 12).

Le même processus de construction paysagère délibérée a été observé dans la régénération du port de Hull en Angleterre, qui correspond à des modèles standardisés. «Their generic landscapes are often characterised by a ‹maritime-kitsch› aesthetic: an assemblage of forms and symbols that reference a maritime past in a simplistic, nostalgic manner» (ATKINSON 2005, p. 521).

Plusieurs sémiophores participent ainsi d'une ambiance volontairement créée, souvent en rapport avec une plus-value touristique escomptée, mais la plupart du temps bien appropriés par leurs usagers ou leurs dépositaires.

A ce propos, il est de bon ton, comme le font ces auteurs, de dénigrer le type d'objets privilégiés dans ces projets: ils seraient standardisés, génériques, stéréotypés. Mais pour ceux qui les conçoivent et pour certains de leurs usagers, ils expriment réellement la manière dont eux-mêmes se représentent l'espace dans lequel ces sémiophores sont aménagés.

3.3.2 Les objets patrimoniaux

Parmi cette catégorie de sémiophores, il est des objets «déjà là» avant que des groupes leur confèrent un statut symbolique: ce sont les objets patrimoniaux. On nomme patrimonialisation le processus qui transforme des objets courants en objets patrimoniaux.

Il est possible de définir le processus de patrimonialisation par quatre caractéristiques que nous énumérons en les reprenant en profondeur après: un processus de changement de sens d'un objet; un processus de sélection d'objets; un processus qui produit et s'appuie sur du discours; un processus qui invoque des référents sociaux et des référents spatiaux.

D'abord, la patrimonialisation est un travail de symbolisation qui transforme des objets triviaux en objets patrimoniaux (RAUTENBERG 2004, p. 75): des valeurs nouvelles sont donc attribuées à des objets, ainsi patrimonialisés. «Le patrimoine culturel n'est rien d'autre qu'un ensemble d'objets, naturels ou artificiels, extraits totalement ou en partie du circuit d'activités utilitaires, afin d'être préservés pour un avenir indéfiniment lointain» (POMIAN 1998, p. 114). Henri-Pierre Jeudy parle de «redoublement muséographique du monde»: «il faut, pour qu'il y ait du patrimoine reconnaissable, gérable, qu'une société se saisisse en miroir d'elle-même, qu'elle prenne ses lieux, ses objets, ses monuments comme des reflets intelligibles de son histoire, de sa culture» (JEUDY 2008, p. 14).

Ensuite, toute patrimonialisation implique un choix de ce qui est effectivement patrimonialisé. N'entrent dans la catégorie du patrimoine que certains objets répondant à des critères pertinents vis-à-vis du groupe social pour lequel l'objet fait patrimoine. Cette sélection, qui intègre et qui exclut dans le même temps, est produite de deux manières, complémentaires: soit elle est désignation, lorsqu'elle est l'apanage de pouvoirs publics qui s'emparent de certains objets pour les qualifier de patrimoniaux, en édictant des lois et des règlements qui s'y appliquent; soit elle est appropriation, quand aura lieu la «mobilisation d'acteurs sociaux» qui vont reconnaître comme leur certains objets (RAUTENBERG 2004, pp. 78-79). Le patrimoine est donc le résultat de choix, dans lequel interviennent souvent des critères esthétiques (LE GOFF 1998, p. 427). Plus largement, ce sont les représentations qui déterminent ce qui est effectivement conservé et comment: «heritage is more concerned with meanings than material artefacts. It is the former that give value, either cultural or financial, to the latter and explain why they have been selected from the infinity of the past» (GRAHAM 2002, p. 1004).

Pour André Micoud (2005, p. 93), le patrimoine traduirait la tension entre ce qu'un groupe veut garder (continuité) et ce qu'il veut jeter (rupture). «Il s'agit de sélectionner dans l'héritage ce qui fait sens aujourd'hui, et d'abandonner le reste» (GUÉRIN 1998, p. 65). Est également mis ici en exergue la fonction du patrimoine, non seulement de relier des individus entre eux dans un collectif, mais surtout de relier passé et présent: «leur patrimonialité réside dans leur capacité à rappeler sens et usages passés en les réintégrant dans le présent» (RAUTENBERG 2004, p. 71).

Un objet de patrimoine renvoie en effet à une époque dont il est censé être le témoin, d'où la définition du patrimoine comme «contemporary use of the past» (GRAHAM, ASHWORTH & TUNBRIDGE 2000, p. 2). Il est alors possible de s'interroger sur la «validité» du lien entre l'objet et le passé qu'il illustre. La question n'est en fait pas de savoir si le passé est une réalité objective, mais plutôt comment il est utilisé dans le présent. Il n'y a pas de patrimoine juste ou faux, authentique ou non. «Nous choisissons et glorifions notre héritage non pas en jugeant de ses prétentions à la vérité, mais en sentant que ça doit être vrai» (LOWENTHAL 1998, p. 109). De la sorte, «le désir de réécrire le passé pour répondre à la fierté du groupe est trop universel pour être qualifié de complot» (*idem*, p. 116).

Pour ceux qui s'en emparent, le patrimoine est souvent perçu comme un capital, parce qu'il réfère à «the ways in which very selective past material artefacts, natural landscapes, mythologies, memories and traditions become cultural, political and economic resources for the present» (GRAHAM & HOWARD 2008). De la même manière, il est loisible de dire que le patrimoine est une ressource économique, à la fois du point de vue du tourisme (qui consomme volontiers des sites historiques), du développement économique local (le patrimoine stimule la consommation) et dans le cadre d'une régénération urbaine (GRAHAM 2002). «Many heritage initiatives are designed by local authorities to suit place-promotion strategies and attract tourism and investment» (ATKINSON 2005, p. 141).

Henri-Pierre Jeudy rend compte d'un dilemme dans la gestion contemporaine des patrimoines et tend à dénoncer une tendance à la marchandisation du passé: «si le patrimoine devient une valeur marchande comme les autres (les biens culturels), il perd de sa puissance symbolique. Il faut en quelque sorte que le patrimoine se trouve exclu du circuit des valeurs marchandes pour sauver sa propre valeur symbolique […]. D'une part, les patrimoines ne peuvent être traités comme des produits de marketing, mais d'autre part, il n'y a pas développement culturel sans commercialisation» (JEUDY 2008, p. 17). Lorsqu'un lieu est vendu, sa signification culturelle est d'autant mieux conservée (GRAHAM, ASHWORTH & TUNBRIDGE 2000, p. 258). Il n'empêche que les attentes quant à l'impact économique du patrimoine sont souvent exagérées : l'utilisation qui en est faite est souvent en-deçà des espoirs de retombées financières.

La patrimonialisation produit aussi des discours : des objets ne peuvent être qualifiés de patrimoniaux que par leur «disposition à produire du verbe» (RAUTENBERG 2004, p. 71). L'objet est mis en valeur par la «création de discours donnant un sens nouveau à ce qui est patrimonialisé» (GUÉRIN 1998, p. 64). Nous retrouvons ici la perspective représentationnelle adoptée par Brian Graham : «heritage is less about tangible material artefacts or other intangible forms of the past than about the meanings placed upon them and the representations which are created from them» (GRAHAM & HOWARD 2008, p. 2). Ce sont les significations qui donnent de la valeur au patrimoine et qui expliquent que certains objets sont sélectionnés parmi le passé (*idem*, p. 3).

Beaucoup d'acteurs interviennent dans la désignation d'un patrimoine. Le patrimoine peut représenter le discours idéologique dominant, mais aussi être l'expression de voix dissonantes (qui subvertissent le patrimoine). Brian Graham a montré que les significations du patrimoine étaient toujours multiples, souvent discordantes, et potentiellement sources de conflits. L'héritage est toujours de quelqu'un et *ipso facto* exclut l'autre : «The creation of any heritage actively or potentially disinherits or excludes those who do not subscribe to, or are embraced within, the terms of meaning attending that heritage» (GRAHAM & HOWARD 2008, p. 3).

Le patrimoine peut donc être assimilé à une «idéologie localisante» (BOURDIN 1996, p. 53) : «dans le monde qui nous entoure les idéologies localisantes sont avant tout ‹patrimonialistes›, en ce sens qu'elles revendiquent un patrimoine qu'elles veulent défendre, mettre en valeur, et qui se trouve toujours indissolublement lié à un lieu ou territoire».

Ces idéologies localisantes «peuvent n'être que le discours justificatif *ex post* de ceux qui localisent leur action ou encore un instrument d'incitation à localiser l'action que l'on utilise faute de mieux» (*idem*, p. 54). Nous aurons une conception quelque peu différente de la question puisque nous distinguerons l'idéologie localisante de l'idéologie patrimoniale (*Cf.* II 4.2.2) ; mais il est certain qu'elles s'alimentent l'une et l'autre.

L'idéologie patrimoniale est donc aujourd'hui bien consolidée: «L'idée de ‹revivre le passé›, de lui redonner vie, se trouve confirmée par bon nombre d'anthropologues, de conservateurs et même d'élus politiques qui croient en un réel pouvoir social et culturel de l'actualisation. La gestion contemporaine des patrimoines n'aurait de finalité qu'en se référant à une volonté supposée collective d'une réactualisation permanente du passé» (JEUDY 2008, p. 21). C'est particulièrement vrai pour le cas d'Ossona Gréféric, nous le verrons.

Enfin, un objet du patrimoine établit une référence à un collectif (MICOUD 1995; 2005): reconnaître un objet patrimonial signifie tout autant identifier le collectif qui se l'approprie. La fonction sociale d'un patrimoine est de «faire exister une entité collective, laquelle est toujours abstraite, en la rendant visible métaphoriquement par l'exposition publique de ces biens qu'elle aurait en commun» (MICOUD 1995, p. 26). Un patrimoine est toujours de quelqu'un (d'une famille, de l'Humanité…). S'appuyer sur des objets du patrimoine permet à un groupe social de perpétuer son identité dans le temps (MICOUD 2005, p. 81)[14]. Parallèlement à ces références sociales, la patrimonialisation invoque des spatialités. Et ce que l'on remarque, nous dit Micoud, c'est que «les collectifs humains que les activités de patrimonialisation tendent à instaurer sont de moins en moins indexés à des espaces circonscrits. Aux collectifs nationaux des débuts se sont peu à peu ajoutés (ou substitués) des collectifs aux frontières beaucoup plus labiles, pour finir peut-être, à l'heure de la mondialisation, des collectifs de plus en plus déconnectés des espaces […]» (*idem*, p. 88). Ainsi, compterait bien moins, aujourd'hui, la référence à un espace bien délimité qu'un objet du patrimoine renverrait, mais bien davantage le collectif imaginaire qu'il instituerait. Cela nous ramène à la propension assez décisive d'un objet matériel d'agglomérer des individus dans des communautés imaginaires, parfois éloignées de pratiques concrètes d'un territoire qui serait partagé.

En plus de désigner un collectif, l'objet de patrimoine peut renvoyer à plusieurs échelles spatiales (GRAHAM, ASHWORTH & TUNBRIDGE 2000, p. 4). La géographie est évidemment légitimée dans le rapport qu'elle peut établir entre le patrimoine et le lieu ou le territoire. Et il est vrai qu'un objet de patrimoine est caractérisé d'abord par sa matérialité, son inscription

---

14 La patrimonialisation vise à figurer l'idée abstraite de «la perpétuation d'une entité sociale dans le temps» (MICOUD 2004, p. 81).

dans un lieu (GRAHAM, ASHWORTH & TUNBRIDGE 2000, p. 198), même s'il réfère à une échelle plus large. Il n'y a que les musées qui rompent le lien entre le site et l'objet. Toutefois, eu égard aux évolutions récentes (mondialisation culturelle et économique), la question de la correspondance entre un objet et un lieu n'est plus si évidente (*Cf.* GRAHAM & HOWARD 2008, p. 7). «Its narratives may communicate the local to the global network, for example, through the representations of international tourism and marketing imagery, but critically, they are often far more intensely consumed as internalized, localized mnemonic structures» (*idem*, p. 7). Nous verrons que cette proposition s'applique particulièrement bien au projet Walser Alps est ses déclinaisons locales.

En effet, le processus de patrimonialisation ne peut qu'être fortement corrélé au processus identitaire non seulement par le fait qu'il institue un groupe, mais aussi par le fait qu'il donne du «contenu» à une identité. Le patrimoine concourt parmi d'autres facteurs au processus identitaire. Il y a deux raisons à l'efficacité du patrimoine dans ce sens: d'une part, chaque lieu sur la planète a une histoire et peut donc être l'objet de patrimonialisations et d'autre part, chaque passé d'un lieu est unique (GRAHAM, ASHWORTH & TUNBRIDGE 2000, p. 204). Des groupes dominant imposent leur patrimoine au détriment d'autres. Le patrimoine joue dans le procès identitaire le même rôle que remplissent la langue ou la religion qui sont des marqueurs utilisés dans le récit d'inclusion et d'exclusion aboutissant à la définition d'une communauté spécifique (GRAHAM & HOWARD 2008, p. 5). «Places are distinguished from each other by many attributes that contribute to their identity and to the identification of individuals and groups within them. Heritage is one of these attributes» (GRAHAM, ASHWORTH & TUNBRIDGE 2000, p. 4). Comme pour le processus identitaire, la définition d'un patrimoine conduit à valoriser des objets particulièrement emblématiques au détriment d'autres. «Inevitably, they [heritage initiatives] often sanitise local histories, seldom focusing on their controversial uncomfortable or mundane aspects but celebrating their notable, distinctive elements instead» (ATKINSON 2005, p. 142). Il s'ensuit le double risque d'une exclusion de la diversité du passé au profit d'une version unique et lissée, ainsi que du gommage des connexions avec des autres lieux au profit d'un patrimoine attaché à un seul lieu (*idem*, p. 142).

On assiste, selon Françoise Choay, à une explosion quantitative des objets de patrimoine, qui est due à au moins trois facteurs. La mondialisation des valeurs et des références culturelles, qui a diffusé l'idée de la nécessité de conservation au-delà des frontières européennes ; l'expansion du champ chronologique susceptible d'être couvert par des sciences comme l'archéologie, ce qui a impliqué que des objets de toutes périodes ont été patrimonialisés, ainsi qu'un élargissement des typologies (patrimoine industriel, rural, naturel, etc.) ; enfin, le développement de la société de loisir, qui a accru la demande de consommation de sites culturels (CHOAY 1996, pp. 153-156).

Dans son essai critique, Henri-Pierre Jeudy (2008) dénonce cette prolifération du patrimoine. Pour lui, elle fait courir le risque que des lieux soient «figés dans une image inaltérable» (p. 108). Or, la mémoire collective ne nécessite pas forcément l'objectivation. «Toute image mnésique se trouve ainsi prise au piège d'un décor patrimonial qui lui inflige le sens de sa manifestation» (*idem*, p. 35). Il a évidemment compris le pouvoir que peuvent s'octroyer certains individus et groupes en mettant en matérialité des significations dont ils décident de la pertinence (CHIVALLON 2008).

Du point de vue historique et pour les espaces qui nous concernent, il semble qu'une politique du patrimoine fasse son apparition au milieu du 19e siècle.

Selon Ola Söderström (1994, pp. 43ss.), l'émergence d'une conscience patrimoniale en Suisse est étroitement liée à la constitution d'une identité nationale. Elle est également engendrée, au 19e siècle, par des milieux intellectuels qui dénoncent les atteintes au paysage et à la ruralité. Cette ruralité et cette naturalité de la Suisse a été splendidement mise en scène lors de l'Exposition nationale de 1896.

Le début d'une politique institutionnelle du patrimoine en Valais date de la fin du 19e siècle. Elle concerne, à ses débuts, la sauvegarde et la restauration d'objets datant de la période médiévale (ELSIG 1998, p. 397). Dans les années 1940, une forte volonté de conservation d'une architecture dite traditionnelle, et même la protection de sites ou de savoir-faire, se manifeste face à la multiplication des nouvelles constructions (*idem*, pp. 399-400).

Synthèse du chapitre 3

Nous avons noté le rôle de la matérialité, tout aussi puissant que celui des représentations, dans les relations d'un groupe à l'espace. Les objets ne sont pas seulement des instruments, ils sont aussi investis symboliquement par différents groupes. Certes, l'objet se transforme matériellement (sous l'influence de dynamiques propres ou par des actions humaines) mais il se voit aussi affublé de multiples significations. Dans ce contexte, on aura compris que l'objet n'est pas immuable, ni dans le temps, ni en fonction des groupes qui le manipulent: il existe différents registres (symbolique, utilitaire, affectif, etc.) selon lesquels les objets sont appréhendés. Certains individus, qui peuvent se réclamer d'un groupe, donnent le statut de signe à certains objets matériels. Les objets ainsi signifiés contribuent à la territorialisation du groupe: ils tendent à ancrer le groupe dans ce qui est appelé un territoire, à naturaliser son appartenance dans celui-ci.

Chapitre 4
Réseaux, espaces de référence, échelles

Les objets symboliques sont agencés dans des projets, lesquels sont eux-mêmes au centre de réseaux. Ceux-ci associent des acteurs (des collectivités, des individus…) différents et des références à des espaces d'échelles variées. Ce chapitre explore la notion de réseau en tant qu'ensemble de liens tissés entre des groupes, des entités politiques et des individus. Il distingue en particulier deux sens du mot réseau: une acception «scientifique» par laquelle sont expliquées les associations d'entités hétérogènes éventuellement dispersés dans l'espace (réseaux sociaux et acteur-réseau); une acception «empirique», à savoir des liens informels entre des collectivités locales tissés autour d'un problème particulier. Parmi cette dernière forme de liens, seront présentés des types institutionnels de coopération, que ce soit des coopérations transfrontalières, des partenariats à distance ou d'autres formes moins structurées.

4.1 La multiplicité des réseaux et des connexions

Pour notre réflexion, nous retiendrons trois acceptions du terme de réseau. La première, inspirée de la sociologie, insiste sur les relations entre les individus, qui dépassent les simples attributs de ceux-ci[15]. La deuxième est redevable de la sociologie de la traduction et sa réflexion sur l'association de différents acteurs au sein d'un réseau. La dernière enfin découle de la focalisation que nous avons choisi d'opérer sur les réseaux d'échanges d'expérience, qui sont des sortes de réseaux sociaux de membres collectifs et non d'individus; en ce sens ils se rapprochent des réseaux étudiés par la science politique.

---

15   La sociologie a, depuis Simmel, mis au centre de ses préoccupations les réseaux sociaux, qui s'apparentent aux relations entre les individus.

On reconnaîtra, dans la trilogie proposée, l'utilisation du concept de réseau, d'un côté en tant qu'outil analytique (c'est notamment l'acception retenue par la sociologie des réseaux sociaux et par la sociologie de la traduction), de l'autre en tant que forme de gouvernance, en particulier dans l'étude des mouvements sociaux et des réseaux politiques (LEITNER, PAVLIK & SHEPPARD 2002).

4.1.2 L'acteur-réseau et la dé-localisation

Pour les tenants de la théorie de l'acteur-réseau, les individus sont insérés dans des réseaux hétérogènes d'humains et de non-humains (les animaux, les machines, la nature, etc.) en perpétuel changement. L'acteur-réseau désigne donc «un tissu de relations liant des entités hétérogènes» (CALLON 2006, p. 270). Or, ce réseau est spatialisé en ce sens qu'il articule des espaces, «ces espaces devant communiquer de façon réglée sous peine que les réseaux ne se défassent» (AKRICH 1993, p. 38). Or, puisque les non humains intervenant dans ces réseaux «étendent les capacités d'action dans l'espace et les prolongent dans le temps» (BARBIER & TRÉPOS 2007, p. 41), on peut estimer que le rapport espace – réseau est complexe.

Cette conception du réseau conduit à revoir l'interprétation classique du lieu. Celui-ci n'est plus le produit d'une histoire localisée, mais le résultat d'influences diverses à travers le monde: «In this interpretation, what gives a place its specificity is not some long internalised history but the fact that it is constructed out of a particular constellation of social relations, meeting and weaving together at a particular locus. [...] The places can be imagined where a large proportion of those relations, experiences and understandings are constructed on a far larger scale than what we happen to define for that moment as the place itself, whether that be a street, or a region or even a continent» (MASSEY 1991, p. 28). Anthony Giddens (1994 [1990]) exprime la même idée à travers ce qu'il désigne par le terme de dé-localisation, processus inhérent à la modernité. Pour lui, c'est un phénomène bien plus large, qui implique la dissociation du temps et de l'espace dans les relations sociales. La dé-localisation inclut deux mécanismes. D'une part, les gages symboliques, qui sont des «instruments d'échange pouvant ‹circuler› à tout moment quelles que soient les caractéristiques spécifiques des individus ou des groupes qui les manient» (p. 30), par exemple l'argent. D'autre part, les systèmes experts, domaines techniques régissant pour une large part notre environnement social et matériel (p. 35). Ces deux mécanismes sont fondés sur la confiance que chacun de nous a en eux. Ils «détachent l'activité sociale des contextes locaux, réorganisant les relations sociales sur de grandes perspectives spatio-temporelles» (*idem*, p. 59).

Dans le contexte moderne, le lieu n'est plus étroitement associé à la matérialité qui le compose: «le lieu est de plus en plus *fantasmagorique:* les différents théâtres sociaux sont complètement pénétrés et façonnés par des influences sociales très lointaines. Le site n'est plus seulement structuré par ce qui est présent sur scène; la ‹forme visible› de la scène dissimule les relations à distance qui déterminent sa nature» (*idem*, p. 27, soul. par l'aut.). Les significations associées à un lieu s'élaborent à une autre échelle. «La communauté locale est davantage l'expression de relations à distance dans un contexte local, qu'un environnement saturé de significations familières qui font partie du décor» (*idem*, p. 115).

4.1.3 Les réseaux politiques de collectivités locales et les mouvements sociaux

Enfin, le dernier sens du mot réseau est à prendre dans sa dimension «opérationnelle». La recherche empirique que nous allons présenter a affaire à des «réseaux d'échange d'expérience». Ceux-ci ne sont pas, comme tentait de les modéliser la sociologie, des tissus de relations entre individus, mais des connexions bien plus structurées entre des membres collectifs institutionnalisés. Ce type de réseau se rapproche des réseaux politiques, à ceci près que nous en retenons une acception plus large, incluant non seulement des organisations institutionnelles (aptes à produire des politiques publiques), mais aussi des groupes plus informels, non institutionnalisés. Nous verrons que ces réseaux, s'ils peuvent s'activer dans les circuits balisés et institutionnalisés de l'action publique, se manifestent aussi et surtout sous des formes plus labiles, plus éphémères et moins construites autour de la légitimité politique en tant que telle.

Manuel Castells, que nous avons déjà cité, parle de «société des réseaux», dans laquelle des acteurs sociaux, peu importe leur localisation, échangent des flux d'information (CASTELLS 1999a). Il définit les mouvements sociaux de la manière suivante: «actions collectives menées en vue d'un objectif, dont le résultat, en cas de succès comme en cas d'échec, transforme la société dans son ensemble» (CASTELLS 1999b, p. 14). Manuel Castells a relevé trois objectifs que poursuivaient de manière récurrente les mouvements urbains qu'il a étudiés:

– des revendications sur les conditions de vie et la consommation collective en milieu urbain,
– l'affirmation de l'identité culturelle locale,
– la conquête de l'autonomie politique et de la participation citoyenne (*idem*, p. 80).

Souvent d'ailleurs, un mouvement combine ces trois objectifs et produit ainsi du sens à son activité.

Mais Manuel Castells analyse ces mouvements sociaux d'abord et avant tout comme des réactions tout à la fois à la mondialisation, à la mise en réseau et à la flexibilité, ainsi qu'à la crise de la famille patriarcale. «Les réseaux dissolvent le temps et l'espace? On s'ancre dans des lieux, on réveille la mémoire historique» (*idem*, p. 86). Il s'agit de «réactions défensives qui deviennent des sources de sens et d'identité en élaborant des nouveaux codes culturels à partir de matériaux historiques. Puisque les nouveaux processus de domination contre lesquels on réagit passent par des flux d'information, on doit, pour construire son autonomie, s'appuyer sur des flux d'information inversés. Dieu, la nation, la famille et la communauté fournissent les codes éternels et indestructibles autour desquels organiser la contre-attaque pour repousser la culture de la virtualité réelle» (*idem*, p. 87).

Or, ces mouvements sociaux agissent sous la forme de réseaux, lesquels sont des véritables constructeurs de sens: «une forme d'organisation et d'intervention décentralisée, en réseaux, caractéristiques des nouveaux activismes sociaux, qui reflète et contrarie en même temps la logique de mise en réseaux propre à la société informationnelle [...]. Ces réseaux ne se contentent pas d'organiser l'action et de faire circuler l'information. Ils sont les vrais producteurs et diffuseurs des codes culturels; pas seulement sur Internet, mais dans de multiples formes d'échanges et d'interactions» (*idem*, p. 435).

Les géographes ont travaillé sur la dimension transnationale des réseaux, conçus de la sorte comme des «overlapping and contested material, cultural and political flows and circuits that bind different places together through differentiated relations of power» (FEATHERSTONE, PHILLIPS & WATERS 2007, p. 386). S'intéresser à ces pratiques transnationales oblige d'une part à dépasser l'échelle de l'Etat comme seule source de pouvoir et la structuration territoriale emboîtée que cela implique, mais sans pour autant nier son rôle, et d'autre part à prendre en compte des flux hétérogènes de non-humains et d'humains.

Ces considérations nous ramènent, en définitive, à la capacité des réseaux à diffuser de l'information inédite qui est saisie (et créée en partie) par des individus et des groupes éparpillés. «Networks make connections where non existed before, connecting previously socially or geographically distant actors together in ways that may potentially create new shared understandings and collaborations» (LEITNER, PAVLIK & SHEPPARD 2002, p. 288).

Ces nouvelles formes de l'action collective, impliquant des entités de plus en plus hétérogènes, réfèrent à des espaces de plus en plus complexes également.

4.2 Des échelles aux espaces de référence et aux espaces institutionnels

Les échelles ont longtemps été vues comme le contenant de processus qui y prenaient place et que l'on qualifiait ainsi en fonction de ce niveau de grandeur spatiale qu'ils occupaient. Il est désormais acquis que les échelles ne sont pas des catégories ontologiques données, mais, au contraire, le résultat des tensions contingentes entre les structures et les agents (MARSTON 2000, p. 220). Plusieurs travaux, particulièrement de géographes anglosaxons, ont montré que l'échelle ne pouvait se réduire à la taille ou à un niveau, mais qu'elle procédait bien plus d'une relation. Cela conduit à substituer le terme de multi-scalarité à celui d'emboîtement d'échelles, classiquement illustré par la métaphore des poupées russes (MARSTON 2000).

On assiste moins désormais à la stabilité d'une hiérarchie fixe (international – national – local) qu'à une domination momentanée de l'un de ces niveaux sur les autres. «The hierarchical (vertical) nature of scale, which leads to the struggle to define and articulate particular processes and projects as taking place at or within particular scales» (BULKELEY 2005, p. 885). L'échelle est un enjeu de pouvoir.

Se dessine une opposition entre les échelles, auxquelles renverraient une structuration verticale de l'espace, et les réseaux, qui correspondraient à une structuration horizontale. Des auteurs y voient, d'un côté, l'action de l'Etat (ou d'un agent politique) pour imposer son échelle de référence, et de l'autre, l'influence des réseaux, qui est par définition multi-scalaire («Networks have scalar dimensions which extend beyond their scope» – *idem*, p. 897) ; d'où une tension entre les échelles de régulation et les échelles des réseaux (SWYNGEDOUW 2004, p. 33). Les échelles sont condition-nées par ces forces : «Scales evolve relationally within tangled hierarchies and dispersed interscalar networks» (BRENNER 2001, p. 605).

Cette tension recouvre en partie le distinguo que nous opérons entre espaces de référence et espaces institutionnels.

Par espace de référence, nous entendons ici l'espace qui motive et donne sens à une action particulière : en linguistique, le référent est ce à quoi renvoie le signe. Sur ce modèle, convenons qu'un projet est élaboré en référence à un espace qui souvent le dépasse. Un projet est mené à bien pour les habitants d'un village, un projet est censé servir la population d'une vallée, il est censé s'insérer dans un système touristique régional, etc.

L'espace institutionnel recouvre une réalité différente : il est le cadre de l'action publique qui rend possible le projet. Il s'agit de l'espace politique (le «territoire») de l'institution qui soutient ou qui conduit le projet. Ainsi, il serait aisé de montrer que, dans certains cas, espace de référence et es-pace institutionnel ne se superposent pas. Plus encore, on assiste à une multiplication conjointe des espaces de référence et des espaces institution-nels ; ainsi des objets particuliers sont associés à plusieurs de ces espaces et contribuent à les mettre en relation.

Les projets qui nous occupent concernent des collectivités locales ; exa-minons maintenant comment elles se relient entre elles par des réseaux qui se réfèrent à ces différents espaces.

4.3 Des liens de natures et d'échelles diverses

Les liens qui sont noués entre des entités ne sont pas toujours de même nature. Nous nous intéresserons en particulier à des collaborations entre collectivités locales, qu'elles soient bilatérales ou multilatérales. Ces liens concernent des entités concrètes qui échangent entre elles de l'informa-tion, pour l'essentiel, et quelquefois, mais plus rarement, des objets. Ils sont en rapport avec les espaces de référence dont nous avons parlé. Les liens construits dessinent en effet des espaces de référence en fonction de quels partenaires sont mis en contact. Ils mettent aussi en jeu des espaces institutionnels, ceux dans lesquels évoluent les entités concernées d'une part, et celui qui autorise l'échange d'autre part.

Ces liens établis entre collectivités locales revêtent un caractère plus ou moins inédit, selon l'éloignement (culturel et spatial) des entités engagées, selon la fréquence et l'historicité du rapport qu'elles entretiennent, et la forme institutionnelle que prend la collaboration.

Nous distinguons ici la coopération intercommunale, qui est la plus banale, et qui semble la plus «naturelle» du fait de la proximité géographique des protagonistes. En même temps, elle s'apparente à une remise en cause des limites traditionnelles de l'action publique et de l'emboîtement classique des échelles; elle implique une structuration plus horizontale.

Le deuxième type de liens et la coopération transfrontalière, qui, si elle ressemble beaucoup au premier type par la contiguïté géographique qu'elle suppose, s'en distingue néanmoins par la discontinuité qu'elle entend surpasser: la frontière nationale, dont on sait qu'elle peut générer une distance culturelle (d'action publique, de mentalité, de culture politique, etc.) considérable. Pour ce type de lien aussi, la structuration horizontale, de type réticulaire, tend à être privilégiée.

Enfin, les relations à distance, que nous rapprochons des réseaux de collectivités locales, constituent le dernier type. Elles entrent en communication motivées par un espace de référence parfois vaste, selon une logique de connexité. Les territoires de ces collectivités ne sont pas contigus spatialement. La distinction entre coopération transfrontalière et relations à distance est ténue, mais elle se fonde sur le critère de la distance ou de l'espacement. Nous considérerons assez simplement, malgré le caractère arbitraire de la distinction, qu'il y a relations à distance du moment où ces relations engagent des collectivités, des associations ou des groupes plus informels qui, de par la distance qui les sépare, ne sont pas amenés à entretenir des relations régulières ou durables (c'est le réseau qui leur permet de communiquer et c'est seulement par lui qu'elles le font). Mais il est clair que de la coopération transfrontalière peut correspondre à des liens à distance (dans le cas où ceux-ci concernent des entités qui ne sont pas habituées à interagir). En fait, cette conception correspond assez bien aux «liens faibles» de Granovetter (1973): des liens intermittents mais ô combien précieux et décisifs pour la conduite de liens plus réguliers («liens forts»). Dans ce cas des relations à distance, la structuration verticale s'efface complètement pour laisser place à une structuration de type réticulaire.

4.3.1 La dimension intercommunale

Si nous prenons comme échelle «courante» et allant de soi l'échelle communale en tant qu'espace cohérent pour gérer des affaires publiques, il faut dès lors admettre que les autres espaces de référence sortent de l'ordinaire, et donc entrent dans la catégorie des «relations inhabituelles» qui nous intéressent et par lesquels sont pensés les objets.

Le premier type de relation que nous examinons est celui de l'intercommunalité, qui consiste à gérer un problème particulier entre plusieurs communes, parce que l'on juge que le problème en question ne peut être résolu nécessairement par ce partenariat. Cette conviction se nourrit de la croyance que le problème à résoudre a des effets et des causes qui dépassent (spatialement) les frontières communales, ou alors qu'une gestion commune apportera une diminution des coûts pour les partenaires et une meilleure allocation des ressources (DAFFLON & PERRITAZ 2000). La question du coût ne peut évidemment pas être passée sous silence: elle est décisive lors de la construction d'infrastructures, comme des écoles, des stations d'épuration, etc.

Dans quelque domaine que ce soit, la nécessité d'une relation intercommunale est dictée par la perception de problèmes communs et le sentiment de partager des caractéristiques (économiques, sociales, culturelles, etc.) semblables que les frontières politiques ont parfois arbitrairement coupées. Les alliances intercommunales tendent donc à recomposer des espaces institutionnels que l'on dit mieux adaptés aux problèmes à gérer: des bassins-versant, des bassins de population, des aires culturelles, des aires linguistiques, etc. Dans ce cas, l'espace de référence et l'espace institutionnel s'ajustent pour se superposer.

Mais ne croyons pas que ces relations soient véritablement nouvelles: elles ont existé de tout temps, à travers des échanges commerciaux, de population, etc. Il n'empêche que la multiplication des fusions communales et de certains échanges entre communes (nous le verrons dans le Val d'Hérens) peut être interprétée comme une tendance générale de remise en question des découpages politico-administratifs.

4.3.2 Les coopérations transfrontalières

En soi, la coopération transfrontalière pourrait n'être qu'un type de collaboration intercommunale, quand bien même la transfrontaliarité peut être promue entre des échelons politiques de niveau «supérieur»: canton, district, ville, département, province, etc. La spécificité de ces coopérations réside, comme leur nom l'indique, dans l'existence de la frontière nationale, tout à la fois comme contrainte qu'il faut contourner, et comme ressource qu'il faut mobiliser: moins comme «instrument de séparation», qu'«instrument de regroupement et d'alliances» (FOURNY 2003, p. 20). Nos études de cas étant situées dans le massif alpin, il s'agit de s'intéresser aux coopérations qui ont fleuri dans cette région depuis une dizaine d'années. Il est proposé ici une réflexion sur les Alpes, espace qui oscille entre un statut référentiel et un statut institutionnel. Les programmes INTERREG ont en effet institutionnalisé les Alpes comme un espace d'intervention (*Cf.* I 4.3.4). Parallèlement, d'autres instances et d'autres groupes ont concouru à la reconnaissance des Alpes comme un espace pertinent pour gérer tout un ensemble de «problèmes»; cette configuration est moins l'œuvre d'un échelon politique supérieur que de multiples initiatives de collectivités régionales ou locales (qui ont créé, nous le verrons, les «communautés de travail») et des ONG (le lancement de la Convention alpine, puis d'Alliance dans les Alpes).

Dans le contexte de sa politique régionale, l'Union Européenne met en place depuis bientôt vingt ans des «initiatives communautaires», destinées à favoriser la cohésion économique et sociale de l'Europe et en particulier à stimuler la coopération entre les régions, à soutenir les périphéries ou les zones en retard de développement. Ces initiatives, dont font partie les programmes INTERREG, sont financées par le Fonds européen de développement régional (FEDER). Initiés dès 1989, les programmes INTERREG ont, comme leur acronyme l'indique, visé à une meilleure intégration entre des régions situées de part et d'autre d'une frontière nationale. La première génération de ces programmes a couvert la période 1990-1993, la deuxième la période 1994-1999 et la troisième 2003-2007. Une quatrième est actuellement en cours pour la tranche 2007-2013. Dès la troisième génération de programmes et dans le cadre du volet INTERREG IIIB, un périmètre spécifique pour la région alpine a été défini. L'espace alpin devient ainsi un espace de gestion pertinent pour des politiques publiques dont la spécificité (environnementale et économique, notamment) est reconnue. Il est intéressant de constater que ces limites ne correspondent pas à celles établies par la Convention Alpine. Le programme INTERREG comprend trois volets (en tout cas pour sa troisième génération) : le IIIA, qui consiste en une coopération transfrontalière « classique », réservée aux régions frontalières ; le IIIB, qu'on appelle coopération transnationale qui concerne des espaces de coopération pré-définis (et qui ne couvrent pas seulement des zones frontalières). Enfin, le IIIC désigne la coopération interrégionale, qui permet à de vastes régions pas forcément contiguës de collaborer entre elles. C'est pourquoi certains de ces liens rassemblent des entités distantes les unes des autres.

Evidemment, il serait passablement naïf de croire que ces coopérations sont simplement l'expression d'une structuration horizontale suscitée par des collectivités locales dans une logique « bottom-up ». En réalité, ces réseaux sont montés, promus et encouragés d'abord et avant tout par une Union Européenne désireuse d'étendre son pouvoir à une échelle inférieure : « particular hierarchical mode of governance may create networks as part of its struggle for power with other scales » (LEITNER, PAVLIK & SHEPPARD 2002, p. 288).

Dans ces projets de coopération transfrontalière sont mobilisés différents espaces de référence qui traduisent des types de liens distincts. Une étude de projets INTERREG dans la région des Alpes occidentales a repéré ces diverses formes de liens : celles qui véhiculent des valeurs universelles et en appellent à des espaces de référence génériques, tel que le global ou l'européen ; celles qui valorisent davantage le métissage des territoires mis en rapport, au travers de la mise en valeur de produits ou du patrimoine ou encore celles qui pointent le franchissement de la frontière ou qui se concentrent sur les espaces de flux que la coopération implique (FOURNY 2003, pp. 36-37). L'étude a bien montré que la frontière était, dans un certain sens, défonctionnalisée par ces collaborations, mais en même temps maintenue par l'allocation politique des ressources, qui demeure nationale ou régionale (*idem*, p. 44). Dans une partie de ces projets, la montagne et les Alpes sont mobilisées comme fondement commun qui légitime le partenariat : « c'est par la montagne et dans les traits montagnards que l'espace transfrontalier se dote de qualités propres : s'opposent ainsi un transfrontalier montagnard et un transfrontalier ‹déterritorialisé›, universaliste et fonctionnaliste » (FOURNY & CRIVELLI 2003, p. 68).

L'une des priorités établies par le programme INTERREG IIIB Espace alpin porte sur la conservation du patrimoine naturel et culturel. L'une des mesures s'intitule d'ailleurs « Gestion raisonnée et promotion des paysages et du patrimoine culturel », dans lesquels sont inscrits deux projets auxquels participent deux communes retenues ici comme cas d'étude : le projet DYNALP (que nous développons plus bas)[16] et le projet Walser Alps (détaillé dans la partie II). Pour comprendre la tonalité de cette mesure, signalons d'autres projets de la même veine. Le projet ALPTER, réunissant des partenaires français, italiens, autrichiens, suisses et slovènes, vise à préserver l'agriculture en terrasses. Il s'agit là d'un exemple de projet qui mobilise plutôt des scientifiques. Le projet CULTURALP, quant à lui, ambitionne la sauvegarde et la conservation des habitats traditionnels dans les Alpes. Il poursuit l'objectif d'améliorer la connaissance des différentes manières de gérer ce patrimoine en Italie, France, Suisse et Autriche (le projet rassemble sept partenaires). Le projet diagnostique une menace très claire sur ce patrimoine dit traditionnel, lequel contribuerait à « l'identité culturelle alpine »[17].

L'exemple du réseau Pearls of the Alps nous montre comment la coopération transfrontalière initiée par l'Union Européenne peut déboucher sur un réseau d'acteurs auto-organisé, qui répond à une logique *bottom-up* en mettant en lien des collectivités locales motivées par une cause commune (c'est ce que nous appelons par la suite réseau pan-alpin). Ce réseau est en effet le produit de deux projets montés dans le cadre d'INTERREG IIC, puis d'INTERREG IIIB (dans la priorité thématique « Transports »). S'est ainsi constitué un réseau de stations promouvant la mobilité durable qui perdure au-delà de l'engagement institutionnel.

4.3.3 Mobilisation planétaire autour de la montagne

Dans les deux types que nous avons présentés (intercommunalité et transfrontaliarité), les relations se basent, dans la plupart des cas, sur le principe et l'existence d'un espace matériel commun à partager : un territoire historique qui rassemble, une aire linguistique, un espace aux qualités

---

16   On peut mentionner aussi le projet INTERREG IIIB « Montagne de l'Homme » auquel a indirectement participé la commune de Saint-Martin, par le biais de l'Association des communes du Val d'Hérens.

17   INTERREG III B Alpine Space Programme CULTURALP Knowledge and Enhancement of Historical Centres and Cultural Landscapes in Alpine Space, *Le programme Culturalp, pour la préservation de l'identité alpine*, Activities and Results, Cultural Heritage Operational Tools, site web <www.culturalp.org>, juillet 2005.

naturelles semblables, etc. A chaque fois, les relations restent confinées à de la proximité spatiale, mais aussi sociale et culturelle (on se comprend parce qu'on est voisin). Dans les réseaux à distance, la contiguïté, par définition, ne joue plus. Ces réseaux consistent à relier des communes, des associations, des institutions… qui ne partagent pas d'espace matériel commun. Ces partenariats se construisent sur la distance, qui sépare quelquefois les partenaires de plusieurs milliers de kilomètres, mais qui les oblige à travailler ensemble à des similarités que l'éloignement géographique, culturel, économique, etc. rendent peu évidentes *a priori*.

Parmi les réseaux à distance, une partie a été suscitée, renforcée ou accompagnée par la mondialisation des enjeux montagnards. On entend par là l'émergence récente d'une attention croissante pour les espaces montagnards à l'échelle de la planète. Reconnu lors de la Conférence des Nations Unies sur le développement et l'environnement à Rio de Janeiro en 1992, le rôle de la montagne comme exemple dans la mise en œuvre du développement durable et pour l'équilibre écologique global de la planète a été affirmé dans le chapitre 13 de l'Agenda 21 établi à Rio, intitulé «Managing fragile ecosystems: sustainable mountain development» (PRICE 2004). Ce texte souligne l'importance des ressources dont les montagnes seraient pourvues, ainsi que la nécessité de les protéger. Les agences des Nations Unies (FAO, UNESCO notamment), certains Etats dont le territoire est recouvert par une importante surface montagneuse (la Suisse, par exemple), des scientifiques, ainsi que des ONG se sont ainsi mobilisés sur l'espace montagne, désigné bien commun à l'ensemble du globe (DEBARBIEUX & PRICE 2008). Cette mobilisation a pu apparaître comme essentiellement portée par des institutions et pas véritablement appropriées par les populations locales que la reconnaissance de la montagne concernait. C'est de ce contexte que découle la désignation par l'Assemblée des Nations Unies, de 2002 comme Année internationale de la montagne.

Une étude financée par le Fonds national suisse de la recherche montre que les communautés locales (suisses en l'occurrence) n'ont pas attendu cette attention institutionnelle pour construire leurs propres relations avec d'autres communautés de montagne de par le monde (DEBARBIEUX & RUDAZ 2007). Ces partenariats sont motivés par des objectifs variés, comme la promotion économique, le lobby politique ou la célébration des identités montagnardes (*idem*, p. 91).

4.3.4 Les réseaux «pan-alpins» d'acteurs: de la COTRAO à Best of the Alps

Parmi ces nombreux réseaux qui prennent pour référent la montagne, certains se déploient sur un massif de montagne particulier. Focalisons-nous ici sur les Alpes, puisque nos terrains y sont situés. Depuis une vingtaine d'années, quelques réseaux d'acteurs ont été montés, en prenant comme espace de référence explicitement les Alpes et en tentant de dépasser le strict cadre national. Ces réseaux ne rassemblent évidemment pas les mêmes partenaires (des institutions locales, des institutions régionales, des stations, etc.), ni ne poursuivent les mêmes buts (application d'une politique commune de développement durable, échanges d'expériences, opérations marketing, etc.).

A partir des années 1970, dans un contexte de construction européenne, trois formes de collaboration entre des partenaires non étatiques se mettent en place. En 1972, un premier réseau couvrant les Alpes orientales, ARGE ALP (Arbeitgemeindschaft Alpenländer), voit le jour. Il regroupe des provinces italiennes, un canton suisse et des provinces allemandes et autrichiennes. Initialement, cette association était conçue comme un contrepoids aux nations (PRICE 1999). Quatre commissions (transport, culture et société, environnement et agriculture, économie et emploi) sont mises sur pied. En novembre 1978, ALPEN ADRIA (Communauté de travail des länder et des régions des Alpes orientales) est fondée par des provinces italiennes et autrichiennes, ainsi que la Croatie et la Slovénie, alors intégrées dans la République de Yougoslavie. Cette structure cherche à coordonner les actions de ses membres concernant différentes thématiques, comme le trafic, la gestion de l'eau ou le développement régional.

Enfin, en avril 1982, la Communauté de travail des Alpes occidentales (COTRAO) est mise en place. Elle rassemble huit régions ou cantons suisses, italiens et français. Ces groupes de travail sont nés dans un contexte de régionalisation en Europe. Chacun estime rassembler des partenaires partageant une histoire et un passé commun. Ce dernier réseau est peu actif comparé à ces deux premiers homologues alpins.

Dans un registre complètement différent, mais dans un espace de référence similaire (les Alpes), s'est constituée beaucoup plus récemment l'association Best of the Alps (en 1989), qui fédère dix des plus prestigieuses stations alpines, comme Chamonix en France, Zermatt, en Suisse, Cortina d'Ampezzo en Italie, Garmisch-Partenkirchen en Allemagne ou Kitzbühel, en Autriche. Le référentiel Alpes est explicite, puisque ces stations s'en veulent «les ambassadrices». Elles vantent la qualité de leur environnement, l'importance symbolique des massifs montagneux qui les entourent, ainsi que l'ancienneté et la maîtrise de leur développement touristique[18]. Ce réseau s'est assorti d'un label que les stations membres endossent pour stimuler leur fréquentation touristique; Best of the Alps constitue surtout un moyen de coordonner leurs opérations marketing lors de foires touristiques, par exemple. Le réseau Pearls of the Alps, issu des deux projets INTERREG, dont nous avons parlé plus haut, relève de la même logique.

4.3.5 Alliance dans les Alpes: un réseau majeur

Le lancement de la Convention Alpine par la CIPRA[19] a connu des fortunes diverses. Les Etats alpins ont en effet adopté le traité, mais certains n'en ont pas ratifié les protocoles (la Suisse notamment) (BÄTZING, MESSERLI & SCHEURER 2004). La CIPRA, soucieuse d'associer d'autres entités politiques que les Etats dans le processus de mise en œuvre de la Convention alpine (MANESSE & TÖDTER 1995), a contribué à lancer trois réseaux de partenaires locaux: l'Association Villes des Alpes de l'année, le Réseau alpin des espaces protégés et Alliance dans les Alpes. Nous n'insisterons pas beaucoup sur les deux premiers réseaux: l'Association Villes des Alpes de l'année rassemble toutes les villes auxquelles a été décerné le titre de ville alpine de l'année, un concours lancé par la CIPRA en 1997. Cette association est à ne pas confondre avec la Communauté de travail des villes alpines, fondée en 1988. Le Réseau alpin des espaces protégés a été créé en 1995 (sous l'impulsion du gouvernement français) pour mettre en relation les gestionnaires des réserves naturelles, parcs nationaux et parcs naturels régionaux des huit pays alpins.

Le réseau Alliance dans les Alpes nous intéressera davantage, dans la mesure où l'une de nos études de cas y fera clairement référence. Fondé en 1997, il poursuit l'objectif de mettre en application les principes de la Convention Alpine en impliquant concrètement l'échelon communal. Ce

---

18   Voir le site web de l'association <www.bestofthealps.com>.
19   Rappelons que cet acronyme désigne la Commission internationale pour la protection des Alpes, organisme associatif fondé en 1952. Elle était à ses débuts très proche de l'Union mondiale pour la conservation de la nature (UICN) et surtout animée par des naturalistes. L'association s'est progressivement professionnalisée en même temps qu'elle a élargi ses thématiques d'action et de réflexion.

réseau revêtait une dimension exemplaire, en ce sens que les réalisations des communes, dans ce réseau, devaient montrer la faisabilité d'une application des protocoles de la Convention Alpine. La phase pilote a concerné 27 communes qui, dans un premier temps, se sont toutes soumises à un audit écologique. Le réseau proprement dit s'est ensuite activé par l'organisation de conférences et d'excursions. Le nombre des membres n'a cessé de croître depuis le début de l'association : de 27 en 1997, il est passé à 141 en 2002 (SIEGRIST 2002) et à plus de 250 en 2008[20]. En rappelant les catégories d'objectifs propres aux mouvements sociaux définis par Manuel Castells, on constate que l'association Alliance dans les Alpes remplit, de l'aveu de ses membres et des instigateurs du réseau, trois rôles. Le premier instaure le réseau comme un outil de lobbying politique notamment auprès des Etats pour qu'ils s'investissent dans la Convention Alpine. Le deuxième est l'utilisation du réseau comme une plate-forme d'échanges de pratiques, de savoir-faire et d'expériences entre ses membres. Le dernier considère le réseau comme pouvant pourvoir une aide concrète à la mise en œuvre de projets de chacun des membres. De surcroît, la dimension identitaire, moins prégnante, n'en est pas moins importante avec l'organisation des séminaires et des excursions qui associent des moments festifs, de partage, lesquels privilégient les relations personnelles entre les différents responsables communaux.

Ce réseau procède d'une logique différente de celle des projets INTER-REG, bien qu'il utilise ce type de réseau aussi, dans la mesure où les « networks may be created to overcome and challenge constraints posed by hierarchical modes of governance » (LEITNER, PAVLIK & SHEPPARD 2002, p. 288)

Parmi les réalisations d'Alliance dans les Alpes, signalons la participation de certains des membres à un projet soutenu par le programme INTERREG IIIB Alpine space, nommé DYNALP (comme la contraction de « Dynamic rural alpine space ») entre 2003 et 2006. Le chef de file du projet était la commune de Mäder en Autriche, dont le maire est le président du réseau Alliance dans les Alpes. Les fonds INTERREG ont permis de soutenir les projets locaux de plus d'une cinquantaine de communes et de les valoriser comme des « best practices » et des exemples de mise en œuvre de la Convention alpine. Parallèlement, des workshops thématiques ont été organisés pour matérialiser ce principe d'échange d'expériences.

---

20   Site web du réseau <www.alpenallianz.org>.

Si nous tentions de faire une analyse et une typologie de tous les projets présentés, nous obtiendrions six catégories:

– des projets qui valorisent l'eau, conçue en tant que ressource fonda-mentale de l'arc alpin,
– des projets qui favorisent la mobilité douce,
– des projets qui tentent de promouvoir les produits du terroir,
– des projets qui visent une meilleure efficience touristique (portes d'en-trée, chemins…),
– des projets qui tournent autour de la réhabilitation d'objets patrimo-niaux locaux (murs, sentiers, bâtiments,…),
– des projets qui tentent de sauvegarder des savoir-faire agricoles ou artisa-naux.

Des projets ont continué à être soutenus, par le biais du deuxième volet de DYNALP, cette fois-ci financé par la Fondation MAVA pour la protection de la nature en Suisse. DYNALP 2 reprend les domaines d'action traités par le projet Avenir dans les Alpes, déjà financé par la MAVA entre 2004 et 2007[21]: valeur ajoutée régionale, capacité d'action sociale, espaces proté-gés, mobilité, nouvelles formes de prise de décisions, politiques et instru-ments. A l'issue de ce travail de récolte des connaissances scientifiques sur les Alpes, le besoin s'est fait sentir de non seulement diffuser et vulgariser ces connaissances, mais aussi de les appliquer concrètement. Des réalisa-tions portées par des communes ont été financées par ce projet, dans le même esprit que pour le premier volet DYNALP.

Tous ces projets sont autant de bons exemples du couplage entre des ressources institutionnelles – en tirant parti des ressources offertes par les programmes de l'Union Européenne, des collectivités locales vont dans le sens de celle-ci – et de la coopération horizontale – la constitution de ces liens avec des *alter ego* perdure dans le temps. Ces projets ont contribué à diffuser des représentations sur ce qu'était l'action collective dans les Alpes (et dans la montagne pour ce qui est de l'Année internationale de la mon-tagne): des idées sur le développement durable, l'environnement, l'auto-nomie locale, l'identité spécifique des Alpes et de chaque communauté.

21   Le projet «Avenir dans les Alpes» cherchait à établir une base de données des initiatives déjà existantes dans les Alpes sur les thèmes précités. Conduit par la CIPRA entre 2004 et 2007, ce projet se veut, comme les autres, une contribution à la mise en œuvre de la Convention alpine. Il a rassemblé un réseau de chercheurs d'universités, de hautes écoles et d'administrations chargés de rédiger ces états de la situation thématiques.

Synthèse du chapitre 4

Deux enseignements principaux sont à retenir de ce chapitre. D'abord, des réseaux d'échange d'expériences, entre partenaires à distance ou non, apparaissent comme un moyen efficace de mener à terme un projet. De plus, il s'avère que des objets sont insérés dans des réseaux – au sens de la sociologie de la traduction – c'est-à-dire un complexe d'acteurs, parfois éphémère, qui contribue à transformer l'objet et à accomplir (ou faire échouer) le projet.

Ensuite, les projets que nous allons étudier sont connectés à de multiples espaces de référence, d'échelles diverses, que ce soit le lieu ou la région. Certains de ces projets se réfèrent explicitement à l'espace alpin, notamment lorsqu'ils sont amorcés par des programmes portant sur cette échelle. Mais les Alpes ne sont pas une référence incontournable et d'autres espaces sont invoqués.

Synthèse de la Partie I

Avant de poser les hypothèses qui cadrent cette recherche, nous tenons à rappeler les lignes majeures de la réflexion, à partir desquelles, précisément, le réseau d'hypothèses sera énoncé.

Notre recherche s'intéresse aux tentatives de certains groupes ou individus de territorialiser et d'identifier une communauté ou un collectif. On aura donc compris que, pour nous, le territoire et l'identité n'existent pas en soi et ne sont pas de quelque manière que ce soit préexistants à ce travail délibéré d'«assignation»[22]. Nous allons examiner ces processus à l'œuvre par l'exemple de projets paysagers, culturels et touristiques. Cela implique de reconnaître le rôle de deux instances.

D'un côté, ces processus font circuler des idéologies, à savoir des représentations naturalisées du monde, qui d'une part, «font lien» entre

---

22 Nous reprenons le terme de Claire Hancock prononcé durant sa conférence intitulée «Dé-placements : résister aux assignations à territorialité» lors du colloque de l'Ecole doctorale de géographie de Suisse romande en juin 2006.

individus (ainsi identifiés) et d'autre part, ancrent ceux-ci dans un espace (ainsi territorialisé). C'est que l'idéologie définit autant l'identité d'un espace que l'identité par l'espace. Ces idéologies, ou tout du moins certaines d'entre elles, sont entérinées par des imaginaires, c'est-à-dire des représentations homogénéisantes, des stéréotypes.

De l'autre côté, la territorialisation et l'identification sont facilitées, médiatisées, opérées par la mise en valeur d'objets le plus souvent symboliques, des sémiophores, qui disent refléter la communauté et sa relation toujours spécifique à l'espace. La matérialité est incontournable, puisqu'elle fait émerger les idéologies. Elle traduit le pouvoir qu'ont certains groupes à imposer leur version du monde.

Cet équilibre, ce savant mélange entre idéologies et objets qui se réalise dans le projet est aussi autorisé par des liens réticulaires. Des réseaux connectent des groupes et des individus au sein du projet pour contribuer à sa réussite. Des réseaux agencent des objets et des espaces à plusieurs moments du projet, là aussi pour assurer sa réalisation ou au contraire pour la faire échouer.

Hypothèses de travail

La construction du raisonnement, fondé sur l'ensemble des concepts présentés plus haut, nous permet à présent d'énoncer les hypothèses qui guident la recherche.

La question générale posée ici est la suivante: comment des individus cherchent-ils à territorialiser le groupe auquel ils appartiennent par l'intermédiaire d'objets matériels? Cette question amène à comprendre de concert les processus de territorialisation, d'identification et de construction des idéologies, ainsi que celui de mise en réseau. Nous pensons en effet que le groupe en question advient et se perpétue, en partie à la faveur de l'ensemble de ces processus qui transitent notamment par l'objet matériel. Les projets sont envisagés ici comme des systèmes cohérents composés d'objets, créés pour l'occasion ou réutilisés dans ce contexte. Le processus de projet délaisse également certains objets, ou éventuellement en détruit. Il nous importe donc de comprendre cette économie des objets.

La territorialisation délibérée par le groupe confère à celui-ci une identité pensée comme stable et naturelle (au sens de son caractère indiscutable). Ce processus d'identification se construit de manière concomitante à celui de territorialisation et ce, au travers des projets que des individus mènent ensemble.

Or, ces personnes justifient leur projet en formulant des idéologies, c'est-à-dire des versions du monde présentées comme vraies. Ces idéologies se nourrissent, à des degrés divers, d'imaginaires de la montagne ; elles font parfois apparaître des stéréotypes habituellement associés aux espaces montagnards.

Elles peuvent être repérées au travers des processus de justification et de contestation des projets par divers groupes. En effet, ces idéologies ressortissent à des systèmes de justification, comme nous le verrons dans la partie II (BOLTANSKI & THÉVENOT 1991 ; VAN LEEUWEN & WODAK 1999 ; BRETON 2006 ; VAN LEEUWEN 2007), telles l'affirmation de la position d'un expert, l'invocation de l'autorité populaire, la conformité à une soidisant tradition ou encore la justification de type rationnel, qui se fonde sur la relation de cause à effet attendue de l'action ainsi légitimée.

Les projets portés par les individus façonnent des réseaux et sont en même temps construits par ceux-ci, aux trois sens où nous avons entendu ce terme : des personnes sont mises en relation dans ces projets et par ces objets ; des collectivités publiques sont mises en réseau ; le projet ne dépend plus de ressources locales mais d'objets et de compétences disséminés dans des espaces divers.

A partir de ce cadre général, nous énonçons trois hypothèses[23] :

Hypothèse A :
Les projets sont accompagnés, motivés et justifiés par des idéologies convoquant des imaginaires.

Les groupes s'appuient sur des idéologies lorsqu'ils conçoivent leur projet. Celles-ci sont révélées à plusieurs moments du projet : lors de sa formulation, lorsqu'il s'agit de justifier sa pertinence et de le faire accepter par des autorités ou par la population ; une fois réalisé, lorsqu'il s'agit de justifier des modifications dans le déroulement du projet ou d'introduire de nouveaux

---

23   Les numéros en gras entre parenthèses renvoient au tableau 1 résumant les hypothèses.

objets. Or, l'ensemble des discours recueillis dans cette étude ne se rapportent jamais qu'à ce processus de justification amorcé par des individus insérés dans des collectifs sociaux. Des imaginaires sont mobilisés dans ces idéologies relatives aux espaces dans lesquels les projets sont déployés. En effet, les idéologies reprennent, pour partie, des imaginaires homogénéisants (relatifs au type montagne ou au type Alpes). Les imaginaires montagnards et alpins constituent une sorte de «réservoir de connaissances» qui est mobilisé, de manière implicite ou explicite, pour construire un projet de territoire, interagir avec d'autres collectifs sociaux, justifier un aménagement, accompagner la valorisation d'un objet et, au final, constituer ou afficher une identité collective.

Il est possible de faire ressortir trois idéologies qui sont employées comme autant de justifications (dans la mesure où les idéologies justifient les projets et les projets justifient les idéologies). Il s'agit de l'idéologie de la tradition, de l'idéologie de la naturalité et de l'idéologie de la rationalité, que nous explicitons en les reprenant une par une.

Premièrement, certains des projets étudiés sont motivés et justifiés par la mise en valeur de prétendues[24] traditions. Ce type d'idéologie se réfère volontiers aux imaginaires de la montagne, dans le sens où y sont souvent rappelées, à un niveau générique, les difficultés qu'engendrerait l'environnement montagnard d'une part, et donc, en parallèle, les réponses apportées par la société (dite montagnarde), laquelle, par voie de conséquence, acquiert d'autre part de fortes spécificités. De cette conception découle le discours sur la nécessité de conserver, voire de revitaliser les spécificités nées de ce rapport entre société et milieu naturel difficile ; spécificités qu'on appelle souvent traditions. Ces stratégies de conservation sont fréquemment référées à des représentations nostalgiques de la vie en montagne telle qu'on estime qu'elle a eu cours jusqu'au milieu du 20e siècle (mais la datation n'est que rarement explicitée). Dans ce contexte, la mémoire locale est fortement valorisée (1).

Deuxièmement, le projet est motivé, selon ses concepteurs, par la qualité environnementale et paysagère d'un lieu qu'il mettrait en valeur. Le projet est présenté comme venant enrayer une menace qui pèse sur ce lieu (11) ou alors comme participant de la «beauté de la montagne», dans le sens commun du terme. Au contraire, d'autres groupes dénoncent l'objet

---

24 Nous employons cet adjectif pour témoigner de ce que Eric Hobsbawm appelle des traditions inventées.

ou le projet en son entier comme étant incompatible avec la biodiversité supposée du lieu.

Troisièmement, les idéologies sont, dans certains cas, résolument orientées par la recherche d'efficacité. De ce point de vue pragmatique, les projets sont motivés et justifiés essentiellement par les retombées économiques qu'ils induiraient. Plus largement, ces idéologies contiennent aussi l'idée que des efforts doivent être menés pour conserver une vie locale (en dynamisant le tissu social, en créant des emplois, en stimulant l'initiative locale, etc.), que cela passe par une promotion touristique ou par la dynamisation d'autres secteurs de l'économie.

L'échelle de la montagne est explicitement évoquée ici puisque les groupes se raccrochent au diagnostic souvent partagé d'une faiblesse structurelle des régions de montagne, espaces dans lesquels ils se reconnaissent, ainsi que la nécessité de remédier à celle-ci par des solutions appropriées (**10**). En cela, les idéologies produites ici n'ont d'autre objectif que de servir de justifications à des actions (des politiques publiques particulières, des projets sur des sites ciblés,…), qui elles-mêmes sont pensées *in fine* comme une valorisation des milieux montagnards destinée au premier chef aux populations qui y vivent.

On aura compris que certaines de ces idéologies qui justifient les projets sont génériques, notamment celles portant sur la nature et la tradition. Elles ressortissent à des représentations homogénéisantes, lesquelles cherchent plutôt à mettre en exergue des qualités objectivement communes à tous les espaces contenus dans les catégories Alpes et montagne élaborées dans les discours. Au travers des idéologies sont présentées tout à la fois une identité *de* la montagne (ce que sont les attributs ontologiques de cette catégorie spatiale) et une identité *dans* ou *par* la montagne (une vision de ce qu'est l'organisation des sociétés qui vivent dans cette catégorie spatiale; ce qui aboutit, d'un point de vue pragmatique, à des projets ciblés et appropriés à la situation qualifiée de montagnarde).

Mais ces idéologies peuvent aussi se particulariser. Elles peuvent être assimilées, dans ce sens, à des représentations particularisantes qui renvoient à un lieu plus ou moins spécifié, dans lequel est implanté l'objet et dont les caractéristiques propres sont affirmées. D'un côté, il est mis l'accent sur des caractères partagés par l'ensemble de l'arc alpin et, éventuellement, des montagnes du monde. De l'autre est soulignée l'exceptionnalité de chaque lieu, auquel le projet mis en œuvre est subordonné. L'idéologie de type rationnel, par exemple, renvoie à des caractères de la montagne jugés uniformes, mais elle prend tout son sens lorsqu'elle s'applique à un lieu précis, dans la mesure où elle émane souvent d'institutions ou de collectifs qui se constituent en porte-parole de populations qui habitent la zone désignée comme milieu de vie.

Il faut se garder de postuler qu'il y a des groupes exogènes et des groupes endogènes aux espaces concernés, ainsi que de supposer qu'un même groupe ne peut pas jouer sur les deux registres, celui de l'homogénéisation et celui de la particularisation. Bien au contraire, il semble que les groupes font appel à ces deux types de représentation, et combinent ainsi des espaces de référence différents.

Hypothèse B:
Les projets combinent des objets singuliers qui concrétisent des idéologies.

Dans la conduite de leur projet, ou sa contestation, les groupes énoncent des discours idéologiques qui construisent du territoire et de l'identité.

Or, dans ce processus, les groupes s'appuient sur de la matérialité qu'ils contribuent à façonner. Cette affirmation n'est pas inconciliable avec une attention aux effets de discours qui forment le territoire ou l'identité. Tout comme le discours, l'objet peut véhiculer la naturalisation du sens, qui est le propre de l'idéologie. L'idéologie et l'objet en deviennent indissociables. L'une se concrétise dans l'autre; et l'objet prend son sens par l'idéologie. Ce processus correspond bien, il nous semble, au sens étymologique du terme concrétiser, du latin *cum crescere*, qui signifie «croître avec». Nous observons donc une mise en objet des idéologies. A l'instar de celles-ci, l'objet, à plus forte raison lorsqu'il est symbolique, dissimule les processus qui ont présidé à sa construction. Rien n'est en effet plus vrai qu'un objet: l'idéologie qui lui donne sens, par sa visibilité, devient évidente et légitime. Il naturalise les discours en même temps qu'il est naturalisé par les discours. En d'autres termes, l'objet se voit justifié, tout en offrant une concrétude aux idéologies. C'est parce qu'elles sont incarnées dans des objets qu'elles acquièrent leur efficacité et leur spécificité.

Les objets (et le projet par lesquels ils sont configurés) agissent autant comme des médiateurs entre des intentions ainsi que des motivations, et les groupes qui arborent celles-ci, que comme des opérateurs. Ces objets exercent donc un double effet chez les groupes qui les manipulent. D'une part, les objets territorialisent les groupes qui les valorisent, en leur offrant un symbole identitaire (**6, 7, 8**). D'autre part, les objets, par leur matéria-

lité, inscrivent «territorialement» les idéologies que les groupes véhiculent
(1, 2): ils peuvent constituer en eux-mêmes des spécimens de la naturalité
(1), de la tradition (2) et peuvent assumer une fonction de dynamisation
sociale et économique (3).

Nous concevons donc les objets davantage comme étant configurés par
leurs concepteurs et leurs utilisateurs, et moins comme des structures qui
déterminent leur comportement. En outre, ces objets se voient confier des
tâches (pratiques ou symboliques) qui font d'eux des opérateurs (c'est-à-
dire des déclencheurs d'effets chez ceux qui les manipulent). Et, dans certains cas, ces effets sont inattendus pour ceux qui ont conçu l'objet.

Hypothèse C:
*Les projets mobilisent des groupes, des ressources et des compétences sur le double
mode de la coopération horizontale entre montagnards et de la coopération
verticale.*

Afin de mener à terme leur projet et parfois même de le concevoir, certains
groupes ont besoin de recourir à des relations qui seront qualifiées de nouvelles ou d'inédites[25] avec d'autres groupes de même nature (qui ont des
intérêts communs), à savoir des collectifs montagnards qui leur ressemblent peu ou prou. Cette connexion est établie, dans nos cas, pour deux
raisons: soit parce que le projet, dans son fondement, exige nécessairement un lien entre *alter ego* montagnards, soit parce qu'indirectement, il
est fait recours à ces autres partenaires montagnards pour mener à bien le
projet. La coopération horizontale se traduit à la fois par de la collaboration intercommunale, de la collaboration transfrontalière et des relations à
distance. Néanmoins, si cette connexion est une condition nécessaire, elle
n'est pas forcément suffisante: il arrive plus fréquemment que les porteurs
de projet et les collectifs sociaux qu'ils représentent lui ajoutent une mobilisation de ressources institutionnelles plus classiques, c'est-à-dire la coopération verticale. Il s'agit de la sollicitation courante de différentes autorités
politiques, dont dépendent les porteurs de projets, à des échelons divers
(communal, cantonal ou départemental, national). Dans nos cas d'étude,
nous avons affaire à une combinaison de modes de coopération horizontale et verticale. Ce couplage s'est avéré, dans les cas que nous avons étudiés, très efficiente pour conduire un projet. Car la mise en place de ce

25   Dans la mesure où elles sortent des circuits habituels de coopération.

projet engendre des processus de territorialisation plus larges, puisqu'il stimule des dynamiques sociales et/ou politiques (4) qu'il est considéré comme reproductible, car pensé comme exemplaire, dans d'autres espaces proches (5).

Alors que la coopération verticale correspond à une structuration scalaire de type emboîtée, les relations entre *alter ego* montagnards dessinent des configurations spatiales plus particulières : les groupes n'étant pas forcément situés sur le même lieu, ni sur le même espace (la distance les séparant peut être importante), les relations entre eux s'accomplissent sur le mode réticulaire. Bien plus, au-delà de ce seul critère géométrique de la distance, ces entités interagissent peu en dehors du rapport qu'elles ont avec l'objet ou en dehors de la période durant laquelle elles s'investissent dans le projet (et qui les amène à interagir). Les relations instaurées s'apparentent donc à des liens de type *bridging*, par lesquels transitent une information à haute valeur ajoutée, par nature intermittents et qui s'opposent aux liens de type *linking* ou *bonding*, beaucoup plus intenses et qui se produisent entre des personnes proches. Les collectifs sociaux impliqués dans les projets se branchent donc résolument à des réseaux, qu'ils contribuent à activer, mais toujours de manière circonstancielle.

Cette dernière hypothèse est fortement corrélée aux deux premières, en ce sens que les relations horizontales entre montagnards sont liées tant aux objets qu'aux imaginaires de la montagne (pour l'un des cas d'étude, la passerelle bhoutanaise) et des Alpes (pour un autre, Walser Alps) : l'objet matériel légitime la coopération entre partenaires différents, soit parce que ladite coopération est directement construite autour de l'objet, soit parce qu'il permet un rapprochement concret entre les deux partenaires (14). Les idéologies rendent possibles les relations entre des partenaires, que rien ne pousse, en dehors de ces relations, à interagir. Ces idéologies permettent de justifier une collaboration, dont la pertinence peut sembler *a priori* peu évidente (12, 13).

Sur le tableau 1, on trouvera, sous une forme résumée, les hypothèses et leurs différentes déclinaisons.

Tableau 1 : Synopsis des hypothèses.

Les hypothèses	Le pouvoir des idéologies			Le pouvoir de l'objet
	L'idéologie de la tradition ou patrimoniale	L'idéologie de la naturalité	L'idéologie localisante	
A Les groupes formulent des idéologies qui rendent indiscutables le territoire et l'identité du groupe				
B Les groupes façonnent des objets matériels, lesquels concrétisent des idéologies	1 L'objet est un spécimen de la « tradition »	2 L'objet est un spécimen de la naturalité (ou un empêcheur de naturalité)	3 L'objet est un opérateur de l'idéologie localisante	7 L'objet assoit une continuité temporelle (l'objet est dit perdurer dans le temps) 8 L'objet ancre spatialement/ il réfère à un espace connu du groupe 9 L'objet offre un prétexte pour la communion/il rassemble
C Les groupes recourent à la coopération horizontale autant qu'à la coopération verticale, en exposant les idéologies		11 La rhétorique sur la fragilité écologique de la montagne est utilisée	13 Une « communauté de problèmes » entre les partenaires est définie 10 La rhétorique sur les désavantages desdites régions périphériques/ montagnardes/éloignées est utilisée	4 Le projet rend possible une nouvelle orientation 5 Le projet s'impose comme modèle 14 L'objet permet la communion de deux entités sociales / deux *alter ego* montagnards 15 L'objet permet la ressemblance des deux environnements physiques

Partie II
Cas d'étude et méthodes d'analyse

Dans un premier temps, cette partie présente de manière approfondie et factuelle les quatre terrains retenus dans cette recherche. Avant de brièvement justifier ces choix, elle décrit dans le détail chaque projet, le contexte spatial dans lequel il s'insère et ses étapes de réalisation successives, ainsi que les différents acteurs qui y sont impliqués.

Dans un second temps, cette partie expose les méthodes de collecte et d'analyse des données utilisées dans cette recherche. Elle commence par préciser quel type de données a été recueilli et de quelle manière cela a été fait. Suit un chapitre plus théorique sur la méthode d'analyse, qui rend compte des modalités de traitement des données, notamment l'approche des argumentaires. Cette démarche nous semblait une bonne façon de faire émerger les idéologies, lesquelles structurent les discours des différents acteurs de chaque projet.

Cette partie a été autonomisée par rapport aux deux autres, dans la mesure où elle constitue en quelque sorte le «mode d'emploi» de la partie III (tandis que la première en est la «boîte à outils»).

Chapitre 1
Présentation des cas d'étude

Ce chapitre procède à une description de tous les projets, qui sont tous situés dans les Alpes suisses ou françaises.

La figure 1 montre la localisation de ces projets.

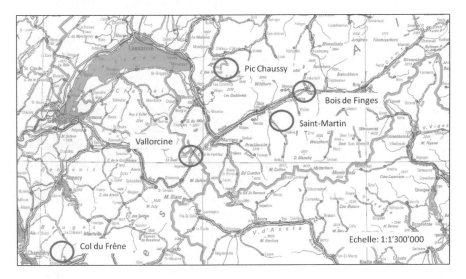

Figure 1 : Carte de localisation des cas d'étude.

1.1 La passerelle bhoutanaise

Curieux objet, on l'a déjà dit, que cette passerelle bhoutanaise, construite en 2005. Elle permet aux piétons de franchir le torrent de l'Illgraben, qui coule sur le territoire de la commune de Loèche au centre du Valais. Si beaucoup d'acteurs ont participé à sa construction, le maître d'ouvrage en était la région socio-économique de Loèche.

1.1.1 Le rôle de l'Association Montagne 2002

Il faut remonter à 1998 pour comprendre l'implantation de cette passerelle particulière. Durant cette année, en novembre, l'Assemblée générale des Nations Unies a décidé de proclamer 2002 «Année internationale de la montagne», comme elle le fait chaque année pour d'autres espaces ou pour des thématiques particulières. Cette décision résulte d'une mobilisation croissante pour les espaces montagnards à l'échelle de la planète (*Cf.* I 4.3.3)

La Suisse a toujours été un pays particulièrement impliqué dans cette mobilisation, notamment par la Direction du développement et de la coopération (DDC), qui a beaucoup porté son action dans les pays de montagne. «Pour la Suisse, c'est une chance immense que de pouvoir transmettre ces expériences et faire ainsi montre de solidarité avec la population des régions de montagne, y compris hors des frontières nationales et européennes»[26].

Au Forum mondial de la montagne en juin 2000 à Chambéry[27], quatre représentants de divers groupes venant du canton du Valais (l'Etat du Valais, l'Institut universitaire Kurt Bösch, la Fondation pour le développement durable des régions de montagne et le Groupement des populations de montagne du Valais romand) émettent l'idée d'organiser des manifestations liées à l'Année internationale de la montagne sur territoire valaisan (RUDAZ 2005). La Fondation pour le développement durable des régions de montagne (FDDM) prend le leadership de ce mouvement et fonde l'association «Montagne 2002» le 12 juin 2001. Les membres de son comité sont les mêmes que ceux qui s'étaient rencontrés à Chambéry. Il s'y ajoute d'autres personnes dont un ingénieur de l'ONG Helvetas, spécialisée dans la coopération avec les pays du Sud. L'association énonce deux objectifs fondateurs :

> Les montagnes sont des écosystèmes fragiles, dont la préservation est capitale pour l'avenir de la planète, mais ce sont aussi des lieux habités. Les montagnards, tout autour de la terre, avec leurs cultures à la fois si semblables et si diverses, doivent pouvoir continuer à y vivre et y vivre bien.

26 *Agenda de la montagne 2002. Année de l'ONU pour la montagne*, Berne : Office fédéral du développement territorial et Direction du développement et de la coopération, 2002, p. 5.

27 Ce forum est considéré comme la première rencontre des populations de montagne du monde, qui aboutira à la constitution de l'Association des populations des montagnes du monde (APMM) en avril 2001.

> La montagne est le château d'eau de la terre. Le rôle de l'eau dans le développement économique est capital et potentiellement conflictuel. Les habitants des montagnes ont accumulé une grande expérience à cet égard, expérience qu'il vaut la peine de partager[28].

Avec l'appui de l'association pour le Service aux régions et aux communes (SEREC), le comité s'attelle à susciter des projets qui pourraient entrer dans ce cadre. Durant l'année 2002, onze actions seront ainsi réalisées, parmi les plus marquantes l'organisation d'un colloque sur la thématique de l'eau, la construction d'un itinéraire didactique et la tenue d'expositions temporaires.

La passerelle bhoutanaise a été sans conteste le projet le plus important, en terme financier et d'envergure, que l'association ait eu à mener. C'est d'ailleurs la seule action qui n'ait pu être menée à terme durant l'année 2002.

1.1.2 La coopération Valais – Bhoutan

Pour les membres du comité de l'association Montagne 2002, amorcer un partenariat et une coopération avec un pays du Sud relevait de l'évidence, pour se conformer tout à la fois aux objectifs généraux suisses, à l'esprit des années internationales et à la philosophie de l'Agenda 21 formulée au Sommet de Rio en 1992. Le Kirghizstan, dont le gouvernement est à l'origine de la désignation par l'ONU de l'Année internationale de la montagne, est approché par le comité. Mais, eu égard aux nombreuses sollicitations dont fait l'objet ce pays, les membres de Montagne 2002 abandonnent ce choix.

Au final, c'est le Bhoutan qui sera le partenaire désigné: la présence, dans le comité de l'association Montagne 2002, du représentant d'Helvetas sera décisive à cet égard. Cette ONG est en effet très active au Bhoutan depuis 1985. Un de ses programmes consiste à soutenir la construction de passerelles piétonnières. Mais pour Montagne 2002, le partenariat avec le Bhoutan est d'emblée pensé comme étant bilatéral. Les trois séries d'actions envisagées en témoignent.

---

28 Association Montagne 2002, *Année internationale de la montagne 2002. Rapport final de l'Association Montagne 2002*, 2005, p. 2.

Le partenariat consiste d'abord à organiser des échanges de stagiaires. Entre 2002 et 2005, des Bhoutanais se rendent en Valais et des Valaisans partent au Bhoutan. Les frais sont pris en charge par la région d'accueil. En 2002, des guides de trekking bhoutanais passent quelques jours en Valais ; la même année deux ethnologues valaisans séjournent au Bhoutan pour y réaliser un reportage photographique. Entre mai et juin 2003, deux guides bhoutanais sont accueillis par l'école d'accompagnateurs en moyenne montagne de Saint-Jean, dans le Val d'Anniviers. En mai 2004, c'est au tour d'un élève accompagnateur et de la responsable de la formation de s'envoler pour le Bhoutan. L'échange réciproque se poursuit en 2005, avec la venue de deux Bhoutanais en Valais. Ce volet d'échanges a été d'abord porté par l'Etat du Valais, mais a été ensuite bien récupéré par d'autres instances, comme cette école d'accompagnateurs. Ces échanges n'ont pas été poursuivis au-delà de l'année 2005.

Parallèlement, l'Etat du Valais et l'ambassade du Bhoutan en Suisse ont longtemps travaillé à la mise en place d'un accord formel de coopération (sur le modèle de celui existant entre le canton du Jura et le Cameroun), lequel, s'il avait été conclu, aurait davantage institutionnalisé les échanges informels qui s'étaient noués entre les stagiaires valaisans et bhoutanais. Cet accord de coopération comprenait aussi d'autres thèmes prioritaires, comme la jeunesse ou la sylviculture.

Enfin, sur un registre symbolique que nous aurons l'occasion de longuement discuter, la construction de la passerelle sur l'Illgraben est projetée. Nous avons dit qu'elle a été un projet difficile à mettre en œuvre, essentiellement par le coût qu'elle a engendré (416'000 francs, que se sont partagés l'association Montagne 2002, le Canton de Zurich – un important donateur – la Loterie Romande, Helvetas, une banque privée, la plupart des communes environnantes, et d'autres sources). Au niveau technique, il s'agit d'une passerelle suspendue d'une longueur de 133.71 mètres, ce qui en faisait, à l'époque de sa construction, la plus longue de ce type en Suisse.

Au final, le partenariat entre le Valais et le Bhoutan se solde par un échec, de l'aveu même de ces protagonistes, essentiellement parce que le projet s'est arrêté après trois ans. Mais, de manière plus générale, le reproche que l'on peut adresser à cette coopération est généralisable pour nombre d'actions de l'Année internationale de la montagne : quantité d'entre elles ont été lancées durant l'année 2002 avec des ambitions importantes, dynamisées par l'impact médiatique, mais elles se sont essoufflées, voire terminées, à la fin de l'année ou quelques mois après. La succession annuelle des années internationales de l'ONU n'aide il est vrai pas à conserver en mémoire les actions réalisées.

Il ne nous semble pas nécessaire dans la présentation de ce cas d'étude, et contrairement à celles des deux suivants, d'évoquer en profondeur le contexte territorial dans lequel a pris place le projet. Il faut néanmoins souligner que la localisation du projet ne doit rien au hasard, comme on le verra dans la partie III. Le projet de passerelle se superpose en effet à un projet mené depuis longtemps par une association de collectivités locales, le parc naturel régional du Bois de Finges. Par contre, et contrairement aux deux cas d'étude suivants, l'échelon communal n'explique probablement rien ou très peu de l'origine du projet; les autorités communales sont néanmoins en première ligne, on le verra, dans la réception sociale des objets.

Par ailleurs, l'objet passerelle s'assortit de deux autres objets, qui retiendront en particulier notre attention: un chorten (sanctuaire bouddhiste) et une croix.

Ce cas d'étude est intéressant en ce qu'il concerne une coopération à large échelle entre deux peuples que rien *a priori* ne poussait à interagir. Le projet de passerelle et *a fortiori* de coopération sont l'œuvre à la fois d'institutions politiques et d'associations, mais surtout d'individus particulièrement motivés. La référence à la montagne est prégnante dans ce projet; celui-ci est né sur le terreau de cette attention très forte aux espaces de montagne. L'objet (qui se confond ici avec le projet) est investi d'une puissante valeur symbolique (il a été presque exclusivement conçu pour être symbolique).

Ce projet évolue aussi vers une combinaison de plus en plus complexe et problématique d'objets: l'objet principal (la passerelle) doit côtoyer et composer avec des objets déjà en place (le parc naturel régional, le torrent de l'Illgraben) et d'autres objets qui se sont ajoutés par la suite (la croix, le chorten).

1.2 Le projet d'Ossona Gréféric

Contrairement à la passerelle bhoutanaise, ce cas comprend plusieurs objets «déjà là» autour duquel le projet s'articule. Le projet concerne deux lieux-dits, Gréféric et Ossona, qui désignent deux hameaux situés sur un plateau d'origine morainique en contrebas des villages principaux de la commune de Saint-Martin, en Valais. Comprenant des habitations permanentes et temporaires, ces deux hameaux ont été désertés progressivement dans les années soixante. Il est ici question de la tentative de réhabilitation de ces deux hameaux, et de ce plateau en général, par la commune de Saint-Martin, laquelle a enclenché une large réflexion sur l'avenir de son territoire, notamment pour trouver des solutions afin d'inverser un certain nombre de tendances négatives qui l'affectent et sur lesquels nous revenons longuement par la suite. Ce projet consiste à installer une exploitation agricole et à la coupler avec son utilisation touristique, ce que l'on appelle l'agrotourisme ou l'agritourisme. Ce terme désigne un type de tourisme qui s'est développé en Europe ces vingt dernières années sous l'impulsion d'agriculteurs qui tentent de retirer un bénéfice touristique de leur exploitation, par le biais de visites. Ces visiteurs qui, dans certains cas, participent même aux travaux agricoles. Plus largement encore, l'agrotourisme désigne parfois l'ensemble des exploitations agricoles qui offrent des prestations à des touristes (repas, gîte, vente de produits, etc.)

Il s'avère qu'en Valais ce type de tourisme, bien que restant marginal par rapport au tourisme de sports d'hiver, a pris de l'importance, à partir d'initiatives individuelles, souvent, mais aussi de projets émanant de collectivités publiques, dont la commune de Saint-Martin est un exemple.

Pour comprendre la politique assez particulière (par rapport à la vallée à laquelle elle appartient – le Val d'Hérens – et même par rapport au canton du Valais) de Saint-Martin, il importe de brosser très brièvement l'histoire de la commune et de la région environnante.

Le Val d'Hérens compte huit communes, fortement différenciées quant à leur taille, leur développement économique et leur population. L'une d'elle (Evolène) a connu un tourisme très ancien mais qui reste peu intensif; d'autres se sont clairement orientées vers un tourisme d'hiver dès les années 1960 (les communes de Vex et Hérémence qui se partagent sur leur territoire la station de Thyon Les Collons, connectée au domaine skiable des 4 Vallées, dont fait partie Verbier) (MAYORAZ 2003). D'autres communes encore, bien moins touristiques, situées sur la rive droite de la rivière principale (la Borgne), connaissent depuis trente ans un déclin et un vieillissement de leur population (les communes de Vernamiège, Nax, Mase et Saint-Martin)[29]. La faiblesse du développement touristique, qui contraste avec le haut niveau d'infrastructures des stations proches localisées dans les vallées voisines (Verbier et Zermatt), a contraint les communes à se tourner vers d'autres activités. Par ailleurs, la vallée débouchant sur la ville de Sion, capitale du Valais, ces mêmes communes voient augmenter rapidement la proportion de pendulaires, en particulier les communes les plus proches de sa zone d'influence, à savoir Nax, Vex et les Agettes.

1.2.1 Eléments d'histoire contemporaine de la commune de Saint-Martin

Jusqu'aux débuts du XXe siècle, le territoire de Saint-Martin pouvait être assimilé à une communauté, dont l'économie était largement fondée sur l'agriculture et l'élevage bovin, comme dans la plupart des vallées latérales du Valais. Beaucoup d'auteurs ont mis en évidence un système particulier d'exploitation des ressources, la transhumance, qui tire parti de tous les étages de végétation, en mettant en correspondance l'espace (l'étage des villages, des mayens et des alpages) et le temps (ces étages étant exploités selon les saisons) (BERTHOUD 1967). Un bouleversement important est provoqué par l'ère de l'hydroélectricité, qui touche toutes les Alpes. Elle constitue une rupture, autant par le changement effectif des conditions matérielles qu'elle entraîne, que par la modernité symbolique qu'elle apporte, et les changements sociaux qu'elle induit. Dans le Val d'Hérens, et donc dans la commune de Saint-Martin, l'édification de deux barrages est profondément marquante. Entre 1929 et 1936, un premier ouvrage est construit à la Dixence, ce qui nécessite une main-d'œuvre considérable. Entre 1951 et 1956, un second barrage est édifié, projet pharaonique qui draine les eaux des bassins-versants de Zermatt à Fionnay. Pour ce chantier, environ 200 habitants de Saint-Martin sont employés au total pendant ces années (PRALONG 2006, p. 60). Ces chantiers ont apporté non seulement des emplois, lesquels ont permis à ceux qui en bénéficiaient de

---

29 Entre 1990 et 2000, les populations de ces communes ont baissé dans une fourchette comprise entre 18.6 % (commune de Vernamiège) et 1.9 % (commune de Saint-Martin). Les autres communes du Val d'Hérens ont gagné en population durant cette même période (Annuaire statistique du canton du Valais 2004).

disposer, pour la première fois, d'une réserve financière. Mais ces chantiers ont aussi amené la construction d'infrastructures, qu'elles soient routières (des routes carrossables sont construites ou élargies) ou techniques (c'est entre 1950 et 1960 que la plupart des villages sont équipés en eau courante (PRALONG 2006, p. 34), des redevances payées aux communes pour l'utilisation de l'eau (ce sont surtout les communes d'Hérémence et d'Evolène qui en bénéficient, mais également la commune de Saint-Martin) et des savoir-faire que les ouvriers acquièrent pendant la construction. Certains réutiliseront d'ailleurs ceux-ci pour fonder leur propre entreprise (de construction, par exemple) (PRALONG 2006, p. 60). Le secteur d'activité dominant de la commune, l'agriculture, est supplanté par le secteur secondaire. A cet égard, le statut d'ouvrier-paysan, pendant les chantiers du barrage, se généralise : les individus employés dans les chantiers conservent, dans une large mesure, leur activité agricole, inaugurant la pluriactivité très répandue jusqu'à nos jours dans les vallées latérales du Valais.

Nous avons déjà dit que le développement touristique avait été très contrasté dans le Val d'Hérens. Du démarrage précoce, mais avorté, d'Evolène à l'essor plus récent de Vex et Hérémence, les situations d'une commune à l'autre diffèrent fortement. Saint-Martin a une histoire en la matière qui mérite qu'on s'y attarde un peu, puisqu'elle permet d'expliquer aussi la politique communale actuelle, de laquelle naît le projet d'Ossona Gréféric. Dans les années 1960, la commune cherche à équiper son territoire d'infrastructures destinées aux sports d'hiver. En l'absence de consensus social sur un projet fédérateur et à défaut de financement suffisant, rien ne sera entrepris, si ce n'est des installations «artisanales», qui seront rapidement démontées en raison du manque de neige. En 1980, une association, le Comité d'initiatives pour les remontées mécaniques de Saint-Martin (CIRM), est fondée. Visant à équiper un domaine skiable et à augmenter la capacité d'accueil, elle comptera plus d'une centaine de membres domiciliés ou originaires de Saint-Martin[30]. Ces remontées mécaniques projetées sont pensées comme le meilleur moyen de freiner l'exode rural (MAYORAZ 2003, pp. 163ss.). En 1981, une demande de concession pour trois installations (deux télésièges et un téléski) est déposée auprès de

30   On trouve déjà dans ce projet la tentative de rechercher des appuis politiques, en «débauchant» Pierre de Chastonay, conseiller national valaisan, pour faire peser la balance auprès de l'OFT. Il est nommé président du CIRM. Par ailleurs, l'engouement populaire incroyable rencontré par l'association (MAYORAZ 2003, p. 171) est expliqué par la perspective de création d'emplois donnée à voir (on parle de 120 postes de travail).

l'Office fédéral des transports, qui est compétent en la matière. Or, en 1983, celui-ci refuse de délivrer la concession, invoquant plusieurs motifs, comme la faiblesse de la capacité d'accueil de la commune, la proximité trop grande des deux stations Nax et Evolène, déjà en grande difficulté économique et les atteintes paysagères trop importantes (MAYORAZ 2003, pp. 174-175). Devant ce refus, le projet est abandonné et en 1990, le CIRM est dissous. La commune va donc tenter de conserver sa population, puisque tel est l'objectif récurrent, en adoptant une autre stratégie.

C'est pourquoi la commune commence à mener une réflexion sur les potentialités que recèle son territoire, ainsi que la mise en évidence de ses faiblesses. Dans cette perspective, sont conduites plusieurs études[31] qui aboutissent à des constats, autant positifs que négatifs. Ceux-ci, tels qu'ils sont présentés par la commune[32], sont les suivants:

– «*Emigration de la population*». La population continue d'émigrer (Tableau 2), surtout, prétendent les autorités communales, après l'échec des projets de domaine skiable. La commune a notamment perdu plus de 10% de sa population entre 1980 et 1990. On observe aussi un vieillissement de la population.

Tableau 2: Evolution de la population dans la commune de Saint-Martin. (Source: OFS)

---

31 Deux études conjointes sont menées: l'une, en 1994, sur l'aptitude agricole des terres et l'autre, en 1995, sur les valeurs naturelles et paysagères de la commune (Commune de St-Martin 2008).

32 Présentation PowerPoint de la Commune de Saint-Martin 2004.

- «*Déclin de l'agriculture et des autres activités économiques*». Les places de travail sont beaucoup moins nombreuses que la population active (174 emplois sur la commune en 2001[33], pour 397 personnes actives habitant la commune en 2000), ce qui explique un fort taux de pendulaires (65% de la population active, en 2000). En moins de cinquante ans, le secteur primaire s'est effondré : on recensait 200 exploitations agricoles en 1929, il n'en reste plus que 19 en 2000. Il en découle une diminution logique des surfaces cultivées. La preuve en est aussi l'augmentation de la surface forestière : de 1214 hectares en 1972, elle passe à 1584 hectares en 1997 (PRALONG 2006, p. 54).
- «*Manque d'équipements et d'infrastructures pour la zone à bâtir*». Les zones à bâtir ne sont pas adéquatement réparties, dans la mesure où elles ont été surdimensionnées en-dehors des villages, elles ont été définies dans le plan d'aménagement dans la perspective de construire des lits touristiques ; en revanche, les environs des villages ne disposent que de peu de réserves de zones à bâtir.
- La commune insiste aussi sur des atouts que possèderait Saint-Martin, tels que des valeurs paysagères et agricoles, ainsi que patrimoniales. L'esprit dynamique de la population est également relevé (laquelle s'est rangée derrière la proposition de la commune de «*trouver de nouvelles voies à même d'assurer son développement*»[34]).

Sur la base de ces constats, la commune a fixé des objectifs, lesquels dessinent un programme de développement :

- Freiner l'exode de la population
- Dynamiser la vie économique et augmenter les activités liées au tourisme, à l'agriculture de montagne et à l'artisanat
- Assurer un développement harmonieux des villages et des zones touristiques
- Assurer le développement durable de la commune[35].

Ces objectifs sont guidés par la volonté, toujours présente et qui, nous le verrons, structure le projet d'Ossona Gréféric, de créer des postes de travail pour donner la possibilité aux habitants de rester sur la commune et de leur offrir un avenir. Les autorités communales souhaitent procéder à la «revalorisation de la commune de Saint-Martin, qui a pour but de freiner

---

33   Pour le secteur primaire, le chiffre de 32 emplois date de l'année 2000.
34   Présentation PowerPoint de la commune de Saint-Martin 2004.
35   Présentation PowerPoint de la commune de Saint-Martin 2004.

l'exode de notre population et d'augmenter les activités sur place »[36]. Deux principes, qui fonderont également le projet d'Ossona Gréféric, sont liés à ces objectifs : celui de relancer l'agriculture en cherchant des complémentarités avec le tourisme et de se baser sur l'existant en mettant en valeur le patrimoine.

Nous verrons que ce programme de développement est assez audacieux et novateur pour l'époque[37], puisqu'il intervient peu de temps après la Conférence de Rio en 1992 qui a véritablement popularisé la notion de développement durable. La commune de Saint-Martin sait avantageusement se saisir de la notion pour l'appliquer à sa stratégie. Une stratégie qui se combine avec l'entrée en vigueur à la même période (en 1991) de la Convention alpine, qui fait également la part belle à la notion de développement durable. Pourtant, nous verrons aussi que ce choix de « trouver de nouvelles voies » est reconnu comme étant un choix par défaut, contraint qu'il est par l'abandon des projets de remontées mécaniques. En 1997, la commune de Saint-Martin fait partie des membres fondateurs du réseau de communes Alliance dans les Alpes ; dont elle restera pendant quelques années le seul membre francophone. On reviendra sur l'effet de l'entrée dans ce réseau et sur l'affichage constant de ce label.

1.2.2 La voie agricole

Même si elle se dit beaucoup plus large, la stratégie de développement de la commune se lance en priorité dans la revitalisation de l'agriculture, à l'exception notable des travaux d'équipement de zones à bâtir (en infrastructures techniques). Au niveau touristique, la commune privilégie ce qu'elle appelle un développement par paliers, c'est-à-dire la mise en valeur des différents étages du territoire communal, des hameaux d'Ossona et Gréféric à 900 mètres jusqu'aux Becs de Bosson à 3000 mètres, en passant par les villages, les zones de mayens et les alpages. Ces paliers sont reliés par le sentier didactique Maurice Zermatten, inauguré en 1999.

Les mesures concrètes traduisant cette stratégie commencent en 1993. La commune décide de moderniser l'alpage de l'A Vieille et en même

---

36 Commune de St-Martin, *Le développement durable en action*, 2008, p. 4.
37 Même si on verra que des projets antérieurs avaient préfiguré un tel retournement de stratégie.

temps de rénover les chottes d'alpage (des bâtiments «traditionnels») qui seront transformés en gîtes ruraux par les propriétaires privés en 1995. En 1998, est réalisé l'étage le plus élevé du territoire communal: la cabane des Becs de Bosson est inaugurée en août. En 1999, la commune procède à la révision de son plan d'aménagement, qui décide du déclassement de 35% de zone à bâtir pour les restituer en zone agricole. Cela concerne les secteurs provisionnés plus tôt pour le développement touristique, mais qui, du fait de l'abandon de celui-ci, n'ont plus d'utilité. Parallèlement, la commune définit de nouveaux périmètres proches des villages et s'efforce d'équiper en eau et en électricité ces zones à bâtir, ainsi que des les rendre accessibles (par des routes). Parallèlement, la commune entreprend à grands frais des constructions d'infrastructures agricoles[38], ainsi que des remembrements parcellaires et la construction des routes d'accès agricoles[39].

C'est à cette période-là également qu'est élaboré le projet agritouristique du plateau d'Ossona Gréféric.

Sur ce plateau, les hameaux remplissaient la fonction de remues, à savoir d'habitats temporaires dans le système d'étagement des ressources. Certaines habitations étaient occupées seulement durant les mois d'hiver, alors que quelques familles y vivaient à l'année, depuis 1911 (EVÉQUOZ 1991, p. 214). Les deux hameaux comptaient jusqu'à 65 personnes en hiver et au minimum 20 en été. Selon les témoignages des personnes qui y ont habité, une certaine vie de village se manifestait, malgré la faiblesse du tissu social. Progressivement, et à cause de l'éloignement de plus en plus difficilement supportable des principaux villages de la commune, les habitations et les cultures ont été abandonnées, pendant une période qui s'échelonne entre 1950 et 1968. Le rachat de la plupart des terrains en 1962 par une société souhaitant construire une station touristique a accéléré le départ des derniers habitants (EVÉQUOZ 1991, p. 221). L'abandon s'explique

---

38   Parmi les plus importantes, une étable communautaire à Eison construite par étapes entre 1995 et 1998 et la laiterie centrale de Saint-Martin qui est rénovée pour la somme de 1'100'000 francs en 1997 (PRALONG 2006, p. 86).

39   En consultant les statistiques, on observe que cette politique résolument tournée vers l'agriculture a diversement porté ses fruits. La baisse du nombre d'exploitations se poursuit (il y avait 16 exploitations agricoles en 2000, il n'y a plus que 10 en 2008, la moitié seulement de celles-ci occupant des personnes à temps plein), mais le nombre d'UGB a fortement augmenté (de 156 en 2000 à 227 UGB en 2008) (Sources: Banque de données interactive du secteur primaire de l'OFS, PRALONG 2006 et Commune de Saint-Martin 2008).

autant par des facteurs matériels (manque de confort, absence de routes et modernisation de l'agriculture) que symboliques. D'abord, l'électricité n'a jamais atteint les hameaux et si, en 1957, ils sont raccordés au réseau d'eau courante, ils ne sont pas alimentés par l'eau chaude. Ensuite, tandis que la plupart des villages de la commune de Saint-Martin bénéficient du développement d'infrastructures modernes dès les années 1950, les deux hameaux ne sont toujours pas desservis par une route. Enfin, certaines surfaces agricoles, difficilement exploitables par les moyens mécaniques modernes, ne sont plus cultivées. Mais on peut aussi dire, avec Francine Evéquoz, que «l'abandon d'Ossona et Gréféric est le résultat d'une dévaluation morale d'un certain style de vie découlant de l'essor économique» qui, durant ces années, tend à connoter négativement le passé (EVÉQUOZ 1991, p. 222).

Entre 1962 et 1981, des projets de valorisation touristique du plateau d'Ossona Gréféric sont discutés, notamment deux d'entre eux qui prévoient une exploitation des sources d'eau chaude de Combioula, au-dessous d'Ossona et la construction d'un centre thermal, mais aucun ne verra le jour (PRALONG 2006, pp. 44-5). Par ailleurs, quelques bâtisses à Gréféric sont réaménagées en maison de week-end au milieu des années 1980 (EVÉQUOZ 1991, p. 214). Les autres bâtiments sont totalement abandonnés, pillés pour certains, et commencent à se délabrer. Pendant près de trente ans, seuls des troupeaux de moutons parcourront ces ruines et le plateau.

Confiant à un étudiant de l'Institut d'architecture de l'Université de Genève la tâche de recenser les potentialités de mise en valeur du plateau d'Ossona Gréféric en 1999, la commune cherche à redonner vie à ce site. Il s'avère très vite que pour y réaliser un projet, deux conditions doivent être réunies: la construction d'une route qui relie le plateau au village de Suen d'une part, et la maîtrise foncière d'autre part. En 1999, la commune rachète 30 hectares de terrain et 56 bâtiments aux promoteurs touristiques qui les avaient acquis dans les années 1960. Convaincus par l'orientation novatrice de la commune, que traduit également l'engagement dès 1997 dans le réseau Alliance dans les Alpes, le Fonds suisse pour le paysage et la Ville de Zurich financent la démarche. La commune sait aussi, depuis le début de sa politique de développement durable, s'octroyer le soutien du canton du Valais et des organisations écologistes, en particulier lorsqu'il s'agit de tracer la route, qui est ouverte en 2003. A cet égard, la commune s'engage à ne pas autoriser la circulation de véhicules privés. En 2002, un plan d'aménagement détaillé est élaboré pour le périmètre du plateau, les hameaux de Gréféric et d'Ossona ainsi que celui des Flaches. Ce plan est très particulier et novateur, car il affecte à chaque surface une fonction agricole précise, ce qui est peu courant en Suisse à ce moment.

En 2003, la commune met au concours le poste d'exploitant agricole, pour lequel le cahier de charges est extrêmement exigeant. Les compétences requises (qui vont de la conduite d'une exploitation dans un site abandonné depuis près de quarante ans à l'animation complète d'un site touristique) seront remplies par un agriculteur jurassien, déjà employé en été à l'alpage de Thyon, sur le versant opposé.

Entre 2004 et 2005, les projets des bâtiments agricoles sont élaborés ; ils traduisent un compromis entre les partisans d'une centralisation de l'exploitation et les défenseurs de sa décentralisation. L'étable à bovins sera concentrée au nord du plateau, mais deux autres bâtiments pour les chèvres seront localisés au sud. En 2004, le projet agrotouristique d'Ossona est inséré dans le projet-pilote de Développement rural régional qui couvre l'ensemble du Val d'Hérens et ses huit communes. En octobre 2005, le bisse d'Ossona est réaménagé et inauguré. En mars 2005, la commune constitue une Fondation pour le développement durable de Saint-Martin, à la fois pour piloter le projet et pour pouvoir bénéficier de subventions qui ne sont pas accordées à des institutions. Le même mois, le WWF dépose une opposition contre le projet, exigeant la diminution du nombre d'unités de gros bétail (UGB) prévus dans l'exploitation agricole, se référant à un inventaire fédéral des prairies sèches en préparation. Des séances de concertation amèneront à l'adaptation du projet dans ce sens. Entre 2005 et 2006, sont successivement construites l'étable pour les chèvres, l'étable à stabulation libre pour les bovins et le logement pour l'agriculteur.

En 2007, la vigne au lieu-dit les Claivettes, entre Ossona et Gréféric, est replantée et donne lieu à une inauguration en avril de la même année. Entre septembre 2007 et juin 2008, deux maisons d'habitation sont transformées et accueillent quatre appartements. Une auberge est également construite complètement à neuf. Les gîtes ruraux sont inaugurés le 16 août 2008.

Cette étude de cas porte sur de nombreux objets qui composent un projet fondé sur des idéologies bien affirmées. Certains de ces objets sont la concrétisation d'idéologies parfois divergentes, lesquelles se transforment en enjeu lorsqu'elles sont justement mises en objet. De plus, ce projet est mené par une commune membre fondateur du réseau Alliance dans les Alpes, lequel met en relation des entités non contiguës. On a donc affaire à un bel exemple de réseaux (politiques et informels) qui sont sollicités dans un projet. En même temps, ce projet a suscité des dynamiques territoriales et politiques dans une entité politiquement en train de se constituer, le Val d'Hérens.

1.3 Le projet Walser Alps et Vallorcine

Walser Alps est le nom d'un projet du Programme INTERREG III B «Espace Alpin», pour la période 2003-2007. Il est doté d'un financement de plus d'un million d'euros. Le projet s'inscrit en particulier dans la priorité «Environnement et patrimoine culturel» de ce programme. Il s'agit d'un projet de mise en réseau des communautés Walser, un peuplement d'origine valaisanne qui a colonisé certaines hautes vallées des Alpes à partir du 12e siècle et jusqu'au 13e siècle. Ce projet rassemble 11 partenaires : des associations culturelles, des communes et des provinces (lorsque ce type de structure n'existe pas pour certaines régions) provenant de 5 pays alpins. Pour l'Italie, les partenaires sont la Région autonome de la Vallée d'Aoste, qui est également le chef de file du projet, la Comunita Montana Alta Valle del Lys, la Province del Verbano-Cusio-Ossola et la Province de Vercelli ; en France, la commune de Vallorcine ; en Autriche, la Vorarlberger Walservereinigung ; au Liechtenstein, la commune de Triesenberg ; en Suisse, la Commune de Bosco Gurin, l'Internationale Vereinigung für Walsertum, la Joch-Susten-Grimselpass Vereinigung et la Walservereinigung Graubünden.

1.3.1 Les objectifs du projet Walser Alps

Dans la banque de données officielle des projets INTERREG IIIB (www.alpinespace.org), les objectifs du projet Walser Alps ont été formulés de la manière suivante :

> The main objective of the project is pondering on the traditional culture in order to bring to light those social, cultural and technical values that could be appreciated in

a modern post-industrial society. It means also rediscovering the local identity as the starting point toward a sustainable local development. This aim will be achieved through four subordinate objectives :
- improving the network among Walser communities
- preserving local language and knowledge
- building up common territorial strategies
- getting the young people involved in public administration[40].

Ces objectifs ont été précisés et reformulés dans divers documents (notamment SCHMID 2006, p. 5) :

- 1. Die Walser begeistern sich für die Walsergemeinschaft mit ihrer postindustriellen Identität.
- 2. Walserdeutsch ist eine lebendige und sich entwickelnde Sprache einer selbstbewussten alpinen Minderheit.
- Die Walserorganisationen positionieren sich als professionell arbeitende, unabhängige Kulturdrehscheiben in den Alpen.
- Die Walsergemeinden stärken ihr Entwicklungspotential durch die nachhaltige Entwicklung ihrer eigenen Kulturlandschaft und die Schaffung von Einkommensquellen daraus.
- Junge Walserinnen und Walser sind in die Entscheidungsprozesse in Vereinen und Gemeinden eingebunden[41].

On décèle dans ces textes la volonté originelle de travailler sur des éléments patrimoniaux et celle de mettre l'accent sur la transmission de «valeurs» à la jeune génération.

---

40   «Le principal objectif du projet consiste à réfléchir sur la culture traditionnelle et mettre en lumière ces valeurs sociales, culturelles et techniques, qui pourraient être valorisées dans la société moderne postindustrielle. Cela veut dire aussi redécouvrir l'identité locale comme le point de départ pour un développement local durable. Cet objectif est subdivisé en quatre sous-objectifs: améliorer le contact entre les communautés Walser, préserver la langue et les connaissances locales, élaborer des stratégies territoriales communes, pousser les jeunes à s'investir dans les affaires politiques» (trad. libre)

41   «1. Les Walser se passionnent pour la communauté Walser avec leur identité postindustrielle, 2. Le Walser est une langue vivante et propre à une minorité alpine consciente d'elle-même, 3. Les organisations Walser se positionnent comme des plaques tournantes professionnelles et indépendantes dans les Alpes, 4. Les communes Walser renforcent leur potentiel de développement à travers le développement durable de leur paysage et à travers la création de sources de revenus, 5. La jeunesse Walser est impliquée dans les processus de décision au sein des communes et des associations» (trad. libre).

En même temps, les exigences d'un financement européen ont orienté les objectifs vers des préoccupations d'aménagement du territoire. En effet, le programme INTERREG III B Espace Alpin dans lequel s'est inscrit le projet Walser Alps souhaite favoriser «l'opportunité de développer une stratégie commune pour le développement spatial» à travers la coopération interrégionale (Alpine Space Programme Community-Initiative INTERREG III B, final version, 2001, p. 8).

A partir de cette trame générale, le projet a été divisé en Workpackages (sortes d'unités thématiques, chacune étant pilotée par l'un des partenaires), comme l'exige la structure d'un projet INTERREG. Les trois premiers workpackages (WP) concernent le lancement et le pilotage du projet. Les cinq autres traitent de différents thèmes:

– WP 4, sur la communication: le but était de resserrer les liens entre les communautés Walser et notamment de disposer d'un outil de communication performant, à cet effet un site web a été ouvert en 2006.
– WP 5, sur la culture: une base de données a été établie pour recenser différents objets muséographiques dans tous les sites Walser, l'objectif étant de conserver le patrimoine Walser.
– WP 6, sur le quotidien: des solutions pour conserver et revitaliser la langue Walser ont été recherchées.
– WP 7, sur le paysage: des scénarios pour le développement futur des paysages des communes concernées ont été formulés.
– WP 8, sur l'identité: des projets (par exemple au sein des écoles primaires et des gymnases) ont été menés pour favoriser la cohésion entre les générations et questionner l'identité Walser.

Ce projet est étudié ici essentiellement par le point de vue de la commune de Vallorcine. L'ensemble des actions réalisées par celle-ci est répertoriée dans l'annexe 3.

1.3.2 *Vallorcine, éléments d'histoire et portrait*

Vallorcine est une commune française de 420 habitants (en 2007), située dans le massif du Mont-Blanc. Sa particularité est d'être localisée dans le bassin-versant de l'Eau Noire, qui se jette dans le Trient, un affluent du Rhône. Certains auteurs (PÉCHOUX 1999, p. 56) considèrent la commune comme étant rattachée naturellement à la Suisse, malgré son appartenance politique à la France depuis 1860. La commune est ainsi localisée entre deux cols s'élevant à plus de 1400 mètres, le col des Montets, qui mène à Chamonix, au sud, et le Col de la Forclaz, qui s'ouvre sur Martigny, au nord. La commune se compose de plusieurs hameaux disséminés sur plus de 5 kilomètres le long d'une abrupte vallée ; la plupart sur le versant le plus ensoleillé, favorable aux cultures. Cette dispersion de l'habitat s'explique par la forte exposition des versants aux risques d'avalanches. On peut simplifier la répartition de l'occupation humaine en distinguant les hameaux de l'amont, les hameaux de l'aval et le chef lieu, qui est un regroupement suscité par l'implantation de la gare internationale dans la première moitié du XXᵉ siècle. On remarque, dans le tableau 3, que la population des années 1930 était plus importante que celle d'aujourd'hui. Depuis les années 1970, la population n'a cessé de croître.

Tableau 3 : Evolution de la population dans la commune de Vallorcine (sources : ROBERT 1936, INSEE et Mairie de Vallorcine).

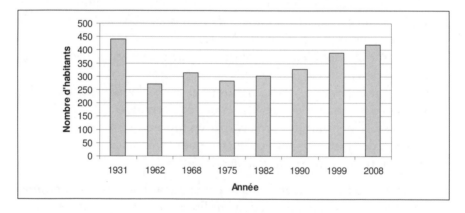

On fait remonter la « fondation » de Vallorcine à l'arrivée de colons au 12ᵉ siècle qui concluent avec le prieuré de Chamonix une charte d'albergement en 1264. Cet accord laisse à ces premiers habitants une certaine autonomie, au moins pendant quelques décennies. Ils seront par la suite progressivement intégrés au territoire du prieuré et perdront leurs spécificités germaniques. Il semble que l'objectif du prieuré de Chamonix ait été d'évangéliser ces populations et de pouvoir contrôler ce passage stratégique vers la vallée du Rhône (GUICHONNET 1976, p. 71). S'agissait-il de Burgondes ou des Walser ? On verra que les historiens ne sont pas unanimes à ce sujet. En tout cas, la charte, conservée, les nomme *Teutonici*.

La vallée de Vallorcine est caractérisée, aux débuts du 20e siècle, par une économie de subsistance et d'élevage. Une rupture se produit avec l'arrivée du chemin de fer en 1908 depuis Martigny. Pendant cette période, les premiers hôtels sont bâtis aux abords de la gare. Le tourisme restera presque exclusivement estival, la voie ferrée n'étant ouverte qu'en été. Les deux guerres mondiales mettront en difficulté ce premier type de tourisme plutôt contemplatif.

En 1950, la commune compte tout de même 7 établissements hôteliers (GUICHONNET 1951). La construction des barrages d'Emosson est un événement marquant pour les habitants de la commune, parce qu'elle fournit de nombreux emplois, parce qu'elle inaugure le versement de redevances financières à la commune et parce qu'elle accélère le déclin des activités agricoles. L'aménagement du principal ouvrage et de ses galeries d'adduction est réalisé entre 1967 et 1972. Une centrale de ce complexe hydroélectrique est construite sur le territoire de la commune.

Faute de capitaux suffisants, aucun projet touristique d'envergure ne voit le jour. Seul un modeste téléski est installé. Vallorcine reste tout de même un lieu de villégiature apprécié. Les résidences secondaires fleurissent dès cette époque, et finissent par occuper une part considérable de l'espace. En 1999, elles constituent 58% du parc de logements. Plusieurs colonies de vacances s'installent à partir des années 1970, mais la plupart ferment dix ans après. En 2008, il ne reste plus que 2 hôtels. Dès 1990, des discussions sont menées par les équipes municipales successives autour d'un projet de téléporté pour relier Vallorcine au domaine skiable du Tour sur la commune de Chamonix (FOURNY 1992, p. 46). En 2004, une télécabine est construite par la Compagnie du Mont-Blanc (société exploitant l'ensemble des remontées mécaniques de la Vallée de Chamonix) sur le versant des Posettes, se greffant au domaine skiable du Tour.

L'accès à Chamonix, un chemin muletier jusqu'en 1886 (PÉCHOUX 1999, p. 59), exige le passage d'un col (le Col des Montets) fortement exposé aux avalanches, tandis que l'itinéraire vers la Suisse emprunte également un col. La vallée pouvait donc se trouver complètement isolée en hiver. En 1935, la construction du tunnel des Montets établit la connexion ferroviaire avec Chamonix et réduit cet isolement (FOURNY 1992, p. 39). Mais l'accès routier demeure problématique: entre les années 1970 et 1980, il est fréquent que la route soit coupée jusqu'à 60 jours par an. En 1986, la commune obtient de la SNCF l'aménagement de la voie ferrée pour le passage des voitures dans le tunnel des Montets, à des heures fixes

(PÉCHOUX 1999, p. 59 et FOURNY 1992, p. 39). Marie-Christine Fourny a montré que depuis l'après-guerre les élus locaux ont multiplié les appels pour améliorer l'accessibilité vers Chamonix, notamment pour briser une représentation de l'enfermement.

Le tissu social de la commune est assez dynamique, en témoigne le nombre d'associations et le pourcentage de jeunes qui reste assez élevé. De plus, le nombre d'emplois dans la commune ne tend pas à baisser, ce qui contribue à contenir le nombre de pendulaires à un taux relativement bas (42.4% en 1999 selon l'INSEE).

Selon le plan local d'urbanisme, révisé en 2003[42] (p. 50 ss.), et les principaux débats du Conseil municipal (notamment en 2007), trois enjeux auxquels la commune est confrontée, peuvent être dégagés :

- l'accessibilité : l'accès routier et la liaison avec Chamonix et la Vallée de l'Arve, qui fournissent les principaux services à la population, est problématique depuis de nombreuses années. Le franchissement du Col des Montets est en effet très aléatoire en période hivernale, la route pouvant être coupée plusieurs jours de suite. Si cette difficulté d'accès est parfois valorisée dans la mémoire collective des Vallorcins, elle n'en reste pas moins terriblement handicapante pour les habitants, qui se sentent peu soutenus par les pouvoirs publics. Les élus locaux et régionaux se voient sommés de réagir face à une véritable demande sociale de désenclavement ;
- le développement touristique : la connexion récente de Vallorcine à l'un des domaines skiables de Chamonix augmente indéniablement son attractivité hivernale. La commune, sous l'impulsion de son ancien maire, s'est ainsi engagée dans la promotion de deux projets immobiliers considérables. Ces réalisations impliquent aussi la modernisation de réseaux techniques, comme le réseau d'approvisionnement en eau potable. Ce dossier a provoqué beaucoup de débats dans la commune et aurait contribué à la non réélection du maire sortant en 2008 ;
- les enjeux naturels et paysagers : ils apparaissent certes de moindre importance, mais ils sont néanmoins abondamment traités dans la présentation du plan local d'urbanisme, qui préconise notamment, d'un point de vue paysager, de maintenir l'identité des hameaux et de lutter

---

42   MC2 Urbanisme et aménagement du territoire. *Commune de Vallorcine. Révision du plan local d'urbanisme. Rapport de présentation*, 2003, 70 p.

contre l'urbanisation linéaire. La déprise agricole se traduit également par l'enfrichement de surfaces, que des mesures de soutien de l'agriculture pourraient freiner.

1.3.3 *Les Walser, des Alpins par excellence*

Le terme Walser est la contraction de l'adjectif *Walliser*, qui signifie Valaisans. On a ainsi coutume de dire que le foyer initial des Walser est le Haut-Valais (plus particulièrement la vallée de Conches) et que, à partir du 12ᵉ et jusqu'au 13ᵉ siècle, ces populations ont émigré dans plusieurs hautes vallées alpines (RIZZI 1993). Mais tous les historiens ne s'accordent pas sur ce terreau originel (le «Stammland»): certains prétendent que les Walser (avant de s'appeler ainsi) venaient de l'Oberland bernois (en particulier la vallée de la Lütschine). Toujours est-il que les Walser ont émigré sur trois fronts:

– Au sud: plusieurs vallées du sud du Mont-Rose, dans l'actuelle Italie, formant des colonies comme Gressoney ou Alagna, parmi les plus importantes.
– A l'est: certaines vallées des Grisons (parmi les plus connues, les colonies de Davos et du Safiental) et le Vorarlberg dans l'actuelle Autriche: deux vallées s'appellent ainsi Walsertal.
– D'autres colonies plus éparses peuvent être mentionnées: l'Oberland bernois (si l'on accepte qu'il n'est pas le foyer d'origine) et, dans une moindre mesure, les Alpes françaises (avec Vallorcine et deux hameaux proches de Morzine pour l'un et de Samoëns pour l'autre).

Différents motifs qui expliquent l'émigration de la population du Haut-Valais sont avancés par les historiens. Au 12ᵉ siècle, la population est en forte augmentation, ce qui oblige à chercher d'autres terres d'installation. D'où les caractéristiques d'implantation par lesquels les Walser vont souvent être singularisés: ils colonisent les hautes vallées, qui ne sont pas occupées et pas encore exploitées; ce qui en fait des défricheurs. Ces migrations sont d'autant facilitées par des conditions climatiques favorables. En effet, il s'agit d'une période précédant le Petit âge glaciaire (dont on attribue les premiers effets en 1550) plutôt chaude: le passage des cols est plus aisé, car les glaciers sont très retirés et les cultures sont plus favorables jusqu'à une haute altitude (BÄTZING & ROUGIER 2005). D'autres auteurs

(ZINSLI 2002 [1968]) ont tendance à expliquer les migrations tardives des Walser davantage par des facteurs politiques: dans un contexte féodal, des seigneurs auraient utilisé ces populations pour contrôler les points de passage stratégiques qu'étaient les cols.

1.3.4 Mise en réseau des communautés Walser

La mobilisation sociale autour des questions Walser a une histoire, sur laquelle on ne s'étendra pas. Des auteurs ont insisté sur les «trois découvertes» des Walser (LORETZ & SIMONETT 1991; ARNOLD 1998): l'une qui remonte au début du XXᵉ siècle et qui est initiée par les premiers auteurs, des scientifiques, qui publient des travaux sur ce qu'ils appellent la culture Walser. La deuxième découverte est caractérisée par un intérêt plus fort de la population, d'origine plutôt urbaine, qui se passionne pour une culture qu'elle juge en voie de disparition. De cet intérêt découle la création de diverses associations culturelles autour des Walser (l'Association Walser des Grisons est fondée en 1960). De même, les principaux musées consacrés aux Walser sont ouverts dans les années 1960 (BUCHER 1980). Une première mise en réseau des communautés Walser intervient d'une part avec la mise sur pied en 1962 des Walsertreffen, rencontres folkloriques triennales qui rassemblent en principe l'ensemble des sites Walser et d'autre part avec la création en 1965 de l'Association internationale des Walser (IVfW), qui cumule d'ailleurs curieusement jusqu'à aujourd'hui la fonction d'association régionale haut-valaisanne et d'association faîtière de toutes les associations Walser des Alpes (ce type de structure est d'ailleurs au centre d'un débat important qui n'a pas encore été résolu). La troisième découverte intervient dans les années 1980, lorsque la culture et le folklore Walser tendent à faire l'objet d'une mise en valeur touristique, principalement dans les vallées italiennes.

La production scientifique sur ce qui est appelé la «question Walser» *(Walserfrage)* est parallèlement très abondante depuis le début du siècle (WAIBEL 2007). Des historiens se sont ainsi imposés comme des spécialistes de cette question: Paul Zinsli, Enrico Rizzi, pour ne citer que les plus connus et les plus récents. Pour ces auteurs en particulier, les Walser ont pu souvent être considérés comme une «civilisation» (le terme est employé dans leurs écrits) exemplaire des populations alpines (RIZZI 1993). Nul doute que ces historiens ont contribué activement à la reconnaissance de la culture Walser, non seulement pour le grand public, mais aussi pour les populations locales (des sites Walser).

L'activité des associations culturelles Walser a été largement tributaire de ces écrits scientifiques: elle a consisté à conduire des travaux sur la langue, sur l'histoire, sur des questions de patrimoine local, mais très peu à susciter une coopération à l'échelle alpine de toutes les communautés Walser. Au début des années 2000, l'IVfW participe, en tant que partenaire, à plusieurs projets transfrontaliers du programme INTERREG, qui réunissent partenaires italiens (notamment des *Comunite montana* de vallées marquées par la colonisation Walser) et suisses. Suite à ces premiers contacts, des volontés se manifestent pour monter un projet plus ambitieux, au travers du programme de coopération transnationale INTERREG IIIB. Les premières intentions d'un tel projet sont alors plutôt orientées vers des questions de patrimoine culturel (traditions, coutumes, etc.). Parallèlement, la Fondation Enrico Monti, basée dans le Val d'Ossola et dirigée par Enrico Rizzi, souhaite lancer un projet international de banque de données sur la culture Walser. En 2002, les futurs partenaires commencent à élaborer un projet qui tient compte des volontés de chacune des associations de travailler sur l'une ou l'autre des thématiques. Après des difficultés d'ordre financier (notamment sur l'articulation entre financements européens et financements nationaux, ceux-là constituant la moitié du financement total), le projet est approuvé par l'Union Européenne en 2003. Il s'est achevé à la fin de l'année 2007.

1.3.5 Participation de la commune de Vallorcine au mouvement Walser

La commune de Vallorcine reçoit une lettre d'Enrico Rizzi le 13 mars 2002 qui, présentant son projet de «Kuratorium Walser», demande à la commune «d'adhérer à cette liaison culturelle internationale» (lettre d'Enrico Rizzi du 13.03.2002). En novembre 2002, les premiers contacts officiels sont pris avec Ruedi Bucher, chargé par l'IVfW de monter le projet INTERREG. Une présentation du projet de Kuratorium Walser a lieu à Vallorcine en novembre 2002, avec la présence d'Enrico Rizzi et de Mario Vicini, le président de la section de Formazza du Club Alpin Italien[43]. Il

---

43 DEVILLAZ, Nathalie, «La culture walser, un patrimoine unique». *Le Dauphiné Libéré*, 11 novembre 2002.

apparaît toutefois que les intentions de l'IVfW et celles du Kuratorium différaient quelque peu, même si au final la question des bases de données a été intégrée au projet INTERREG.

Au niveau du département de la Haute-Savoie, le Conseiller général Michel Charlet, également maire de Chamonix à cette époque, appuie très rapidement le projet et permet à la commune de Vallorcine de compléter les financements européens (le financement se décompose comme suit: 50% INTERREG, 20% commune, 30% Conseil Général).

En septembre 2003, une réunion est organisée à Vallorcine pour élaborer des objectifs pour la commune et inciter des personnes à s'impliquer dans le projet.

Le projet Walser Alps en lui-même répond à la définition que nous avons adoptée des réseaux à distance: il relie des entités éloignées les unes des autres qui, de surcroît, n'étaient pas habitués à interagir. La participation de la commune de Vallorcine à ce réseau culturel était intéressante à plusieurs titres:

— du point de vue des objets qu'elle allait choisir de mobiliser et de mettre en valeur dans le projet. D'abord évidents et très présents dans les discours, les regats, ces greniers à blé spécifiques à Vallorcine car s'apparentant aux raccards valaisans, n'ont finalement pas été au cœur des actions menées par la commune. En revanche, d'autres objets, de taille plus modeste, comme les objets d'artisanat, ou des représentations d'objet, tel le sentier Walser, ont permis d'apporter des contributions majeures au projet INTERREG;

— du point de vue de l'appropriation d'un héritage que les Vallorcins découvraient presque en totalité. Par les discours, les objets et les idéologies, les porteurs de projet à Vallorcine se sont attelés à la fois à justifier aux yeux des autres partenaires la participation de la commune au projet INTERREG et à impliquer le plus possible les habitants dans cette démarche.

1.4 Les installations obsolètes en montagne

Les installations obsolètes sont un terme employé par l'association Mountain Wilderness. Il s'agit d'une association de défense des montagnards, à l'origine fondée par des alpinistes renommés italiens et français. Réunis à l'occasion du bicentenaire de la première ascension du Mont-Blanc, ils exigent la création d'un parc international. Une année plus tard, en octobre 1987, l'association internationale Mountain Wilderness est officiellement fondée. Des sections nationales de l'association seront créées les années suivantes. L'association se singularise par des manifestations très médiatisées sur des sites particulièrement emblématiques: la pointe Helbronner dans le Massif du Mont-Blanc, le Glacier de Chavière en Vanoise ou le Mont Olympe en Grèce. Très focalisée sur la protection des massifs et très réactive à ses débuts, l'association élargit ses thématiques au fur et à mesure de sa professionnalisation, notamment de la section française.

Depuis sa fondation, les associations de Mountain Wilderness ont régulièrement mené des opérations de nettoyage dans des massifs montagneux (la Marmolada dans les Dolomites en 1988, le K2 dans l'Himalaya en 1990, par exemple) en ramassant des déchets de randonneurs ou des munitions dans certains cas.

Ces opérations de nettoyage ont sans conteste contribué à matérialiser des représentations de la montagne et ont conditionné le fort développement de l'intérêt pour les installations obsolètes. Le terme lui même n'était pas encore employé, mais ces opérations préfigurent l'axe thématique qui sera approfondi quelques années plus tard[44]. Les sections nationales de Mountain Wilderness sont actives sur des espaces de montagnes variés. En octobre 2002, la section française de Mountain Wilderness a organisé un nettoyage de déchets de chantier qui jonchaient le Pic du Midi de Bigorre dans les Pyrénées. A l'été 2004, Mountain Wilderness Suisse et Mountain Wilderness Allemagne ont mené une action conjointe au Mont Kazbek en Géorgie. Des ordures et de la ferraille ont été ramassées. A la même époque, Mountain Wilderness Suisse s'est lancé dans des actions de nettoyage des débris de munitions, déchets très courants sur le territoire suisse (au Säntis en 2004, au val Bedretto en 2005).

---

44 Pour certains, c'est même cette lutte pour le démontage d'installations touristiques (pas encore obsolètes!) qui a lancé le mouvement (LABANDE 2004).

Sous l'impulsion de ses adhérents, Mountain Wilderness France cherche à mener une étude sur ces installations obsolètes, un thème jusque là peu abordé. Elle nomme cette action : «Installations obsolètes. Nettoyons nos paysages montagnards». En collaboration avec les espaces protégés des montagnes françaises, l'association entame un recensement de toutes ces installations «abandonnées ou non utilisées»[45] avec le soutien du Ministère français de l'écologie et du développement durable. Cet inventaire révèle en fait un problème insoupçonné[46] : 240 aménagements sont repérés dans les seuls périmètres des espaces protégés sollicités. Ce chiffre laisse donc présager un problème bien plus étendu. Après cette phase de recensement, Mountain Wilderness, en collaboration notamment avec ces mêmes espaces protégés (parcs nationaux, parcs naturels régionaux) s'attelle à mener elle-même de nombreux démontages sur le terrain.

Les autres sections nationales s'inspirent de cette action. Mountain Wilderness Suisse élabore aussi un avant-projet qui fait état d'un problème similaire dans les montagnes suisses[47] ; un recensement est mis à jour depuis 2004. La section catalane et la section allemande lancent à leur tour leur projet sur les installations obsolètes. Pro Natura Turin tente aussi un recensement des installations abandonnées en marge des Jeux olympiques de Turin en 2006[48]. Plus récemment encore, Mountain Wilderness Italie a effectué un premier diagnostic d'installations abandonnées dans la région de la Lombardie en 2007[49].

---

45   Mountain Wilderness France, *En finir avec les Installations obsolètes… Analyse de la situation dans les espaces protégés des montagnes françaises et propositions d'actions pour une requalification paysagère*, Etude réalisée par l'association Mountain Wilderness pour le Ministère de l'écologie et du développement durable, décembre 2002, sans pag.

46   Avant cette initiative, deux articles avaient déjà pointé ce problème des «friches touristiques» : l'un écrit par un journaliste dans Le Monde le 14 août 1997 (FRANCILLON 1997) et l'autre par un géographe de l'Université de Savoie la même année (GAUCHON 1997).

47   Mountain Wilderness Schweiz, *Les installations obsolètes dans les montagnes suisses. Un rapide tour d'horizon et quelques propositions d'actions*, avant-projet de Denis Dorsaz pour Mountain Wilderness Schweiz, juin-octobre 2004, 28 p.

48   Pro Natura Torino, *Impianti sciistici dismessi della Provincia di Torino*, in collaborazione con CIPRA Italia, <http://www.arpnet.it/pronto/fprogetti.html>, 2006.

49   SOTGIU Mirko, Alessandro DUTTO, *Censimento Impianti abbandonati Lombardia*, Mountain Wilderness Italia, 2007.

En moins d'une dizaine d'années, la prise de conscience des friches touristiques est donc en train d'émerger. Et nombre de collectivités locales s'engagent elles aussi dans des opérations de démontage et de réhabilitation paysagère. Pourtant dans quelques cas, des conflits naissent entre les partisans d'un démantèlement et ceux qui plaident pour un statu quo, pour des raisons diverses, on le verra. Ces luttes stigmatisent la position de Mountain Wilderness, en tant qu'association écologiste.

Les exemples pris ici concernent deux cas: les téléskis du Col du Frêne, dans le massif des Bauges, démontés en 2005 dans une action coordonnée entre le Parc naturel régional des Bauges et Mountain Wilderness France, ainsi que la télécabine du Pic Chaussy, dans les Alpes vaudoises, qui a fait l'objet d'une manifestation conjointe de Mountain Wilderness Suisse et du WWF Vaud pour appeler à son démontage.

Ce cas d'étude est bien particulier en ce sens que les objets que nous étudions sont «indésirables» et qu'on cherche à les éradiquer, contrairement aux objets des autres cas d'études. Cependant, il est des cas où les installations obsolètes sont volontairement conservées, soit pour des raisons patrimoniales, soit pour d'autres raisons (le démontage n'est pas souhaité, parce que l'objet doit resservir).

Bien que, dans une moindre mesure que les autres cas d'étude, ces objets soient pris dans des réseaux, leur «problématicité» découle également d'une forme en réseau (une association qui fonctionne sur ce mode).

Il est nécessaire de brièvement justifier le choix de ces quatre terrains d'étude. Dans le but d'illustrer une problématique portant sur la concrétisation d'idéologies dans le déroulement d'un projet, le choix des terrains d'étude doit satisfaire certains critères. Une première identification des terrains susceptibles d'être retenus a été établie à partir de deux sources, de nature très différente. L'une était constituée de la connaissance très partielle que nous avions accumulée de certaines régions alpines, notamment du Valais, au bénéfice de travaux de diplôme antérieurs. L'autre reposait sur l'inventaire exhaustif de partenariats entre communes et régions de montagne réalisé par un projet financé par le Fonds national suisse de la recherche à l'Université de Genève. Partant de l'idée qu'une représentativité (c'est-à-dire que les quatre cas d'étude soient représentatifs de l'ensemble des projets similaires menés dans l'arc alpin) est impossible en la matière, nous avons préféré retenir des projets à la fois semblables et variés quant aux représentations qui y sont véhiculées, quant aux échelles auxquelles ils réfèrent, quant aux rapports qu'ils entretiennent à la matérialité et enfin quant aux individus et groupes qui y sont impliqués.

Premièrement, au niveau des représentations mobilisées par les porteurs de projets et par les autres protagonistes, il nous semble que, dans les quatre projets retenus, des mêmes idéologies de la tradition et de la nature sont invoquées, certes dans des proportions et des modalités différentes. Deuxièmement, les échelles auxquelles réfèrent les projets sont variées. L'espace local y est à chaque fois une référence forte. Mais on y retrouve les espaces génériques associés aux idéologies que l'on vient de mentionner: la montagne pour deux des projets, les Alpes pour les deux autres. Troisièmement, une réflexion sur la matérialité devait être, pensions-nous, illustrée par une diversité des situations en termes de type de matérialité investie dans un projet. Et, à ce titre, chacun des quatre projets a un rapport particulier avec la matérialité: un objet créé ex-nihilo pour la passerelle bhoutanaise, des objets réarrangés dans le cas d'Ossona, des objets moins saillants dans le projet Walser Alps, et enfin des objets que l'on souhaite effacer dans le cas des installations obsolètes. Quatrièmement, dans la mesure où la problématique introduit une réflexion sur des réseaux de personnes et d'institutions à l'œuvre dans des projets, il fallait que ceux-ci comprennent une variété d'acteurs institutionnels et non institutionnels. C'est le cas des quatre projets retenus qui mêlent chacun individus motivés, institutions locales (communes, par exemple) et parfois régionales et surtout mobilisent des compétences, individus et objets disséminés dans l'espace et non pas fixés dans un lieu.

Il convient de formuler une dernière remarque à propos du nombre d'études de cas: quatre terrains, c'est beaucoup et peu à la fois. C'est beaucoup, parce que la problématique doit être d'autant plus élargie que les cas sont nombreux. La nature de ces cas, leur histoire, les acteurs qui y interagissent peuvent d'ailleurs différer profondément d'un cas à l'autre. C'est beaucoup aussi, parce qu'à chaque cas correspond un contexte, qu'il s'agit de décrire, parfois minutieusement; l'argumentation risquant ainsi de se diluer dans les détails. Mais c'est aussi peu, dans la mesure où, pour mener une vraie recherche comparative, pour déceler des régularités pertinentes, le nombre de quatre est parfois un peu limité.

Chapitre 2
Matériaux de recherche

Une recherche idéale, en admettant qu'elle puisse exister, devrait combiner plusieurs types de matériaux: des images, des articles de journaux, des réunions avec des acteurs clé, des observations en situation, des discussions, des cartes, parmi plein d'autres. En effet, « texts are made meaningful through their interconnections with other texts, their different discourses, consumption, circulation, and production » (WAITT 2005, p. 171). La répétition de structures discursives dans d'innombrables supports finit par stabiliser une « version du monde » (un « régime de vérité » selon Michel Foucault).

Tous ces matériaux peuvent être rassemblés sous le terme de discours. C'est par le discours que nous prétendons avoir accès à la réalité territoriale que construisent les individus et les groupes sociaux. En effet, « le discours donne une image du réel correspondant à la perception sélective qu'en a le locuteur » (RUQUOY 1995, p. 63). Le discours est fondamentalement producteur de réalité sociale: « social reality is produced and made real through discourses, and social interactions cannot be fully understood without reference to the discourses that give them meaning » (PHILLIPS & HARDY 2002, p. 3).

Cette attention procède du *linguistic turn*, qui envisage le langage « much more than a simple reflection of reality – that, in fact, it is *constitutive* of social reality […] » (*idem*, p. 12, soul. par l'aut.). De plus, comme toute représentation, le discours sélectionne et néglige certains pans de la réalité (il est un système d'options) (BARKER & GALASINSKI 2001, p. 65). Pourquoi travailler sur le discours? Cela nous paraissait un moyen commode de saisir l'appréhension que les individus produisaient des objets. En effet, le caractère très hétéroclite des types de discours auxquels on peut avoir affaire traduit les intérêts divergents ou convergents des différents individus et groupes qui formulent les discours. Le terme même de discours, tel que nous le voyons, comprend beaucoup de choses, que ce soit sous la forme écrite ou orale: des entretiens avec des personnes, des déclarations lors d'une séance publique, des notes de réunion, des articles de presse, des rapports d'étude, des rapports d'activité, etc.

Dans tous les cas, les discours énoncés par des individus et des porte-parole du groupe servent à légitimer l'existence ou la transformation de l'objet. Ainsi, le discours recueilli est l'expression des idéologies: «that is through discourses that ideologies are formulated, reproduced and reinforced» (BARKER & GALASINSKI 2001, p. 65). L'idéologie est un discours qui légitime ou justifie un ordre établi, en l'occurrence des projets qui combinent des objets. «If meaning is fluid […] then ideology can be understood as the attempt to fix meaning for specific purposes. Ideologies are discourses which give meaning to material objects and social practices, they define and produce the acceptable and intelligible way of understanding the world while excluding other ways of reasoning as unintelligible» (*idem*, p. 66)

Cela dit, il convient de préciser que le discours n'explique pas toutes les situations sociales et toutes les actions. C'est ce que nous apprennent le mouvement post-représentationnel et les sociologues attentifs à l'action située (CONEIN 1991). Ainsi, il faut aussi expliquer «ce qui dans l'action déborde le discours» (DODIER 1993).

Les individus sont dotés d'une conscience discursive, qu'il est aisé d'analyser, et qui recouvre, en partie mais en partie seulement, leur conscience pratique, à savoir «ce que les agents savent de ce qu'ils font et de ce pourquoi ils le font – leur compétence en tant qu'agents – relève davantage de la conscience pratique, laquelle est tout ce que les acteurs connaissent de façon tacite, tout ce qu'ils savent faire dans la vie sociale sans pour autant pouvoir l'exprimer directement de façon discursive» (GIDDENS 1987 [1984], p. 33).

2.1 Le discours écrit

Notre corpus est composé d'une diversité de matériaux appréciable, dont nous avons déjà dit qu'elle était nécessaire à la compréhension de la diversité des positionnements des individus et groupes en présence. Toutefois, cette recherche s'est fondée, dans une large mesure, sur du discours écrit. Passons en revue ces différents types de matériaux:

– les entretiens retranscrits: leur spécificité tient dans la conversion d'un format oral à un format écrit. La totalité des entretiens a été enregistrée et retranscrite: compte tenu de l'analyse qui en a été faite, ce travail était nécessaire. Il s'agit du matériau à la fois le plus volumineux et le plus central dans notre recherche. C'est dans ce corpus que nous avons trouvé le plus de structures argumentatives, propres à illustrer les idéologies à l'œuvre dans les projets. Dans l'exercice de l'entretien, très particulier nous le verrons, les enquêtés, en réponse aux sollicitations de l'enquêteur, recourent énormément à la justification (de leurs propres agissements et de ceux de leur groupe de référence),

– les rapports d'étude: cette catégorie, plus hétérogène que la précédente, comprend des plans d'aménagement (communaux ou sur un site particulier), des dossiers de sponsoring ou de demande de subventions, des documents indiquant les lignes directrices d'un projet, des rapports d'expertise (environnementale, par exemple). Apparemment, ces documents contiennent des faits (des éléments de contexte, par exemple) et énoncent des objectifs à atteindre par le projet; or, dans ces derniers, se manifestent aussi des discours idéologiques, des invocations identitaires ou symboliques,

– les procès-verbaux de réunion: ils permettent de reconstituer des chronologies d'actions et de comprendre la configuration particulière d'un objet, par la visibilité de la négociation qui a présidé au déroulement du projet. Des discours impératifs, du type «nous allons faire cela», sont ici pris en compte,

– les articles de journaux: ils sont censés relater des événements. Ils sont destinés à un large public, ce qui en fait le vecteur essentiel, pour le public, des projets qui se mettent en place. Ce sont des documents utilisant un propos apparemment plus distancé, mais seulement en apparence: ils s'avèrent tantôt critiques, tantôt engagés dans la cause qu'ils décrivent. Parfois même, ces articles contribuent fortement à configurer la réalité qu'ils décrivent (nous le verrons pour l'exemple du «feuilleton» du chorten),

– les documents de travail: il s'agit de documents divers, qui ne sont pas diffusés et n'ont pas forcément vocation à être diffusables, mais qui peuvent dans un second temps être repris dans des rapports d'étude. On trouvera ici des lettres, des notes sur tel ou tel projet, etc.

– les flyers de présentation: ils sont conçus généralement au terme d'un projet, par leurs concepteurs, afin de diffuser à un large public les intentions et les résultats obtenus. Le propos relève ici d'une logique de publicité et de marketing: il s'agit de présenter au mieux et de faire voir sous son meilleur jour le projet en question.

Nous ne croyons pas utile d'ajouter dans cette liste les sites web, qui peuvent comporter un ou plusieurs types de matériaux, comme les rapports d'étude ou les flyers de présentation.

2.2 D'autres matériaux…

Au-delà de ces matériaux très concrets, que nous avons tenté de passer minutieusement à l'analyse, cette recherche, comme toute recherche d'ailleurs, a accumulé des informations beaucoup moins structurées. Il serait bien sûr un peu trop pompeux d'avancer que ces dernières forment un «journal de terrain», cher aux ethnologues. Mais il n'en reste pas moins que le suivi d'un certain nombre de réunions, la présence à des moments clés de certains projets et, surtout, la conduite, parfois intentionnelle, parfois pas, de discussions informelles avec des personnes plus ou moins impliquées dans le projet, ont pu, autant que les matériaux cités plus haut, apporter un éclairage sur les intentions et les représentations des projets étudiés.

Certes, générer de tels matériaux nécessite une immersion dans les terrains où ces projets se montent. Des contraintes de différents ordres (impossibilité de rester à long terme sur place, par exemple) limitent toutefois cette immersion. Quoi qu'il en soit, des interactions avec les protagonistes (et ne se limitant pas seulement aux rapports enquêteur – enquêté dans l'entretien) se sont manifestées, sans qu'il ne soit possible de structurer la connaissance qui ressort de ces interactions. Entre les études de cas, néanmoins, l'intensité de l'activité sociale du chercheur n'a pas été la même: elle s'échelonne entre une attitude distanciée (pour les installations obsolètes) à une implication dans le projet (pour Walser Alps) qui participe du processus en train de se faire (pour paraphraser les sociologues de la traduction).

Cela peut s'expliquer par le statut du terrain, qui est particulier comme dans chaque recherche. Sa particularité tient dans sa proximité tant culturelle que géographique. Mais un terrain n'est pas seulement géographiquement éloigné. Il peut être aussi imaginé comme temporellement éloigné (MASSEY 2003, p. 76). Cela dit, loin de la tradition exhaustive de l'ethnographie ou de la géographie humaine classique, l'approche du terrain privilégiée ici n'est pas connaissance «totale» de l'espace concerné, mais seulement connaissance partielle, par l'étude des projets. En cela, notre recherche n'épuise pas la réalité qu'elle cherche à expliquer.

Chapitre 3

Méthodes de récolte

Nous distinguons les méthodes de récolte des méthodes d'analyse des données. Les premières consistent à constituer le corpus de matériaux, que les secondes s'attellent à analyser. Le choix des unes et des autres est conditionné par la problématique dont nous nous sommes doté. De même, la manière de recueillir les données va influer sur la constitution du corpus et sur l'analyse qui va pouvoir en être faite. Dans ce chapitre, l'essentiel du propos porte sur l'entretien, qui est la méthode de récolte la plus complexe à mettre en œuvre comparativement à la récolte des autres matériaux (comme les articles de presse, par exemple).

3.1 L'enquête par entretien

Il faut considérer l'enquête par entretien comme une méthode, parmi d'autres, pour saisir du discours. On pourrait la tenir pour un moyen bien commode, en ce qu'il permet de s'extraire des contraintes spatiales et temporelles de production quotidienne du discours. Ce qui est dit à l'occasion de l'entretien n'est que la répétition de ce qui a déjà été dit en d'autres temps et en d'autres lieux. Conçu ainsi, l'entretien ne peut se substituer à des situations sociales plus riches, dont la prise en compte devrait être l'objectif de toute science sociale attentive aux faits de discours. Il s'agirait plutôt que de susciter «artificiellement» des entretiens, souvent bilatéraux, de saisir le discours en train «réellement» d'être tenu, en suivant des réunions, en suivant les décisions telles qu'elles sont prises sur le terrain, et toutes les discussions et négociations qui les accompagnent.

Or, on sait bien que pour des raisons pratiques (un chercheur n'est pas autorisé à assister à certaines réunions, ou tout simplement il n'a pas la possibilité de le faire, un chercheur choisit parfois de s'intéresser un projet pour lequel quantité de décisions ont déjà été prises), ce «discours en train de se faire» est impossible à capter en continu, tout juste peut-on en saisir des bribes. Dans ce sens, l'entretien est utile par la reconstitution (d'actes, d'événements, de perceptions, etc.) qu'il permet. Mais, depuis les travaux de l'ethnométhodologie et de la pragmatique linguistique, il est acquis que le discours issu de l'entretien n'est pas un simple reflet d'une information qui se révélerait sur injonction de l'enquêteur : les données verbales que constitue l'entretien n'ont pas une correspondance univoque avec une réalité factuelle ; au contraire, dans une perspective interactionniste, les enquêtés sont des sujets qui construisent leur monde social (SILVERMAN 1993, p. 90). Cette perspective considère que chaque discours est prononcé dans un contexte particulier et que, par conséquent, l'entretien est l'un de ces contextes qui influe fortement sur la teneur même du discours. «L'entretien est un événement communicationnel au cours duquel les interlocuteurs, y compris l'enquêteur, construisent collectivement une version du monde» (MONDADA 2000, p. 90). Or, pour Lorenza Mondada, l'entretien est une situation qui ne s'apparente à aucune autre situation de la vie quotidienne que les enquêtes prétendent souvent étudier : l'entretien est extra-ordinaire, au sens le plus littéral du terme (MONDADA 2000, pp. 96-97). Lorenza Mondada préconise d'ailleurs volontiers de renoncer à ce mode de récolte, pour cette raison justement.

Cela dit, il est possible d'estimer que la situation d'entretien, toute spécifique qu'elle est, ne doit pas être analysée pour elle-même, mais en tant qu'elle permet de reconstituer d'autres situations sociales (MAROY 1995, p. 89). A notre sens, si la situation d'entretien a évidemment sa logique propre, il ne faut pas sous-estimer sa capacité d'informer utilement le chercheur. Cela nous ramène à une opposition plus générale dans la manière d'envisager les données dans un recherche : soit elles sont elles-mêmes considérées comme des phénomènes à analyser, soit comme un moyen d'accès à des phénomènes (SPENCER, RITCHIE & O'CONNOR 2003, p. 202).

Malgré l'ensemble des réserves que l'on peut émettre vis-à-vis de l'enquête par entretien et de l'utilisation qui en est faite, il nous semble que l'entretien demeure un outil opératoire pour qui veut comprendre des dynamiques de projet. Certes, l'entretien peut être confiné à une information de seconde main, mais on aurait tort de n'y voir que la restitution d'informations qui auraient été élaborées ailleurs. L'entretien a été souvent l'occasion d'approfondir des informations qui avaient été produites antérieurement: certaines questions ou relances de l'enquêteur avaient d'ailleurs pour but de susciter, chez l'enquêté, une explication de prises de position contenues dans des documents. Mais, dans les entretiens, de l'information inédite a été également émise: des actes sont justifiés, des positions sont légitimées, des décisions sont argumentées.

Ainsi, dans notre étude, on peut distinguer deux types de données qui sont récoltées par le biais de l'entretien. Des *faits*, d'un côté: les enquêtés relatent des faits, reconstituent une situation à laquelle ils ont participé. Il ne s'agit évidemment pas de dire que ces faits sont présentés de manière neutre ou brute. Quoi qu'il en soit, la dimension informative de l'entretien est ici prégnante. Des *valeurs*, des *opinions*, des *croyances*, de l'autre: les faits ne sont jamais dépourvus de ces représentations. On s'attelle ici à découvrir le «sens latent» (RUQUOY 1995, p. 63; COPE 2005, p. 224) d'un discours ou, en d'autres termes, de «s'efforcer de reconstituer par interprétation la signification visée par des acteurs en situation, où il s'agit de dégager les sens d'une situation ou d'une action» (MAROY 1995, p. 85). Cette dimension se rapproche de l'entretien compréhensif (KAUFMANN 1996) qui cherche à apprécier le positionnement de l'enquêté face à une situation, en l'occurrence un projet.

Et dans ce dernier cas, le chercheur s'intéresserait davantage au déploiement d'argumentaires, à l'enchaînement des arguments et plus particulièrement dans l'argumentation, au type de justification auquel il est fait appel.

Empressons-nous de dire que ces deux types de données s'articulent et se combinent le plus souvent dans un entretien: chez les enquêtés, ce distinguo n'existe pas, mais, pour nous, il reflète les deux utilisations différenciées que nous avons faites de ce qui a été dit.

De plus, on peut valablement soutenir, en réponse à l'objection du caractère extra-ordinaire de l'entretien, qu'il existe une certaine similitude entre la prise de parole publique (de laquelle nos enquêtés étaient, pour la plupart, familiers) et la situation d'entretien. C'est que celle-ci partage un air de famille avec d'autres situations de la vie quotidienne: les interactions liées à l'activité politique par exemple (MONDADA 2000, p. 94)

Les entretiens que nous avons menés peuvent être qualifiés de semi-directifs. En regard de la problématique, des informations précises étaient à glaner (et qui étaient d'ailleurs inscrites comme des directions dans la grille d'entretien). Mais, en même temps, l'enquêté n'était pas contraint par un déroulement prédéterminé; cette position s'appuie sur la croyance bien établie que, dans l'entretien, «il existe une relation entre le degré de liberté laissé à l'enquêté et le niveau de profondeur des informations qu'il peut fournir» (MICHELAT 1975, p. 231). Et nous ne pouvons que souscrire à ce que dit très bien Yves Chalas (2000, p. 13): «Il ne nous appartenait pas de décider d'une voie à suivre, mais d'accepter celle qui nous était indiquée dans la situation d'entretien par les personnes interrogées elles-mêmes».

3.2 Modalités des entretiens

Nous n'avons pas cherché à établir un échantillon fixe pour toutes les études de cas. Le nombre d'entretiens pour chaque cas a plutôt été dicté par les besoins ressentis en information. Pour l'essentiel, nous avons mené des entretiens avec des personnes que nous avons identifiées comme jouant ou ayant joué un rôle majeur dans le processus de construction d'un lien social en rapport avec un objet. Il s'est donc agi tantôt de responsables d'associations, d'élus politiques, de chargés de mission ou de personnes particulièrement actives, bénévolement ou non, dans un projet. C'est en réalisant les premiers entretiens et au fil de la recherche que des personnes sont apparues incontournables.

Pour ce qui est de la temporalité de la recherche, nous avons procédé par deux campagnes de terrain principales, entre mai et septembre 2005 ainsi qu'entre septembre et décembre 2006. D'autres entretiens complémentaires ont été effectués en-dehors de ces périodes. De manière générale, nous avons tenté de concentrer les entretiens d'une seule étude de cas, afin d'éviter que ne s'écoule un temps trop long entre deux entretiens portant sur un même projet (car la situation peut rapidement évoluer sur ce type de projet).

L'entretien semi-directif s'appuie toujours sur une grille d'entretien, qui peut être plus ou moins rigide. La nôtre n'était pas standardisée, de façon à s'adapter à l'étude de cas, au statut de l'enquêté et à sa position par rapport au projet. Globalement, la grille, en alternant les questions et les relances, suivait la structure suivante:

– présentation du statut du locuteur et de son rôle dans le projet en question: il s'agit de questions d'introduction pour clarifier comment l'enquêté a été amené à collaborer au projet ou à le mettre en place,

- mise en évidence de collaborations avec d'autres acteurs sur le projet : ces questions et relances consistaient à comprendre le réseau social qu'il avait été nécessaire de tisser pour conduire le projet,
- description de la genèse du projet : souvent, cet aspect a déjà été abordé dans le premier point, mais il n'est pas inutile de revenir sur ce qui a déclenché l'intention du projet,
- exposé des objectifs du projet et des modalités de sa mise en œuvre,
- explicitation de la vision de la montagne qui est véhiculée par le locuteur au travers du projet : en fin d'entretien, nous tentions systématiquement d'amener l'enquêté sur des questions plus générales à propos du devenir des régions de montagne et des stratégies que celles-ci devraient mobiliser, toujours en référence au projet en question.

3.3 Récolte des autres matériaux

Les autres matériaux (comme les articles de journaux, les rapports d'étude, etc.) n'ont pas fait l'objet d'une logique de récolte aussi systématique. Celle-ci a suivi les canaux classiques de la recherche documentaire (catalogue de bibliothèque, par exemple), mais aussi les indications parfois données par les enquêtés, lorsqu'ils avaient connaissance d'un document en particulier, ou lorsqu'eux-mêmes possédaient ou même avaient produit ce document. Pour les articles de journaux, des recherches ciblées ont été menées dans des quotidiens régionaux (*Le Nouvelliste*, le *Walliser Bote* ou *Le Dauphiné Libéré*, par exemple). Des lieux clé pour un projet (une administration communale, par exemple) ont également été visités pour recueillir tout type de document pouvant intéresser.

3.4 Démarche générale de recherche

Une fois récoltés, les matériaux devaient être analysés. En réalité, il apparaît que la phase d'analyse se décompose en deux volets : la mise en ordre des données et son interprétation proprement dite (MILES & HUBERMAN 2003, p. 28). La retranscription des entretiens relève, par exemple, du premier temps de l'analyse. Loin de se restreindre à un simple travail machinal, la retranscription est déjà un premier effort d'analyse, d'une double façon. On s'imprègne du matériau (par l'écoute et le passage à l'écrit) et on note en marge des premiers commentaires relatifs à des passages de texte.

Une fois retranscrits, les entretiens, qui occupent désormais un volume considérable, sont lus attentivement, afin de procéder à une phase de codage. Tout le corpus est passé au crible en attribuant des codes à certains passages du texte, en s'inspirant à ce niveau de la méthode de la *grounded theory* (STRAUSS & CORBIN 2004). Nous ne suivons pas à la lettre les préceptes de cette démarche de recherche, mais nous en retenons certains traits, dans la mesure aussi où nous avons utilisé le logiciel *ATLAS*.TI qui est un logiciel de traitement des données qualitatives, justement inventé par les tenants de la grounded theory. Nous n'avons fait qu'une utilisation «légère» de ce logiciel: par commodité, il nous a évité de devoir recourir aux stylos, à la colle et aux ciseaux. En somme, il nous a simplement (mais c'est déjà beaucoup) aidé à ordonner nos données.

Le processus de codification a été mené en deux temps. Un premier moment de codification ouverte dans lequel des codes proches du matériau empirique ont été élaborés: soit il s'agissait parfois des propres termes employés dans le discours original (ce que l'on appelle des codes in vivo), soit des termes différents. Le second moment a consisté à appliquer ces codes à d'autres fragments de discours que ceux pour lesquels ils avaient été attachés au départ. Ensuite, ce sont des codes plus conceptuels qui ont complété ce processus. Selon Anselm Strauss et Juliet Corbin (2004, p. 137), il s'agit d'une conceptualisation, qui équivaut à placer des phénomènes ou des objets sous un même nom, car ils sont reconnus comme partageant des caractéristiques communes. La codification négocie donc une tension entre des catégories qui émergent du corpus propre et des catégories, toujours liées au corpus, mais qui découlent davantage d'un effort de conceptualisation (PAILLÉ 2004).

On peut dire que c'est là que commence véritablement le travail d'interprétation proprement dit, bien qu'il soit amorcé dès le début de la manipulation du corpus dans le but de le mettre en ordre. Et l'interprétation réside, pour notre recherche, dans l'analyse des arguments utilisés.

Chapitre 4

Méthodes d'analyse

Analyser le discours, en général, et l'argumentation, en particulier, nécessite, d'abord, d'expliciter les fondements théoriques qui soutiennent l'analyse. De manière générale, notre démarche d'analyse s'inscrit dans les champs de l'analyse de discours et de l'analyse des argumentaires. De cette manière, nous serons amené à définir ce qu'est un argument et quels sont les éléments qui le composent. En dernier lieu, l'argumentation sera mise en rapport avec la justification.

4.1 Les grands principes de l'analyse qualitative

Trois grands courants théoriques doivent être ici rappelés pour comprendre comment le discours sera déchiffré.

Nous avons déjà mentionné que la *grounded theory*, qui s'apparente bien plus à une démarche de recherche qu'à un courant théorique ou même une méthode d'analyse, avait été inspirante dans cette recherche. Elle rompt avec la classique démarche hypothético-déductive, pour se concentrer sur les données, depuis lesquelles peuvent être élaborées des théories. Théorie et empirie tendent donc à être associées le plus possible. La grounded theory découle de fondements théoriques déjà exposés: l'interactionnisme symbolique d'une part, et l'ethnométhodologie d'autre part (STRAUSS & CORBIN 2003). «La grounded theory ne fait pas que découvrir des conditions permanentes, mais montre également la façon dont les acteurs se meuvent dans des espaces-temps de contraintes et d'opportunités, en répondant à ces conditions en mouvement et en conséquences de leurs actions» (STRAUSS & CORBIN 2003, p. 365).

Le deuxième courant qui fonde la méthode d'analyse est la sémiologie (telle que l'a travaillée Roland Barthes, par exemple) et qui se donne pour principe que tout élément discursif a deux faces: une face signifiante et une face signifiée[50]. Or, les principes de la sémiologie sont loin de ne s'appliquer qu'à la seule analyse de la langue. «Ce n'est pas seulement les mots et les images mais les objets eux-mêmes qui fonctionnent comme signifiant dans la production de la signification» (HALL 1997, p. 37). L'un des apports majeurs de la sémiologie de Barthes est son distinguo, déjà évoqué, entre dénotation et connotation, qui nous semble très opératoire pour l'analyse d'un discours. La dénotation désigne une simple correspondance entre signifiant et signifié, alors la connotation renvoie à un deuxième niveau de signification, plus complexe, dans lequel le signifié est une valeur ou un concept culturel (toujours articulé à un signifiant, qui est en fait le premier niveau de signification) (BARTHES 1964).

Le tableau ne serait pas complet sans signaler un courant anglo-saxon de l'analyse de discours, redevable de Michel Foucault (HALL 1997; ROSE 2001; WAITT 2005). Il nous permet d'ouvrir des perspectives plus larges et de ne pas seulement se restreindre à l'analyse de textes mais à être attentif aux effets du discours sur l'action, la perception et les attitudes (WAITT 2005, p. 165). Dans ses travaux, Foucault s'est en effet interrogé sur le maintien de structures et de règles (perçues de la sorte comme allant de soi) à travers des énonciations (*idem*, p. 165). Le discours est ainsi teinté de relations de pouvoir qui président à sa construction.

4.2 Analyse de discours et analyse des argumentaires

Notre méthode emprunte à l'analyse critique de discours, qui s'intéresse, à la suite de Michel Foucault, au rôle des activités discursives dans la constitution et dans le maintien de relations de pouvoir dissymétriques. L'analyse critique de discours se focalise beaucoup sur les mécanismes discursifs de légitimation et de reproduction du pouvoir. Mais notre méthode se nourrit aussi de tendances plus constructivistes, de manière générale pour «understanding the way in which discourses ensure that certain phenomena are created, reified, and taken for granted and come to constitute that ‹reality›» (PHILLIPS & HARDY 2002, p. 21). Notre méthode n'est pas à proprement parler critique au sens où l'entendent ces auteurs, mais ambi-

---

50   Cette distinction a été opérée par le fondateur de la linguistique, Ferdinand de Saussure.

tionne tout autant de comprendre les effets sociaux que produit le discours. L'analyse de discours oscille «between a focus on specific texts and a focus on ‹orders of discourse›, the relatively durable social structuring of language which is itself one element of the relatively durable structuring and networking of social practices» (FAIRCLOUGH 2003, p. 3).

En s'inspirant de Michel Foucault, Stuart Hall définit le discours comme «a group of statements which provide a language for talking about [...] a particular topic at a particular historical moment» (HALL 1997, p. 44). Cette définition réduit la distinction habituelle entre le discours d'un côté, et les pratiques de l'autre. Elle oriente le débat sur l'effet social du discours. Ces effets ne sont pas homogènes et sont différenciés en fonction de la nature des énoncés composant le discours.

On peut ainsi discerner les énoncés constatifs, les énoncés performatifs et les énoncés argumentatifs. Un énoncé constatif relate une situation, il en est le compte-rendu. En ce sens, le texte est un espace de représentation, un récit (CHATEAURAYNAUD 2003, p. 82). Ce type d'énoncé s'oppose à ce que John L. Austin appelle un performatif, pour lequel «produire l'énonciation [équivaut à] exécuter l'action» (AUSTIN 1991 [1965], p. 42). L'énoncé argumentatif vise à convaincre ou faire adhérer un individu (CHATEAU-RAYNAUD 2003, p. 83). L'argumentation est une situation discursive produite en situation et orientée vers certains destinataires. Elle est faite d'énoncés et non de propositions (comme dans une démonstration scientifique) pour communiquer des vraisemblances (des valeurs de croyance) (GRIZE 1996, p. 3). Un argument est toujours assorti d'une preuve: argumenter c'est problématiser et prouver, donc faire adhérer. Dans une argumentation, on s'assure de la validité de la prise de position, par des opérations de raisonnement «qui consistent à établir des rapports de causalité (cause/conséquence) entre deux ou plusieurs assertions et à assurer la force du lien (de possibilité, de probabilité ou d'inéluctabilité)» (CHARAUDEAU 2007, p. 18), d'une part et des systèmes de valeur (empirique, statistique, expérimental, éthique, pragmatique, hédonique, etc.), d'autre part.

Il ne nous appartient pas, dans cette recherche, de juger de la validité d'un argument, c'est-à-dire de traiter des rapports entre argumentation et logique. L'essentiel n'est pas de déterminer si un raisonnement est mené avec rigueur, s'il est valide ou non. Il s'agit plutôt de se concentrer sur les rapports entre argumentation et pratiques sociales, en d'autres termes de s'interroger sur les raisons de l'utilisation d'un argument. Ce qui suppose de poser deux questions: pourquoi le locuteur cherche-t-il à argumenter?

Sur quoi est fondé son argument? Nous répondrons à la première question assez simplement par le besoin, mis en évidence par beaucoup d'auteurs en sciences sociales, de justifier une situation ou une pratique sociales. La seconde question exigera dès lors de discuter de différents systèmes de justifications. Mais il faut d'abord s'intéresser à la forme canonique prise par un argument.

Pourquoi argumenter? Essentiellement parce qu'on veut faire adhérer l'interlocuteur à son point de vue. Mais dans les discours publics qui ressortissent aux projets que nous étudions, il s'agit plus précisément de faire adhérer (la population, des institutions, etc.) au bien-fondé du projet en question. Le terme de justification résume bien ce processus incessant consistant à donner à voir la vérité d'une action. Le terme n'est pas très éloigné de ce que les sociologues appellent la légitimation : «la légitimation explique l'ordre institutionnel en accordant une validité cognitive à ses significations objectivées» (BERGER & LUCKMANN 1996 [1966], p. 129). Pour ces sociologues de la connaissance, la légitimation est un processus de justification des institutions. «La légitimation ne dit pas seulement [à l'individu] pourquoi il devrait exécuter une action et pas une autre. Elle lui dit aussi pourquoi les choses sont ce qu'elles sont» (*idem*, p. 130). Ces réflexions empruntent à l'analyse de Max Weber sur la validité de l'ordre légitime.

Mais légitimation et justification ne sont pas des termes tout à fait équivalents. La légitimité désigne «l'état ou la qualité de qui est fondé à agir comme il agit» (CHARAUDEAU 2005, p. 50). «La légitimité est bien le résultat d'une reconnaissance par d'autres de ce qui donne pouvoir de faire ou de dire à quelqu'un au nom d'un *statut* (on est reconnu au travers d'une charge institutionnelle) au nom d'un *savoir* (on est reconnu comme savant), au nom d'un *savoir-faire* (on est reconnu comme expert)» (*idem*, p. 52). C'est par des stratégies de légitimation qu'on peut apporter une preuve de sa légitimité. «La légitimation est le processus de reconnaissance d'une autorité de dominant: d'une part son pouvoir est reconnu, c'est-à-dire admis, accepté et justifié; d'autre part et conjointement les dominés lui sont reconnaissants pour les bienfaits et les services que la domination est censée leur procurer» (ACCARDO 2006 [1991], p. 87).

La légitimation a pour condition d'imposer une situation et de la rendre naturelle et évidente, c'est-à-dire de véhiculer une connaissance idéologique. Celle-ci consiste à «present an argument about an item that is accepted by most people as ‹common sense›, unproblematic, unquestionable, and apparently ‹natural›» (WAITT 2005 p. 182).

La légitimité se construit toujours sur cette naturalisation : « Toute lutte est en quelque façon une lutte pour imposer la définition légitime d'une situation, d'un événement, d'une revendication et finalement d'une identité la plus gratifiante possible [...] La meilleure façon de légitimer une situation, de lui ôter son caractère arbitraire, contingent, aléatoire, et donc contestable, c'est de la naturaliser (ou de la ‹surnaturaliser›) et d'en faire quelque chose aussi nécessaire et immuable et mystérieux à la fois que le mouvement des constellations ou les décrêts des dieux [...]. Ce qui suppose évidemment chez les agents l'oubli ou l'ignorance de la genèse historique effective de la situation considérée » (ACCARDO 2006 [1991], p. 294).

Le terme de légitimation s'applique donc aux personnes et aux institutions, alors que le terme de justification est à la fois plus large et plus étroit : on peut justifier une situation sans la trouver légitime. Certaines justifications sont plus valables que d'autres, ou plus recevables, en vertu de la légitimité qui est habituellement accordée à celui qui l'énonce. Des justifications énoncées par le WWF, par exemple, sont moins légitimes que d'autres dans un contexte particulier : celles qui émanent des pouvoirs publics (elles le seraient davantage en tant qu'elles représenteraient les populations locales). Le WWF serait moins légitime parce que le contexte dominant (en Valais) leur accorde moins de crédit (du fait de leur origine plutôt urbaine, du fait qu'il leur est reproché de plaquer des principes universels sur des réalités qu'ils connaîtraient mal, etc.).

La justification est un régime qui fait partie de la « pluralité des façons d'être avec les autres » (BOLTANSKI & THÉVENOT 1991, p. 35). L'impératif de justification surgit au moment où des acteurs sont dans une situation d'engagement mutuel : « Les personnes sont confrontées à la nécessité d'avoir à justifier leurs actions, c'est-à-dire non pas à inventer, après coup, de fausses raisons pour maquiller des motifs secrets, comme on se trouve un alibi, mais à les accomplir de façon à ce qu'elles puissent se soumettre à une épreuve de justification » (BOLTANSKI & THÉVENOT 1991, p. 54).

Nous dirons donc que les objets et les projets sont justifiés, au sens où leur disposition, leur aménagement et leur construction sont énoncées et posées comme étant inéluctablement à réaliser de la façon dont ils ont été réalisés.

Dès lors, dans nos études de cas, les processus de justification que les individus et les groupes formulent consistent à exposer les avantages du projet en question, ou à en mettre en évidence les désavantages et les faiblesses, s'il s'agit de détracteurs.

Dans ce type de projet en particulier, la justification ressortit également beaucoup à la localisation du projet, à différentes échelles, dans un site, dans une commune, dans une région. En quoi le projet puise-t-il sa pertinence de l'espace dans lequel il s'insère?

Dans notre recherche, les individus (au nom des groupes qu'ils représentent) argumentent pour justifier l'idéologie qu'ils traduisent en partie dans les objets. Le projet qu'ils défendent (ou qu'ils contestent) acquiert autant de légitimité qu'il est solidement argumenté. Autrement dit, le projet s'impose d'autant comme logique et incontournable que des éléments reconnus comme solides le justifient. Ces éléments, ce sont les idéologies que les groupes donnent à voir.

Le pouvoir justificateur de ces idéologies est de quatre ordres, que nous mettons en évidence en nous inspirant des auteurs de l'analyse de discours (CHARAUDEAU 2005; BRETON 2006; VAN LEEUWEN 2007). Le dernier cité des ces auteurs a parlé de différents types de légitimation, terme qu'il entend, à la suite de Max Weber ou de Peter Berger et Thomas Luckmann, comme la validité d'un ordre établi[51]. Le terme de systèmes de justification sera ici préféré à celui de légitimation, pour les raisons développées plus haut. Il s'agit de distinguer trois grands systèmes: la justification d'ordre rationnel, la justification par référence à une autorité et la justification en référence à des valeurs socialement partagées (par la société dans lequel l'argument est énoncé).

D'abord, des pratiques sociales, des projets et des objets peuvent être justifiés en référence à une rationalité. C'est avant tout l'effet que va provoquer le projet qui est énoncé: une relation de cause à effet est établie entre le projet et la société qui l'héberge. On retrouve ici toute la rhétorique sur la rentabilité de tel projet, sur sa capacité à créer des emplois. On peut qualifier toutes les énonciations procédant par contextualisation du projet dans un ensemble plus vaste: une commune ou une vallée. Le projet est donc envisagé d'après l'efficacité pratique dont il est potentiellement porteur.

Ensuite, les projets et les objets peuvent être justifiés en référence à des valeurs communes partagées par une société et communément admises. On pourrait remonter assez loin dans ces valeurs, qui relèveraient de la

---

51   A noter que ces auteurs spécialistes d'analyse de discours ont une conception très large de la légitimation: «legitimation not only implies an endorsement of specific actions, but usually extend to the dominant group or institution themselves, as well as to their position and leadership» (ROJO & VAN DIJK 1997, p. 528).

morale ou de l'éthique, et qui font l'objet d'un consensus. Mais d'autres valeurs sont évidemment plus controversées, comme celles qui accorderaient une valeur en soi à la nature et considéreraient cette dernière comme méritant d'être protégée. Si cette valeur-là n'est pas en soi contestée, c'est sa hiérarchisation et sa mise en parallèle avec d'autres impératifs qui pose problème. On peut regrouper dans cette catégorie les énonciations qui mobilisent des imaginaires de la montagne, tels que nous les avons définis. Enfin, les projets et les objets peuvent être justifiés en référence à une autorité. Cette autorité peut être de différentes natures. Premièrement, une autorité experte. Une expertise (un rapport d'étude, un avis qui vaut expertise par le statut du locuteur, etc.) atteste de la validité de l'argument. Deuxièmement, l'autorité de conformité à la tradition. La référence à la «tradition» justifie le projet. C'est en vertu d'une continuité avec le passé que le projet mérite d'être élaboré. Troisièmement, une autorité populaire. C'est la population dans son ensemble qui est invoquée pour justifier un projet. «Contrairement à l'imaginaire de la tradition qui proposait une quête spirituelle vers une lumière d'origine, cet imaginaire impose une lumière par la volonté d'un groupe, même s'il est guidé par des élites qui en tirent les bénéfices» (CHARAUDEAU 2005, p. 175).

La plupart des arguments ne peuvent pas être clairement et définitivement classés dans l'une des ces catégories; ils relèvent plutôt d'une combinaison de ces différents types de justification.

Ces propositions rejoignent celles d'Alain Bourdin, qui a travaillé sur les discours accompagnant la rénovation de quartiers anciens. Il a dégagé de ce qu'il appelle «l'idéologie des quartiers anciens» deux types de justification: «un ensemble de thèmes explicatifs ou justificatifs qui, construisent un objet et se présentent sous forme de noyaux ou de réseaux typiques à caractère mythique; de l'autre, des thèmes nettement conjoncturels, plus politiques, puisqu'ils expriment des jugements sur une action précise ou sur des acteurs, ou bien des revendications» (BOURDIN 1984, p. 31). Dans la première catégorie, on trouve la métaphore organiciste et sanitaire (selon laquelle un quartier est à assainir), celle de l'harmonie (de la communauté, d'une part et du site ou environnement, d'autre part), l'idée d'un intérêt général (*idem*, p. 42) qui implique l'exigence d'information ou de participation des habitants, ou encore l'idéologie de la conservation.

La deuxième catégorie (*idem*, pp. 51ss.) rassemble des thèmes qui «jouant sur le registre de l'éthique et de la justification se sont construits dans l'action et pour obtenir des résultats immédiats» (*idem*, p. 50).

Alain Bourdin donne l'exemple de l'argument du coût. Cette deuxième catégorie s'apparente à une justification d'ordre rationnel.

Les différentes idéologies que nous allons mettre en évidence dans le travail empirique peuvent être attribuées aux systèmes de justification décrits ci-dessous (tableau 4). L'idéologie localisante peut être décelée à la fois dans les discours utilisant la justification d'ordre rationnel et dans ceux fondés sur l'autorité populaire. Selon l'énoncé récurrent, le projet est mis au service d'un lieu et des ses habitants. Mais cette idéologie n'est pas éloignée de l'idéologie patrimoniale, qui, elle aussi, s'exprime par des arguments d'autorité populaire. C'est ainsi qu'il est parfois difficile de distinguer les différentes idéologies. Un patrimoine est souvent d'un lieu et revendiqué comme tel : il relève donc aussi de l'idéologie localisante. Pourtant, nous dirons que l'idéologie patrimoniale se nourrit davantage de représentations nostalgisantes, alors que l'idéologie localisante est plutôt axée sur l'efficience économique.

Tableau 4 : Systèmes de justification et idéologies.

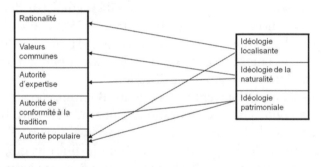

Conventions de référencement des matériaux

Chaque document qui a été analysé avec ATLAS.TI correspond à un code (initiales du projet et numéro du document, par exemple OG 3). [PB : passerelle bhoutanaise ; WA : Walser Alps ; OG : Ossona Gréféric ; IO : installations obsolètes]

Les autres documents, qui ont été pris en compte pour leur vocation informative, sont simplement cités en bas de page ou alors reportés dans la bibliographie générale avec les autres références de type scientifique.

Pour des raisons de confidentialité, aucun interviewé n'est cité nommément. Dans les cas de prises de parole publiques seulement, les noms peuvent apparaître.

L'ensemble des documents d'analyse, à l'exception des entretiens pour la raison qui vient d'être mentionnée, sont référencés en annexe 1, dans une liste séparée de la bibliographie générale.

Partie III

Des objets en discours et en réseaux :
discussion des argumentaires

Cette partie vise à comprendre, au travers des quatre études de cas proposées, comment les objets et les idéologies s'articulent les uns aux autres et configurent des relations sociales. L'objectif général de cette partie est, d'une part de décrypter les idéologies formulées dans chacun des projets et, d'autre part de montrer la capacité des objets à concrétiser ces idéologies, à rassembler des collectifs et à participer à des processus de territorialisation. Pour ce faire, l'accent est mis sur l'analyse des argumentaires développés dans les discours.

Le premier chapitre passe en revue les idéologies véhiculées par les groupes sociaux qui s'emparent des objets. Certaines idéologies sont préférentiellement brandies pour justifier tel ou tel projet: la naturalité pour les installations obsolètes et la passerelle, l'invocation de la tradition pour Ossona et Walser Alps. Mais, dans l'ensemble, de multiples idéologies circulent et se mélangent dans ces projets. Les groupes qui portent ceux-ci s'alimentent volontiers des imaginaires de la montagne pour formuler leurs discours justificatoires.

Le deuxième chapitre poursuit sur l'analyse des idéologies, en exposant les controverses nées autour d'objets particuliers. Cela nous permet de dégager les positionnements parfois antagonistes des différents groupes qui investissent les objets en question. Ces groupes luttent ainsi pour imposer leur idéologie, leur vision des espaces dans lesquels viennent s'agencer les objets.

Le troisième chapitre se focalise particulièrement sur les idéologies de type rationnel, celles qui invoquent comme motif de justification le contexte dans lequel s'inscrit le projet et les retombées concrètes que celui-ci est susceptible d'entraîner. Sont ainsi abordés successivement, pour tous les cas d'étude, les projets auxquels sont reliés les objets, les programmes de développement touristique ou économique dans lesquels ils s'inscrivent. En outre, une attention spécifique est portée aux processus de territorialisation et d'identification desquels participent ces objets et ces projets.

L'ultime partie s'efforce d'analyser les réseaux qui président à la constitution d'un projet et la justification de tels réseaux. Les idéologies concrétisées dans les objets sont donc à nouveau approchées, mais dans leur capacité à justifier la mobilisation de groupes hétérogènes.

Il faut préciser que le plan proposé ici nous a semblé la meilleure façon de rendre compte des analyses que nous avons menées. Mais l'ensemble des dimensions traitées dans cette partie l'une après l'autre sont en réalité interdépendantes les unes des autres. Il pourrait donc se dégager quelques répétitions ou des anticipations : ce n'est que parce que la compréhension de chaque dimension ne peut être dissociée de celles des autres. Comment comprendre, par exemple, la dimension du réseau inhérent à un projet sans mentionner l'idéologie dont il est investi ?

Chapitre 1

Des idéologies et des imaginaires en action

Pour justifier les aménagements projetés et réalisés, les groupes proclament des idéologies s'articulant sur des significations particulières des espaces dans lesquels ces aménagements sont situés. Ces projets ne sont que des exemples parmi d'autres dans lesquels se déploient et se concrétisent des idéologies qui correspondent en partie à la manière dont on perçoit aujourd'hui la montagne et les Alpes.

1.1 Similarités imaginées entre deux peuples unis par une passerelle

La collaboration instaurée entre le Valais et le Bhoutan, dont la passerelle est le fruit, a été accompagnée de nombreux discours justificatoires. A cette occasion, les références à la montagne ont été systématiquement mobilisées, non seulement dans un objectif de justification, mais aussi de construction d'attributs communs rassembleurs. La passerelle bhoutanaise est probablement le cas, dans notre recherche, pour lequel la référence à la montagne est le plus abondamment et le plus directement utilisée, pour promouvoir à la fois un projet local et un réseau d'échange.

La montagne est une catégorie déclinée selon deux acceptions et dimensions. D'une part, elle renvoie à des conditions naturelles, lesquelles sont beaucoup citées pour attester de similitudes entre Valais et Bhoutan. Elle ressortit aussi à des prétendues traditions qu'elle engendrerait et dont elle serait caractéristique. Ces traditions sont également rangées parmi les similitudes entre Valais et Bhoutan. D'autre part, la montagne est employée dans le sens d'un lieu marquant une expérience personnelle. Elle formerait un environnement dont la singularité et la prégnance serait partagée par plusieurs sociétés sur la planète.

1.1.1 Analogies paysagères et culturelles entre le Bhoutan et le Valais

La mobilisation des analogies paysagères et des conditions naturelles comparables entre Valais et Bhoutan est probablement la plus répandue dans le discours autour de la passerelle. Elle consiste non seulement à justifier la coopération entre les deux régions montagneuses, mais aussi à motiver *a posteriori* la localisation de la passerelle. Lors de l'inauguration, plusieurs allocutions de personnages officiels, en l'occurrence le président de la commune de Loèche, témoignent de ce souci d'afficher des attributs communs, avant tout fondés sur la naturalité.

> Le lien avec le Royaume du Bhoutan, situé entre le Tibet et l'Inde, a été malheureusement jusque là pratiquement inexistant même si la nature de nos régions de montagne présente quelques similitudes, telles que les grandes étendues de forêts, des milliers de sortes de plantes, un monde animalier richement diversifié… des yaks bhoutanais ont même déjà été introduits et sont élevés dans le Haut-Valais… et si le Royaume du Bhoutan est dominé par des dragons pacifiques, les habitants de Loèche le sont par un oiseau, le Griffon (PB 11).

L'argument recourt à des catégories suffisamment englobantes (végétation, plantes…) pour affirmer la ressemblance entre le Valais et le Bhoutan. Ce sont plus particulièrement les similitudes paysagères qui occupent l'argumentation de certains discours. Cette dimension n'est pas décisive dans les thématiques de coopération retenues et elle n'apparaît pas comme un passage obligé pour la coopération, mais elle accompagne largement celle-ci en lui donnant des motifs de justification.

> C'est une évidence, […] en tout cas en Europe, il n'y a pas une région qui ressemble plus au Bhoutan que le Valais, ça c'est certain. Peut-être certaines hautes vallées du Tessin. Plus boisées que chez nous, mais aussi avec ces villages, à flanc de coteau, agrippés. Le Tessin ils ont utilisé davantage la pierre, chez nous le bois. Donc c'est encore plus semblable, parce que les maisons bhoutanaises sont en bois, il y a beaucoup de forêt. Si vous allez dans le Ladakh, les maisons sont en pierre, il y a plus de forêt, c'est trop sec (PB 1).

L'argument procède par dissociation d'autres espaces (le Ladakh) pour mieux attester de la ressemblance entre Valais et Bhoutan. A nouveau, on constate une conception très naturaliste de ces attributs communs. Ces similitudes permettent aussi de justifier a posteriori le choix de la localisation de la passerelle, qui franchit l'Illgraben.

La présence du chorten, la forme du pont, son lieu d'implantation, qui est quand même assez proche, ça c'est l'avantage, des paysages que l'on voit dans l'Himalaya. Il y a cette instabilité géologique dans la région. C'est quelque chose que l'on voit partout dans l'Himalaya, qui est une chaîne bien plus jeune que les Alpes et qui est en mouvement constamment. L'Illgraben est en mouvement aussi. Là il y a peut-être un clin d'œil (PB 1).

Le lama qui a béni le chorten en juin 2005, interrogé par le *Walliser Bote*, fait également appel à l'analogie paysagère :

Dieser Ort ist wunderschön, er erinnert mich an meine Heimat in Bhutan. Die eindrücklichen Berge und vielfältigen Wälder sind genau der richtige Platz, um eine Buddha-Statue zu erbauen[52] (PB 13).

Cet extrait traduit le souci permanent de rendre parfaitement naturel et logique l'installation d'objets *a priori* exotiques dans un lieu qui ne l'est pas, le Bois de Finges.

Mais Bhoutanais et Valaisans ne partagent pas seulement des similitudes paysagères ou naturelles, mais aussi des attributs humains, des «traditions», qui seraient toutefois tributaires des conditions naturelles imposées par la montagne.

La ressemblance est vraiment frappante avec le Valais, les paysages, aussi les villages, pas directement l'architecture, mais le groupement des villages, le choix du site des villages, au niveau des dangers naturels (PB 8).

La montagne est présentée comme traditionnelle quand il s'agit de justifier la coopération. Le discours, qui instaure une correspondance entre des attributs dans les deux régions, permet de juxtaposer deux époques différentes : les attributs actuels des Bhoutanais sont pensés en référence et mis en parallèle à un passé nostalgisé du Valais.

Cela [le symbole du pont] peut amener à réfléchir aux difficultés communes [des régions de montagne] et aux moyens de les minimiser (les bisses, par exemple). A l'importance d'une identité culturelle, que les montagnards défendent envers et contre tout. Les Bhoutanais, bon ça fait un peu couleur locale, vivent dans ces robes tous les jours, ils viendront à la fête ainsi, c'est leur identité à laquelle ils tiennent… comme ont tenu les Valaisans à leur identité, qu'ils sont en train de brader un peu.

52   «Le lieu est magnifique, il me rappelle mon pays au Bhoutan. Ces montagnes impressionnantes et ces forêts variées sont précisément le bon endroit pour ériger une statue de Bouddha» (trad. libre).

> *Ça peut nous rappeler des choses.* Les Bhoutanais tiennent à leur spiritualité : on ne grimpe jamais jusqu'au sommet d'une montagne, on fait le tour (PB 4, soul. par nous).

La volonté de mettre ces attributs au service d'un réel échange et d'un enrichissement mutuel pour les deux partenaires est particulièrement prégnante dans cet argumentaire. Le propos a véritablement pour objectif de mettre en avant la pertinence de la coopération et d'en évaluer les retombées. Les habitants du Valais sont jugés négativement par la perte d'identité qui les caractériserait, en opposition aux Bhoutanais, qui détiendraient une forte identité culturelle. L'invocation de valeurs spirituelles est encore plus prononcée dans l'extrait suivant :

> Il y a d'autres choses qu'ils peuvent aussi nous réapprendre. […] Cela fait longtemps que chez nous tout est désacralisé. Au Bhoutan, tout dans la vie est sacré. Emprunter un pont est un geste sacré. On a besoin de resacraliser notre existence. Et les gens du Bhoutan peuvent notamment nous apprendre cela. Ils luttent contre l'introduction d'une modernité pervertie. Ils peuvent nous aider à réfléchir à l'essentiel. L'importance du geste, le sens du temps, comme dans la cérémonie de bénédiction du chorten. Grâce à eux, essayer de vivre pleinement le moment présent en l'investissant du meilleur de nos énergies (PB 4).

Dans l'argumentaire, la référence au Bhoutan ne nourrit pas seulement une nostalgie d'un passé, mais disqualifie l'époque présente. Surtout, elle valorise les apports spirituels que peut faire transiter l'échange culturel.

Ce rapprochement entre Bhoutan actuel et Valais ancien révèle que le discours est volontiers teinté de représentations nostalgiques d'un paradis perdu.

> J'avais toujours le sentiment qu'on revenait dans le bon vieux temps du Valais. Parce que le Bhoutan, ce que moi j'ai appris en tout cas pendant ces événements, c'est assez encore fermé, très rural, très traditionnel, beaucoup moins, pas développé. Et je trouve quand les gens ont vu ces photos, c'était un peu le vieux Valais dans le temps. Et c'est pour ça pour les gens surtout les plus anciens, qui avaient septante, huitante ans, quand ils ont vu certains outils de travail, j'avais le sentiment que pour eux c'est un peu le vieux Valais qui revenait (PB 7).

Dans cette citation, peu importe que le terme « vieux Valais » ne renvoie pas une époque temporellement bien définie, ce sont davantage les images vagues d'une tradition, encore bien présentes en Valais, qui comptent. Le même locuteur poursuit : « *Elles* [les actions liées à l'échange Valais – Bhoutan] *nous font découvrir des similitudes entre nos deux peuples. Elles nous rappellent des images de structures agricoles simples et d'un monde où la technologie n'est guère présente, autrefois familiers à nos ancêtres. Et cela fait du bien à notre âme valaisanne liée aux traditions»* (PB 12).

Il conclut: «*Cela nous fait du bien parce que les changements économiques et touristiques ont été bien trop rapides en Valais. Ils sont allés trop vite parce qu'ils ont commencé trop tard! C'est pour cela que nous aimons bien, nous les Valaisannes et les Valaisans, nous plonger à la recherche d'images perdues d'un ‹bon vieux temps› et tenter ainsi d'échapper à la pression des changements bien trop rapides»* (PB 12).

Dans cette vision de l'histoire valaisanne, emprunte de nostalgie, transparaît là aussi une connotation négative du monde d'aujourd'hui. Ces représentations pallieraient un vide créé par des changements déstructurant. Il est aussi intéressant de constater comment le locuteur se fait le porte-parole d'un collectif, en prenant pour référence des habitants («nous les Valaisannes et les Valaisans»).

Au-delà de la pertinence ou non de cette comparaison, nous pouvons remarquer, de manière plus générale, que le Bhoutan est souvent annoncé comme un pays étant traversé par la dichotomie tradition – modernité.

Il suffit de songer aux manifestations organisées durant l'année de la construction de la passerelle en 2005 qui, de près ou de loin, invoquaient ces deux catégories. A commencer par cette exposition de photographies de deux étudiants qui avaient réalisé un reportage sur la jeunesse au Bhoutan, dans le cadre des échanges entre le Valais et le Bhoutan, sous le titre: «*Jeunesse au Bhoutan: entre tradition et modernité*».

L'expression opposant tradition et modernité a été abondamment utilisée, à la fois dans la connaissance scientifique et dans la connaissance «ordinaire». En Valais aussi, elle a pu être maintes fois réitérée lorsque l'on voulait signifier l'attachement de la population à l'héritage du monde paysan et sa volonté toute aussi forte d'adhérer aux valeurs de la modernité (*Cf.* I 2.4).

Le compte-rendu que le *Walliser Bote* a fait de cette exposition est révélateur du maniement de ces catégories:

Zwischen Tradition und Moderne:
Die beiden jungen Walliser weilten im September und Oktober 2002 im Himalayastaat Bhutan. Anlass bildete dabei das «UNO-Jahr der Berge». Ziel ihres Aufenthaltes war es, eine Bilderreportage über die Jugend Bhutans zu erstellen; einer Jugend, die sich auf der Grenze zwischen Tradition und Moderne befindet, sich also

jenen Weg suchen muss, der die Traditionen respektiert und lebt, ohne sich dabei der Neuzeit zu verschliessen[53] (PB 17).

En plus de ces attributs qui seraient communs entre les deux régions, c'est la montagne elle-même qui rassemble ces deux peuples, parce que chaque individu qui est en montagne y éprouverait une expérience similaire. Dans un article qui relatait la visite de la reine du Bhoutan en Suisse en 2004, Guy Ducrey, ancien ambassadeur en Inde, au Népal et au Bhoutan, répondait ainsi à ceux qui l'interrogeaient sur la pertinence du choix du Bhoutan comme pays avec lequel collaborer :

> La montagne marque l'individu. Si je suis né au pied d'un glacier dans un chalet en bois, je peux mieux comprendre ces gens qu'un Hollandais ! (PB 68).

Lors d'un entretien, il s'expliquait davantage sur cette idée :

> La montagne ça vous marque fortement, ça c'est sûr. Ça vous entraîne à l'économie des gestes, de la parole. Ça vous apprend à rester plus près des choses essentielles. Parce que vous êtes moins sollicité par tout ce qu'il y a d'artificiel inévitablement dans la société. C'est peut-être un peu moins fort que ça ne l'aurait été il y a cinquante ans, mais ça reste quand même fort (PB 1).

La coopération Valais – Bhoutan est ainsi en partie fondée sur la croyance que la montagne rassemble les peuples.

> Il y a deux domaines où on est frères avec les gens qu'on rencontre : la montagne et le pinard ! La viticulture, le fait de posséder une vigne, la porte est ouverte. Le fait d'être montagnard ça ouvre les portes. Entre montagnards, c'est plus facile, il y a une *compréhension mutuelle*. On a tous eu des cloques aux pieds, on a tous bu dans un ruisseau… On est frères. On est une communauté d'intérêts très précieuse. On ne la valorise pas assez (PB 6, soul. par nous).

La montagne serait une condition partagée par tous les peuples qui l'habitent : ceux-ci sont qualifiés négativement par les problèmes qu'ils rencontrent (ce qui renvoie à l'idée d'une «communauté de problèmes») et ces

---

53   «Les deux jeunes valaisans ont séjourné dans le Royaume himalayen du Bhoutan en septembre et octobre 2002. La raison en est aussi l'Année internationale de la montagne. Le but de ce séjour était de réaliser un reportage photographique sur la jeunesse au Bhoutan, qui se trouve à la frontière entre la tradition et la modernité, et qui doit trouver ce chemin pour respecter et vivre la tradition sans pour autant se fermer à la nouveauté» (trad. libre).

problèmes découlent d'un seul facteur «géographique» universel: le re-lief[54].

> Il y a plusieurs symboles [dans cette passerelle]. Les gens de la montagne sont tous les mêmes qu'ils habitent les Andes, l'Himalaya ou les Alpes, ils connaissent de très grands problèmes à cause du relief. On a besoin de ponts pour communiquer entre vallées, comme les Bhoutanais ont besoin de ponts (PB 4).

Dans le même ordre d'idées, la montagne est évoquée sous la forme d'une métaphore de la jointure. Elle serait le symbole du lien entre deux collectifs. La cérémonie d'inauguration était évidemment truffée de ce type de discours.

> L'Himalaya et le Matterhorn – deux montagnes imposantes et impressionnantes – pourraient symboliser les piliers de la collaboration entre le Valais et le Bhoutan. Puissent des hommes et des femmes proches de la nature et profondément intégrés à cet univers montagneux faire tout leur possible pour ancrer solidement ce partenariat (PB 12).

Dans cet extrait s'entremêlent des représentations écologiques de la montagne («proches de la nature») et nostalgiques. A nouveau, on insiste lourdement sur l'environnement montagnard et son rôle prépondérant dans la structuration des sociétés. Il faut noter dans le discours la mise en parallèle plutôt curieuse, d'une chaîne de montagne (Himalaya) et d'un sommet particulier (Cervin). On joue sur des références faciles et aisément saisissables par tous.

Dans la même veine, lors de la cérémonie d'inauguration de la passerelle, un musicien tibétain et des joueurs de cor des Alpes se produisaient côte à côte (Figure 2). Cette mise en scène démontre bien que l'on recourt volontiers à une image globale de la montagne. C'est presque un stéréotype: le cor des Alpes est systématiquement présent dans ce type de cérémonie. Or, même si cet instrument est devenu emblématique des Alpes toutes entières, il ne s'agit pas d'un instrument qui provient originellement du Valais. Aux

---

54 Cette vision strictement naturaliste de la montagne se repère aussi dans la justification annoncée au fort engagement du canton du Valais dans l'Année internationale des montagnes: «*Le Valais est le canton le plus montagneux de Suisse, région la plus montagneuse d'Europe, on se sentait le devoir d'être exemplaire* […] *si ça ne mobilisait pas une région comme le Valais, c'était à désespérer, parce que* […] *plus de la moitié des 4000 d'Europe occidentale sont sur territoire valaisan*» (PB 1). Du fait de sa géographie, le canton du Valais était «naturellement» appelé à jouer un rôle moteur dans cette célébration.

côtés de ces joueurs de cor, c'est un musicien tibétain, et non pas bhoutanais, qui avait été invité. Faire appel à des symboles locaux importe peu, des références vagues à la montagne et à la tradition suffisent.

Figure 2 : La cérémonie d'inauguration de la passerelle le 15 juillet 2005
         (Cliché : Pascal Vuagniaux).

Il n'y a qu'un pas à franchir, dans cette métaphore de la jointure, pour assimiler montagne et pont.

> Les chaînes de montagnes relient vallées et pays – les ponts relient des peuples. Ils facilitent les échanges d'expériences (PB 12).

Les montagnes et les ponts sont des figures de la rencontre entre des hommes et des idées.

> Berge und Brücken verbinden nicht nur Menschen. Sie erleichtern auch den Austausch von Geschichte, Erfahrungen und Ideen. Verschiedene Veranstaltungen rund um den Brückenschlag Wallis-Bhutan bezeugen dies im Laufe des Jahres 2005[55] (PB 57).

55   « Les montagnes et les ponts ne relient pas que les hommes. Elles facilitent les échanges d'histoires, d'expériences et d'idées. Différentes manifestations témoigneront de cela autour du pont créé entre Valais et Bhoutan durant l'année 2005 » (trad. libre).

Selon ce récit idéologique, la coopération entre les deux régions de monta gne acquerrait un caractère logique et incontournable, encore renforcé par l'environnement naturel dans laquelle elle se déroulerait.

1.1.2 *Montrer les richesses naturelles avec la passerelle*

Pour terminer sur ces idéologies justifiant l'objet qu'est la passerelle bhoutanaise, il faut ajouter que, de par son implantation dans le périmètre du futur parc naturel régional du Bois de Finges (*Cf.* III 3.1.2), la naturalité est aussi volontiers invoquée. A l'occasion de l'inauguration de la passerelle, les discours convergeaient dans l'éloge d'une nature d'exception caractéristique du Bois de Finges :

> Nous entendons réapprendre à apprécier les trésors du Bois de Finges, de notre nature et de ce merveilleux monde alpin (PB 12).

La passerelle, si l'on suit certains discours, permet, entre autres choses, de montrer des richesses naturelles à ceux qui la traversent. Aussi, le message délivré aux visiteurs est-il écologique et didactique :

> On traverse d'un endroit à un autre. C'est un pont spécial qui traverse deux pays, mais aussi deux régions, parce qu'on est dans une zone construite et ensuite on arrive dans une zone de forêt. C'est surtout cet élément là, nature et élément artificiel. Et aussi après un élément par rapport à la langue, parce que quand tu traverses de côté-là, on arrive dans la forêt de Finges, on est seul, dans un univers spécial, c'est le côté nature. […] En plus tu vois l'Illgraben et tu te poses la question mais comment l'Illgraben est là […]. C'était pédagogique, parce que tout le cône en bas est lié à ce qu'il y a derrière. […] On aimerait toujours que les gens se posent des questions. A travers le pont tu te poses des questions. Et de se dire comme elle est belle la nature (P3).

On attend de la passerelle qu'elle suscite des interrogations chez les visiteurs qui la traversent ; la passerelle est un médiateur pour découvrir des objets naturels, à commencer par l'Illgraben :

> Einheimischen und Touristen will man damit ein grossartiges Spektakel ermöglichen : Die Überquerung eines der grössten Wildbäche der Schweiz und der Blick in eines der interessantesten Erosiongebiete[56] (PB 58).

56 « On veut permettre aux habitants et aux touristes de bénéficier d'un spectacle grandiose : la traversée de l'un des torrents sauvages les plus importants de Suisse et la vue sur l'une des zones d'érosion les plus intéressantes » (Trad. libre).

La journée bhoutanaise en 2006 était assez représentative de cette volonté de prendre la passerelle comme un prétexte pour donner à voir des particularités naturelles : parmi les ateliers thématiques qui composaient la journée, le torrent de l'Illgraben et les dangers de feu dans la forêt de Finges avaient été retenus. On observe ici davantage qu'une mise à disposition d'information, un objectif clair de sensibilisation des visiteurs. Certes, la politique de l'Association Pfyn-Finges est bien entendu menée en-dehors de l'existence de la passerelle. Mais celle-ci permet de renforcer, par son rôle de médiateur, ces opérations de sensibilisation.

Les discours sur le projet de passerelle bhoutanaise se structurent principalement autour de deux idéologies : la Nature et la Tradition. Le premier type d'idéologie prend deux formes.

En premier lieu, la montagne est considérée, conformément au programme de l'Année internationale de l'ONU, comme un état de nature modelant les sociétés qui l'habitent. Dans les discours autour de cette passerelle, et plus généralement de la coopération entre Valais et Bhoutan, apparaissent des références aux soi-disant similitudes entre les deux régions, qui sont, dit-on, principalement dues à la situation montagnarde qui les caractérisent toutes les deux. Ces similitudes, nous l'avons vu, relèvent de deux ordres : elles concernent les motifs paysagers d'une part, et les traditions d'autre part. Beaucoup de discours affirment la ressemblance paysagère entre le Valais et le Bhoutan, et contribuent à une naturalisation de la similarité entre les deux entités. D'autres discours se focalisent plutôt sur le facteur humain et arguent d'un même attachement, en Valais et au Bhoutan, aux « traditions », de manière générale. Mais cet attachement est toujours expliqué par l'inscription montagnarde des deux régions.

En second lieu, le projet de la passerelle met en scène une nature riche et à protéger. Plus exactement, la passerelle est conçue comme un médiateur qui assure la découverte de « l'espace naturel » qu'est le Bois de Finges. Ce n'est pas en soi la passerelle qui est le signe du naturel, mais bien les éléments « naturels » qu'elle met indirectement en évidence.

L'invocation de la tradition est également très claire dans ce projet de passerelle bhoutanaise, précisément lorsqu'il s'agit d'énoncer des caractères communs entre les deux régions qui coopèrent. Le Bhoutan actuel est ainsi présenté de manière récurrente comme un pays ancré dans des traditions, lesquelles sont attribuées à son contexte montagnard. Il est par là même comparé au Valais « d'antan » et nourrit la nostalgie d'un passé enjolivé. L'invocation de la tradition est, dans ce cas, utilisée pour justifier la coopération.

1.2 Des traditions pour se penser Walser

Le fait de se reconnaître sous le nom de Walser implique *de facto* une référence à des représentations nostalgiques. Pourquoi? Parce que le Walser en tant que catégorie est essentiellement une «invention» d'historiens et, par conséquent, s'applique à une période allant du 13ᵉ siècle au milieu du 20ᵉ siècle. Chaque partenaire du projet s'accorde à dire que la culture Walser aujourd'hui n'existe plus… et chacun pourtant s'y réfère constamment. Aussi les représentations manipulées dans le projet Walser Alps (et, partant, à Vallorcine) s'apparentent-elles souvent à une vie paysanne passablement enjolivée et de laquelle transparaît de la nostalgie. Mais il faut d'emblée préciser que cette omniprésente référence à la «tradition» est toujours reliée à l'utilité qu'elle peut avoir dans le développement d'une commune ou d'une région.

Dans ce chapitre, nous passons en revue, dans un premier temps, la manière qu'ont les responsables du projet Walser Alps et à Vallorcine de définir ce que sont les Walser; définition, qui, nous le verrons, est très marquée par un déterminisme géographique. Dans un second temps, nous analysons la mobilisation de cette idéologie traditionnelle dans le projet.

1.2.1 Le fondement déterministe d'un peuplement: une argumentation de causalité

Les partenaires du projet INTERREG partent du principe qu'ils partagent des caractéristiques communes, en tout cas historiques. Dans les textes ressort l'idée que les Walser constituent bien une société spécifique, parfaitement identifiable (ce qui est bien logique sans quoi ni le projet ni les associations culturelles n'auraient de sens)[57]. Les porteurs de projet recourent à une définition de l'objet sur lequel ils travaillent (les Walser) très naturaliste (et liée à une vision de la montagne correspondante) et reposant fortement sur une justification scientifique.

---

57 Ce qui est d'ailleurs corroboré par des scientifiques: «*La société des Walser montre, dans ses conditions d'implantation et d'organisation, une très grande homogénéité qui permet à coup sûr de les identifier*» (GUICHONNET 1991).

Cela pourrait être résumé par la chaîne de causalité : migration tardive – haute altitude – milieu difficile – société spécifique. Selon le discours classique des migrations Walser, auquel adhèrent tous les partenaires, il s'agit d'un peuplement qui a colonisé tardivement les zones élevées de certaines vallées, précisément là où l'espace était encore disponible. Le projet de Kuratorium qui a préfiguré le lancement du projet INTERREG, passait logiquement par ce stade de la définition :

> Descendants des tribus d'origine alémanique, [...] les Walser ont habité pendant quelques siècles le haut Valais (Wallis : d'où le nom Walser), en s'habituant au fur et à mesure à des altitudes auxquelles l'homme n'avait pas encore appris à vivre. A partir du XIIIe siècle ils furent protagonistes d'une extraordinaire histoire de colonisation qui les poussa à déboiser et défricher des territoires encore vierges en haute montagne. Ils transformèrent les bouts de vallée, qui étaient jusque là utilisés uniquement comme alpages d'été, en établissements permanents (WA 18).

On constate donc que l'altitude est un facteur considéré comme déterminant pour la spécificité de la société Walser.

> Et si tu regardes ce qu'ils disent eux-mêmes cet aspect d'être les plus à la limite de la possibilité de survivre. Il y en a d'autres, mais je pense qu'eux [les Walser] en moyenne sont vraiment les plus durs, les plus élevés, les plus limites. Parce qu'eux ils ont été placés dans les alpages des autres populations (WA 24).

Les termes «extrême», «dur», «défensif» ressortent dans la plupart des discours qui cherchent à définir les Walser. Le recours à cet univers sémantique révèle la causalité entre une nature décrite comme hostile et le caractère d'une population ainsi spécifiée.

De cette confrontation homme – nature est aussi déduite la gestion respectueuse et parcimonieuse de l'environnement que les Walser étaient censés avoir adopté (*Cf.* III 4.2).

> Die Walser sind eine alemannische Minderheit im Alpenraum. Sie haben sich in den hochgelegensten alpinen Räumen angesiedelt und unter schwierigsten natürlichen Bedingungen ressourcen- und bodenschonend gelebt[58] (WA 13).

La croyance d'une marque indélébile de la nature sur la société Walser, qui rassemble, dans le projet européen, des territoires par ailleurs fort dis-

---

58   «Les Walser sont une minorité alémanique dans l'espace alpin. Ils se sont installés dans les zones les plus élevées et ont été soumis à des conditions naturelles très difficiles et ont dû préserver les ressources» (Trad. libre).

semblables, repose souvent sur une justification scientifique. Nous avons en effet vu que l'histoire et la culture des Walser avaient été solidifiées par une connaissance scientifique considérable. Les partenaires (dont certains sont eux-mêmes des scientifiques) se réfèrent d'ailleurs systématiquement aux travaux d'historiens ou de linguistes pour justifier la mise en réseau (*Cf.* aussi III 4.2.3). Aussi, cet argument, auquel la science (dont on dit qu'elle révélerait la «vérité») donne crédit, peut-il se montrer indiscutable.

Pourtant, au-delà de cette définition commune qui paraît relativement consensuelle chez tous les partenaires, le travail réalisé dans le cadre du WP 8 a amené, par une attitude réflexive, à remettre en question cette notion de culture ou d'identité Walser. Celle-ci est présentée de fait comme équivalente à la société alpine ou montagnarde[59]:

> L'identité des Walser [...], c'est plutôt une identité des régions alpines en général, on ne peut pas vraiment parler seulement des Walser, parce que les choses qu'on trouve, c'est à 95% ou 100% c'est les mêmes identités que toutes les vallées ou toutes les régions dans les montagnes ont en même temps (WA 7).

Ce recoupement est encore une fois expliqué par l'altitude, donc par des facteurs de géographie physique, eux aussi d'ailleurs motifs de différenciation régionale:

> La culture Walser, c'est aussi la culture des montagnards, à peu près. A la fin, il reste que la communauté de la langue. Et le reste, ça dépend de la géographie, c'est le paysage qui dicte, par exemple la culture. Parce que les Walser ont toujours été dans les derniers étages des vallées, c'est à peu près la même chose partout. Mais surtout c'est la région, le paysage, la géographie qui dicte. S'il y a pas de pluie, il faut faire des bisses, comme en Valais, s'il y a trop de pluie, il faut faire en sorte que l'herbe puisse sécher (WA 11).

On remarque aussi dans cet extrait la mention de la langue comme un attribut spécifiant, sur lequel nous reviendrons (voir III 4.2.2). La montagne est ainsi considérée comme un «type» englobant dont les Walser ne seraient qu'un «token».

> Il y a beaucoup de choses communes avec les gens qui habitent dans l'Himalaya et dans les Andes. Parce que si on vit à une certaine altitude, c'est normal que la géographie dicte des normes (WA 11).

---

59 On remarque d'ailleurs dans cet extrait que les termes de montagne et Alpes sont strictement interchangeables.

Au-delà d'une teneur marquée par la naturalité, la définition de la montagne chez les partenaires du projet peut résolument inclure des critères humains, en particulier d'attachement au lieu, ce qui conduit encore une fois à singulariser le type montagnard.

> Si tu vois les paysans qui conduisent les vaches, ce n'est pas la même chose, la façon de s'habiller, de conduire, la propriété des étables, c'est autre chose. C'est le même amour pour le lieu, ça aide toutes les montagnes. […] Je pense toujours que quand la terre [demande] un travail dur, elle te lie beaucoup plus. Il y a une tradition très marquée sur le respect des morts, de la famille. Il y a aussi des clans familiaux plus fermés (WA 25).

Pour s'insérer dans le projet Walser Alps et y trouver une justification, les porteurs de projet à Vallorcine ont rapidement saisi que cette définition consensuelle et sur laquelle s'entendaient l'ensemble des partenaires pouvait parfaitement s'appliquer à la situation de Vallorcine.

> Ces colons Walser, ils ont colonisé les terres dont on voulait pas, c'est-à-dire les terres d'altitude, les terres isolées, c'était vraiment les défricheurs d'altitude, c'était vraiment leur spécificité, on les disait fiers et courageux, c'était vraiment leurs caractéristiques. Donc Vallorcine qui n'était pas occupée à cette époque, il faut imaginer, moi *je trouve que ça colle bien à l'histoire de Vallorcine.* Qui aurait eu envie de venir dans une vallée qui comme on a pu le lire qui était seulement peuplée par des ours. Tu vois la vallée isolée comme elle l'a été encore des siècles plus tard. Imagine à cette époque, pas habitée, tournée vers la Suisse, donc tournée vers ces migrations à quelque part. Moi je vois bien le contexte de cette implantation d'une minorité avec une spécificité (WA 9, soul. par nous).

Dans la présentation du projet écrite en 2004 et destinée à obtenir des subventions du Conseil Général de la Haute-Savoie, les porteurs de projet définissaient ainsi l'adéquation entre la situation de Vallorcine et le projet Walser Alps dans lequel la commune était appelée à s'insérer :

> La vie à 1300 mètres dans les Alpes du Nord a demandé aux hommes de singulières facultés d'adaptation. Cette vallée, à l'écart des voies de communication, enserrée entre deux cols à plus de 1450 mètres, possède indéniablement une histoire où la nature tient la première place : l'hiver, long et rigoureux, dicte ses lois, la vallée étroite est peu propice à l'agriculture… Priorité à la survie et à l'autonomie.
>   La communauté de Vallorcine héritière de savoir faire ancestraux saura-t-elle faire le saut qui la propulsera dans le XXIe siècle ? L'isolement, qui avait suffi jusqu'à ce jour à préserver l'authenticité d'un mode de vie traditionnel, et des gestes hérités des anciens par une transmission directe, permettra-t-il de résister à un développement de type « station touristique de sport d'hiver » si les actions concrètes ne sont

pas entreprises dès aujourd'hui ? Le passage d'un mode de vie traditionnel à un développement harmonieux nécessite une réflexion de tous sur les atouts et les handicaps de notre territoire (WA 26).

Nous reviendrons sur cette citation très riche, et en particulier sur l'attention constante portée à l'affichage d'une identité vallorcine toujours pensée comme singulière. Mais contentons-nous de dire ici que cette singularité est attribuée à une nature que l'on présente comme contraignante (les cols, la vallée étroite). Cette nature, dont les hommes ne seraient pas maîtres, induit l'isolement. Celui-ci aurait ainsi généré des traditions, lesquelles sont aujourd'hui considérées comme menacées.

Certains discours font, plus explicitement encore, le lien entre la nature et caractère de la population :

> On peut se poser la question pourquoi il y a eu des Walser qu'à Vallorcine, c'est vrai que c'est assez marrant, parce que il y a ici et les Allamands du côté de Samoëns. Je pense que c'est pour ça qu'on a un caractère un peu dur ici, Mais bon ça va avec le milieu, l'environnement…C'est dû au climat. Climat et méthode de vie avant. […]. La particularité de Vallorcine c'est qu'on a toujours vécu en autarcie entre Chamonix et la Suisse, c'est tout il y a rien à faire. Il y a une frontière qu'on le veuille ou non (WA 6).

On observe ici ce souci d'arborer une spécificité de Vallorcine. L'argument est fondé sur les conditions naturelles, en particulier le climat, et définit une identité essentialisée. Cette invocation du climat est légitime, mais peine objectivement à spécifier Vallorcine des villages voisins : en quoi le climat peut-il être objectivement qualifié de différent de celui d'Argentière ou de Finhaut ? On remarque ensuite l'irruption de la frontière en tant qu'elle conditionne, tout autant que le climat, un mode de vie autarcique.

Il ne s'agit pas bien sûr ici de dire que cette connaissance ou cet argument est faux ou qu'il existerait une réalité qui s'opposerait aux représentations manipulées par les acteurs, mais bien que plusieurs représentations, et parmi elles la connaissance scientifique, s'entrecroisent pour construire une certaine vision du monde et qui vont agir comme des principes justifiant les actions.

1.2.2 Penser l'avenir avec des « traditions »

Les villages et vallées Walser seraient donc caractérisés par de fortes traditions, si l'on en croit l'ensemble des discours. Or, ces traditions sont dites menacées par la « globalisation » et par le monde moderne[60]. Par voie de conséquence, le projet Walser Alps est proposé comme une solution au risque d'obsolescence et de disparition de ces traditions, lesquelles sont jugées très précieuses. Dans le formulaire de soumission au programme européen, l'accent est mis sur le paradoxe d'une minorité porteuse de traditions mais en même temps subissant une pression économique :

> The minority of Walser settle dispersed over six countries in the heart of Europe. Most of them suffer under economic disadvantage, but have conserved traditional rural knowledge[61] (WA 22).

> *Les traditions Walser s'accommodent mal à la compétitivité accrue et sont menacées* [...]. *Lorsque l'ancienne génération disparaîtra, les connaissances et les aptitudes seront perdues même si leur potentiel pour la durabilité future est jugé élevé* (WA 28).

L'enjeu du projet, selon ses penseurs, réside donc dans la capacité de « résistance » d'une culture Walser face à la globalisation, face à la « culture urbaine », et l'on retombe ici dans des questions d'autonomie et d'opposition entre ville et montagne :

> in un mondo sempre più globalizzato e dominato dai mass-media, c'è ancora spazio per una cultura differente? E' ancora attuale e possibile abitare in villaggi dispersi in montagna a fronte della dominante organizzazione e cultura urbana? Ci sono prospettive per la sopravvivenza della lingua? E ancora, la tradizione è necessariamente un relitto storico, o può evolversi mantenendo i propri caratteri essenziali, senza ridursi a mero folklore? Le nuove generazioni si sentono ancora parte della comunità Walser?[62] (WA 23).

60   Rappelons que le titre du projet INTERREG est « Alpes Walser : Tradition et modernité au cœur de l'Europe ». La dichotomie, déjà relevée dans les discours sur la passerelle bhoutanaise, entre tradition et modernité est donc là aussi omniprésente.

61   « La minorité Walser est dispersée en communautés appartenant à six pays au cœur de l'Europe. Beaucoup d'entre elles souffrent de handicaps économiques, mais ont conservé des connaissances traditionnelles rurales » (Trad. libre).

62   « Dans un monde toujours plus globalisé et dominé par les médias, y a-t-il encore un espace pour une culture différente ? Est-il encore aujourd'hui possible d'habiter un village reculé en montagne face à l'organisation et la culture urbaines ? Quelles sont

A Vallorcine, dans les papiers écrits pour présenter le projet, il est fait référence à un contexte de «bouleversements» auquel serait confrontée la commune et sur lequel le projet serait en mesure d'apporter une réflexion.

> Vallorcine est à un tournant de son histoire en raison de la future remontée mécanique vers le domaine skiable de Balme. Ces recherches serviront à développer un outil de l'aménagement du territoire au moment où le site va connaître des bouleversements (WA 17).

Nous reviendrons sur ce pouvoir donné au projet quant au développement de la commune au chapitre 3.2. Pour les porteurs de projet, celui-ci tombe à point nommé dans le contexte d'une rupture annoncée (dont on dit que la construction de la télécabine est à l'origine):

> Parce que pour l'instant il y a pas trop d'immobilier, le village a pas trop changé et du coup même dans son état d'esprit il a pas trop changé, je pense que les mutations à venir c'est maintenant. C'est maintenant que Vallorcine va prendre un tournant (WA 9).

La mise en discours de ce «tournant» est un point qui est approfondi ultérieurement (*Cf.* III 3.2.2). La justification de la participation de Vallorcine au projet passe en outre par l'invocation de l'intérêt de renouer avec des traditions.

> C'est vrai Vallorcine ici on a toujours été des gens un peu à part dans la vallée de Chamonix. Alors bon c'était important [que Vallorcine participe au projet INTERREG], moi je suis très attaché aux traditions culturelles et montagnardes. Et dans un monde où tout part dans tous les sens, où tout va trop vite, de *retrouver un peu les vraies valeurs*, eh ben c'est pas plus mal. Ne serait-ce que par exemple pour l'architecture des choses comme ça, je trouve que c'est très intéressant (WA 6, soul. par nous).

L'argument se réclame clairement d'une autorité de la tradition. Celle-ci véhicule des «vraies» valeurs, qu'il s'agit de brandir en réaction à celles d'un monde englobant. Dans ce travail sur les traditions de ces commu-

---

les perspectives de survie de la langue? Et la tradition peut-elle ne pas être nécessairement une relique, peut-elle maintenir ces caractères propres, sans se réduire à du folklore? La nouvelle génération se sent-elle encore appartenir à la communauté Walser?» (Trad. libre).

nautés, la mobilisation de la jeunesse est une méthode privilégiée par le projet Walser Alps :

> The Walser Alps project aims to experience – as a pilot action based on the Agenda 21 process – the transfer from a pre-industrial to a sustainable competitive post-industrial society integrating youth[63] (WA 22).

Cela rejoint le point de vue selon lequel les traditions ne sont pas immuables mais doivent être réappropriées par les jeunes générations, comme le précise cet article dans *Le Dauphiné Libéré* pour Vallorcine :

> Témoins et acteurs de l'histoire de leur vallée, ils [les jeunes] sont les maillons indispensables d'une chaîne inter-générationnelle tendue entre hier, aujourd'hui et demain. Le patrimoine local ne peut en effet se conjuguer seulement au passé (WA 1).

Et ce principe va orienter les actions menées à Vallorcine, par exemple celle sur l'artisanat.

> Des efforts sont faits tout particulièrement auprès des jeunes pour les intégrer à ces activités. Car l'une des priorités du projet, c'est de pouvoir transmettre aux générations futures le patrimoine d'hier comme celui qui est constitué aujourd'hui (WA 1).

La focalisation du projet sur la jeunesse a été abondamment justifiée :

> Et c'est pour ça que toutes les actions qui ont été menées dans ce cadre-là, on cible beaucoup les enfants parce qu'on considère que la génération des jeunes, c'est le maillon qui fait le lien entre la génération qui est la génération mémoire, c'est celle qui transmet la mémoire des choses, qu'on interroge, avec laquelle les enfants s'approprient l'histoire locale mais concrètement, c'est pas dans les livres. On parle, on voit un artisan façonner un truc, selon les spécificités locales et lui il va s'approprier une culture, il représente le présent, et quelque part aussi le lendemain, le futur, puisque c'est lui qui va transmettre aussi. Mais il va transmettre, en changeant, parce qu'il est un élément contemporain (WA 9).

Le propos argue d'une certaine fidélité à une continuité, à des valeurs, des pratiques, des objets qui traversent le temps, mais qui ne peuvent se perpétuer que par la pratique et l'oralité («pas dans les livres»). Dans ce contexte, les objets, en particulier, matérialisent ce passage d'un savoir-faire

---

63   «Le projet Walser Alps vise à expérimenter – en tant qu'action pilote inspirée de l'Agenda 21 – le transfert d'une société préindustrielle à une société post-industrielle durable et compétitive, en intégrant la jeunesse» (Trad. libre).

spécifique et la transmission de connaissances. L'action sur les objets d'artisanat avec les jeunes enfants est représentative de cette manière de concevoir les traditions. Ces objets sont donc justifiés par une idéologie patrimoniale :

> Durant deux heures, à travers la présentation d'objets façonnés dans les ateliers vallorcins, par le biais d'échanges très riches, les adultes ont transmis aux enfants très intéressés, non seulement la « mémoire » d'un savoir-faire mais également celle d'un mode de vie, témoin de l'adaptation de l'homme aux contraintes naturelles, économiques et sociales (WA 1).

Lors de la cérémonie de remise des prix du « concours des jeunes », les autorités politiques soulignent aussi ce rôle essentiel du projet et de ses actions dans la perpétuation de traditions :

> Michel Charlet qui réaffirmait le soutien du Conseil Général à ce genre d'initiative, soulignait quant à lui l'intérêt d'une telle démarche à un moment de pleine explosion démographique où la mémoire locale tend à disparaître, où les jeunes de chez nous n'arrivent pas toujours à rester, où les anciens s'en vont et où peut-être dans dix ans il sera trop tard (WA 15).

L'argument, pessimiste, avance le déclin de traditions, et permet ainsi de justifier le projet des jeunes, en tant qu'il contribue au maintien des traditions et de la « mémoire locale » qui serait menacée.

Cette volonté d'implication des jeunes habitants démontre en fait la difficulté d'intéresser ceux-ci à la culture Walser :

> Was kann man tun, um die Walserjugend für ihre Herkunft und damit ihre Heimat zu interessieren?[64] (WA 23).

On voit émerger ici l'idée qui consiste à dire que les populations sont Walser sans vraiment en être conscientes et que le projet va leur faire découvrir le passé Walser, pour leur faire *in fine* endosser cette identité. Le projet poursuit cet objectif d'atteindre une essence, une ontologie Walser, bien qu'il accorde une forte compétence aux populations et aux jeunes en particuliers à s'emparer eux-mêmes de ladite culture.

---

64   « Qu'est-ce qu'on peut faire pour que la jeunesse Walser s'intéresse à son passé et à sa patrie ? » (Heimat est difficilement traduisible : il a le sens du mot patrie mais ici appliqué à l'échelle d'un village ou d'une région).

> Le rôle du projet c'est de retrouver et de savoir quelle est cette identité Walser. On a discuté au cours des premières réunions en se demandant qu'est-ce que c'est être Walser aujourd'hui, dans la société maintenant. Ça c'est encore quelque chose à creuser, je pourrais vous le dire à la fin du projet. Mais c'était cette question propre-ment dit : qu'est-ce que c'est être Walser maintenant. A partir de cette identité qu'on creuse de l'intérieur, pour la dire aux autres [...]. Et on voudrait aussi, c'est dans le WP 8, au niveau de l'identité, associer les jeunes. D'abord, qu'ils se réapproprient cette culture qui maintenant ne se transmet plus de génération en génération. Que les jeunes se réapproprient cette culture de leurs grands-parents. Mais pas qu'on leur dise, mais qu'eux aillent la chercher (WA 5, soul. par nous).

Tout se passe donc comme si l'identité Walser existait en soi, et qu'au terme du projet, la population locale se serait parfaitement saisie de cette identité, dont il est posé qu'elle lui ressemble forcément (*Cf.* III 3.2.3).

Les Walser cumuleraient les caractères habituellement associés aux Al-pins : l'installation dans un milieu extrême ; des traditions solides et origi-nales forgées justement par l'installation dans ce milieu ; et ces traditions aujourd'hui menacées par la globalisation. Ce récit global est facilement applicable à l'ensemble des partenaires qui peuvent s'y reconnaître sans peine. C'est ainsi qu'à Vallorcine, les porteurs de projet se sont réappropriés ce discours, d'autant plus facilement que la rhétorique du milieu extrême est abondamment employée depuis plusieurs dizaines d'années, notam-ment pour revendiquer un accès routier plus aisé (*Cf.* FOURNY 1992). On peut, par exemple, interpréter de cette manière l'action menée avec les enfants sur les objets d'artisanat. Ceux-ci sont dits témoigner d'une rela-tion originale entre homme et montagne. Par leur situation (géographique) prétendument originale, les habitants de Vallorcine auraient produit des objets originaux, qui feraient écho à ladite spécificité de ce milieu. Mais cette vision naturaliste de la tradition ne doit pas occulter la représenta-tion tout aussi forte d'une instrumentalisation de celle-ci au service du projet d'une commune.

1.3 L'agriculture redonnera vie à Ossona

Dans le cas d'Ossona, la plupart des discours sont produits par les porteurs de projets et les instances qui les soutiennent. Ceux-ci défendent un point de vue résolument positif par rapport au projet et, partant, se réclament d'une vision clairement politique. Cette position n'est pas forcément très originale en Valais ou même en région de montagne. Elle rejoint celles qui revendiquent une gestion autonomisée des territoires de montagne par les populations qui y vivent; celles-ci s'opposent également souvent au positionnement des mouvements écologistes. Pour justifier le projet d'Ossona, une idéologie clairement rationnelle et «localiste» est portée par les groupes. Elle se focalise sur une population dont la présence serait menacée à court ou moyen terme. Or, le projet d'Ossona propose d'enrayer ces menaces par la reconstitution d'une activité agricole, pensée comme entraînant des effets directs et indirects sur le territoire de la commune, et au-delà. Le projet mené est imaginé pouvoir produire un effet sur l'économie locale sur laquelle il se greffe.

1.3.1 Agriculture et montagne vont de pair

Il faut interpréter ce projet comme étant marqué par la «pensée agricole», parce que d'une part, l'agriculture est à l'origine du projet et parce que d'autre part, cette activité est l'objet d'une attention particulière aujourd'hui dans les Alpes. La réflexion globale menée dans la commune de Saint-Martin par les autorités communales s'appuie sur le constat de la faiblesse de l'agriculture et de la nécessité de la renforcer. L'agriculture est ainsi vue comme un moyen particulièrement approprié pour dynamiser la commune et pour conserver ses habitants. C'est la modernisation des infrastructures de l'alpage de l'A Vieille en 1992, suivie par le Service cantonal d'agriculture, qui déclenche une prise de conscience au sein de la commune:

> C'était de se dire, c'est bien joli, vous allez investir dans les grandes lignes près de 2 millions de francs sur cet alpage, quelles garanties vous donnez pour qu'il y ait toujours des animaux à Saint-Martin et des paysans, [les] données de la statistique fédérale faisaient état en 1956 d'un cheptel de 700 têtes de bétail, bovins, et il ne restait pratiquement plus que 100 en 1991 (OG 31).

C'est pourquoi un «Plan de développement de l'espace rural» est élaboré en 1995. Il définit les mesures à prendre pour restaurer une occupation agricole du territoire, en cherchant un équilibre entre surfaces disponibles, potentiel fourrager et taille du cheptel. En même temps, la commune fait dresser un «Inventaire des valeurs naturelles» de son territoire, afin d'être en mesure de protéger les surfaces écologiquement intéressantes.

Il n'a jamais fait aucun doute qu'à Ossona et Gréféric devait être réactivée une exploitation agricole, position soutenue par le Service cantonal de l'agriculture, très tôt partie prenante du projet[65] :

> Les choses étaient toujours très claires, c'était qu'il fallait réexploiter agricolement ce territoire avec si possible l'implantation d'une ferme sur le site (OG 31).

La raison avancée en est bien simple et repose sur une connaissance experte :

> D'un point de vue agricole, c'était des terres qui étaient, pour les régions de montagne, vraiment très aptes pour l'agriculture. Elles étaient d'ailleurs notées comme tels dans le plan directeur cantonal (OG 31).

L'utilité est définie ici uniquement en rapport à l'agriculture et s'appuie sur un document presque règlementaire (le plan directeur cantonal). On le verra dans le chapitre 2, mais l'argument du caractère incontournable de l'exploitation agricole est contesté par le WWF.

> Sur un terrain qui a une vocation quand même très particulière. Une aptitude naturelle. Il y a quand même des criquets, des oedipodes extrêmement rares là-bas (OG 12).

Ce contre-argument cherche bien sûr à critiquer l'orientation prise par le projet d'Ossona. Mais là aussi l'argument procède préalablement par la naturalisation d'une réalité: les terrains auraient une «vocation» naturelle (le plateau d'Ossona et Gréféric est un espace naturel qui ne peut pas être voué à l'agriculture). Plus largement même, l'agriculture intensive n'aurait pas sa place en montagne. Aussi le modèle d'une montagne naturelle est-il dressé contre celui d'une montagne agricole:

---

65   Le chef de l'Office des améliorations structurelles au Service cantonal de l'agriculture a suivi le dossier de Saint-Martin depuis la réfection des chottes de l'A Vieille et s'y est très impliqué jusqu'à aujourd'hui. De plus, le chef du Service de l'agriculture a été désigné pour faire partie du comité de la Fondation pour le Développement durable de la commune de Saint-Martin (voir III 4.2.1).

> Il faut se rendre compte que l'agriculture comme elle est pratiquée là, à part les zones qui ont été retirées à l'exploitation agricole, c'est catastrophique. Ils font une production laitière intensive comme on le fait sur le Plateau, dans un endroit qui se prête pas, qui est de la montagne, en plus de ça extrêmement ensoleillé. C'est des grandes surfaces qui sont utilisées (OG 12).

Par ailleurs, tous les financements obtenus par la commune de Saint-Martin et tous les réseaux institutionnels ou non qu'elle a activés reposent sur l'idée que l'agriculture est le moteur du projet. Il n'est pas étonnant d'ailleurs que l'un des apports financiers du projet soit le projet de Développement rural régional (DRR) financé par l'Office fédéral de l'agriculture (OFAG) et le Service cantonal d'agriculture. Même à dominante agricole, le projet DRR poursuit un objectif clairement dirigé vers les populations de montagne[66] :

> Le développement des régions de montagnes et le maintien de leur population supposent que l'on puisse offrir aux habitants des possibilités d'emploi selon leurs compétences et projets professionnels. L'agriculture seule ne peut apporter une réponse suffisante et les autres activités économiques partiellement, compte tenu de l'environnement particulier dans lequel elles évoluent en région alpine. Une économie forte et dynamique est toujours composée d'un tissu d'activités, alors que celle basée sur une activité unique restera toujours fragile, car soumise aux aléas conjoncturels et structurels de la branche en question (OG 2).

Dans cet extrait, sont invoqués des constats économiques présentés comme indiscutables : la fragilité d'une monostructure économique d'une part, et la contrainte environnementale alpine (qui influence négativement le rendement) d'autre part. Le projet DRR se propose ainsi de minimiser ces contraintes au profit d'une montagne habitée. L'agriculture, entendue au sens large, est considérée ici comme une solution d'avenir pour les régions de montagne. Le croisement agriculture et montagne est donc privilégié autant dans sa connotation négative (handicaps dus à la pente) que positive, en tant qu'atout (environnement attractif et possibilité d'offrir des produits «authentiques»).

La complémentarité entre tourisme et agriculture vise à augmenter l'attractivité d'une catégorie d'espace que l'on désigne soit par régions périphériques ou régions de montagne, comme le prétend la conseillère

---

66	On observe à nouveau que les termes de montagne et d'Alpes son strictement interchangeables dans cette citation.

fédérale Doris Leuthard (qui a visité le site d'Ossona et Gréféric en août 2007). Celle-ci apporte à l'évidence du crédit au projet et à ce couplage entre agriculture et tourisme :

> C'est un tourisme qui fait la combinaison avec l'agriculture. C'est notre politique régionale aussi que je soutiens et je pense c'est bien pour le développement des zones rurales, des zones périphériques qui ont besoin de tels projets (OG 20).

Le projet d'Ossona est ici imaginé comme une contribution au développement de solutions pour une catégorie d'espace («les régions périphériques») dans lequel il serait situé. On a affaire à une idéologie rationnelle, qui voit le projet comme étant capable de stimuler l'économie locale :

> Le point important, c'est un projet [le projet DRR] qui a comme objectif de permettre à des agriculteurs et à des populations de montagne vivant proches de l'agriculture comme les artisans d'avoir un revenu complémentaire à travers une activité qui jusqu'à présent n'était pas subventionnée par l'agriculture notamment (OG 13).

L'agriculture aurait la double vertu de fournir des emplois et d'entretenir l'environnement, condition favorable au tourisme :

> Se fondant sur les réalisations et planifications de la commune de Saint-Martin, le présent projet a pour but et ambition de maintenir une activité agricole rentable dans les communes du Val d'Hérens et de valoriser le potentiel environnemental de la vallée en direction d'un tourisme estival de randonnée, proche de la nature par une agriculture qui entretienne cet environnement (OG 21).

Nous avons vu que les idéologies justifient à la fois le projet local d'Ossona et la réflexion sur l'ensemble de la vallée au sein de l'Association des communes du Val d'Hérens (et au travers de ses trois projets, le DRR, le projet Biosphère et la Montagne de l'Homme). Ce sont souvent les mêmes personnes qui défendent ces projets et qui font circuler des représentations partagées de ce qu'est leur vallée et de l'avenir qu'ils souhaitent dessiner. Ces idéologies se posent ainsi comme étant clairement endogènes (qui revendiquent leur endogénéité) et fondées tant sur des croyances collectives que des connaissances dites savantes (par exemple, un rapport établi par la Haute école de tourisme de Lucerne a détaillé les forces et les faiblesses de la vallée). Mais toutes ces représentations sont clairement orientées vers la vision d'une montagne agricole, cultivée, humanisée, évidemment par opposition à une montagne sauvage et désertée. Ainsi, le choix qui a été fait de se concentrer sur les équipements agricoles et les structures d'accueil touristiques en lien avec cette activité se répercute sur les objets aménagés dans le site.

1.3.2 Esprit d'autonomie et contre la «nature sauvage»[67]

En lien avec cette représentation récurrente d'une montagne humanisée, la conservation ou la revendication d'une autonomie de décision et également affichée.

> Le souci du législateur, c'est quand même de dire mais comment maintenir les populations en place, qu'est-ce qu'on peut faire pour qu'on améliore le revenu des agriculteurs, comment ça va se passer avec les paiements directs, etc. Donc il y a quand même [...] une préoccupation de dire, est-ce qu'on veut abandonner nos vallées et puis laisser la vie sauvage revenir, comme certains ont la vision de la Suisse de demain, les grands centres urbains et des vallées où il y a plus que les loups et l'ours, ben non nous on est de la vallée et on a envie de faire autre chose (OG 13).

Le propos s'efforce ici de s'opposer à une certaine vision du territoire, en faisant implicitement référence aux récents débats sur la notion de friche alpine[68]. A cette vision qualifiée (implicitement aussi) d'exogène, le locuteur avance un droit (endogène) à suivre une voie alternative, que constituerait l'orientation agrotouristique. Le discours traduit une opposition face à la posture habituellement défendue par les «écologistes».

Les médias relayent largement cette conception d'une montagne qui doit être résolument humaine, en témoigne le titre d'un article du *Nouvelliste*, informant de la conférence de presse sur le lancement du projet

---

67 Le terme est de Gilles Rudaz (2005, p. 225).
68 La notion de «friche alpine» a été inventée dans un travail de chercheurs de l'EPFZ accompagnés d'architectes renommés (Jacques Herzog et Pierre de Meuron) sur la dimension urbaine de la Suisse. Les auteurs diagnostiquent que la Suisse est, dans sa majeure partie, urbaine. L'argument principal des auteurs consiste à proposer un modèle d'aménagement partagé entre les agglomérations, dans lesquels l'activité économique du pays se concentre, et d'autres zones, auxquelles sont dévolues des fonctions de détente, par exemple. Or, une partie de la région alpine est considérée comme «friche»: des zones défavorisées, structurellement faibles, pour lesquelles le maintien de services publics ou l'octroi de subventions, par exemple, n'est plus souhaitable (DIENER *et al.* 2006). Cette thèse a suscité nombre de réactions, en particulier bien sûr dans les régions de montagne. Elle se rapproche plus ou moins d'une vision de la montagne, régulièrement fustigée, qui est taxée de connaissance d'experts.

DRR: «*Bataille contre le désert. Le val d'Hérens servira de modèle pour re-donner vie à des régions menacées par l'exode des hommes et l'avancée des forêts*» (OG 38), tels sont le titre et l'accroche de l'article. Le projet d'Ossona et celui, plus global, de DRR seraient la parade contre la «désertification» de la montagne.

1.3.3 Conserver des traces: le lien entre les générations ou l'épaisseur temporelle valorisée par le projet

Au-delà d'une conception agricole, les discours produits autour du projet d'Ossona témoignent d'une idéologie de la tradition, même si les porteurs de projet se défendent de tomber dans le kitsch ou dans l'artificiel. Il n'empêche que le projet se réfère à un passé qu'il prétend faire revivre. Cette idéologie s'exprime, en premier lieu, au travers des préoccupations sur l'intégration architecturale des nouveaux bâtiments et du traitement du bâti en général.

La notion qui sous-tend le programme architectural pourrait être celle d'humilité. C'est dans cette veine qu'a été opéré le choix définitif du projet du centre d'accueil (figure 3), à la suite du mandat d'études parallèles lancé par la commune.

> C'est un bâtiment qui a une fonction d'accueil, où on peut manger, cuisine, etc., mais en fait il faut qu'il s'intègre entre guillemets avec le caractère relativement modeste des bâtiments qui sont sur le site [...] C'est une construction modeste. Elle peut, elle doit même, avoir une expression d'architecture contemporaine, ça on le conteste pas, puisqu'on construit à neuf, on va pas faire du Ballenberg (OG 9).

Le propos argue ici d'une certaine fidélité et d'une certaine continuité avec la «modestie» des constructions existantes. Au niveau de sa forme, l'argument procède par dissociation avec Ballenberg[69] pour nuancer cette fidélité. Les discours se positionnent d'ailleurs beaucoup par rapport à ces deux prototypes que sont Ballenberg et, dans un autre registre, Europa-Park.

---

69   Ballenberg est le nom du musée de l'habitat rural situé dans le canton de Berne. Des maisons traditionnelles provenant de toutes les régions de la Suisse ont été reconstituées sur un site de 66 hectares.

Figure 3 : Le centre d'accueil à Ossona (Cliché : Mathieu Petite, août 2008).

Le centre d'accueil est certes une construction complètement nouvelle. Mais, comme pour limiter sa «nouveauté», il est érigé sur l'emplacement d'un ancien bâtiment tombé en ruines. L'objet ne bouscule ainsi pas la morphologie originelle du bâti.

> Le centre d'accueil, il est à l'emplacement d'un ancien bâtiment, mais cet ancien bâtiment est en tel mauvais état que finalement le bâtiment qu'on va construire sera entièrement neuf, mais à l'emplacement d'un ancien bâtiment (OG 9).

Pour mener à bien le projet, il est nécessaire d'introduire de nouveaux objets sur le site : le centre d'accueil, donc, et la ferme, pour ce qui est des bâtiments. Le plan détaillé d'aménagement était très strict à cet égard : seules des constructions destinées à l'activité agricoles étaient autorisées.

D'une part, la localisation et la forme de ces objets liés à l'exploitation agricole ont été précisément discutées.

Le premier projet d'étable pour les bovins était localisé au milieu du plateau à mi-chemin entre Ossona et Gréféric. La forme du bâtiment imitait les constructions traditionnelles sur deux étages. Cet emplacement a été abandonné en raison des trop importants terrassements qu'il aurait nécessités et de son accès difficile. Mais aussi et surtout parce que certains membres de la Fondation pour le développement durable de la commune ont estimé qu'il ne cadrait pas suffisamment avec l'image du site qu'ils défendaient :

> Sur le site ici l'objet principal c'est quand même pas l'étable. L'étable c'est simple-
> ment un outil qui nous permet de mettre en valeur l'ensemble. Mais il faut conserver
> la valeur de l'ensemble, il faut pas que l'outil ait massacré l'ensemble du site (OG 7).

D'autre part, la question du devenir des anciens bâtiments d'Ossona a été soulevée. Pour faire correspondre les objets matériels qui occupaient le site au projet touristique de gîtes ruraux, une tension était à résoudre. Il fallait, d'un côté, conserver la structure des bâtiments en limitant les transforma-tions, conformément au Plan d'aménagement détaillé et à l'image qu'on voulait que ceux-ci renvoient. De l'autre côté, il s'agissait de satisfaire aux standards touristiques actuels.

> L'idée c'est de transformer des bâtiments dans leur état d'origine avec du confort
> (OG 11).

Bâties il y a plusieurs siècles, les maisons d'Ossona ne sont plus adaptées aux standards actuels.

> La grande question qui se posait, c'est de dire, comment on peut résoudre le pro-
> blème d'une maison qui a été construite il y a 150 ans, avec des caractéristiques
> particulières et évidemment qui n'a absolument aucun confort sanitaire, ni toilettes,
> ni rien du tout. Ça correspondait à l'époque. Donc il fallait pour répondre à un gîte
> rural introduire des conditions, un programme d'équipement sanitaire et la question
> c'est de savoir, est-ce que je veux le faire à l'intérieur, ou est-ce que je le mets en
> annexe au bâtiment (OG 9).

Le concours d'architectes avait pour but d'apporter des réponses quant à cette double exigence de conserver l'ambiance et le cachet, en élaborant un projet moderne. Or, là aussi, comme pour le centre d'accueil, une entorse à la «tradition» a été tolérée.

> Comme ce sont des bâtiments petits, en mettant l'équipement sanitaire à l'emplace-
> ment de ce qui était avant la cuisine, ça prend quand même beaucoup d'espace et
> comme les chambres en plus sont petites, ça rendait l'usage du gîte vraiment un peu
> serré. Et d'autre part [...] *chaque époque a transformé des bâtiments et a amené en*
> *fonction des besoins, ce bâtiment c'est pas une entité sacrée.* On a pris cette position qui
> est franche. C'est un volume modeste en béton flanqué sur le mur nord (OG 9, soul.
> par nous).

Le projet se refuse à «muséifier» des objets, en tout cas pas ceux-ci. En-trent aussi en ligne de compte ici les futurs usagers des bâtiments, les tou-ristes, qui conditionnent aussi les choix architecturaux.

> Comme ce sera habité par des familles, on peut imaginer que les adultes prennent l'apéro dans la cuisine et les enfants jouent dans la chambre (OG 9).

Quoi qu'il en soit, les interventions sur ces objets restent limitées et ne vont pas bouleverser leur structure générale. Un article dans *Le Nouvelliste* ne fait que relayer cette idéologie de la perpétuation des formes bâties:

> L'idée du bureau d'architecte Stephan Bellwalder à Naters a été retenue pour les quatre maisons d'habitation. Le projet du bureau Archibase, d'Isabelle Macquart-Perez à Martigny, a convaincu pour le bâtiment d'accueil et le restaurant du site. Ces choix ont en commun de montrer une grande discrétion architecturale. Ainsi l'ont voulu les experts. A Ossona, *c'est le patrimoine bâti qui est la vedette, et les projets choisis s'effacent derrière les typologies traditionnelles.* L'aspect extérieur des habitations est largement préservé (OG 25, soul. par nous).

Il est affirmé que la tradition conditionne les options architecturales. Plus loin dans l'article, il ressort que l'aménagement intérieur projeté est aussi pensé pour assurer une continuité:

> Une solution fidèle à la tradition. Aux étages, deux logements pour quatre à six personnes; avec cuisine et sanitaires à l'arrière, dans la partie en pierre; une distribution encore ici tout ce qu'il y a de traditionnel. De même que l'avant de la maison, en bois, sera réservé aux chambres et au séjour (OG 25).

La tradition est donc bien une catégorie pertinente dans le discours produit sur Ossona, mais elle émane plutôt des médias que des porteurs de projet eux-mêmes.

Par ailleurs, le projet d'Ossona est dit être conçu dans le respect, non seulement de prétendues traditions, nous l'avons vu, mais aussi d'un certain intérêt commun. Le projet et son contenu seraient donc orientés par la mémoire des habitants (les «anciens») investie dans le lieu et ses objets.

> Les anciens. *Ils ont des relations particulières avec les habitations parce que là-dedans il y a de l'histoire, l'histoire des gens.* Ils ont certainement une relation avec le paysage, c'est pour ça qu'on peut pas faire n'importe quoi. On peut pas dire on fait une étable communautaire, comme dossier X de la Confédération et on le met au milieu ici. C'est pas possible, ça a plus rien à voir. Il y a aussi ce problème de l'irrigation, pour les bisses et il y a le maintien de certaines cultures particulières comme la vigne, certains arbres fruitiers. Ça ce sont les éléments, vous pouvez aller discuter avec les gens. C'est ça, *l'habitation, c'est le paysage, se retrouver un petit peu, d'avoir des fruits, d'avoir de l'eau pour arroser, et la vigne. Ce sont les éléments marquants. Ça c'est le patrimoine qu'on veut maintenir* (OG 7, soul. par nous).

L'attachement de la population aux lieux est donc posé comme un critère déterminant les choix d'aménagement, dans cet argumentaire à la fois fondé sur l'autorité populaire et la conformité à une continuité. La parole ou le souvenir de l'habitant est reconnue comme une connaissance précieuse à la réalisation du projet.

> Et on a simplement […] aménagé sous forme d'escaliers d'eau, c'est-à-dire des parties horizontales avec une petite chute de 30 cm, une partie horizontale, une chute de 30. Pourquoi? Parce qu'en questionnant des gens qui avaient habité à cet endroit, une personne nous a dit en particulier, moi ce que je retiens d'Ossona, c'est les fleurs et le bruit de l'eau […]. Alors évidemment si le bisse coule tout droit, on entendra rien. Tandis que si on fait un escalier d'eau, par le fait qu'il y a chaque fois une chute, on crée un fond sonore, qui fera partie du décor. La même chose pour l'arborisation, on va essayer de voir en fonction des saisons, printemps, été, automne, les problèmes de floraison, pour qu'on ait quand même un décor qui soit un peu vivant (OG 9).

Plusieurs types d'argumentation sont entrecroisés dans ce dernier extrait: il fait référence à une continuité vis-à-vis d'un passé, mis en lumière par le discours de certains habitants. Mais il montre en même temps que le projet est intégré dans une véritable ingénierie touristique, qui vise à mettre en scène des objets pour former un «décor», une «ambiance» (Figure 4).

Figure 4: Le bisse aménagé à côté des gîtes rénovés
(Cliché: Mathieu Petite, août 2008).

La réactivation de ces objets participe d'un volet plus symbolique et plus identitaire du projet, qui convoque d'autant des représentations communes et fait moins appel à la rationalité. La mobilisation de ces représentations consiste d'abord à faire croire qu'on reproduit exactement le paysage et les objets tels qu'ils se présentaient quand le plateau était habité et exploité.

> Observant les principes de développement durable respectueux de l'environnement[70], [la commune] se lance dans un vaste projet pour revitaliser son patrimoine. Les anciennes habitations sont transformées en gîtes ruraux, les routes remises en état et les systèmes d'irrigation réaménagés (OG 1).

Le premier élan de cette résurrection est matérialisé par la réfection du bisse en 2005, qui «redonne la vie» au plateau et qui préfigure le retour définitif d'une occupation humaine et la fin d'une période de désertion.

> C'est redonner vie, refaire un peu ce qui faisait à l'époque sur ce site (OG 11).

Ce principe sera concrétisé par la valorisation d'un certain nombre d'objets: la plantation de la vigne, le réaménagement des terrasses de céréales, la replantation de fruitiers ou encore la réfection d'un raccard. Or, tous ces travaux concourent à dessiner une ambiance, laquelle fait penser au système agricole traditionnel[71].

> Le but, explique le président de commune Gérard Morand, est de restaurer la dizaine de raccards du hameau ainsi que d'y édifier une ferme didactique en y recréant la vie, l'ambiance et les cultures de l'époque (OG 17).

Certes, ce volet à tendance symbolique reste secondaire notamment, parce que la rentabilité de l'exploitation agricole prime. Mais cette rationalité n'empêche pas de se raccrocher à des objectifs reposant sur des valeurs plus

---

70 Cette citation est issue d'un article du journal *Coopération* de la Coop; cet article est représentatif d'une tendance des médias à présenter Ossona comme un projet environnemental…

71 Le projet est donc bien plongé dans le triptyque repos – jeu – découverte (MIT 2002): pouvoir s'adonner à des activités ludiques (la promenade, par exemple) tout en s'enrichissant culturellement (les travaux à la ferme – *«les gens pourront pourront participer aux travaux des champs, à la traite, verront comment un exploitant en 2006 peut travailler dans un site comme celui d'Ossona»* OG 13 –, le patrimoine bâti), le tout dans un cadre agréable et esthétique.

subjectives, comme l'autarcie ou l'autosubsistance alimentaire, calquées sur cet ancestral système traditionnel (il faut préciser que déjà dans le Plan d'aménagement détaillé, cette possibilité était évoquée).

> Mais bon pour nous la priorité c'est quand même d'avoir du fourrage pour nourrir nos bêtes. Après les détails, on peut très bien faire quelques terrasses de céréales, pour le paysage, mais ça dans un deuxième temps. Les fruitiers on veut replanter et redévelopper, parce que c'est un jardin. Il y a encore pas mal de vieilles souches, abricots, il y a tout qui pousse, ici c'est un micro-climat, avec de l'eau, il y a tout qui pousse. Et des grands jardins, on essaye quand même d'être un peu autarcique pour tous ceux qui habiteront en bas, plus les gens qui viennent là, on essaye d'arriver, ça c'est aussi une idée qui nous guide, d'être autonome au niveau bois, eau, nourriture. En plus c'est une bonne mise en valeur des produits[72] (OG 5).

Proposer des légumes cultivés sur place et des fruits qui poussent sur les arbres du plateau renvoie à une image touristique d'un lieu exceptionnel, qui n'en est que renforcée.

La remise en état d'un raccard en 2008 et la replantation de la vigne en avril 2007 peuvent être interprétées selon la même logique touristique, quand bien même la vigne a été réaménagée tout autant pour permettre aux habitants de se réapproprier le plateau d'Ossona et Gréféric, dans une logique «communautaire» (voir III 3.3.1).

Car au-delà de leur valeur touristique, les objets sont patrimoniaux. Insérés dans le projet, ils sont institués comme un patrimoine, dont la sauvegarde est dite relever de la responsabilité d'un collectif. C'est une posture que défend la commune pour son territoire tout entier.

> La stratégie je dirais elle est simple, on n'a absolument rien inventé. Ça vise essentiel-lement à la sauvegarde du patrimoine, c'est-à-dire reconstruire ce qui a été fait il y a quelques générations en arrière. Il y a eu une prise de conscience politique : si notre génération ne réagissait pas, il y allait avoir tout un patrimoine qui allait disparaître. Alors on s'est dit c'est pas normal, que ce patrimoine pour être construit il a fallu que plusieurs générations s'impliquent, et nous si on réagit pas il disparaît, alors on s'est dit on doit à tout prix faire quelque chose. Et c'est là qu'on est arrivé avec ce concept de développement par paliers, avec le hameau d'Ossona, les villages, le hameau de Baule qui est juste en-dessus ici, l'alpage de la Vieille et la cabane des Becs de Bosson (OG 11).

---

72   Selon les anciens d'habitants d'Ossona, le site était très favorable de ce point de vue là : «*Alors les légumes, il y avait tout qui venait. Les tomates venaient très bien. Les haricots, on avait un peu de tout. On vivait beaucoup de nos produits quand même*» (OG 9).

Bien évidemment, on ne sait pas exactement qu'est-ce que le terme de patrimoine recouvre dans cet argument. Pour justifier une politique communale, un collectif est invoqué par le rapport avec son patrimoine. Celui-ci met en lien les «anciennes générations» qui auraient créé ce patrimoine et la génération actuelle («la nôtre»), à qui revient la responsabilité de l'entretenir.

Mais ce patrimoine qui semble être revendiqué pour la population est aussi mis à profit dans un objectif touristique. On peut clairement l'observer dans la politique générale de la commune.

> On regarde d'abord ce qu'on a, et avant de développer ce que font déjà les autres, on doit se poser la question de qu'est-ce qu'on a qui nous est spécifique. Et qu'est-ce qu'on peut faire d'innovateur? C'était ça. C'était un peu la protection du patrimoine et dire, ça c'est une chose qui a existé à l'époque. Parce que je dirais des forêts il y en a partout, des montagnes, il y en a partout, des pâturages, il y en a aussi dans beaucoup d'endroits, donc c'est pas avec ça qu'on peut être innovateur. Mais l'idée de faire un développement en mettant en valeur le patrimoine, c'est-à-dire dans notre réflexion en gardant présent à l'esprit que pendant un certain nombre de siècles on avait vécu comme cela, et ça on aimerait le conserver et le montrer (OG 7).

Il s'agit ici de ce fameux développement par paliers. L'argument fait correspondre d'un côté le besoin de conserver, de construire un patrimoine pour le collectif lui-même et reconnu par lui et de l'autre côté, le souci de le proposer comme produit touristique. L'argumentaire est donc à la fois rationnel et fondé sur l'autorité de la tradition. La continuité vis-à-vis d'un système traditionnel est revendiquée:

> [C'est un] projet d'animation rurale, doux, d'accueil sur un principe vertical, c'est-à-dire du fond de vallée au sommet de la montagne. En fait, ça suit les étapes traditionnelles d'utilisation des terres (OG 13).

Les discours sont ainsi largement teintés d'une idéologie patrimoniale et de la tradition.

1.3.4 *Les valeurs portées par le projet: authenticité, isolement et retour à la vie*

Les idéologies ne se restreignent pas à la mise en avant de formes bâties respectueuses d'un lieu ou à la fabrication d'une offre touristique. Elles s'étendent aussi à d'autres représentations qui sont investies dans le projet. La première représentation est l'authenticité qui caractériserait le projet; la deuxième est l'isolement et l'expérience unique que l'on pourrait éprouver dans le lieu; la dernière est constituée par le champ sémantique tournant autour de la renaissance, du retour de la vie, rendus possible par la réalisation du projet.

Le fait de vouloir conserver des traces amène à désigner le projet et les objets qui le composent comme étant porteur d'une certaine authenticité. On sait bien que cette notion est souvent manipulée dans un objectif touristique. A Ossona, les activités qui seront proposées aux touristes sont dites relever de cette authenticité. Deux citations, extraites pour la première du journal de la *Coop* et pour la seconde d'un reportage au journal régional de la Télévision Suisse Romande (TSR), l'illustrent. L'article cite la parole de l'exploitant agricole:

> L'idée est d'intégrer les vacanciers à nos activités de paysans. Il y a aura des démonstrations et des animations spéciales pour les enfants. Mais ça n'a rien à voir avec un Europa-Park de l'agriculture! (OG 1).

Les journalistes de la TSR mobilisent la même métaphore:

> Ne vous attendez pas au village suisse d'Europa-Park. Le Hameau d'Ossona, dont les travaux ont débuté il y à 4 ans, joue la carte de l'authenticité. 4 mayens sont en cours de restauration (OG 20).

Au niveau de leur forme, ces arguments recourent à l'analogie. Ils opposent une offre touristique qualifiée d'artificielle (dont Europa-Park serait le prototype) et une autre offre que propose le projet d'Ossona, désignée, celle-ci, comme authentique. Dans le second extrait, le fait de restaurer des mayens est présenté comme une preuve irréfutable du caractère «authentique» du projet.

Le soutien apporté par *Coop* au projet d'Ossona (150'000 francs pour l'exploitation agricole) sous-tend les mêmes représentations de l'authenticité qui sont étendues à l'ensemble de la montagne. En effet, la *Coop* a lancé depuis 2006 un nouveau label du nom de Pro Montagna. Une partie du prix de vente de ces produits alimentent le Parrainage Coop pour les régions de montagne :

> Coop Pro Montagna est le nouveau label pour des produits issus des régions de montagne suisses. Pro Montagna, c'est d'abord un plus en termes de goût et d'authenticité, mais c'est aussi de la valeur ajoutée pour nos régions et la préservation de nos paysages de montagne : Pour chaque produit acheté, une contribution est versée au Parrainage Coop pour les régions de montagne. Et vous pouvez être sûr d'avoir en main un vrai produit de montagne (<http://www.coop.ch/promontagna/default-fr.htm>).

Sont combinées dans ce discours des idéologies de la naturalité (défendre la montagne comme espace naturel) et de la tradition : la montagne sécrète de la pureté et des aliments sains. La Coop vendrait des produits «authentiques» à travers le label. Et si l'on en croit la dernière phrase, il y aurait les vrais produits de montagne et, à l'inverse, si l'on pousse le raisonnement, les faux produits de montagne.

Pour revenir au projet qui nous intéresse, tout un ensemble de représentations de l'isolement, de la singularité du lieu, est activé. Le plateau d'Ossona serait un lieu magique.

> Ça a beaucoup de caractère et je pense que l'image qu'on veut donner de ce centre, de ce site, c'est quand même une image en rupture avec le monde actuel. On arrive là, il y aura pas de voitures, il y aura pas de circulation automobile. On est sur une espèce de plateau avec ses grands arbres qui a un peu un caractère parc. Une fois qu'on est là, on est en rupture avec le monde. Et les éléments authentiques qu'on peut utiliser font partie de cette image. C'est tout le caractère qu'il faut mettre en valeur, qui fait la richesse de ce lieu (OG 9).

La référence est faite à des représentations d'isolement, de tranquillité, lesquelles sont opposées à celles du «monde actuel». Il faut noter la contradiction qu'il y a entre la mention d'une «image en rupture avec le monde actuel» et l'emploi du terme de parc, qui s'apparente plutôt au vocabulaire de l'environnement urbain, dont le projet est dit se démarquer. La représentation d'isolement du site est également amplifiée par les articles de presse :

> Ossona et Gréféric, son voisin qui le surplombe, sont à quelques kilomètres du village de Saint-Martin, mais à mille lieues de notre quotidien. Le Times Square des «coins paumés». A rendre jaloux le bout du monde (OG 37).

A nouveau, la particularité du lieu est relevée, mais toujours en référence à des modèles urbains (Times Square).

Cette représentation du lieu comme étant calme, hors du monde n'est pas seulement affaire d'expérience individuelle, mais elle est aussi issue d'une croyance collective. Elle découle de la décision de ne pas ouvrir la route d'accès aux véhicules privés. Dès ses débuts et à la suite de la subvention accordée par le Fonds suisse pour le paysage, le projet s'est très vite positionné sur cette représentation de l'isolement, que les porteurs de projet ont cherché à vendre.

> Le but c'était de rénover ces bâtiments pour en faire un lieu d'accueil et un lieu je dirais de détente. Vraiment de détente extrême. Un lieu de repos. Ça n'a rien à voir avec une station touristique avec discothèque et tout ce qu'on veut. C'est vraiment le coin un peu isolé (OG 31).

Le projet est aussi défini par ce qu'on ne veut pas qu'il soit: «une station touristique», dont la discothèque serait l'avatar le plus marquant. Ainsi, certains individus parmi les porteurs de projet font référence à la notion de capacité de charge que l'on ne pourrait pas dépasser dans ce site, au risque de remettre en cause ce principe d'isolement:

> Je pense que si on veut garder ce caractère de lieu hors du monde, on peut pas imaginer 300 personnes là-dessus, ça, ça marche plus. C'est autre chose alors. Je veux dire, là, c'est quand même un endroit, où on est en contact avec la nature et où il y a un peu de recueillement, sans vouloir faire de mysticisme (OG 9).

Une relation inversement proportionnelle est ici établie entre la fréquentation touristique et la possibilité d'éprouver une expérience profonde avec la nature (dont le projet est le médiateur). Les porteurs de projet, en l'occurrence la Fondation chargée de suivre le projet, s'efforceraient de ne pas brusquer cette essence «magique» du lieu:

> Il conviendra d'être attentif à maintenir le «charme de jardin», face aux exigences d'ordre fonctionnel et économique (OG 79).

Il est intéressant de relever que c'est justement l'isolement qui avait poussé les derniers habitants à quitter leur maison, en l'absence d'accès et de confort (*Cf.* EVÉQUOZ 1991). Cet attribut est réinjecté dans le projet mais cette fois-ci dans un sens positif.

Mais l'isolement n'est pas sans poser des problèmes logistiques pour l'exploitation agricole: en hiver, de novembre à mars, voire avril selon les années, la route d'accès à Suen est difficilement praticable, en raison de l'enneigement ou du verglas. Or, l'exploitant agricole, pour livrer le lait à la laiterie de Saint-Martin[73], a besoin d'emprunter fréquemment cette route.

Il n'empêche que le projet sur le plateau d'Ossona est associé à une représentation de véritable «paradis perdu»; ce mythe récurrent dans l'imaginaire des Alpes (CRETTAZ 1993). A cet égard, un article dans le *Nouvelliste* annonce à Ossona la création d'un «*vrai jardin d'Eden d'ici 2008*» (OG 34).

Plus encore, le tournage du film de la réalisatrice suisse Jacqueline Veuve démontre à l'envi l'activation de l'idéologie de la tradition. Le titre de ce film ne laisse pas planer le doute quant aux images que la cinéaste entend transmettre et la qualification qu'elle adopte du lieu: «*Un petit coin de paradis*». La présentation du film mérite aussi qu'on s'y attarde. Elle reflète exactement les idéologies et les intentions attribuées à l'ensemble du projet par ceux qui le portent:

> «*Quand le vieux Valais se frotte à la modernité.*» A Ossona, un hameau abandonné du Valais central, trois générations se rencontrent pour prendre part à un projet de réhabilitation qui fera de ce lieu fantôme un éco-village modèle, un nouveau paysage où agriculture, nature et tourisme tenteront une cohabitation harmonieuse. Il s'agit là d'un exemple de développement durable concret et particulièrement significatif (<http://www.jacquelineveuve.ch/lg_fr/index.html>).

L'opposition entre la tradition et la modernité est utilisée, à l'instar des discours autour de la passerelle (*Cf.* III 1.1.1). La valeur d'exemple du projet est également relevée. Mais une autre idée récurrente dans les discours récoltés est aussi exprimée dans cet extrait: le contraste entre un état antérieur, celui de l'abandon, connoté négativement (ici «village fantôme»), d'un côté, et un état vers lequel tend le projet, connoté lui positivement, de l'autre.

Les habitants interrogés expriment aussi cette aversion pour l'état du site jugé très négativement avant le démarrage du projet:

> – Et tout ça est tombé à l'état sauvage presque, il y avait plus grand-chose de bon. Toutes les maisons, c'était tout délabré, il y avait plus rien.
> – Oui ça faisait mal de voir toutes ces granges, toutes ces maisons, qui tombaient…
> (OG 6).

---

73   Rappelons que c'est en grande partie l'approvisionnement de la laiterie qui définit la raison d'être d'une exploitation agricole à Ossona.

Le sauvage ici est opposé au cultivé.

> Et ça a déjà été nettoyé et tout, ça change direct. Ça ressort la fleur, avant il y avait plus que de la saloperie (OG 6).

On retrouve des représentations bien connues chez les agriculteurs, qui généralement exècrent les milieux en friche (MIÉVILLE-OTT 2001)[74].

> Et il y avait des arbres qui poussaient partout. Il y a des buissons. Non c'était même pas agréable d'y aller à un moment donné. Il y avait plus d'eau, il y avait plus de vie quoi (OG 6).

Ces représentations dépréciatives du site conduisent donc certains habitants à ne plus le fréquenter; il est exclu de leurs pratiques quotidiennes (voir III 3.3.1). Ces représentations sont fortement relayées par les porteurs de projet et les documents de présentation, dont les expressions s'inscrivent dans le champ sémantique du retour à la vie:

> Redonner progressivement vie à la région et entretenir le paysage rural traditionnel que la forêt envahit peu à peu (OG 15).

Cette dernière citation est tirée du bulletin d'information du Fonds suisse pour le paysage, qui a financé l'achat des terrains par la commune. En 2001, le *Nouvelliste* présente le projet comme *« Un important projet de redonner vie au hameau d'Ossona et du plateau de Gréféric »* (OG 23). En 2006, le même journal écrit que *« Presque cinquante ans après leur abandon, le village d'Ossona revivra grâce à l'agritourisme »* (OG 25).

Mais la référence à un «passé qui revit» occulte toute la différence entre les exigences d'une exploitation agricole d'aujourd'hui et celles qui avaient cours dans les années 1950, comme le montre cette citation de l'agriculteur d'Ossona, qui renferme une contradiction:

> On crée une exploitation de toutes pièces. C'est supermotivant de redonner vie à quelque chose qui a existé (OG 1).

De tout ce qui précède, on constate que le projet d'Ossona concrétise des idéologies, en particulier celles qui instaurent l'espace comme lieu de vie

---

74   Les représentations du plateau d'Ossona Gréféric en friche sont plus contrastées qu'elles n'y paraissent. Des individus qui ont joué un rôle dans le projet ont confié leur intérêt pour la poésie qui se dégageait du lieu avant sa transformation.

et celles se référant à la tradition. Ces deux types de discours ne sont nullement considérés comme antinomiques par ceux qui les diffusent, au travers de la manière qu'ils ont de justifier le projet d'Ossona et ses orientations. Pour eux, le projet est un système cohérent qui permet d'articuler toutes ces dimensions. Il rend d'abord possible l'avenir d'une région de montagne, basé sur la valorisation de l'agriculture en complément avec le tourisme. Il implique ensuite localement la population et limite le risque de dépendre de l'extérieur. Parallèlement, il permet de conserver un patrimoine qui appartient à un collectif social. Les porteurs de projet tendent plutôt à réutiliser l'objet de manière contemporaine, tout en en conservant la forme (les bâtiments). Le volet patrimonial du projet est marqué par l'idée de faire perdurer des «traditions», puisque les formes bâties sont conservées. Certains des habitants (de Suen, en particulier) attachent une grande importance à cette persistance des formes construites. Pour les autorités communales, celles-ci constituent un patrimoine qu'il s'agit de sauvegarder pour les générations futures. De même, dans l'exploitation agricole, il est tenté, dans une certaine mesure, de réactiver les usages passés (cultures vivrières, vergers, …) du site. La culture de la vigne est également révélatrice de cette manière d'envisager les traditions.

En même temps, le projet fait circuler des représentations qui trouvent parfaitement leur ancrage en lui et dans les objets qui le composent: c'est la représentation d'un site de ressourcement, régénérateur, c'est la représentation d'un paradis perdu, matérialisé à Ossona, c'est la représentation d'un isolement, antinomique au monde urbain, c'est la représentation de l'authenticité qui s'exprime au travers des activités qui seront offertes au tourisme et au travers du cadre bâti. Autant d'éléments, on le voit, qui sont toujours mis au service d'une orientation touristique, laquelle doit satisfaire *in fine* des exigences de rentabilité. Mais ces représentations ne sont jamais étrangères aux processus d'identification et de territorialisation que des collectifs sociaux, des habitants, des institutions, construisent au travers de leur implication dans le projet.

1.4 Propre en ordre: Mountain Wilderness et ses installations obsolètes

L'action de démantèlement des installations obsolètes menée par l'association Mountain Wilderness révèle principalement des idéologies de la naturalité. De par son champ d'action (théoriquement les montagnes du globe, même si l'association et ses sections nationales se concentrent plutôt sur les montagnes européennes), Mountain Wilderness a tendance à volontiers activer des références liées à la montagne et donc à porter des représentations homogénéisantes sur les projets qu'elle défend ou qu'elle combat et sur les objets avec lesquels elle entre en interaction.

En novembre 1987, à Biella, en Italie, a lieu le congrès fondateur de l'association internationale. Des alpinistes, comme Patrick Gabarrou ou Carlo Alberto Pinelli, «prennent la défense de la montagne», comme le dit le slogan qui a été conservé jusqu'à aujourd'hui. Selon Bernard Amy[75], à la suite du congrès de Biella, les représentants ont eu pour mission de chacun créer une section dans leur pays d'origine. Mountain Wilderness France est ainsi fondée en 1988, par exemple. D'ailleurs les statuts de Mountain Wilderness International précisent que les différentes sections nationales sont affiliées à l'association faîtière. Son caractère franchement international mérite que l'on qualifie l'action de Mountain Wilderness de réticulaire (*Cf.* chapitre 4). Les «garants internationaux» personnifient cette transnationalité de la montagne. Ce sont des alpinistes de renommée mondiale (surtout de France et d'Italie, mais aussi Allemagne et d'Espagne) qui soutiennent et souvent s'engagent activement pour l'association, tant au niveau national qu'au niveau international. Ils sont porteurs d'une vision très homogénéisante de la montagne qu'ils tiennent pour un terrain de jeux ou d'exploits sportifs.

En tentant d'analyser les justifications qui sont avancées, ce chapitre s'efforce de déceler les motivations qui poussent l'association à mener campagne pour l'enlèvement des installations obsolètes.

---

75   AMY Bernard, Film de présentation de Mountain Wilderness, <http://mountain wilderness.fr>. *Cf.* aussi LABANDE 2004.

1.4.1 *«Retour à la nature!»*

Les thèses de Biella écrites le 1er novembre 1987 définissent les grands principes d'action de Mountain Wilderness et leurs motivations. Toutes les sections nationales se réfèrent à ces principes pour justifier leurs actions et les garants internationaux sont chargés de vérifier la compatibilité des grandes orientations de l'association internationale avec les thèses de Biella.

On peut estimer que l'action installations obsolètes, telle qu'elle figure dans les priorités annoncées par le Bureau exécutif de l'association internationale, s'appuie sur quelques grandes idées contenues dans les thèses de Biella.

Dans l'alinéa 2 de l'article 1 est proposée une définition de la Wilderness, comme un «environnement d'altitude non contaminé». *«L'homme peut y être présent, mais il y a un minimum d'équipements»*[76]. Cela justifie la lutte contre des installations qu'elles soient d'ailleurs obsolètes ou non.

L'article 2.1 instaure une responsabilité des alpinistes par rapport à cette wilderness, leur donnant la légitimité d'intervenir pour la conserver. L'article 2.3 s'oppose à la *«prolifération incontrôlée du ski»* et aux remontées mécaniques, qui compromettraient «gravement» la wilderness.

Enfin, dans leur article 5.3, les thèses de Biella exhortent à mener des *«actions symboliques»*, par exemple le *«démontage d'installations incompatibles avec la wilderness»*. Il n'est nulle part fait mention des installations obsolètes; ce n'est probablement qu'au début des années 2000 que la section française a «construit» cette problématique dont d'autres sections se sont ensuite saisies[77].

Les thèses de Biella sont particulièrement éloquentes sur les représentations de la nature qui devraient prévaloir en montagne:

> Par wilderness de montagne, on entend cet environnement d'altitude non contaminé, où tous ceux qui en éprouvent vraiment la nécessité intérieure peuvent encore faire l'*expérience d'une rencontre directe* avec les grands espaces, et y éprouver en toute liberté la solitude, les silences, les rythmes, les dimensions, les lois naturelles et les dangers. La qualité de la wilderness réside donc avant tout dans sa capacité potentielle à permettre un *rapport créatif entre l'homme civilisé et l'environnement*

---

76   AMY Bernard, Film de présentation de Mountain Wilderness, <http://mountain wilderness.fr>.

77   La campagne qu'a menée Mountain Wilderness Italie pour le démantèlement du relais radio de l'Aiguille de Tré-la-Tête a commencé en 1992, date à laquelle l'émetteur était déjà hors service.

naturel. C'est le *degré d'authenticité* de ce rapport qui donne un sens non éphémère à l'aventure (article 1.2, soul. par nous).

Dans cette citation, il est d'abord fait usage de la métaphore de la contamination, qui est très fréquente du moins dans la section française[78]. La montagne serait donc malade. Et ce sont les aménagements touristiques qui en seraient la cause, comme l'énonce très clairement l'article 2 des thèses de Biella. Ensuite, cette «non contamination» est une condition pour éprouver une «*expérience directe*» avec la montagne : cet argument sous-entend que les aménagements touristiques (détaillés dans les thèses de Biella : *l'augmentation de la capacité des refuges*» – alinéa 2.2 –, la «*pénétration des transports mécaniques*» – alinéa 2.3) empêchent cette immersion dans la montagne. Une vision de la nature est ainsi proposée, en tant qu'entité clairement distincte de l'homme. Or, la relation de celui qui fréquente la montagne sera d'autant plus «*authentique*» que cette nature est la moins possible modifiée par l'homme.

La wilderness est le «pivot indispensable de la valeur de l'alpinisme» (alinéa 2.2).

Ainsi, dans l'alinéa 5.3, Mountain Wilderness se fixe l'un des objectifs suivants :

> Le mouvement doit inscrire dans le cadre de son action permanente des initiatives à caractère symbolique :
> Démonter ou empêcher la construction des installations fixes incompatibles avec la wilderness, comme la télécabine de la Vallée Blanche, le circuit skieur du Pelmo, les remontées du glacier de Chavière (Vanoise), le complexe touristique du Salève, les via ferrata… En particulier, le mouvement a l'intention de commencer son activité par une action hautement significative, investissant toute son énergie pour obtenir le démontage complet de la télécabine de la Vallée Blanche, dans la chaîne du Mont-Blanc.

L'association n'a pas (encore) réussi cet acte particulièrement symbolique de faire démonter la télécabine de la Vallée Blanche, mais cette lutte inaugure l'attention croissante pour le «nettoyage» de la montagne[79].

---

78   «*On peut souhaiter que les enfants des plaines connaissent autre chose de la montagne que les stations de ski alpin, ces métastases banlieusardes dans lesquelles on voudrait les confiner*» (NEIRINCK, Vincent, «Y aura t-il de la neige à Noël ? Le Conseil général de l'Isère lance une réflexion innovante», Bulletin Mountain Wilderness, n° 55, 2003, p. 18).

79   Il est assez curieux d'attribuer, comme le font les thèses de Biella, l'origine de l'action contre les installations obsolètes à cette manifestation pour le démontage de la télécabine de la Vallée Blanche, en été 1988. Cette installation n'est en effet pas obsolète au sens où Mountain Wilderness l'entendra quinze ans plus tard : elle est encore bel et bien utilisée.

Les discours recueillis pour ce cas d'étude nous renseignent sur deux manières indissociablement liées d'appréhender la montagne, construites en référence aux grands principes contenus dans les thèses de Biella :

- la première selon laquelle la montagne[80] est un espace vierge, naturel et que tout aménagement prétérite ses qualités. Il s'agit ici des idéologies de l'authenticité, de la naturalité et du retour à la nature. Elles correspondent au principe d'une relation directe, profonde et sans médiat qui doit être nouée avec la montagne. Les moyens visant à perturber ce type de relation par la facilitation de son accès sont condamnables. Ainsi, aucun aménagement ne peut être toléré en montagne.
- la seconde découle de la première et relève de la métaphore. On assimile la montagne à un espace devant être nettoyé, qu'il faut rendre propre.

Ce type de discours s'appuie sur une argumentation d'ordre moral, dans laquelle sont invoquées des croyances posées comme universelles, ainsi naturalisées : la montagne est naturelle, les déchets doivent être éliminés par ceux qui les produisent. L'obsolescence est décrétée par le critère de l'utilisation pour laquelle l'installation a été conçue et par le critère du patrimoine. L'installation obsolète est ainsi caractérisée en négatif de ces deux critères (si elle n'est plus opérationnelle pour sa fonction originelle et si elle n'est pas patrimoniale).

D'après la section française, le terme installation désigne *«toute construction réalisée avec des matériaux artificiels et exogènes. Cette définition permet d'exclure en partie tout élément ayant une valeur patrimoniale»* (IO 30). Cette définition, reprise par la section suisse en 2004, est au fondement de l'opération installations obsolètes. Elle permet de catégoriser ce

---

80 A bien y regarder, l'association Mountain Wilderness ne définit jamais ce qu'elle entend exactement par montagne. Les thèses de Biella et l'ensemble de textes ou des vidéos de présentation de l'association s'attellent à bien définir le deuxième terme, la Wilderness, mais le premier, «Mountain», reste inexploré. En déduisant la signification donnée à la montagne, on peut voir qu'aux débuts du mouvement, la montagne se circonscrit plus ou moins aux espaces de haute altitude. C'est une catégorie d'espace définie par les pratiques des alpinistes, lesquels constituent la majorité des membres de Mountain Wilderness. Mais au fur et à mesure de l'évolution des préoccupations et des actions, l'espace pris en compte s'élargit pour comprendre également des espaces de moindre altitude, sans, encore une fois, que ne soient précisés son contenu ou son étendue.

qui relève du patrimoine et ce qui ne l'est pas. Si l'on s'attarde un peu sur cette définition en cherchant à dévoiler les principes qu'elle sous-tend, on se rend compte que la vision du patrimoine de Mountain Wilderness, et, au-delà, sa vision de la montagne, correspond à l'image d'une époque relativement lointaine, dans la mesure où pour ne pas être considérée comme «installation» un objet doit être composé de matériaux provenant du lieu, donc rentre dans la définition de l'architecture vernaculaire (dont on estime qu'elle a cours jusqu'à la fin du XIXᵉ siècle).

> Il n'y pas de matériaux exogènes, dans le cas des cabanes d'alpages. Tout est fait en pierre sèche, rien ne vient de l'extérieur du paysage. Même en ruine, ça ne dérange pas. C'est spécifique au lieu (IO 8).

La représentation d'une montagne traditionnelle, peu bousculée par la vie humaine et qui serait en phase avec la nature, est ici affichée.

La montagne, pour Mountain Wilderness, est tout d'abord conçue comme un espace résolument naturel que l'homme doit le moins possible perturber. Par conséquent, les installations obsolètes sont considérées comme contrevenant à cette conception. Elles sont «*incompatibles avec la wilderness*» (IO 10).

> Il nous reste aujourd'hui à construire le paysage du 21ème siècle. Celui que Mountain Wilderness aimerait voir comme compris, révélant un relatif équilibre entre l'homme et la nature, mettant en valeur des systèmes de gestion plus durables et moins agressifs.
> L'une des premières étapes pour parvenir à cet objectif consistera en un vaste nettoyage! Les thèses de Biella auraient pu citer le relais radio de l'Aiguille de Tré la Tête, celui là est parti, enfin, mais combien d'autres sont encore là, cicatrices d'un paysage attaqué depuis tant d'années (IO 17).

Cet extrait est tiré de la brochure destinée au grand public que Mountain Wilderness France a réalisé sur les installations obsolètes. Ce type de document est extrêmement utile pour comprendre la légitimité à intervenir sur différents terrains dont se réclame l'association. La campagne de lutte contre les installations obsolètes est justifiée par la revendication d'un «équilibre entre homme et nature». L'argument est basé sur le constat, discutable évidemment, que la relation actuelle de homme à la nature peut être qualifiée d'agressive. De même, l'argument tient pour logique la relation qu'il y a entre la mise en place de «systèmes de gestion durables» et l'exigence de «nettoyage». Enfin, c'est le recours à la métaphore qui est ici particulièrement intéressant: on parle de «cicatrice», d'«attaque», pour désigner le paysage (à noter qu'on emploie souvent le terme de paysage, ce qui laisse supposer le caractère esthétique de l'intention).

La montagne doit être défendue, parce que les randonneurs, dont Mountain Wilderness se fait le porte-parole, s'identifient à elle:

> Amb aquest projecte comencem per sensibilitzar a tot l'excursionisme català, però també a les autoritats, a les institucions, a tothom… El nostre país és geogràficament abrupte i ens l'estimem així, per això volem conservar les muntanyes que tant ens identifiquen[81] (IO 16).

Le démontage des téléskis du Col du Frêne dans les Bauges en 2005, de par son caractère pionnier et particulièrement médiatisé, a été accompagné de nombreux discours, qui révèlent cette conception naturelle de la montagne véhiculée par l'association. Les installations obsolètes sont considérées comme un facteur de perturbation de la nature:

> Ceux qui ne servent plus, n'ont pas d'intérêt patrimonial, dénaturent la montagne sans équivalence (IO 12).

En-deçà de toute connotation symbolique, la section suisse de Mountain Wilderness avance l'argument d'une pollution réelle de ces friches. Les installations obsolètes peuvent constituer en elles-mêmes une nuisance à la nature, dans la mesure où elles risquent menacer les biotopes et les biocénoses par les pollutions chimiques.

> Ihr Lebensraum soll weder beeinträchtigt noch unnötig in Beschlag genommen werden. […] Schadstoffe wie z.B. Heizöl oder Kühlflüssigkeiten können aus den ungenutzten Anlagen freigesetzt werden und grosse Schäden in der Natur anrichten[82] (IO 33).

Mais la plupart des arguments font tout de même état d'une nuisance paysagère.

---

81 «Avec ce projet nous commençons par sensibiliser tous les randonneurs de Catalogne, mais aussi les autorités, les institutions, tout le monde… Notre pays est géographiquement abrupt et nous nous l'aimons ainsi, c'est pour cela que nous voulons conserver ces montagnes qui nous identifient» (trad. libre).

82 «L'espace de vie [de la faune et de la flore] peut être altérée inutilement. Des polluants comme du fuel ou des liquides réfrigérants peuvent s'échapper des installations et causer des importants dommages à la nature» (Trad. libre).

«*Deux anciennes remontées mécaniques vont être démontées afin de requalifier le paysage et lui rendre son caractère authentique*» (IO 1). La définition de l'authenticité est ici très restrictive: un paysage est authentique seulement s'il n'est pas entaché de traces humaines. En retirant des installations obsolètes, la nature, auparavant réprimée, va pouvoir s'exprimer à nouveau.

Le slogan que Mountain Wilderness Suisse a choisi pour l'action au Pic Chaussy était: «*Pic Chaussy – Retour à la nature!*» (IO 5). L'univers sémantique de la résilience est récurrent: «*Vous avez rendu la nature à ses origines, effacé un désordre dans le paysage*» (IO 22) proclame le maire de Saint-Pierre-d'Albigny. L'ordre naturel est rétabli par l'action de démontage.

Mountain Wilderness Catalogne, qui a aussi lancé sa propre opération de lutte contre les installations obsolètes, emploie le terme de virginité:

> La recuperació d'espais ocupats per aquestes deixalles, generades per l'abús dels speculadors que opten per l'abandó a la muntanya de diversos materials, ens ha servit com a mostra eficaç de la nostra lluita vers els espais nets, vers el retorn a la virginitat natural manllevada (IO 16)[83].

Grâce à un démontage, la montagne, originellement vierge, se reconstituerait. La justification est dans une large mesure d'ordre moral. L'argument associe aussi les restes d'installations aux «abus des spéculateurs».

Mais l'association n'oublie jamais qu'elle rassemble des adhérents qui sont d'abord et avant tout des pratiquants de la montagne. Ainsi, la conception d'une nature qui émerge à nouveau, une fois l'installation démontée, est mise au service d'une montagne ouverte aux jeux.

> Le col du Frêne est déjà parcouru par des randonneurs, sa re-naturalisation permettra la pratique du ski de randonnée et des raquettes et le retour naturel de la vie (IO 21).

Dans cette citation, il faut noter l'emploi redondant du terme de nature: «re-naturalisation» et «retour naturel» relève en fait du pléonasme.

> L'une des plus belles portes d'accès aux Bauges va retrouver son caractère sauvage très apprécié des amateurs de raquettes (IO 6).

83   «La réhabilitation de ces espaces occupés par ces déchets, engendrés par l'abus des spéculateurs qui ont abandonnés dans la montagne différents matériaux, nous a servi de preuve efficace de notre lutte pour des espaces propre, vers un retour à la virginité naturelle héritée» (trad. libre).

Les installations obsolètes entraveraient ce qui est appelé le caractère sauvage de la montagne. On voit ici que ce sont seulement certains sports (la randonnée en raquettes) qui sont connotés positivement et donc qui méritent de prendre place en montagne. Comme si les restes d'installations empêchaient véritablement que de telles activités s'y déroulent. Le pouvoir de l'idéologie est de faire croire que la nature est l'espace originel.

> Nettoyée, la Haute Vallée de l'Ance va être rendue aux activités qui y ont leur place naturelle et qui correspondent à la vocation d'un Parc Naturel Régional: une agriculture paysanne de qualité, et des loisirs doux et respectueux de la nature (IO 7).

Pourtant, cette exigence de renaturation, lorsqu'elle se concrétise sur le terrain, pose le problème de la contradiction entre dire que l'on fait revivre la nature et les moyens lourds que cette intention nécessite.

> Après les problèmes qui se posent c'est travailler vraiment dans le sens remise en état du site. Donc on leur [aux entreprises] demande dans le cahier des charges par exemple s'il faut qu'ils recréent des pistes, ils sont obligés de monter avec des engins lourds, on leur demande de remettre la piste ou enlever la piste comme avant leur intervention, pas qu'il y ait intrusion de loisirs motorisés des choses comme ça (IO 10).

C'est aussi pour cette raison que le démontage des téléskis du Col de Frêne s'est déroulé en hiver: la couverture de neige et la fine couche gelée permettaient de minimiser les tassements du sol occasionnés par le passage des machines.

Dans le même ordre d'idées, d'autres argumentaires sont élaborés à partir du principe de propreté. Le terme de «souillure» à laquelle serait exposée la montagne est fréquemment utilisé. Les installations obsolètes sont associées à la salissure.

> Les installations obsolètes souillent malheureusement de trop nombreux paysages de montagne (IO 23).

C'est pourquoi des démarches de «nettoyage» doivent être conduites, quand bien même Mountain Wilderness se défend de *«devenir les ‹éboueurs de la montagne›»* (IO 19). Mais le terme éboueur réfère à nouveau à cette métaphore de la propreté. La position de Mountain Wilderness s'est diffusée, en témoigne cet extrait de texte écrit par le Parc naturel régional des Bauges.

> Mais lorsqu'un aménagement n'a plus de justification, rien ne sert de le laisser. Il
> s'agit d'une démarche de propreté. Cela peut paraître marginal mais le principe est
> important. Les Bauges ont des atouts et les stations d'un Parc naturel régional doi-
> vent être un modèle (IO 11).

Le maire de Saint-Pierre-d'Albigny use aussi de la métaphore de la propreté, à l'occasion du démontage des téléskis du Col du Frêne:

> Je remercie le parc d'avoir fait *le ménage*, de ces installations qui dénaturaient le
> paysage (IO 22, soul. par nous).

1.4.2 De l'esthétique des lieux à l'inadéquation de l'objet: l'autorité des usagers

Certains arguments sont fondés sur l'autorité populaire. Les tenants des
ces discours se posent volontiers comme les porte-parole d'autres personnes, d'autres groupes plus ou moins circonscrits pour justifier un démontage (nous verrons plus tard que ce type de procédé argumentatif est aussi
employé par les partisans du non démontage). Dans cette convocation de
l'intérêt commun, les critères esthétiques et visuels dominent. La présence
de l'objet est ainsi jugée dérangeante, mais, plus encore, non conforme à
ce que devrait être le lieu.

Les anciennes installations sont au premier abord décrites comme très
marquantes visuellement.

> C'était en même temps que le lancement de la campagne et donc pour le Lac Noir,
> je sais que cette diffusion des images du Lac Noir [Schwyberg][84] ont eu un grand
> effet dans la région. Les gens disaient, mais c'est vraiment moche (IO 9).

On sent parfois dans ces propos que la référence aux usagers tend à se
confondre avec l'expérience personnelle que le locuteur peut avoir en
montagne:

---

84 Schwyberg est situé dans le canton de Fribourg sur la commune de Plaffeien (Plan-
fayon). Un petit domaine skiable y a été construit en 1975. La société qui exploite
les remontées mécaniques fait faillite en 2002, en raison du mauvais enneigement et
de la destruction du restaurant au sommet des pistes en 1999 par l'ouragan Lothar.
Un entrepreneur retraité rachète les installations, persuadé de parvenir à les faire
redémarrer. C'est en juillet 2005 que Mountain Wilderness Suisse réalise une action
de sensibilisation sur le site.

> Chez les promeneurs, il y a une personne sur deux dit que c'est dégueulasse. C'est un besoin de démonter […] Pour les lieux très fréquentés, ce n'est pas bien. Certaines choses sont plus discrètes dans le paysage (IO 8).

Il est fait référence à un prétendu consensus (chez les randonneurs, tout du moins) sur la laideur de telles installations. Les discours arguent du besoin d'une certaine catégorie de la population à jouir d'un environnement «préservé et authentique»:

> Un moyen de localiser ces installations est la dénonciation par des citoyens souhaitant se promener dans un environnement préservé et authentique (IO 29).

Toutefois, dans certains cas, l'autorité populaire ne peut être invoquée:

> Le paysage a beaucoup évolué. L'embroussaillement et la forestation ont gagné de nombreux secteurs. Le téléski de Saint-Pierre-d'Albigny a été couvert par la forêt, ce qui fait que la plupart des gens avaient oublié la présence des remontées cachées par la végétation (IO 22, Figure 5).

Figure 5 : L'un des téléskis du Col du Frêne en 2005
La ligne d'un des téléskis avant son démontage complètement envahi par la végétation (Cliché : Jean-Claude Perrier, Mountain Wilderness France).

Le discours sur la nécessité de retirer des installations obsolètes fait appel à l'intérêt commun et au jugement esthétique, alors que l'objet incriminé est depuis longtemps retiré du champ de vision (de ceux dont on prétend se constituer en porte-parole). Cela dissimule en fait un point de vue normatif, selon lequel la présence d'un objet dans un tel lieu est inapproprié (CRESSWELL 2004, pp. 102-103).

De manière générale, en effet, il est dit que les objets ici en cause nuisent à une relation plus sensible que l'homme peut entretenir avec la nature montagnarde.

> Cet aspect… le sentiment d'être en montagne et d'être en contact avec la montagne et un téléphérique, des pylônes, ça peut quand même déranger (IO 9).

Ce discours réfère à une éthique générale sur la randonnée en montagne, et sur ce qu'est la montagne (un téléphérique n'en fait pas naturellement partie). Cela dépasse le seul point de vue esthétique.

Mountain Wilderness veut procéder à un *«simple démontage pour les nombreuses ruines qui donnent aux habitants et aux visiteurs de tous horizons, une image déplorable de notre relation à la montagne»* (IO 17). Le lien est fait implicitement entre une ruine et l'image déplorable qu'elle susciterait. Pour attester de cette soi-disant image négative, on convoque les habitants et les visiteurs en parlant à leur place (il s'agit d'une justification par l'autorité populaire). Les installations obsolètes perturberaient le paysage:

> Ungenutzte und zerfallende Gebäude und Anlagen können das Landschaftsbild negativ beeinflussen. Im Hochgebirge sind die meist exponiert stehenden Seilbahnen und Gebäude weithin sichtbar und haben damit einen extrem grossen Einfluss auf das Landschaftsbild[85] (IO 33).

Mountain Wilderness Suisse joue sur le contraste entre une installation, d'un côté, et le paysage souhaité intact, de l'autre:

> Beton und Stahl beeinträchtigen das Erlebnis einer grossartigen Gebirgslandschaft[86] (IO 33).

---

85   «Les bâtiments et les installations obsolètes peuvent influencer négativement le paysage. En haute montagne, les téléphériques et les bâtiments les plus exposés sont visibles depuis loin et pour cette raison ils ont un impact important sur le paysage» (trad. libre).

86   «Le béton et l'acier nuisent à l'expérience d'un magnifique paysage de montagne» (trad. libre).

Là encore, notons l'emploi du terme de paysage et non celui de nature, ce qui laisse transparaître une connotation esthétique et touristique. Le tourisme est d'ailleurs posé comme un réel enjeu par Mountain Wilderness Suisse :

> Die schöne Landschaft und unversehrte Natur sind das Kapital des Tourismus. Dieses Kapital soll nicht durch Bauruinen gestört oder sogar vernichtet werden[87] (IO 33).

L'opposition entre béton et nature peut être poussée plus loin avec cette métaphore de la montagne morte, qui répond bien sûr à celle du «retour à la vie» réclamé au travers du démontage d'une installation obsolète.

> L'image de la montagne souffre aussi de la présence d'aménagements abandonnés qui donne l'impression d'une montagne morte (IO 30).

Mais une montagne naturellement naturelle, pour Mountain Wilderness, ne signifie pas pour autant l'absence de traces humaines, en témoigne des objets évoqués dans le recensement de la section française dont on dit qu'ils pourraient être patrimoniaux (des câbles à foins, par exemple). Cela dit, on verra plus loin que cette distinction entre ce qui est du patrimoine et ce qui ne l'est pose indéniablement problème et que la légitimité de Mountain Wilderness à décider et à imposer cette catégorisation est contestée par d'autres collectifs sociaux (*Cf.* III 2.4).

Ce sont donc des raisons éthiques et normatives qui président à un démontage. C'est d'ailleurs précisément pour cette raison que Mountain Wilderness Suisse refuse de mener lui-même des démontages de remontées mécaniques, se contentant, sur le terrain, d'organiser des manifestations de sensibilisation.

> On s'est acheté des jaquettes rouges, comme sur les chantiers, mais nous on est pas les ouvriers. Il y a quand même le principe de celui qui fait un dommage qui doit assurer (IO 9).

Plus simplement, le principe du pollueur-payeur, sous une forme peut être plus rudimentaire selon laquelle chacun doit ramasser ses déchets, est aussi invoqué dans la campagne des installations obsolètes. Dans son concept «Rückbau zur Wildnis», Mountain Wilderness Suisse énonce, en tant

---

87   « Le beau paysage et la nature intacte constituent le capital touristique. Ce capital ne doit pas être troublé ou même anéanti par des ruines de construction » (trad. libre).

que justification du démontage, le principe d'emporter ses déchets avec soi (qu'on retrouve d'ailleurs dans les règlements des parcs nationaux ou des réserves naturelles qui s'appliquent aux randonneurs), lequel relève d'une responsabilité envers les générations futures:

> Wenn ein respektvoller Umgang mit der Natur es verlangt, dass man seine Abfälle aus den Bergen mit nach Hause nimmt, so trifft dies auch bei Gebäuden und Einrichtungen zu: Wenn die Nutzung beendet ist, sollte man alles daran setzen, die Spuren zu beseitigen. Wenn Anlagen also nicht mehr benutzt werden, drängt sich nach Ansicht von Mountain Wilderness ein Rückbau auf [88] (IO 33).

Ce principe éthique n'a parfois pas besoin d'être argumenté, il va de soi:

> Mais d'une manière générale nous considérons que la faute, aujourd'hui, consiste à laisser en l'état les sites dégradés, la responsabilité est ici collective (IO 30).

1.4.3 Enlever mais garder le souvenir

Quand bien même l'objectif de Mountain Wilderness, comme longuement expliqué plus haut, est toujours d'obtenir un démontage, l'opération ne fait jamais complètement *tabula rasa* de ce qui s'est passé. Prenons deux exemples.

L'une des toutes premières opérations relatives aux installations obsolètes menées par Mountain Wilderness France s'est déroulée au Col Sommeiller, sur le territoire de la commune de Bramans en Maurienne (Savoie). Il ne s'agit pas ici de retracer l'ensemble de l'histoire d'un démontage, dont la dernière étape a finalement eu lieu en 2006. Mais, là non plus, il n'a pas été question pour les porteurs de projet, en l'occurrence la commune de Bardonecchia en Italie (frontalière de celle de Bramans et à qui appartenaient les installations), de ne pas laisser des traces d'un aménagement qui aura, d'une manière ou d'une autre, marqué la mémoire collective. Les autorités communales ont souhaité, ainsi, laisser en place

---

88   «Si un comportement respectueux de la nature consiste à ce que les personnes descendent leurs ordures depuis la montagne jusqu'à chez eux, la même chose devrait être exigée pour les bâtiments et infrastructures: quand leur usage se termine, quelqu'un devrait s'occuper de détruire toutes les traces de ces installations. Si les infrastructures ne sont plus utilisées, Mountain Wilderness fait pression pour qu'on les démolisse» (Trad. libre).

« les socles de béton de la gare de départ du téléski supérieur et celui de la poulie de retour. Ces témoignages ont été conservés à titre de mémoire » (IO 20). En outre, un panneau d'information a été érigé sur le socle en béton de la gare aval de l'un des téléskis, rappelant modestement l'usage passé du site. Le propos de ce panneau est en effet plutôt orienté vers des considérations descriptives des milieux écologiques, du lac qui s'y trouve en particulier. Il faut encore noter que, dans sa version française, le texte semble laisser transparaître un regret vis-à-vis du ski d'été («malheureusement abandonné aujourd'hui»); la version italienne, par contre, ne contient pas le terme «malheureusement»…

Le second exemple concerne les téléskis du Col du Frêne. Dans ce cas-là, aucune trace n'a été laissée sur le terrain. Par contre, deux actions se sont efforcées de rendre visible le temps durant lequel ces installations fonctionnaient. D'une part, l'entreprise qui a démonté les téléskis a proposé de fabriquer des sortes de trophées, à partir des éléments démontés. Ces statuettes ont été offertes aux maires des deux communes concernées durant la cérémonie de réception des travaux. D'autre part, une exposition sur ces deux téléskis, leur histoire et le démontage, a été montée conjointement par Mountain Wilderness et par le PNR des Bauges. Cette exposition ambitionnait de *«perpétuer la mémoire de la petite station des Bauges»* (IO 7). On peut d'ailleurs davantage assimiler ces actions à un rituel de deuil qu'à une réelle patrimonialisation.

De deux façons, les installations obsolètes entretiennent un rapport avec la naturalité, cette condition naturelle de la montagne que promeut Mountain Wilderness. Premièrement, prétendent les leaders de l'association, les restes d'installations, qu'elles soient touristiques ou militaires (ce sont les deux types les plus représentés), nuisent à une certaine esthétique de la montagne, selon laquelle la nature ne doit pas être souillée de matériaux exogènes. Le terme de «nettoyage» est éloquent à cet égard. Il sous-tend évidemment une appréhension particulière de la montagne, comme espace dénué d'impacts humains; il postule donc la fragilité écologique de la montagne. Ce discours a eu un écho au niveau institutionnel, puisque, rappelons-le, le Ministère de l'écologie a financé en partie le recensement établi par Mountain Wilderness France. Deuxièmement, ces installations sont appréhendées comme le signe d'un aménagement inconsidéré et dur de la montagne, agressant les valeurs naturelles des lieux qu'elles traversent. En ce sens, elles sont le prototype d'un tourisme peu respectueux de la Nature montagnarde. Pour Mountain Wilderness, les restes d'installations sont symptomatiques de l'«anti-wilderness». Les représentations dont l'association est porteuse sont classiquement rangées dans celles qui sont exogènes et plutôt homogénéisantes. Plus simplement et de manière plus nuancée, on trouve dans le discours le principe d'obsolescence selon lequel lorsqu'un objet ne sert plus, il faut l'enlever. L'argument est ici normatif et de type moral. Il pose cependant la question du point de vue : pour qui l'objet n'a-t-il plus de fonction et qui a la légitimité de le décider ?

Synthèse du chapitre 1

Il faut retenir dans ce chapitre que les idéologies s'interpénètrent à des degrés divers dans tous les projets étudiés. Tantôt il s'agit d'idéologies de la naturalité, quand des groupes luttent pour retirer un objet d'un lieu (les installations obsolètes), quand des groupes vantent la biodiversité d'un site (à Ossona ou à Finges) ; tantôt il s'agit d'idéologies patrimoniales, lorsque des objets sont dits appartenir à une communauté et assurer une continuité (dans les cas d'Ossona et de Vallorcine) ; tantôt il s'agit d'idéologies localisantes, quand des projets en général sont présentés comme apportant un bénéfice au lieu qu'ils concernent.

Ces idéologies se fondent en partie sur les imaginaires de la montagne, ces stéréotypes qui sont facilement identifiables et servent d'autant efficacement à légitimer les objets dans leur environnement. Les groupes atteignent leur objectif en manipulant ces images, car celles-ci s'adressent à un grand nombre de personnes. La récurrence dans les quatre cas étudiés de certaines de ces images de la montagne et des Alpes est frappante : la dimension naturelle de la montagne, celle-là même qui forge des traditions particulières et une société spécifique. Ce sont aussi ces mythes que Bernard Crettaz a mis en évidence : le mythe du paradis perdu, par exemple.

Par conséquent, les idéologies dont il est question oscillent entre des représentations homogénéisantes, pour lesquels des grands principes sont énoncés (Mountain Wilderness pour les installations obsolètes, Montagne 2002 pour la collaboration entre régions de montagne, les Walser pour les scientifiques), et des représentations particularisantes, qui expriment clairement une histoire locale (les objets d'artisanat de Vallorcine, les qualités naturelles du Bois de Finges).

Chapitre 2

Conflits d'identités et d'idéologies autour des objets

Tout objet est inclus dans des rapports de pouvoir et constitue un enjeu pour différents collectifs qui gravitent autour de lui. Les objets sont appropriés par de multiples groupes sociaux, qui ne poursuivent pas les mêmes objectifs et qui mettent en œuvre des stratégies différentes pour y parvenir. Cet aspect-là, assurément plus politique, ne peut être délaissé, tant il faut conserver à l'esprit les motivations des groupes sociaux et les moyens qu'ils disposent pour les satisfaire. La disparité des représentations associées aux objets selon les groupes qui se les approprient est donc à analyser.

Ce chapitre s'intéresse à des conflits qui se créent autour d'un objet particulier: un conflit qui oppose des représentations différentes et qui met en jeu les identités qu'affichent divers collectifs. Tout cela révèle à nouveau les idéologies que produisent constamment ces groupes.

2.1 Un symbole, un sacrilège ou un simple pont?

Dans le cas de la passerelle bhoutanaise, c'est essentiellement l'objet chorten qui a cristallisé des tensions. Ce cas est instructif au sens où le chorten est investi de significations très différentes selon les collectifs (les institutions, les habitants, les anonymes) qui s'en emparent. Et ces significations finissent par produire un effet concret sur les objets et sur le territoire qui les hébergent.

Mais, avant de décrire ce que nous appelons le «feuilleton» du chorten, il convient de rappeler les controverses, certes mineures, qui sont nées de la recherche d'un emplacement pour la passerelle elle-même. Elles illustrent la position d'individus cherchant à conférer une signification particulière à ces objets.

2.1.1 Luttes pour un emplacement

La localisation de la passerelle n'est pas allée de soi. Une fois que le principe de construire une passerelle avait été adopté par le comité de l'association Montagne 2002, il s'est agi, dans un premier temps, de rechercher des lieux potentiels à son installation. C'est, d'abord, la commune de Saillon qui est contactée, comme le relate l'un des responsables du projet.

> Je me suis dit, la passerelle, Farinet, génial. J'ai téléphoné à Pascal Thurre [journaliste et écrivain suisse né à Saillon et président de l'association des Amis de Farinet] il m'a dit, pas de chance, on est justement en train de commencer à faire une passerelle, si on avait su plus tôt etc., on aurait fait, ça aurait donné un truc de plus… (PB 6).

La passerelle de Farinet est inaugurée en 2001, sans que l'association Montagne 2002 n'y participe. L'un des membres du comité de celle-ci préconise alors la construction de la passerelle au pied du Glacier du Trient.

> Ça aurait été moins spectaculaire, le pont aurait été plus petit, mais il aurait pu être fait à temps. Et ça aurait eu un impact médiatique plus important, parce que utilisé de façon beaucoup plus internationale. Alors que le pont au Bois de Finges est confidentiel, il faut savoir qu'il est là, il faut aller le chercher. Le nombre de gens qui l'empruntent sera 10 fois moins important qu'elle ne l'aurait été si nous avions choisi un site intégré dans le contexte du Tour du Mont-Blanc, pour un coût 10 fois plus élevé. Mais les communes voisines [de Finges] se sont intéressées et cette idée d'une avance financière substantielle de Zurich a ouvert les bourses de certaines communes (PB 1).

Ce choix est justifié par la fréquentation du site et, donc, son potentiel écho médiatique plus important, ainsi que par un coût moins élevé. Au final, il semble que le Service des routes nationales, chargé des compensations écologiques liés à la construction de l'autoroute, ait milité pour que la passerelle soit construite dans le Bois de Finges pour compléter son chemin des passerelles (voir III 3.1.1). Les trois passerelles sur le Rhône étaient financées par le fonds de compensation de l'autoroute, mais il manquait encore un franchissement sur l'Illgraben.

Dans un second temps, après s'être saisi du dossier, les porteurs de projet locaux (l'association Pfyn-Finges, la région et la commune) avaient encore à statuer sur l'emplacement exact. Pour eux, il était clair que la passerelle devait traverser l'Illgraben, puisque le franchissement de ce torrent n'était pas assuré par les chemins existants. Là encore, des voix dissonantes se sont exprimées.

> Mais c'est aussi critiqué, parce qu'on avait des gens qui voulaient pas, d'une part parce que c'était trop haut là-haut, ils voulaient plutôt ici vers le Rhône quelque part, par exemple de Loèche à la Souste. Alors il y avait des projets qui ont dit il faut faire ça ici du côté de Loèche par un pont dans le Bois de Finges, en gros [...] et pas sur le torrent de l'Illgraben, mais c'était toujours clair que c'était là en-haut pour les gens qui ont préparé tout ce dossier (PB 7).

Le faible débit du torrent traversé amoindrirait la fonction pratique de la passerelle :

> Mais ils auraient mieux fait de le mettre au-dessus du Rhône. Ça aurait été à mon avis bien plus symbolique, parce que ça aurait été au-dessus d'un grand fleuve, où autrefois on ne pouvait pas passer d'une rive à l'autre d'abord il y avait des marécages, il y avait des choses comme ça, ça se serait bien plus apparenté aux besoins. Ça a l'air futile ce pont (PB 21).

Un premier emplacement très en amont est retenu en 2001, mais des expertises indiquent des problèmes de stabilité géologique. Un deuxième emplacement est désigné en 2002, avant qu'un éboulement en novembre 2002 ne nécessite encore une autre variante, obligeant à redessiner les plans et à installer la passerelle plus en aval. Ce contretemps a aussi impliqué une adaptation des cheminements pédestres : initialement prévue et localisée pour combler une maille manquante dans ce réseau, la passerelle, dans son nouvel emplacement, n'y est pas connectée en rive gauche. Un chemin devra donc être tracé. Cette dernière péripétie fera également l'objet de critiques, notamment par le journal satirique lausannois *La Distinction* :

> Une crue emporte les fondations du pont de la Fondation. Pas grave, on le construira plus haut [en réalité, plus bas]. Plus haut, il sera plus beau. Mais l'ennui, c'est que désormais le pont ne conduit nulle part. La passerelle de tous les symboles mène à une impasse [...]. L'œuvre du développement durable montre qu'en Suisse on construit des ponts symboliques, qui ne mènent nulle part, qui relient le vide au néant (PB 65).

2.1.2 Le feuilleton du chorten

Analyser ce qui s'est passé autour du chorten permet de distinguer ce qui relève de la conception de l'objet, d'un côté, et ce qui relève de sa réception sociale, de l'autre. Et nous allons montrer le hiatus qu'il peut y avoir entre ces deux phases de la vie d'un objet. Revenons d'abord sur les raisons pour lesquelles le chorten a été édifié (voir III 3.3.2), en tentant d'en saisir les motifs de justification.

L'idée d'ériger un chorten a été admise relativement tard dans le processus du projet. Mais, l'idée avait déjà été évoquée en tant que réalisation possible dans le cadre d'un jumelage Valais – Bhoutan, avant que les discussions n'amènent à se rabattre sur une passerelle. Une proposition avait en effet été émise : installer un chorten au Col du Grand-Saint-Bernard.

> J'ai eu une discussion avec Pascal Couchepin[89], un chorten, il faut pas faire quelque chose de trop religieux, une passerelle c'est un symbole plus marquant. J'abondais assez dans son sens, c'est peut être plus intéressant à faire (PB 1).

Une passerelle conviendrait donc mieux, de par son caractère plus «neutre»; l'idée du chorten est donc abandonnée… provisoirement.

Après s'être arrêté sur le choix d'une passerelle, l'association Montagne 2002 s'allie avec l'association Espace Pfyn-Finges et se met à la recherche de financements, ce qui demandera beaucoup de temps et d'énergie. Les porteurs de projet ont alors d'autres préoccupations que de penser aux à-côtés de la passerelle. Il semble toutefois que le comité de l'association Montagne 2002 ait projeté, dès le début du processus, un portique qui ornerait le pont, comme il en existe sur les ponts au Bhoutan.

> Donc on a pensé d'abord à une sculpture sur bois. Ils sont très forts dans le travail sur bois au Bhoutan ou une espèce de portique. Et l'idée c'était qu'un ébéniste bhoutanais vienne en même temps que le technicien, un s'occupait de la passerelle proprement dite et l'autre construisait l'œuvre d'art qui allait l'agrémenter. Ça a pas très bien passé apparemment, le maître d'ouvrage s'est concentré sur la passerelle et ils avaient oublié l'élément bhoutanais (PB 4).

Au début de l'année 2005, l'idée du chorten resurgit :

> Finalement on est arrivé à ce chorten, mais assez tardivement. Et la question c'était comment encore arriver dans les délais et comment on fait un chorten, je veux dire là les proportions, tout ça parce que c'est très prescrit, comme les mandalas et les tankas. Alors moi ça m'est revenu, il y a ce monastère bhoutanais en Bourgogne. […] Je me rappelais qu'il y avait des chorten, autour du temple. On est allé voir et il y avait là un moine français mais qui était entrepreneur en génie civil et finalement il s'est avéré c'est lui qui a fait ces chorten là-bas. Alors on a demandé, vous en feriez un pour nous ? Parce qu'on a pas le temps et on connaît pas. D'abord il nous a donné des plans puis on les a montrés encore ici. Finalement voilà il a été fait là-bas, on l'a amené (PB 8).

89   Conseiller fédéral radical valaisan de 1998 à 2009.

Le chorten fabriqué dans ce monastère des Mille-Bouddhas en Bourgogne est donc ramené en Valais! Ce récit qui relate le processus de naissance de l'objet démontre que celui-ci est présenté comme le résultat de contingences.

Lors de l'inauguration, le discours officiel du président de l'association Montagne 2002 présente le chorten comme une preuve de la fidélité à la culture du Bhoutan; il ne serait donc qu'un simple témoignage de l'échange culturel noué entre les deux régions montagnardes.

> Dans l'Himalaya, les endroits stratégiques tels que les cols ou les ponts sont protégés par des chorten. Par souci de fidélité à la culture de nos partenaires bhoutanais nous avons souhaité en faire construire un à proximité de la passerelle (PB 19).

Plus précisément, l'introduction du chorten vise à délibérément «sur-connoter» l'objet passerelle. En d'autres termes, il est dit que la passerelle en elle-même ne réfère pas suffisamment à la «bhoutanité». En conséquence, un autre objet, dans un rôle symbolique de «rappel», doit l'accompagner.

> Ce qui a été pensé dès le départ par le comité, c'est qu'il fallait un élément bhouta-nais, qu'il suffisait pas simplement de faire une simple passerelle piétonnière, qu'il fallait sur cette passerelle ou à côté de la passerelle quelque chose qui montre vrai-ment que ça représentait le Bhoutan (PB 4).

Un objet seul comme la passerelle ne reflétait pas l'esprit du projet. D'une part, il ne diffusait pas suffisamment d'exotisme et risquait, à terme, d'être banalisé. D'autre part, il ne renvoyait pas non plus suffisamment à l'échange pour lequel il avait été construit.

> Le comité voulait pas juste une passerelle. On était vraiment là pour favoriser la solidarité entre les montagnes du Nord et celles du Sud, donc contribuer à faire une passerelle dans le Bois de Finges, juste pour faire plaisir aux responsables de l'Espace Pfyn-Finges, non c'était pas notre boulot. C'était évident pour nous, pour le comité, qu'il fallait quelque chose qui symbolise le Bhoutan. Alors le chorten a bien passé au conseil communal de Loèche, il y a pas eu besoin de le mettre à l'enquête publique. Je pense que les gens sont assez ouverts (PB 4).

Le 30 juin 2005 a lieu la cérémonie de bénédiction du chorten. Elle in-tervient juste après que l'objet ait été fabriqué en Bourgogne. Quelques personnes assistent à la cérémonie, laquelle répond à des rituels très précis de la religion bouddhiste. Un journaliste du *Walliser Bote* couvre l'événe-ment; son article paraîtra le lendemain, avec le titre: «*Bhuddas positive*

Strömungen»[90] (PB 13). Quelques jours après, la statue du bouddha qui niche à l'intérieur du sanctuaire est peinte avec du cirage noir. Une inscription sur le socle ne laisse pas planer le doute quant aux intentions des déprédateurs: «*Wir sind Christen*»[91]. Les porteurs de projet, à quelques semaines de l'inauguration, se doivent de réagir. Tout est remis en ordre, les inscriptions effacées, le bouddha repeint.

> La statue du bouddha a été maculée assez rapidement. Deux lamas ont repeint la statue. Entretemps, on a mis une sorte de paratonnerre, sous forme d'une croix. Ça pouvait apaiser le courroux de certaines personnes. Certains avaient mis du cirage noir sur la statue du bouddha (PB 1).

Il est en effet rapidement décidé d'ériger une croix chrétienne en bois. La justification de cette décision découle de la réception sociale du premier objet: les réactions et les actes de vandalisme imposent l'installation d'un nouvel objet. Mais, là aussi, le choix de l'emplacement exact de la croix est débattu. Les membres de Montagne 2002 souhaitent ériger la croix sur l'autre rive que le chorten, ce qui permettrait, par là même, de mobiliser à nouveau le symbole du pont en tant que support au lien entre deux religions.

> Ça a été très précipité. Et à cause de ça aussi vu la réaction après il y avait un manque d'information de la population. […]. Après les premiers sprays, on s'est décidé de faire encore la croix un peu en contrepoids, symboliquement. Et on voulait la mettre de l'autre côté, sur l'autre rive. Mais là l'espace Pfyn-Finges voulait pas parce que c'est un espace protégé (PB 8).

La croix chrétienne sera donc dressée, suite à cette négociation, à côté du chorten. Mais les objets paraissent échapper à ceux qui les ont engendrés. Le fossé se creuse entre les intentions incorporées dans la conception de l'objet et les significations sociales qui lui sont conférées:

> On va dire que [l'aspect religieux] s'est ajouté presque seul, vu les réactions. Nous on voyait franchement d'abord plutôt un symbole, rien de plus, vraiment. Mais on a sous-estimé, […] ceux qui avaient déjà été au Bhoutan ou dans des pays bouddhistes. C'était rien d'anormal, de choquant, on est tellement là-dedans. Mais ce qu'il y a encore à ajouter aux réactions, c'est l'inauguration du chorten qui a dû se faire avant celle du pont (PB 8).

---

90   «Les ondes positives du Bouddha» (trad. libre).
91   «Nous sommes chrétiens» (trad. libre).

Les porteurs de projets n'y voyaient pas de connotation religieuse; d'autres l'ont explicitement perçu comme une provocation, si l'on en croit les inscriptions. La couverture médiatique de l'événement a aussi joué dans la réception sociale de l'objet.

Quelques mois après l'inauguration, à la fin de l'année 2005, des vandales arrachent la tête de la statue du bouddha[92]. En janvier 2006, un article sur ces déprédations paraît dans le *Walliser Bote*. Son titre: «*Blödsinniger Lausbubenstreich oder eine bewusste Provokation?*»[93] (PB 66). Le journaliste interroge longuement le président de la commune de Loèche, qui exclut de céder à la «résignation» et de retirer le chorten. Pour lui, la cohabitation entre la croix et le chorten fait sens: elle délivre un message de tolérance. Il promet une discussion de solutions envisageables au sein du Conseil communal. Quelques jours après la publication de l'article, la commune reçoit des lettres et des coups de téléphone anonymes, menaçant personnellement le président de commune.

> Après on a même reçu des lettres à la commune anonymes, deux ou trois. Une c'était les gens qui ont fait je pense, parce qu'ils ont dit, on veut pas de religions étrangères dans notre pays, on veut pas de bouddha, nous on est chrétiens, dans ce style, alors aussi longtemps que vous rénovez cette statue, on va l'enlever. C'était une lettre anonyme à la commune. Nous on voulait pas faire une grande histoire parce qu'on aurait encore plus reconnu ce qu'ils avaient fait. Alors on a dit, on dit à personne, pas de mot, rien. On a remis la statue, elle était loin de nouveau. Maintenant on a remis la copie, pour le moment c'est tranquille. […] Mais on voit bien que c'est pas accepté par tout le monde… Et surtout ils ont aussi mis des croix gammées. On voit c'est un peu raciste (PB 7).

Suite à ces menaces plus ciblées, la commune prend en effet deux décisions début février. D'une part, elle remplace la statue endommagée par une statuette en plastique, achetée dans le commerce et la recouvre de peinture dorée.

> La statue du bouddha, c'est une copie pour le moment, parce qu'on l'a enlevé pour réparer et vu que ça doit toujours être réparé en France dans ce Monastère (PB 7).

D'autre part, la police municipale est chargée de renforcer la surveillance du site.

---

92   Ces événements sont retracés sur la base de documents aimablement fournis par Mme Madeleine Kuonen-Eggo.

93   «Acte idiot de gamins ou provocation délibérée?» (trad. libre).

Une réunion est organisée en avril 2006 entre la commune et les personnes impliquées dans les manifestations liées au Bhoutan pour chercher des solutions. Le monastère des Mille-Bouddhas en Bourgogne est contacté, afin de recueillir l'avis des lamas sur la statue en plastique et sur l'éventualité de la remplacer par une simple image, laquelle serait moins susceptible d'être vandalisée. L'un des deux lamas qui a béni le chorten à Finges apporte un éclairage:

> Il a dit, la statue du bouddha c'est pas très important, on peut la remplacer, mais c'est le chorten même, à l'intérieur (PB 9).

C'est en effet à l'intérieur du socle qu'ont été déposés des objets sacrés. Depuis 2006, aucun autre acte de vandalisme n'a été constaté.

Il est intéressant, par ailleurs, de passer en revue les arguments avancés pour tenter d'expliquer ces réactions. Chacun s'accorde à condamner ces actes et à y voir un signe d'intolérance, mais tantôt est incriminé le manque d'implication des autorités locales et cantonale ou la réalisation trop rapide et sans précautions de cet objet, tantôt les déprédations sont assimilées à des phénomènes marginaux.

La commune tient à cet égard un discours paradoxal: d'un côté, elle attribue les déprédations du chorten et les attaques contre la commune à un groupe très minoritaire et, de l'autre, elle affirme que le chorten n'est pas accepté par la population de Loèche.

> Mais je pense que c'est un cercle très fermé, un petit groupe qui aime pas (PB 7).

En même temps, il est fait référence à une acceptation difficile par les habitants de la commune:

> La seule chose, c'est le chorten, je voudrais pas faire une votation qui est pour, qui est contre. A mon sens, il était pas nécessaire, non plus personnellement. Mais j'ai rien contre, ça me gêne pas. Mais je crois le pont lui-même aurait suffi comme atout (PB 7).

Même la justification de la fidélité à la tradition et la mise en évidence d'un hommage transnational ne peut contrecarrer la justification par l'autorité populaire.

> Mais paraît-il que, moi je savais pas non plus, que toujours à côté des pont bhoutanais, il y a ce chorten.[...] C'est la même chose avec nous, c'était toujours les anciens ponts ont assez souvent cet oratoire. Alors de ce point de vue là on peut comprendre.

> Mais faire comprendre aux gens c'est très très difficile. Si on avait mis ce pont peut-être avec un oratoire un peu plus classique pour nous, une petite chapelle, même s'il y a un chorten dedans, ça aurait peut-être été plus apprécié. Mais ça c'est un peu étranger, le monument. Alors je sais pas si les gens ils apprécient beaucoup (PB 7).

L'objet serait trop exotique, il choque, même si sa logique rejoint celle d'objets connus de la société valaisanne : les oratoires.

Selon un autre point de vue, une sensibilisation aurait dû être menée au moment où ce chorten avait été projeté.

> La population elle était pas informée qu'on construisait ce chorten. La population était pas invitée pour l'inauguration. Je pense c'était pas tellement la faute de la commune c'était la décision de l'Etat. L'inauguration, c'était vraiment pour les gens officiels, pour les politiciens, pour les gens qui étaient engagés, mais pas pour la population. Je trouvais que c'était un peu dommage. Je pense le pont ça va encore, ça a été accepté, mais avec le chorten il aurait un peu fallu informer les gens, sensibiliser. L'idée, [de mettre un chorten] je trouvais bien, mais il aurait quand même fallu voir avec la population, parce que c'était complètement nouveau (PB 9).

Dans la conception de l'objet, la préparation à la réception sociale de celui-ci aurait été insuffisante.

Des observateurs bas-valaisans, moins impliqués dans les discussions sur le chorten, minimisent le poids de ces réactions. Et ils tiennent le chorten pour indiscutable et parfaitement intégré.

> Le chorten, je trouve que c'est bien, je crois que c'est normal on a une passerelle bhoutanaise, il y a rien de plus logique que d'avoir un chorten, même s'il y en a certains qui sont pas d'accord [...] il paraît qu'il y en a qui ont peinturluré avec un spray : canton catholique et ils ont dû nettoyer après. Mais bon ça fait partie de l'avancement de la compréhension mutuelle (PB 6).

Que retenir de cet épisode dont on pourrait ne voir qu'une anecdote somme toute mineure par rapport à l'ensemble du projet ?

D'abord, au niveau théorique, les controverses autour du chorten nous montrent que la combinaison d'objets peut soudainement créer un emballement. Des objets sont dit être installés par des concours de circonstances ; ils sont adaptés au contexte (le chorten n'était initialement pas planifié, la croix est construite pour calmer le jeu, les deux signes religieux se retrouvent face à face sans que ce ne soit réellement le fruit d'une décision réfléchie). Par ajustements successifs, ces objets finissent par former un curieux mélange auquel personne ne s'attendait. La configuration matérielle de ces objets est le reflet de micro-positions d'individus qui font que des compromis doivent être trouvés.

Ensuite, ceux qui imaginent un objet, le planifient, peuvent être aussi surpris par des significations, qu'ils n'avaient pas prévues, associées à l'objet par des individus dont l'entrée en scène n'était pas non plus attendue.

Enfin, ce feuilleton, comme nous l'avons appelé, révèle les positionnements de différents individus ou collectifs en jeu dans ce conflit. Entre Montagne 2002, qui décide d'ajouter un chorten, les anonymes qui endommagent le chorten, l'association Pfyn-Finges, la commune, soucieuse de créer le moins possible de vagues et d'autres acteurs encore, les logiques d'action, ses fondements et les champs d'action et de compétence diffèrent; les significations qu'ils attribuent à l'objet aussi.

2.2 Des vaches ou des criquets?

Des oppositions plus franches encore que dans le cas de la passerelle se manifestent autour du projet d'Ossona. Pour les uns, les objets sont d'abord et avant tout destinés à faire fonctionner un système agricole, tandis que, pour les autres, ces mêmes objets en menacent d'autres, représentatifs d'une biodiversité qui est à préserver sur le site. Les uns et les autres ne parlent, parfois, pas des mêmes objets. Mais, quelquefois aussi, les positions se cristallisent sur le même objet (l'exemple des prairies sèches), auquel chacun ne donne pas une importance identique, selon le projet qu'il défend.

Le conflit a lieu principalement entre les porteurs de projet (de la commune au canton) et le WWF Valais, qui, bien qu'associé très tôt au projet, a formulé plusieurs oppositions lors des mises à l'enquête publiques des installations agricoles. Ce chapitre explore trois formes prises par le conflit au cours de ces dernières années et trois objets, bien différents, qui y étaient mis en jeu. Le premier est la controverse autour de l'ampleur de l'exploitation agricole et le dimensionnement du projet. L'ensemble des infrastructures nécessaires à l'exploitation sont mis en cause: le bâtiment rural, le système d'arrosage, le bétail. Le deuxième porte sur les objets dits naturels, les prairies sèches, et sur les représentations différentes que peuvent s'en faire les protagonistes. Le troisième, enfin, concerne un objet spatialisé, le plateau voisin de Sevanne, pour lequel une réhabilitation du même type a été envisagée et à laquelle le WWF s'est opposé.

Pour tous ces motifs de conflit, nombre d'objets sont discutés : des objets périmétrés qui correspondent à des espaces de réflexion (le territoire communal, le plateau, etc.), des objets techniques (système d'arrosage, ferme), des objets mobiles (le bétail, la faune).

2.2.1 UGB et fourrage

L'orientation très agricole du projet a déjà été soulignée (voir III 1.3). Lors de la mise au concours du poste d'exploitant en 2003, la commune donnait une direction claire au projet :

> La commune de St-Martin exige la mise en place d'une nouvelle exploitation de production laitière d'environ 30 UGB, dont 10 UGB au minimum de race d'Hérens (OG 4).

Et elle rappelait la priorité du projet :

> Dans le but de développer des activités para-agricoles, l'exploitant a tout loisir de proposer des solutions innovantes pour l'exploitation des terres se prêtant notamment à des cultures fruitières ou à des productions maraîchères et un élevage complémentaire de caprins par exemple. La priorité reste cependant un élevage bovin laitier (OG 4).

En ligne de mire de cette réflexion, c'est l'approvisionnement de la laiterie de Saint-Martin, rénovée à grands frais en 1997, qui est ici visée.

En février 2005, l'exploitant agricole et la commune déposent une demande d'autorisation de construire pour l'étable principale de 34 UGB, l'étable secondaire de 10 UGB et le logement, ainsi que la chèvrerie de 13 UGB sur le plateau d'Ossona.

Le WWF Valais dépose une opposition à cette demande en mars 2005. L'association affirme que le projet est incompatible avec les « valeurs naturelles » qu'abriterait le site.

> Le WWF soutient le projet d'une remise en exploitation agricole du plateau d'Ossone-Gréféric qui soit respectueuse des valeurs naturelles existantes ; il s'agit cependant d'une zone hyper-sensible pour la nature et le paysage dont la préservation doit être assurée avec toutes les garanties nécessaires. C'est entre autres le dernier refuge suisse d'un criquet unique qui n'occupe ici que 2-3 ha. L'exploitation agricole est porteuse

tout à la fois d'un espoir de revitalisation du site, mais aussi d'un risque bien réel d'intensification agricole qui serait fatale aux valeurs naturelles. La région de St Martin a été choisie comme site prioritaire pour l'inventaire des prairies sèches et comme projet pilote (OG 29).

D'emblée, l'ampleur de l'exploitation agricole et notamment le nombre de têtes de bétail est contesté. Dans un argumentaire d'ordre rationnel, un lien de cause à effet est établi entre le projet d'agriculture intensive (nécessitant arrosage et fumure) et la perte de biodiversité qui en résulterait.

> Le projet d'amélioration foncière d'Ossona–Gréféric est accompagné d'une bonne étude des valeurs naturelles du bureau Atena (Fribourg) du 12.05.2004, commandée par l'OFEFP[94]. En raison de l'irrigation et de la fumure de 19 ha des 33 ha de pelouses sèches situées dans le périmètre du PAD Le Terré–Ossona–Gréféric–Flâches, 65 % des surfaces de prairies sèches seront perdues. Les prairies sèches sont des biotopes protégés de haute valeur (OG 29).

L'argument est fondé sur l'autorité scientifico-technique, laquelle justifie l'opposition au projet.

Le WWF engage cette autorité sur les questions de biodiversité et d'environnement, qui ne seraient pas intégrées par les porteurs de projet, dont la connaissance est dévalorisée:

> Mais bon vous voyez comme c'est beau là-haut, voyez comme la nature est encore grande, on a pas l'impression qu'on la menace, quand on amène quelques vaches. Alors c'est aussi ça qu'il y a comme background chez ces gens-là, ils ont vraiment pas le sentiment que c'est grave, qu'ils font quelque chose de mal. Il faut peut-être un peu plus de formation, pour se rendre compte que c'est des milieux finalement qui ne résistent pas à cette forme d'exploitation agricole (OG 12).

En outre, le WWF démontre l'inadéquation entre le nombre d'UGB et les surfaces à disposition pour produire du fourrage.

> On a fait opposition lorsqu'a été mis à l'enquête publique le projet d'exploitation agricole, parce qu'[…] il doit y avoir un équilibre entre les unités de gros bétail […] et l'autarcie du domaine agricole qui doit avoir suffisamment de fourrage pour d'une part nourrir les bêtes et d'autre part étaler le fumier ou le purin. Et d'office, les calculs montraient que ça jouait pas. Ils avaient quelque chose comme 40 UGB, bon

94 L'Office fédéral des forêts et du paysage, en charge des questions d'environnement à la Confédération, dont la dénomination actuelle est Office fédéral de l'environnement (OFEV).

ils ont baissé un petit peu suite à notre intervention, mais il aurait fallu baisser de plus de la moitié mais ils ont été ensuite coincés parce qu'ils avaient ce problème de laiterie qu'ils devaient approvisionner (OG 12).

Le WWF demande ainsi la réduction du nombre d'UGB toujours en s'appuyant sur l'expertise (le rapport établi par le bureau Atena):

Cette intensification pourrait être prévenue, selon le rapport Atena, par une option agricole qui privilégierait une production extensive de viande permettant une réduction du nombre d'UGB. Il nous semble dès lors nécessaire de revoir la justification d'une exploitation agricole avec plus de 55 UGB (OG 29).

Il semble que le WWF fixait le plafond à 20 UGB bovines au maximum.

Des objets techniques sont mis en cause. Ils participent de pratiques agricoles qui sont dites néfastes à d'autres objets: la faune, par exemple, dont l'intérêt devrait primer, selon le WWF, sur l'exploitant agricole:

Le système à jets, par aspersion, c'est catastrophique pour la nature. C'est beaucoup mieux le système de bisse, avec débordement. Pour lui [l'agriculteur] c'est très géométrique, c'est une manière de travailler qui est très organisée. Pour la nature, c'est catastrophique. Un oiseau qui niche et qui se fait arroser vingt fois par jour, c'est fini. Tandis que les systèmes par bisse, il va suivre la pente du sol et où il y a une petite colline, il va passer à côté, donc il y a toujours des endroits refuge qui resteront pour les insectes, pour les oiseaux (OG 12).

Le désaccord provient de la qualification ontologique à laquelle chacune des parties procède. Pour le WWF, ce plateau a «vocation» d'abriter des valeurs naturelles (le terme de vocation laisse penser qu'elle est donnée en tant que telle et indiscutable), et, en conséquence, l'agriculture n'a rien à y faire (*Cf.* III 1.3.1).

Sur un terrain qui a une vocation quand même très particulière. Une aptitude naturelle. Il y a quand même des criquets, des oedipodes extrêmement rares là-bas (OG 12).

Là où un représentant du Service cantonal d'agriculture voyait en se référant au plan directeur cantonal des terres adaptées à l'agriculture (*Cf.* III 1.2.1), le WWF estime au contraire que:

C'est vraiment des terrains très maigres, qui se prêtent pas à cette production. En tout cas, c'est à grand renfort d'enrichissements et d'irrigation qu'il [l'exploitant] va pouvoir faire quelque chose (OG 12).

A la suite de cette opposition, les porteurs de projet prennent deux décisions qui vont transformer les objets : d'une part ils réduisent le nombre d'UGB de 58 à 50 et, d'autre part ils intègrent davantage le WWF dans le processus en lui proposant de participer à un groupe chargé de suivre l'application du plan d'exploitation agricole et de l'adapter en fonction de l'évolution de la situation. Ce plan d'exploitation est revu et tient davantage compte de la protection des espèces. Serait-ce le signe qu'un terrain d'entente a été trouvé?

En réalité, le WWF semble peu satisfait des mesures prises, lesquelles ne parviennent pas à contrecarrer l'*« énorme gaspillage de territoire, du point de vue des valeurs naturelles »* (OG 12). Il est notamment reproché aux responsables du projet de ne pas inclure des objectifs pour des espèces-cibles dans le plan d'exploitation et d'avoir « oublié » de reporter certaines prairies sèches répertoriées comme telles dans ce plan (lettre du 12.08.2005). Le bilan qui est tiré est donc, dans l'ensemble, négatif.

> Enormément de prairies sèches ont été détruites. Suite à notre intervention, ils ont quand même fait des zones tampon, on a essayé de mettre en place quelques mesures de compensation. On est tout au début de ce projet, au niveau de voir quel va être le suivi, il faudra faire un suivi biologique, mais du point de vue des valeurs naturelles, on a que perdu. Et les pseudo-mesures de revitalisation, par notamment la pâture des chèvres, ce sera quand même un petit pourcentage de ce qu'il y avait avant (OG 12).

Dans le groupe de suivi, les représentants du WWF ont obtenu des compensations très faibles, selon eux :

> Le plateau d'Ossona, il est plat, il y a une pente sèche. Ils avaient prévu de mettre l'eau et le purin jusqu'au bord de la pente sèche et de mettre des moutons dans la pente pour la restaurer. J'ai dit non, pas de moutons dans la pente, et l'eau 10 mètres plus haut avec un bisse et on récupère l'eau, on récupère le purin, il descend pas dans la pente. Ça veut dire que la pente sèche au moins, elle est pas pâturée et elle reçoit pas d'engrais (OG 32).

Selon les porteurs de projet, le prétendu déséquilibre entre surfaces disponibles et nombre de têtes de bétail est à mettre en relation avec l'échelle, à la fois spatiale et temporelle, prise en compte.

D'une part, le projet d'Ossona ne peut se penser seulement dans le périmètre du plateau d'Ossona et Gréféric.

> Ils [le WWF] oublient une chose, c'est que cette étable-là a également des surfaces fourragères qui sont en amont du village de Saint-Martin. C'est toute la région qui va

> de Suen jusqu'à Trogne et qui sert également de base fourragère pour l'entreprise qui est là-bas. Et actuellement il y a un projet là-haut pour faire de la dévestiture, donc des chemins agricoles pour desservir les terrains qui doivent être fauchés. Il y a également un projet d'irrigation. Et là de nouveau, on est en butte avec eux. [...] C'est évident qu'actuellement qu'avec ces 25 hectares qu'il y a là-bas [à Ossona], il y a une insuffisance, ou si vous voulez la charge en bétail est trop forte pour simplement ce secteur-là. Seulement pris à l'état global avec toutes les surfaces qui sont au-dessus du village, ça ne pose pas de problème. Donc il y a les surfaces qu'il faut. Il faut simplement les laisser équiper de manière à ce qu'elles puissent être travaillées correctement (OG 31).

L'argument contextualise le projet dans un périmètre plus vaste et discrédite la position du WWF. Par ailleurs, réaliser un projet sur le plateau voisin de Sevanne (nous en parlons en 2.2.3) permettrait, selon les porteurs de projet, de rétablir cet équilibre et de limiter les déplacements des exploitants.

> Plutôt que d'aller chercher des bases fourragères sur les hauts de Saint-Martin à 5 kilomètres par la route, on ferait cette jonction et Ossona et Sevanne pourrait être travaillés, en tout cas pour ce qui concerne les bases fourragères, par le même exploitant, donc on limite terriblement les déplacements (OG 31).

L'extension des surfaces cultivées est ainsi justifiée, selon un argumentaire très rationnel : le calcul de la distance entre un site et un autre, les déplacements devant être le plus possible réduits.

D'autre part, il est argumenté que le facteur temps va jouer en faveur d'une meilleure pondération entre la taille de l'exploitation agricole et la pression exercée sur l'espace :

> Je pense qu'on soulève là le problème de l'équilibre entre le revenu économique lié à l'exploitation agricole et le revenu économique lié à l'activité touristique. [...] Je crois que c'est une question de dynamique dans le temps, c'est vraiment important. Et il est clair qu'au départ le 90 % du revenu économique, il est fondé sur l'exploitation agricole [...]. Mais pour mettre en place le réseau touristique, d'abord ça prend du temps [...] Il faut vivre en attendant. Donc le problème du rapport entre les deux revenus, c'est un rapport qui va se modifier dans le temps et qui fait que progressivement l'activité touristique va représenter facilement la moitié de l'ensemble du revenu économique, ce qui permettra, et ça l'exploitant en serait tout à fait heureux, de soulager la pression que représente ce nombre d'unités de gros bétail sur le territoire (OG 9).

L'activité touristique est donc considérée comme contribuant à la réussite du projet, non seulement d'un point de vue environnemental, mais aussi de rentabilité.

> Ça doit nous ramener des revenus annexes d'une façon ou d'une autre mais d'une façon assez forte parce que le potentiel agricole et les coûts qu'on a ici [à Ossona], à terme je pense qu'on arrive quasi à moitié seulement des coûts, donc il faudra que ça arrive assez vite et qu'il y ait des connections très fortes (OG 5).

Sans touriste, le projet ne serait pas viable à terme. Précisément, l'autre controverse qui divise le WWF et les responsables du projet porte sur le volet économique. Pour le WWF, sa rentabilité ne serait pas assurée :

> Moi je suis assez sûr, peut-être que l'avenir nous démontrera les choses différemment, qu'il y aura sûrement un échec économique pour les améliorations foncières et les exploitants (OG 12).

L'exploitant a été, durant les trois premières années de son installation, contraint d'acheter du fourrage pour nourrir ses bêtes, à défaut d'un nombre suffisant de surfaces de fauche.

> Pour l'instant ils sont en déficit énorme, ils arrêtent pas d'acheter du foin, ce qui est quand même un petit peu curieux (OG 12).

En fait, le positionnement sur la question du financement et de la rentabilité traduit des divergences profondes sur le fondement même de l'agriculture en montagne.

> On fait une laiterie, c'est un échec économique. On redemande des sous pour boucher le trou, c'est pas un échec économique, c'est toujours des sous qui viennent. La question pour moi elle est de savoir, est-ce qu'on peut mettre au point un système qui est rentable un jour après une mise de fonds ou est-ce qu'on met au point un système qui vit seulement de subventions. Là on est dans des gouffres à subventions (OG 32).

Pour les porteurs de projet, au Service de l'agriculture, la fonction productiviste de l'agriculture doit demeurer :

> Je vois [comment le WWF imagine l'agriculture] : être le plus extensif possible, payer les exploitants pour la totalité de leur revenu. C'est pas une solution. Ça se vend nulle part ça. Alors que les subventions viennent en aide pour compenser les handicaps de production, c'est une chose, c'est même bien, c'est les paiements directs, ça été fait pour découpler la politique des revenus de la politique des prix, mais de tout faire reposer sur le dos de l'Etat, c'est impensable (OG 31).

Dans ces conflits, l'exploitant agricole adopte une position plutôt détachée, tandis qu'il est en première ligne de toutes les décisions qui sont prises, avec ou sans son accord. Il estime même bénéfique l'intervention du WWF.

> L'idée ce serait travailler proche des réalités de la nature. Ça veut dire qu'on a pas de date butoir théoriquement, mais qu'on garde des zones en résumé intensives où là on peut faire vraiment de l'agriculture à fort rendement, semi-intensives, où là on observe un peu ce qui se passe, même faire revenir deux trois trucs, style tarier des prés, qui niche dans les zones à arrosage par ruissellement, fumier. Les prairies sèches aussi, c'est tel et tel papillon ou telle et telle graminée. […] Ils avaient dans le fond assez raison le WWF, le problème c'est que tout coûte un peu plus cher cette façon de faire et qu'à la fin ils ont pas de solution économique à proposer. Une fois que les trucs sont fait on perd du fourrage, on fait aussi des constructions un peu plus chères, mais c'est clair qu'à la fin c'est moi et la commune qui payons (OG 5).

C'est l'agriculteur qui pâtit de l'augmentation des coûts (qui reviennent en partie à sa charge). C'est aussi lui qui a souffert du redimensionnement du projet : durant une partie de l'hiver 2005-2006, il a dû habiter dans une caravane et abriter ses vaches dans une serre, en attendant que soit délivrée une nouvelle autorisation de construire.

Aussi peut-on affirmer que le conflit est engendré par un désaccord profond sur la nature même du projet. Le WWF imaginait un projet totalement différent :

> Notre variante à nous, ça aurait été de dire, misons uniquement sur la recréation d'un paysage agricole d'antan, donc il y aurait pas eu besoin d'investir tous ces millions, il aurait fallu payer ce jardinier, […] et peut-être un biologiste pour piloter ça. Et ensuite il y aurait eu une activité de visites et peut-être de dormir dans un ou deux gîtes transformés, mais vraiment très sobres. Et les gens ils paient le guide, les animateurs nature, ils paient je sais pas 50 francs la nuit, de temps en temps, ils vont au restaurant du village et c'est tout (OG 12).

Ces arguments et contre-arguments montrent bien l'affrontement de représentations et le profond désaccord sur le type d'activité à favoriser dans un tel espace.

2.2.2 Le compromis des PPS

Au moment où la commune entre dans la phase concrète du projet d'Ossona, soit la construction des infrastructures agricoles, l'ordonnance fédérale sur les prairies et pâturages secs (PPS) est en cours d'élaboration et en consultation. La cartographie de ces milieux a été réalisée en 2002 pour la région du Val d'Hérens. Or, il s'avère que certains terrains prévus pour être exploités sont classés comme prairies sèches, ce qui équivaut à y interdire la fertilisation et l'irrigation par aspersion. Au niveau cantonal, d'aucuns disqualifient ce travail cartographique:

> On a cartographié en prairies sèches des prairies qui n'avaient rien à faire d'un point de vue des valeurs naturelles et paysagères. Ça veut dire qu'on a cherché le plus petit dénominateur commun pour qu'il y en ait dans toute la Suisse et la vallée d'Hérens s'est vraiment trouvée frappée de plein fouet par ça. Parce que manifestement il y a dans cette cartographie des territoires qui ne sont pas une richesse naturelle et floristique et faunistique extraordinaires mais qui ont été classés là-dedans parce qu'il fallait en classer dans tous les cantons suisses (OG 31).

Cet extrait exprime la représentation (de la crainte) d'une mainmise jugée inacceptable de la Confédération, qui ne prendrait pas en compte les spécificités cantonales et encore moins régionales. Lors de la visite de la Conseillère fédérale Doris Leuthard, le Conseiller d'Etat valaisan Jean-René Fournier (cité par *le Nouvelliste*) a d'ailleurs fustigé cette procédure trop centralisatrice et homogénéisante:

> Concernant la protection des prairies sèches qui touche 60% de nos paysages et 4000 hectares à Saint-Martin, l'office fédéral concerné a édicté 110 restrictions qui, prises seule à seule, se justifient certainement, mais auraient empêché le développement d'un projet comme celui-ci (OG 24).

Il est estimé que pour le périmètre couvert par le Plan d'aménagement détaillé Ossona – Gréféric – Les Flaches, ce sont 38 % des surfaces qui seraient incluses dans l'inventaire. Conscient des conflits d'usage que pouvait créer un tel classement, l'OFEFP, en charge de l'inventaire, mandate un bureau d'études pour envisager des possibilités de flexibiliser la protection des prairies, sans compromettre la biodiversité dans le périmètre (OG 75). Ainsi, cette étude prévoit des mesures de compensation consécutives au déclassement de surfaces, auparavant considérées comme prairies sèches, prévues pour être fumées et irriguées (19 ha sur les 33 ha classés en PPS). Dans ces négociations, les porteurs de projet renoncent à exploiter un certain nombre de surfaces et d'autres surfaces sont classées en PPS comme compensation. De plus, des mesures de débroussaillement sont menées sur d'autres surfaces encore, afin là aussi de les classer en PPS (c'est le cas de la zone au-dessus de la chèvrerie, ou des zones beaucoup plus au sud au-dessous du village de Saint-Martin proprement dit). Au final, l'étude conclut que:

> La reconstitution de 13 ha de steppes, actuellement plus ou moins embuisson-nées, et l'amélioration de 14 ha de pâturages PPS embuissonnés ou surpâturés par des moutons, permettent le maintien de la valeur globale des PPS dans le site (OG 75).

Bien que le WWF s'appuye beaucoup sur cette étude pour construire son argumentation, il n'a ni partagé ses conclusions, ni vraiment apprécié le résultat de ces négociations.

> La rive droite de la Borgne est l'une des régions du Valais les plus riches en prairies sèches et carrément de Suisse [...]. Et ça a été vraiment une sorte de négociation qui est contraire finalement aux inventaires fédéraux, parce que ce qui figure dans un inventaire en principe est non négociable. Et là ils ont essayé une autre manière dans ce projet-pilote qui a été de quand même détruire certaines de ses prairies qui sont inventarisées, en faisant des mesures de compensation sur des milieux qui pouvaient regagner de la valeur en cas d'intervention. Parce que les prairies sèches si elles se font réembuissonnées, ça peut aussi être un problème (OG 12).

Toujours est-il que ces mesures de compensation seraient à l'origine de la décision d'inclure des chèvres dans le projet.

> Et l'option des chèvres a été prise, parce qu'il y a là-bas d'énormes surfaces qui sont extrêmement sèches (OG 31).

Il s'agit alors d'introduire un nouvel objet architectural, la chèvrerie, dont la localisation est dictée par une logique pragmatique: il faut assurer la reconstitution et l'entretien d'un milieu « nouveau ».

> D'où l'idée des chèvres pour défricher en tout cas tout le coteau qui est extrêmement sec et extrêmement séchard à l'amont de là où est la chèvrerie. Donc la localisation du bâtiment pour les chèvres a essentiellement été faite en fonction du parc qui était disponible pour les chèvres (OG 31).

La localisation du bâtiment s'imposait par l'exigence d'entretien de ces milieux, défrichés en compensation des prairies sèches perdues.

De manière plus générale, les négociations autour cet objet bien parti-culier illustrent un point de vue sur l'agriculture de montagne et une vo-lonté (politique) de la maintenir dans cette région.

> Au niveau des prairies sèches, il est nécessaire de trouver un modus vivendi entre toutes les parties pour faire attention à une chose, que tout ce domaine des prairies sèches, qui réclame des restrictions énormes d'un point de vue de l'agriculture, n'empêche pas l'agriculture de vivre (OG 31).

La protection de la nature est ici subordonnée aux besoins de l'agriculture.

> Ça veut dire qu'il y a des concessions à faire pour dire, dans certaines zones il y a des valeurs naturelles qui sont de moindre importance, on les laisse travailler comme il se doit, comme un agriculteur doit le faire. Et en compensation, les agriculteurs s'engagent également à cultiver des prairies sèches dans les règles de l'art (OG 31).

L'argument part du principe d'une partition de l'espace, entre des objets jugés importants et d'autres qui le seraient moins.

> C'est comme ça qu'on maintiendra un patrimoine naturel et une mosaïque de milieux qui rendra le Val d'Hérens intéressant, c'est en pas en laissant classer toutes les prairies sèches. Si on fait mourir l'agriculture là-haut, on ne résoudra pas le problème des prairies sèches. On résoudra pas le problème de l'abandon et à terme c'est des valeurs qui disparaissent, tout simplement à cause de l'enfrichement et de la forestation (OG 31).

Autour de ces objets particuliers, les prairies sèches, se cristallisent les positions antagonistes, correspondant à des idéologies opposées : l'idéologie de la nature, consacrant le lieu comme un espace de biodiversité à préserver et l'idéologie «localiste», qui passe par l'installation d'une activité productive.

2.2.3 Le projet de Sevanne

Le dernier point d'achoppement entre les associations écologistes et les autorités locales (en l'occurrence l'Association des communes du Val d'Hérens) que nous abordons est le lancement du projet de Sevanne. Il s'agit d'un plateau situé au nord de celui d'Ossona qui a, lui aussi, été abandonné il y a plusieurs dizaines d'années. D'emblée, ce projet est conçu en articulation avec celui d'Ossona.

> En fait c'est un projet qui est très intéressant pour une raison majeure, c'est qu'il est dans les mêmes conditions topographiques, climatiques que le plateau d'Ossona. Et l'intérêt là, c'est pas de refaire ce qu'on a fait à Ossona, mais c'est de faire l'offre complémentaire (OG 13).

Le projet est justifié par un ensemble de motifs.

Premièrement, le projet permettrait de sauvegarder le patrimoine architectural, à l'abandon, comme il l'était à Ossona et Gréféric.

> Il y a un patrimoine architectural extrêmement intéressant qui est en train de disparaître, parce qu'il y a pas d'accès [...] de permettre de préserver le patrimoine culturel, notamment bâti, en transformant ces bâtiments mais très simplement, c'est-à-dire garder exactement le cachet qu'il y a là, puisqu'il y a plusieurs hameaux (OG 13).

L'argumentaire repose sur une justification de l'autorité de la tradition.

Deuxièmement, dans une perspective plus pragmatique, la mise en valeur du plateau de Sevanne permettrait de résoudre le déficit en surfaces de fauche auquel est confrontée l'exploitation agricole d'Ossona.

> Il y a des terres qui ont des grandes valeurs notamment par rapport aux prairies sèches mais qui sont susceptibles de limiter le transport depuis la France, l'Italie ou l'Allemagne de fourrage qu'on arrive pas à produire chez nous. Donc il y a une complémentarité à examiner entre la préservation de la nature, des milieux naturels dignes de protection, l'augmentation quand même d'une certaine quantité de fourrage sur place qui évite des transports par camion, venant de toute l'Europe. [...] ce qui est important c'est que dans la région, puisqu'il y a toujours cette notion régionale, dans la région les exploitants puissent diminuer l'achat de fourrage à l'extérieur (OG 13).

Ce projet est replacé dans un contexte régional, par lequel il obtient davantage de pertinence. Cela correspond aussi à la volonté des porteurs du projet d'Ossona, pour lesquels un projet de développement durable ne peut se satisfaire d'une surface d'une vingtaine d'hectares :

> Il faut étendre le projet. Il faut prendre à côté à Sevanne. [...] Saint-Martin c'est un embryon d'application du développement durable qui peut servir d'exemple concret mais à l'échelle réduite, c'est une modélisation du développement durable, mais que pour survivre il faut que ça prenne de l'ampleur. C'est évident (OG 7).

Troisièmement, dans ce même souci pragmatique, le projet facilite une meilleure répartition de la capacité d'accueil, car y sont prévus des hébergements, mais dans un esprit semblable au projet d'Ossona. En effet, les mêmes représentations d'isolement sont invoquées (*Cf.* 1.3.4).

> D'offrir là les possibilités d'héberger des gens qui eux vont profiter du site d'Ossona. Et le site de Mase [Sevanne] a une particularité au niveau de la tranquillité puisqu'il n'y a pas de ferme sur place et il y a un cadre assez exceptionnel au niveau de l'offre en terme de santé mentale si j'ose dire et de préservation des lieux. Et c'est ce qu'on

essaie de faire, préserver ces lieux. Et offrir quand même la possibilité d'héberger des gens pour pas concentrer non plus le nombre de visiteurs sur Saint-Martin (OG 13).

Quatrièmement, réaliser un projet sur ce plateau constituerait un moyen d'entretien des terres et, par là même, de favorisation de la biodiversité.

> Tout en gardant quand même une certaine qualité de la nature actuelle telle qu'elle est dans la région de Sevanne qui a été préservée très longtemps, enfin qui est toujours préservée. Mais si on continue à la préserver de cette manière, il y aura bientôt plus rien, dans ce cas ce serait quand même dommage (OG 13).

Est réaffirmée cette idée selon laquelle la nature ne peut être protégée seulement si l'agriculture l'exploite à nouveau.

La réhabilitation du plateau de Sevanne a été inscrite parmi le deuxième train de mesures du projet DRR. Un projet de plan d'aménagement détaillé a été soumis en 2007 à différents partenaires, notamment le WWF et Pro Natura. Le scénario se reproduit à l'identique qu'à Ossona : à la suite des remarques des associations qui le jugent trop intensif au niveau agricole, le projet est redimensionné. Mais, pour le reste, les associations demeurent largement opposées au projet et formulent des critiques, telles que la construction d'un accès routier ou l'absence d'objectifs proprement liés à la sauvegarde des espèces ou de la nature.

> Sévanne présente d'autre part une grande opportunité pour le rétablissement des valeurs naturelles liées à l'agrobiodiversité d'antan. Le rapport est cependant extrêmement vague sur cet enjeu. Nous avions demandé que des enjeux nature liés à l'agriculture soient proposés. Par exemple, la description des mesures nécessaires au rétablissement des populations de cailles, de bartavelles, du bruant ortolan, des populations de lièvres, etc. […] Ces espèces peuvent être favorisées par des mesures liées aux milieux cultivés. Il n'y a aucune trace de ces enjeux dans le dossier (OG 28).

De nouveau, le WWF conteste l'option agricole du projet et la vision selon laquelle l'agriculture moderne contribue à la protection de la biodiversité :

> *Le site de Sévanne est inadapté à la pratique agricole selon les besoins de l'agriculture actuelle. En tous les cas, nous sommes d'avis qu'une telle orientation rend incrédible toute affirmation parlant de maintenir, voire de reconstituer des valeurs naturelles. La richesse des cultures d'autrefois ressort de l'incapacité d'intensifier (pas de moteur, pas de chimie), des petites parcelles travaillées les unes après les autres, des près et des champs riches en fleurs parce que faiblement engraissés, le tout découlant d'une agriculture non motorisée* (OG 28, soul. par l'aut.).

Dans le document, une proposition de projet totalement axé sur des considérations de protection et de sensibilisation des espèces est lancée.

> Envisager, dans le cadre de la réserve de la biosphère Maya-Mont Noble, un projet coordonné avec celui d'Ossone et d'affecter le plateau de Sévanne à des enjeux stricts de mise en valeur du grand potentiel nature et paysage et de le valoriser par des visites guidées sur les thèmes nature, paysage, patrimoine et agriculture. Les interventions agricoles seraient donc orientées uniquement en fonction des objectifs nature (OG 28, soul. par l'aut.).

Face à cette opposition, les porteurs de projet affûtent leurs arguments:

> Par rapport au premier projet on a tenu compte de ces remarques [du WWF], mais il est clair qu'on a un projet qu'on estime juste d'être fait à cet endroit-là, par rapport aux populations qui ont vécu à cet endroit pendant des générations, on a un devoir de préservation d'un certain patrimoine et ça on va le défendre (OG 13).

L'argument met en opposition les motivations de protection de la nature à l'autorité populaire (ce projet serait voulu par la population locale) d'une part, et à une fidélité à la tradition d'autre part (un devoir de préservation du patrimoine).

> Qu'est-ce qui justifie de faire un projet à cet endroit-là? [...] on estime que le site notamment d'Ossona et de Sevanne sont des lieux qui ont été exploités pendant un certain nombre d'années ou de siècles et par respect pour les gens qui exploité ce lieu, qui ont bâti, qui ont vécu, on estime qu'il y a une obligation de défendre un projet à cet endroit-là (OG 13).

L'argument se réfère à une autorité populaire: le locuteur se constitue comme porte-parole de ceux qui ont vécu dans le site. La protection de la nature (et les lois qui la sous-tendent) est mise en balance par rapport à cette autorité populaire, laquelle sert aussi à se distancer d'une motivation purement économique.

> Eh bien on a décidé que ce lieu méritait d'être maintenu selon la tradition, et non pas abandonné purement et simplement à la nature, en disant, mais là il y aura une grande diversité, ce qui est faux d'ailleurs, il y aura des grandes valeurs naturelles, il y aura plutôt une banalisation du paysage à terme, et ça c'est un critère parmi les autres. Mais ça l'autorité communale acceptera pas, et là c'est mon rôle de défendre ce projet dans ce sens, parce que j'en suis convaincu, n'acceptera pas qu'on abandonne ces lieux simplement pour dire, la nature doit retrouver ces droits à cet endroit-là (OG 13).

C'est ensuite l'expertise des associations écologistes qui est réfutée: l'abandon n'impliquerait pas une augmentation de la biodiversité. La connaissance et les pratiques de la population locale sont implicitement valorisées par rapport à la connaissance dont sont porteuses les associations de protection de la nature.

Devant cette opposition, le projet de revitalisation agricole de Sevanne est pour l'instant abandonné et avec lui la remise en fonction du bisse, prévue initialement dans la deuxième phase du projet de développement régional du Val d'Hérens.

Sur le plateau d'Ossona, le WWF argue de l'incompatibilité du projet agrotouristique avec les conditions naturelles du lieu. C'est bien entendu le discours de l'association environnementale elle-même qui définit ce que sont ces conditions. Le projet (et ses objets, comme le bétail, la ferme ou le système d'arrosage) tel qu'il est imaginé par la commune de Saint-Martin est donc considéré comme une entrave à la naturalité qui s'exprimerait dans ce lieu: c'est une représentation naturelle du lieu qui est brandie contre une représentation agricole. Idéologie de la naturalité et idéologie localisante s'affrontent. Ne croyons pas que l'une correspond à une représentation homogénéisante et l'autre à une représentation particularisante: les défenseurs d'une agriculture savent très bien invoquer l'échelle alpine ou montagnarde.

Mais en parallèle, les porteurs du projet se réclament, paradoxalement, d'un respect de ces conditions naturelles, dont ils ont bien sûr une définition qui diverge de celle du WWF. D'abord, parce qu'ils disent avoir pris en compte (mais à la suite de l'intervention du WWF justement) les intérêts de la protection de la nature, en soustrayant à l'agriculture laitière certaines zones du plateau. Ensuite, parce qu'ils prétendent respecter un certain «esprit du lieu», en témoignent les réflexions sur l'insertion paysagère des bâtiments neufs ou le soin apporté au traitement paysager du site.

Les désaccords sur la naturalité du lieu sont ici profonds. Là où le WWF ne réclame qu'une exploitation très légère au niveau agricole pour préserver les richesses naturelles (du site en particulier, mais de tous les espaces de montagne en général), les porteurs de projet répliquent par un argument sur l'indispensable rôle de l'agriculture, même intensive, dans l'entretien du paysage d'une part, et la sauvegarde de la biodiversité d'autre part.

Car, pour le WWF, ce projet est aussi l'occasion de dénoncer plus généralement les soi-disant errances d'une agriculture dite productiviste, inadaptée au contexte montagnard. A l'inverse, les porteurs de projet se targuent de conduire un projet agricole exemplaire pour les régions de montagne, comme l'atteste le titre de projet-pilote accordé par la Confédération.

Cette idéologie portée par les concepteurs est d'autant renforcée qu'elle correspond à celle du projet DRR Hérens. Car la rhétorique sur l'occupation décentralisée du territoire suisse, que défend l'actuelle politique agricole fédérale, contient le principe en vertu duquel une mise en culture de surfaces est avantageuse au niveau écologique, et notamment aussi à travers des mesures de compensation écologique que prévoit la Loi sur l'agriculture (*Cf.* III 3.3.3).

2.3 To be or not to be Walser?

Le troisième cas abordé dans ce chapitre est probablement le moins conflictuel de tous: le projet Walser Alps n'a dans l'ensemble suscité aucune opposition ou critiques virulentes, comme ont pu subir les autres projets étudiés. Bien sûr, à l'intérieur même du projet, des divergences d'intérêt se sont manifestées tout au long du processus (*Cf.* III 4.2.3). Mais vis-à-vis de l'extérieur, c'est-à-dire face aux populations ou aux autorités qui ne pilotaient pas le projet, les désaccords n'ont pas été nombreux.

Les raisons de cette apparente absence de controverses sont facilement explicables. Pour chacune des communes ou associations concernées par le projet, celui-ci n'a jamais représenté un budget important, qui aurait pu faire l'objet de discussions. Les montants en jeu étaient minimes. Sauf quelques exceptions (fort rares), aucun objet ancré dans un territoire, lui imprimant une marque matérielle n'a été construit ou transformé durant ce projet. Pas d'objet visible qui aurait pu causer discorde, donc. L'essentiel du travail a été de produire de la «matière grise». Et, lorsque l'on déclare vouloir sauvegarder le patrimoine, *a priori* tout le monde y est favorable, surtout lorsqu'aucune intervention concrète n'est envisagée. Au pire, le projet ne peut susciter que de l'indifférence, mais on pourra rarement s'opposer au fait de s'intéresser à l'histoire ou au patrimoine d'un village. Au mieux, cela est considéré comme nécessaire.

Pourtant, un problème peut survenir si l'objectif du projet consiste à justement faire que la population s'intéresse à l'histoire de son village et que ces habitants refusent de s'y plonger au prétexte qu'ils ne s'y reconnaissent pas. En forçant un peu le trait, il est possible de dire que c'est plus ou moins ce qui s'est passé, au lancement du projet, dans la commune de Vallorcine. Les habitants ont en effet accueilli avec suspicion un projet sur les Walser, comme d'ailleurs les membres des associations culturelles Walser d'autres pays ont été réticents à l'idée de s'engager dans un projet transnational. En définitive et au terme du projet, les Vallorcins ont dans l'ensemble été favorables au projet, à tel point qu'ils se sont fabriqué une identité Walser (en tout cas temporairement) coïncidant avec une forte volonté de singularisation (voir III 3.2.3).

Dans ce sous-chapitre, nous revenons sur cette difficile appropriation de l'héritage Walser, en montrant que les porteurs de projet se sont efforcés de justifier cet héritage par des écrits scientifiques. Mais cette controverse n'est pas qu'affaire d'historiens. En effet, les porteurs du projet Walser Alps n'ont pas réussi à impliquer le musée de la vie locale, lequel ne s'est pas reconnu dans l'appartenance Walser de Vallorcine, et qui n'a pas adhéré à la thèse d'une colonisation Walser à Vallorcine.

Ces controverses historiques dessinent aussi un enjeu contemporain, puisqu'il s'agit pour le groupe de Vallorcine de justifier sa participation au projet Walser Alps, à la fois vis-à-vis des habitants et vis-à-vis des autres partenaires du projet. Elles ne sont pas non plus étrangères aux objets, qui pourraient être autant d'attributs attestant de l'origine Walser de Vallorcine. C'est le cas des regats, qui sont discutés ici.

2.3.1 La difficile appropriation de l'héritage Walser

Les porteurs de projet à Vallorcine ont dû rapidement se demander comment travailler «l'identité Walser» (puisque c'était les objectifs énoncés dans le projet Walser Alps) alors que, contrairement aux autres partenaires, aucun travail de mise en valeur de cette culture n'avait été mené auparavant.

Au début du projet, on recourt beaucoup à la justification scientifique pour bâtir la légitimité de Vallorcine à se dire Walser. La carte et l'archive parlent d'elles-mêmes: elles sont l'une et l'autre indiscutables.

> Jusqu'à présent, le rattachement de Vallorcine aux autres communautés Walser de l'arc alpin était bien mis en évidence sur les cartes retraçant les flux migratoires de ces colons pacifiques d'origine germanique. Venus du Haut Valais où ils avaient immigré entre le VIIIe et IXe siècle, ces «défricheurs», spécialistes de la mise en culture des terres d'altitude, s'étaient bien installés dans la «Vallis Ursina» au XIIIe siècle. Un

document officiel en atteste : la charte d'albergement de 1264. Mais au-delà de cette donnée historique irréfutable et qui constitue un élément déterminant de l'identité locale, le lien était plutôt mince (WA 1).

Si l'on suit ces articles dans le *Dauphiné Libéré*, il ne fait aucun doute de l'appartenance Walser de Vallorcine.

> La charte d'albergement de 1264 (document officiel de référence) atteste de l'installation de ces courageux colons à Vallorcine. L'identité walser fait donc partie intégrante de la culture locale (WA 1).

Mais en même temps la « minceur du lien » est relevée.

L'une des premières actions du projet Walser Alps à Vallorcine a consisté à mener des entretiens avec des habitants d'âge divers pour les questionner sur leur connaissance de l'origine Walser de la commune. Or, il est apparu que la mémoire collective était quasiment dénuée d'une telle référence, en témoignent les paroles d'un habitant :

> Bon, on savait qu'on était plus ou moins d'origine germanique. On disait qu'on était d'origine burgonde, une tribu burgonde. Bon, ça on le savait. Mais dans nos têtes ce n'était pas inscrit plus que ça (WA 4).

Certains doutent même de cette origine Walser, constatant l'absence d'attributs qui l'attesteraient :

> Moi je veux bien qu'on soit Walser, je serais content. Je serais très fier même. Peut-être qu'on l'est. Mais on sait pas nous dire quel trait de caractère ou quel trait de culture on a pu garder qui ferait vraiment… qui puisse dire qu'on est Walser (WA 4).

Les habitants se réclament d'une affiliation assez vague à un passé germanique. Il apparaît que le terme même de Walser n'est pas usité. Ce dernier relève d'une connaissance savante et ne correspond pas à une connaissance vernaculaire[95].

> Il me semble que la première fois que j'ai entendu parler des Walser, ça doit être certainement, soit dans un livre que j'ai pu lire, soit à propos du projet Walser. Sinon, on n'en parlait jamais dans notre famille, ça n'a jamais apparu. Bon, qu'on ait

---

95　Il faut préciser que dans peu de sites les habitants du lieu se reconnaissent réellement comme étant des Walser. Un film réalisé dans le cadre du projet INTERREG avec des entretiens auprès de la population d'une vallée des Grisons (le Prättigau) s'amusait même à mettre en scène l'absence de cette référence identitaire. On serait ainsi tenté de dire que le Walser est un type exogène, inventé par des non-Walser (souvent des scientifiques) et qui est à l'opposé d'une auto-désignation.

> évoqué une descendance allemande, certainement, avec …les Teutons, ce genre de choses (WA 4).

Si tant est qu'elle puisse être identifiée à une époque, l'histoire Walser est trop ancienne pour que les habitants puissent s'y reconnaître, selon certains d'entre eux.

> Alors, se sentir Walser aujourd'hui…je vois pas trop…ça me semble très très loin. Par contre, c'est vrai qu'on s'est toujours senti un petit peu différents d'Argentière et de Chamonix, à Vallorcine (WA 4).

Au travers de cette identité difficile à endosser, la référence à une distinction face à l'altérité (Chamonix) survient. Nous revenons largement sur ce point au chapitre 3.

> Alors, la première fois que j'ai entendu parler qu'on descendait des Teutons, c'était dans mon enfance. On disait: on descend des Allemands. On est pas de la même origine que les gens de la vallée de Chamonix (WA 4).

Mais avant que le projet ne commence, c'est à la méfiance des autres communautés Walser que la commune de Vallorcine a été confrontée. Certains membres de l'association internationale des Walser (IVfW) doutaient de la légitimité de Vallorcine à se dire Walser, et donc à prétendre participer au projet Walser Alps. Car n'oublions pas qu'en 2002, c'est un scientifique, Enrico Rizzi, qui contacte la commune pour qu'elle rejoigne son Kuratorium. Lorsque le projet est effectivement lancé et émane davantage des associations culturelles, des réticences à accueillir une commune francophone s'affirment.

> Moi je trouvais très bien dans le sens de changer un peu la logique et ouvrir, d'accueillir Vallorcine, parce qu'ils avaient une très bonne raison. On connaissait ses racines Walser. Je sais que je me suis battu un peu avec l'association, parce qu'eux étaient pas sûrs s'ils parlaient l'allemand. J'ai dit, mais bien sûr, écoutez, c'est quand même Zinsli qui a dit que Vallorcine ce sont des Walser (WA 24).

Cette citation constitue un bel exemple de justification d'expertise scientifique: si un historien aussi renommé et reconnu sur les questions Walser que Paul Zinsli a écrit que Vallorcine était une ancienne colonie Walser, il faut le croire sur parole; son expertise n'a pas être discutée.

Au fil du projet pourtant, les membres de l'IVfW prendront conscience que la langue ne représente plus un attribut qui relie les communautés Walser, où qu'elles soient situées. Vallorcine acquerra par là même une légitimité plus grande, d'autant que le nombre et la qualité des actions réalisées forceront l'admiration (voir III 4.2.2). De ce fait, le président de l'IVfW cherchera d'ailleurs à faire adhérer la commune de Vallorcine à son association… en vain.

Au-delà de l'insertion de la commune de Vallorcine dans un réseau de partenaires européens, l'historiographie locale n'est pas unanime au sujet d'une éventuelle colonisation des Walser dans cette vallée. Nous nous contentons ici de renvoyer dos à dos deux auteurs, qui ne sont pas contemporains l'un de l'autre, mais qui sont représentatifs du désaccord sur l'origine Walser de Vallorcine.

Le premier est géographe et historien; c'est le plus récent, mais il s'appuie évidemment sur des textes et des observations plus anciennes. Le texte de vulgarisation qu'il a écrit en 1991 ne laisse pas planer le doute, il s'intitule «Les Walser de la Vallorcine». C'est dans un autre article, antérieur (1976), que Paul Guichonnet démontre en se référant à des articles d'autres auteurs que Vallorcine a été colonisée par les Walser. «En fait les documents rassemblés, au siècle dernier, par l'érudit chamoniard Adrien Bonnefoy permettent, avec beaucoup plus de vraisemblance, de relier l'histoire de la *Vallis Ursina* à l'une des plus étonnantes épopées du peuplement alpin, la dispersion des *Walser*» (p. 71).

En 1951, l'historien valaisan Maurice Gross écrit un article intitulé *« les Walser ont-ils colonisé la haute vallée du Trient?»* (WA 16), question à laquelle il répond par la négative à la fin de son papier: «Ces colons n'étaient pas […] Walser et […] ils ne venaient donc pas du Haut-Valais».

Bien évidemment, les porteurs de projet à Vallorcine n'ont pas cherché à se positionner dans ce débat. Mais ils ont eu, nous le verrons, volontiers recours notamment à l'article de Paul Guichonnet paru dans *Le Messager* en 1991, en particulier pour parler des regats. Peu importe, en définitive, de savoir lequel de ces scientifiques a raison ou a tort; ce n'est d'ailleurs pas l'affaire des porteurs de projet qui s'intéressent moins à l'histoire en tant que telle qu'à la mobilisation qui peut en être faite[96].

> C'est ce que j'apprécie beaucoup dans ce projet, je pense que c'est quelque chose de très important de souligner, c'était pas de faire revivre un passé, une histoire […] ce qui est intéressant c'est pas de parler des Walser seulement passés (WA 9).

96   Paradoxalement, alors qu'ils ne cessent de se référer aux écrits scientifiques sur la question, les porteurs de projet n'ont pas besoin d'une preuve scientifique irréfutable de la filiation avec les Walser.

2.4.2 *Le scepticisme du musée local*

Loin de se confiner uniquement à l'article d'un historien animé par un esprit de contradiction, la controverse au sujet de l'origine des Vallorcins déborde sur un collectif, qui, parce qu'il ne s'est justement pas inscrit dans le projet, y a indirectement joué un grand rôle.

Il s'agit de l'association Maison de Barberine, qui anime le musée vallorcin. Cette association a été fondée en 1987, lorsqu'une bâtisse située à Barberine a été rachetée et restaurée pour abriter un musée de la vie locale. Forte d'un nombre d'adhérents tournant autour de 150, l'association a pour objectif la «mémoire et la connaissance de la vie rurale de Vallorcine»[97]. Or, il semblait assez logique qu'une telle structure s'investisse dans le projet Walser Alps, dont un Workpackage, rappelons-le, était consacré aux bases de données muséographiques.

Une majorité du Conseil d'Administration de cette association n'était pas forcément favorable à une participation du musée au projet Walser Alps, arguant que le musée mettait l'accent sur une histoire plus récente et plus locale que celle que recouvre la colonisation Walser. De plus, un peu à l'instar des habitants interrogés lors du projet, l'ère Walser paraissait bien lointaine et bien floue pour mériter que le musée s'y intéresse. *«Nous sommes un musée sur Vallorcine et pas sur les Walser»*[98] affirme l'un des membres du Conseil, mettant également en doute, à l'instar de Maurice Gross, la présence même des Walser à Vallorcine. Malgré ces résistances, l'association a accepté de collaborer (un peu) au projet *Museumstrasse* (*Cf.* 4.2.2).

Par ailleurs, cette association a l'ambition, depuis quelques années, d'acquérir un regat, soit pour le démonter et le remonter à côté de la maison abritant le musée, soit en le restaurant sur place. Cette volonté intervient après la tentative de l'association d'obtenir le classement d'un regat situé au Crot, l'un des hameaux de Vallorcine. Mais ni la mairie ni le propriétaire n'étaient favorables à une telle mesure qui paraissait à l'une et à l'autre trop contraignante. Pourtant, le Conseil en architecture, en urbanisme et en environnement (CAUE) de la Haute-Savoie et la Direction régionale de l'Action culturelle (DRAC) avaient appuyé cette démarche.

---

97   Base de données Acteurs du patrimoine du CAUE Haute-Savoie, site web <www.caue74.fr>.
98   Entretien téléphonique, décembre 2007.

Les regats (Figure 6) ont été reconnus par Paul Guichonnet comme un trait significatif de la culture Walser à Vallorcine et comme la preuve tangible de l'installation de ces colons dans la vallée (voir III 4.2.2). Mais des auteurs comme Jean Robert en 1936 ne l'attribuent pas explicitement aux Walser[99]. Pour les porteurs de projet, on se refuse à adhércr totalement à la thèse d'une survivance Walser incontestable, comme le fait Guichonnet.

> Mais il se trouve qu'il y en a quand même dans le Valais. Donc est-ce que c'est un héritage [Walser] ? Il y en a qui sont dans des régions qui sont pas d'origine Walser. Est-ce que c'est une survivance Walser ou est-ce c'est à un moment venu du Valais, on peut pas définir, on a pas de témoignage. [...] c'est très très ancien et que c'était vraiment une signature Walser ou est-ce que c'est venu du Valais? C'est un peu comme la teppe (WA 9).

Figure 6: Le regat du Crot et
ses «pilotis» caractéristiques
(Cliché: Stéphane Barblan, avril 2008).

---

99   «Le raccard vallorcin est la réplique exacte que nous verrons non loin de chaque maison rurale dans la Vallée du Trient et dans tout le Bas-Valais» (ROBERT 1936, p. 688).

Mais, encore une fois, attester scientifiquement d'une filiation Walser n'est pas essentiel pour la réalisation du projet Walser Alps à Vallorcine.

Les regats n'ont fait l'objet ni d'un réel travail de sauvegarde, de mise en valeur ou même de recensement systématique sur le territoire communal. Dans le cadre du projet, cela s'explique par l'absence d'un Workpackage qui portait spécifiquement sur l'architecture. Pourtant, dans l'étude sur la perception du paysage (WP 7), le regat a été identifié comme l'une des «traces visibles auxquelles les gens sont attachés dans le paysage»[100]. Quoi qu'il en soit, il est frappant de constater que le regat a pu servir dans certaines occasions d'emblème pour le projet (il est représenté sur le panneau du sentier Walser, par exemple).

Pour le CAUE, le risque de voir ce patrimoine se perdre est réel. *«Les regats sont un patrimoine unique à l'échelle nationale»*[101]. La raison principale est que justement les propriétaires de ces objets les considèrent peu comme un patrimoine à muséifier. D'ailleurs, une procédure de classement équivaudrait à interdire toute transformation du bien du propriétaire. Les regats, qui ont originellement une fonction agricole, deviennent obsolètes au sens où ils n'ont plus besoin d'abriter le grain, en raison de la modernisation de l'agriculture et de sa disparition quasi complète de la vallée. Par conséquent, lorsqu'ils ne servent pas de remises, ils ont été soit vendus pour être démontés et remontés (essentiellement dans la vallée de Chamonix; le dernier en date a été vendu en 2008 pour 10'000 Euros), soit transformés en local habitable.

On voit que réside ici un conflit – certes mineur – entre d'une part les propriétaires qui veulent jouir comme bon leur semble de leur bien, et d'autre part le CAUE et la DRAC, institutions que l'on peut qualifier d'exogènes, ainsi que le musée vallorcin, qui s'accordent à désigner ces objets comme patrimoniaux (vis-à-vis du Département, voire de la nation, pour les uns, vis-à-vis de la commune et de son système agro-pastoral, pour les autres). Pour ces deux parties, l'objet ne veut pas dire la même chose. L'association Maison de Barberine tend à conformer ces regats à ses intérêts, c'est-à-dire ses objectifs de conserver des objets de

---

100 Hodeau Julie. *Présentation et résultats des entretiens réalisés dans le cadre du projet Alpes Walser. Réalisation d'un processus de sensibilisation et de prise de conscience de la valeur du paysage et de son impact sur l'identité.* WP 7 – Le paysage Sous projet 1 – Portraits du paysage. Vallorcine, printemps 2005, p. 137.
101 Entretien téléphonique avec le directeur du CAUE, mai 2008.

la vie locale vallorcine. Cette vision se distance de la valorisation de la culture Walser. Le CAUE, qui a appuyé la démarche de classement, souhaite inclure ces regats dans un recensement à l'échelle de la Haute-Savoie et les voient comme des spécimens, dignes de sauvegarde, du patrimoine rural de ce département.

Plus généralement, on constate que les porteurs de projet à Vallorcine ont été, malgré eux, empêtrés dans une contradiction: sollicités par un historien à s'insérer dans un projet sur les Walser, ils ont été confrontés au triple scepticisme de la population locale, du musée de la vie locale et des autres partenaires du projet. Il était tentant de se légitimer en tant que Walser, donc de rechercher, le plus possible, des objets rattachant la commune à un passé Walser. La faiblesse du fonds culturel Walser à Vallorcine a été à la fois un handicap et un avantage: tout était à inventer, ce qui autorisait une grande liberté.

2.4 Objets de patrimoine ou déchets?

Nous avons déjà souligné que l'association Mountain Wilderness formulait une idée très claire des objets qui lui paraissaient indésirables. Les objets en question ne sont souvent pas exempts d'enjeux qui rendent la position de Mountain Wilderness parfois incompatible avec celle d'autres collectifs. A ces occasions, la volonté de démontage se heurte à des revendications émanant souvent de groupes d'intérêt locaux. Ces conflits s'articulent d'ailleurs, dans la majorité des cas, autour de l'opposition entre des représentations homogénéisantes, que l'on attribue volontiers à l'association Mountain Wilderness, mais aussi à d'autres associations dites écologistes, et des représentations particularisantes, davantage portées par des collectifs qui prétendent défendre le lieu dans lequel l'objet est contesté. Dans ce chapitre, l'analyse se focalise sur des cas pour lesquels un même objet est envisagé de manière divergente par des collectifs, ce qui aboutit à des conflits quant au devenir de l'objet. Ce sont des conflits autour de la conservation patrimoniale, dans lesquels des collectifs répondent diversement à la question: faut-il conserver l'objet? Nous laissons ici de côté les conflits liés à la potentielle remise en fonction d'un objet et qui ne répondent pas à une logique patrimoniale (deux cas que nous évoquons au chapitre 3.4: le Mas de la Barque et le Pic Chaussy[102]).

Dès le lancement de son recensement sur les installations obsolètes, Mountain Wilderness France a perçu les tensions qui pouvaient naître autour de la question du patrimoine. L'association pressentait que sa définition d'un déchet en montagne ne pouvait être partagée par tous.

> [Les aspects patrimoniaux] n'ont pas fait l'objet d'un travail approfondi dans le cadre de ce rapport. Certains aménagements (abandonnés depuis des années) dont le caractère patrimonial semble important ont tout de même été répertoriés. [...] Un aménagement peut apparaître à certains comme un point noir manifeste, à d'autres comme un souvenir du passé. La consultation des habitants, visiteurs et de tous les acteurs locaux concernés est donc toujours primordiale [...]. L'objectif premier de Mountain Wilderness, association militant pour la protection de la montagne, reste bien la suppression des points noirs paysagers (IO 30).

Le rapport élude pourtant largement les résistances que peut provoquer un classement dans ce recensement de certains objets dont on ne semble pas très bien savoir lesquels relèvent du patrimoine. Peu importe cette définition, comme le laisse penser l'argument, Mountain Wilderness ne s'occupe pas de patrimoine, mais seulement de nettoyer le paysage. Quelques années plus tard, dans un tiré à part sur les Installations obsolètes, Mountain Wilderness précise ce qu'il qualifie comme n'étant pas du patrimoine; il est intéressant de voir que le patrimoine est désigné par ce qu'il n'est pas.

> Il ne s'agit pas de devenir les «éboueurs de la montagne», ni d'être les «fossoyeurs du patrimoine». Nous ne pouvons accepter cependant le postulat que tout est patrimoine: les centaines de milliers de boîtes de conserves garnissant à l'époque le glacier du Baltoro, les dizaines de km de cordes fixes de l'éperon des Abruzzes, les hideux pylônes abandonnés depuis des dizaines d'années ne méritaient pas ce qualificatif (IO 19).

L'énumération de ces objets exclus du patrimoine est trompeuse: aucune de ces opérations n'avaient suscité d'oppositions. Et Mountain Wilderness poursuit en se défendant de faire complètement table rase du passé: l'impact sur le paysage d'un objet et la mémoire d'un lieu à laquelle cet objet peut référer sont ainsi dissociés.

---

102 Ces cas auraient assurément aussi pu être traités également ici comme un cas de conflit entre des acceptions différentes du même objet.

L'histoire n'est pourtant pas morte avec ces nettoyages: une plaque, un livre et un film retracent l'aventure de Free K2, une exposition perpétue la mémoire de la petite station des Bauges… Et le projet ariégeois de réhabilitation des mines de Bentaillou prévoit d'enlever «le moche et le dangereux», de conserver les éléments phares de ce patrimoine en concertation avec les structures locales (IO 19).

Un objet serait désigné comme patrimoine en fonction de son caractère esthétique: ce qui est considéré comme laid ne peut pas relever du patrimoine (mais qui peut détenir la légitimité de dire ce qui est beau ou ce qui ne l'est pas?).

Nous revenons sur cet exemple précis des mines de Bentaillou et sur celui des vestiges de la seconde guerre mondiale à la frontière franco-italienne. Ceux-ci nous permettent de démontrer les différentes représentations d'un même objet dont sont porteurs des collectifs, lesquels déclarent leur légitimité à y intervenir ou pas. Dans ces deux cas, deux collectifs, deux associations, montrent leur opposition face aux représentations véhiculées par Mountain Wilderness.

Parfois, les initiatives de Mountain Wilderness, sans même que celle-ci n'entreprenne une action sur le terrain, mettent en lumière des objets qui deviennent ainsi problématiques, mais qui étaient largement ignorés jusqu'à l'intervention de l'association.

2.4.1 Les mines du Bentaillou

Situées sur la commune de Sentein dans le Département de l'Ariège (Massif des Pyrénées), les mines de Bentaillou ont exploité depuis le 19ᵉ siècle un gisement de plomb et de zinc. Au début du 20ème siècle, l'exploitation emploie près de 500 personnes et apporte prospérité à la région. En 1971, les mines cessent d'être exploitées, laissant d'innombrables objets sur le versant de la vallée: des téléphériques, des baraquements, des machines, des wagons, des lignes électriques. Dans ce lieu, à proximité d'un sentier de Grande randonnée (GR), donc potentiellement très fréquenté, la présence de ces friches peut poser un problème de sécurité, qui motive d'ailleurs l'Office national des forêts (ONF), propriétaire du site, à intervenir: «l'ONF a en priorité le souci d'assurer la sécurité des divers usagers du site» (réunion 4.12.2006).

En 2005, l'ONF sollicite Mountain Wilderness France dans l'objectif d'organiser un démontage partiel des installations. En parallèle, la communauté de communes du Castillonnais projette de transformer l'un des bâtiments en centre d'interprétation, pour conserver la mémoire de cette exploitation. Mountain Wilderness se montre intéressé, mais souhaite impliquer des bénévoles :

> Afin de mettre en place une dynamique et de fédérer des partenaires autour d'un projet, il est, la plupart du temps, nécessaire d'organiser un nettoyage exemplaire [...]. Je propose dans un premier temps (et selon les résultats de l'étude patrimoniale) de démonter tous les pylônes (téléphérique et électrique) situés en amont de Bentaillou, ainsi que le pluviomètre (IO 36).

Les objets litigieux sont évités. Ainsi, l'association est optimiste car ce projet intègre tous les acteurs et ne néglige donc pas l'aspect patrimonial :

> Et là notamment leur idée, c'était de remettre en route une petite partie pour faire un petit musée, on sait pas si c'est réalisable, mais en tout cas, leur demande est prise en compte et vraiment ils participent au nettoyage du site et s'il y a revalorisation du patrimoine, c'est intégré directement dans le projet. Et là il peut pas y avoir de conflits (IO 10).

Mais, en 2006, une association locale, le Comité écologique ariégeois[103], émet une opposition de principe à l'idée d'un démontage, même partiel. Leur argumentaire, qui se démarque des représentations habituellement portées par Mountain Wilderness, est particulièrement intéressant à analyser.

> Nous reconnaissons que dans un monde *réellement* soucieux de respecter la nature, désintéressé, responsable et réfléchi il vaudrait mieux faire disparaître certains aménagements du «Bentaillou» (principalement dans le vallon de la station de Rouge et au niveau d'Eylie surchargés de décombres et/ou de pylônes), il apparaît toutefois que certains aménagements, mieux intégrés que d'autres (entrée des mines,...), ou mieux concentrés sur eux-mêmes (Bentaillou proprement dit) appartiennent désormais à l'histoire locale et méritent considération. Des ruines *en tant que telles* ne sont pas davantage *nécessairement* contraires à une relation forte et enrichissante avec la montagne (IO 4, soul. par l'aut.).

103 Il s'agit d'une association fondée en 1979 et riche de 150 adhérents, qui prétend «protéger la montagne ariégeoise, dans l'intérêt même des populations locales» (Site web de l'association <http://www.montagne-protection.org>). Elle lutte notamment beaucoup contre les extensions de stations de sports d'hiver dans le Département de l'Ariège. Il est ainsi assez amusant que le CEA se soit opposé à Mountain Wilderness sur le dossier des mines de Bentaillou, alors qu'on pourrait estimer que l'une et l'autre, porteuses de représentations homogénéisantes de la montagne, poursuivent des buts généraux semblables (même si leur champ d'action n'est pas comparable : un département pour l'un, toute la montagne française pour l'autre).

Le CEA opère lui aussi son classement entre déchet et patrimoine, mais en rien cette distinction n'est justifiée (pourquoi ces objets-là, en quoi certains relèvent de «l'histoire locale» et d'autres moins?). De surcroît, l'argument prend implicitement le contre-pied de l'idée (de Mountain Wilderness) selon laquelle la présence de ruines empêcherait de profiter de la montagne (*Cf.* III 1.4).

> Vu les fortes particularités des montagnes du secteur du Bentaillou; reconnaissant à la friche industrielle en question, certains aspects enrichissants; considérant *l'actuelle* société et son rapport insuffisamment compatible avec la nature; compte tenu du risque touristique et environnemental que représente l'opération envisagée par M. W; prenant également pour ligne de conduite le fait que dans le doute, il vaut mieux s'abstenir (principe de précaution): nous émettons un ***avis défavorable***, préférant laisser le soin aux générations futures de décider elles-mêmes de l'avenir du «Bentaillou». Et demandons, en conséquence, à M. W. de bien vouloir renoncer à ce projet (IO 4, soul. par l'aut.).

Une entité imaginaire est convoquée: les générations futures, qui, seules, seraient habilitées à intervenir sur le site. Cette entité justifie donc l'abandon d'un projet de démantèlement. En outre, le CEA mobilise aussi doublement la justification écologique: d'abord parce qu'il craint que l'élargissement des chemins d'accès pour le démantèlement ne suscite davantage d'incursion de visiteurs et ensuite parce que, selon l'association, une réhabilitation partielle du site ne pourra qu'en augmenter la fréquentation.

> Nous craignons qu'une exploitation touristique abusive ne vienne se greffer à cette opération notamment par extension de bâtiments ou autres procédés visant à accroître exagérément la fréquentation. (Ce qui serait contraire, notamment, à la préservation d'espèces sensibles) (CEA lettre du 8.12.2006).

Devant cette farouche opposition, Mountain Wilderness a préféré renoncer à s'investir dans le projet.

2.4.2 Les restes militaires à la frontière franco-italienne

La frontière entre la France et l'Italie est jonchée de restes d'installations militaires issues de la deuxième guerre mondiale. Mountain Wilderness France en a fait son terrain de prédilection: depuis 2002, elle organise, presque chaque année, des démontages en faisant participer ses adhérents. C'est dans le parc national du Mercantour que les nettoyages ont été les plus nombreux, ils ont reçu, à chaque fois, l'appui de la structure du parc et de différentes institutions locales (communautés de communes, par exemple).

Plus au nord, dans le Briançonnais, le Centre permanent d'initiatives à l'environnement de la haute Durance (CPIE) a établi en 2002 un recensement des installations obsolètes militaires dans la région. Mais l'opposition des milieux locaux à tout démontage n'a pas tardé à se manifester :

> Il y a eu l'association des anciens militaires, du patrimoine militaire, qui s'est opposé au nettoyage. Et pourtant c'était vraiment des barbelés rouillés qu'ils voulaient enlever. Il y avait pas de patrimoine, ils touchaient pas aux bâtiments qui pouvaient rester là. Et encore une fois, là je pense qu'il y a un manque de communication, un oubli de contact au départ (IO 10).

Ici l'objet en question est clairement contesté dans la valeur historique ou identitaire que d'autres collectifs lui attribuent : comment pourrait-on qualifier de patrimonial des « barbelés rouillés » ?

Dans un de ses périodiques, Mountain Wilderness France avait publié une tribune de la Société Géologique et Minière du Briançonnais, l'une de ces voix dissonantes face aux opérations de Mountain Wilderness.

> Mountain Wilderness considère que ces installations dénaturent le paysage montagnard à qui il faut rendre sa virginité d'antan.
>
> Avec d'autres, nous ne partageons pas ce point de vue. Pour nous, certaines installations sont les témoins d'une histoire ancienne qu'il convient de rappeler, si l'on veut éviter que les vacanciers (et les résidents) n'aient de la montagne une image d'Epinal. C'est justement pour cette raison que notre association avait présenté, en octobre dernier, une exposition intitulée « le quotidien des hommes en Briançonnais ». Elle s'appuyait sur ces vestiges que l'on veut raser.
>
> Qu'on nous entende bien, il ne s'agit pas de tout conserver, mais de sélectionner les « installations obsolètes » les plus représentatives. Il faut aussi que Mountain Wilderness se fasse une raison. Parmi ceux qui parcourent la montagne, un nombre non négligeable n'y va pas pour observer la flore et la faune (ou faire de l'escalade) mais pour y rechercher les traces d'une activité humaine révolue (IO 19).

L'argument commence par se dissocier des références aux représentations de la virginité défendues par Mountain Wilderness ; celles-ci sont connotées négativement (« image d'Epinal ») car elles occulteraient la mémoire d'un lieu. L'argument érige la Société Géologique et Minière du Briançonnais en tant que porte-parole d'un certain nombre d'usagers en montagne (et conteste le droit de Mountain Wilderness à parler pour l'ensemble des usagers), lesquels trouvent un intérêt pour les « traces », ce qui milite pour leur maintien. Cette position rejoint celle du CEA dans les Pyrénées. Pour défendre leur cause, ces deux associations se positionnent contre l'action de Mountain Wilderness et font ainsi valoir une autre vision de la montagne. Mais, en définitive, les arguments des deux parties se ressemblent: elles se prétendent le porte-parole d'une catégorie de personnes (les randonneurs ou les amateurs d'histoire), ni l'une ni l'autre ne cherchent à véritablement mettre en avant une justification propre au lieu dans lequel se situe l'objet de controverse et l'imaginaire auquel elles font appel peut être parfois sensiblement proche (l'imaginaire écologique pour le CEA). Tout cela conduit pourtant à catégoriser l'objet de manière différente, lequel vient cristalliser ces positions.

2.4.3 Des autres cas: l'escalier du Glacier Blanc et l'action de Patrimoine Suisse

D'autres cas nous montreraient que l'objet n'est pas le même selon le point de vue duquel on le regarde et que ces divergences intercèdent dans la manière dont est traité l'objet au final.

Dans son recensement des installations obsolètes couvrant les espaces protégés des montagnes françaises, Mountain Wilderness avait inclus un bien curieux objet: un escalier métallique sur le sentier qui mène au refuge du Glacier Blanc, dans le Parc national des Ecrins. Or, cette installation est devenue obsolète au sens où Mountain Wilderness l'entend[104]: le recul du glacier n'imposant plus le passage par la barre rocheuse que l'escalier permettait de franchir.

> Et là certaines personnes pensent que cette installation pourrait être du domaine patrimonial, histoire de l'avancée du glacier éventuellement. La mairie [commune de Pelvoux] et le parc seraient prêts à le démonter, mais voilà il y a certaines personnes, des habitants qui sont farouchement opposés, même au fait que ce soit répertorié là-dedans (IO 10).

L'objet ne revêt pas la même signification pour ces opposants: il renvoie à un souvenir, celui d'un temps où le glacier descendait plus bas, et peut-être à une mémoire locale. Face à eux, Mountain Wilderness réaffirme encore la primauté du critère esthétique.

---

104 C'est-à-dire que la fonction *originelle* de l'objet n'est plus.

> Parce qu'à un moment donné avec le Parc, on s'est dit, ça pourrait être un joli travail
> d'enlever un escalier, c'est pas très difficile. Maintenant l'accès au refuge se passe par
> le sentier mais le sentier fait le tour, donc on passe quand même devant l'escalier qui
> est vraiment moche. […] on a commencé à en parler un petit peu et voilà une
> personne qui nous a traité «d'ayatollah». On a laissé tomber, il y a plein d'autres
> choses à faire (IO 10).

Mais, dans ce cas là aussi, Mountain Wilderness réitère son intérêt à l'épaisseur historique du lieu dans lequel elle souhaite intervenir:

> L'apposition d'une plaque marquant l'avancée du glacier permettrait de conserver
> une trace de celle-ci tout en ayant un impact visuel bien moins fort (IO 30).

En définitive, l'escalier a été démonté par le Parc national des Ecrins en juin 2008. Une partie de l'escalier a été conservé et exposé à la Maison de la montagne à Ailefroide.

L'autre exemple que nous citons à titre de comparaison est moins un affrontement direct entre partisans et détracteurs d'un démontage. Il illustre plus simplement les positions d'un organisme de défense du patrimoine en Suisse, le Heimatschutz (Patrimoine Suisse en français[105]). Durant l'année 2007, Patrimoine Suisse s'est manifesté à plusieurs reprises[106] pour dénoncer le remplacement d'anciennes remontées mécaniques, qui, selon l'association, étaient des objets patrimoniaux:

> La Suisse est le pays des remontées mécaniques. Les plus anciennes témoignent de
> l'histoire du tourisme, de la technique et des transports au XXᵉ siècle. Régulièrement, de vieux téléphériques et télésièges sont remplacés par de nouveaux moyens
> de transport ou sont envoyés à la casse. Les plus anciens risquent de disparaître sans
> tambour ni trompette.
> Pourtant, prendre place dans un télésiège à l'ancienne pourrait être aussi émouvant
> qu'un petit voyage dans une locomotive à vapeur. Comme les jours de ces moyens de
> transport sont comptés, il faut de toute urgence élaborer des stratégies applicables à
> ces installations de remontée mécanique du passé (IO 13).

---

105 Mais la dénomination allemande est plus riche: elle témoigne de l'origine du mouvement (défense de la patrie), lequel s'est toujours attelé à la conservation d'objets précisément représentatifs d'une certaine suissité.

106 Patrimoine Suisse a déposé deux recours auprès du Tribunal administratif fédéral: l'un pour empêcher la démolition du télésiège du Weissenstein dans le canton de Soleure, et l'autre pour conserver le télésiège de l'Oeschinensee à Kandersteg (canton de Berne). Les deux recours n'ont pas abouti et les deux télésièges ont été détruits et remplacés par des installations plus modernes.

Patrimoine Suisse demande donc que soient conservées ces installations, à titre de référence à un passé révolu. L'argument repose sur l'analogie : on conserve bien les trains à vapeur, il n'y a pas de raison pour ne pas faire de même avec les anciennes remontées mécaniques. La fibre émotionnelle est par ailleurs invoquée : « prendre un télésiège à l'ancienne pourrait être émouvant », Patrimoine Suisse tente d'imposer des représentations nostalgiques de ces objets. On voit aussi clairement l'échelle de référence nationale à laquelle est renvoyé ce patrimoine, ce qui ne peut que renforcer la légitimité d'une telle prise de position.

Patrimoine Suisse a mandaté un historien pour produire une étude sur ces remontées mécaniques d'un intérêt historique et établir un premier recensement[107]. Un potentiel conflit, du même type que ceux décrits pour la France, pourrait survenir si un tel objet jugé patrimonial était classé dans l'inventaire des installations obsolètes de Mountain Wilderness Suisse ; ce que n'exclut pas l'association écologiste :

> Peut-être il y a l'un ou l'autre qui serait digne de protection mais par exemple eux [Patrimoine suisse] ils ont dit que Lac Noir [le télésiège de Schwyberg] c'était digne de protection, là je pense qu'ils ont fait une erreur. J'ai travaillé aussi un moment chez les monuments historiques, donc je m'y connais un petit peu (IO 9).

De plus, le propriétaire de l'installation, décidé à remettre en exploitation le télésiège, a racheté des cabines d'une ancienne installation pour les substituer à ces sièges, ignorant tout du potentiel caractère patrimonial de sa remontée…

Synthèse du chapitre 2

Ce chapitre a tenté de rendre compte de la relativité de l'objet en fonction du groupe qui s'en empare. Les objets sont appropriés par de multiples groupes sociaux, qui ne poursuivent pas les mêmes objectifs et qui mettent en œuvre des stratégies différentes. Ce sont des intérêts différenciés qui s'expriment dans la relation que les collectifs sociaux entretiennent avec

---

107 WILDI T., « Denkmäler in der Wildnis : Seilbahnen. Überlegungen zum Umgang mit einem neue Typ von Kulturgütern », März 2006.

des objets particuliers. Ceux-ci vont cristalliser le conflit ou la controverse, puisqu'ils vont être attribués de représentations qui ne concordent pas toujours entre elles. Il est évident que tous les conflits que nous avons passés en revue n'ont pas la même importance ni en termes d'implication sur le social (fort pour Ossona, par exemple, faible pour certains cas d'installations obsolètes) ni en terme d'infléchissement éventuel du projet (très prononcé pour la passerelle, beaucoup moins pour Walser Alps).

Les différents groupes tentent d'imposer une identité particulière de l'espace (le WWF à Ossona, par exemple) et une identité particulière des populations qui y habitent (les porteurs du projet Walser à Vallorcine). Pour chacun des groupes, ces identités sont naturalisées : elles existeraient en soi. Et le projet qu'ils défendent découlerait logiquement de la description qu'ils font du lieu et de l'espace. En définitive, seules certaines représentations sont déclarées valides et sont matérialisées dans le projet.

Chapitre 3

Des projets qui territorialisent, qui identifient et qui sont territorialisés

Dans ce chapitre, l'analyse se focalise sur les intentions qui président au lancement d'un projet. Tandis que les deux précédents cherchaient davantage à comprendre la nature des représentations auxquelles les projets et les objets étaient rattachés, ce troisième chapitre explore la mobilisation de ces représentations à des fins pratiques. En d'autres termes, l'argument principal consiste à dire que les projets, et les objets qu'ils contiennent, s'insèrent dans des démarches de valorisation des territoires concernés et visent à produire un effet sur ceux-ci ainsi que sur les personnes qui les fréquentent.

Il ne s'agit pas seulement de souligner, ce qui resterait assez banal, que chaque objet s'articule avec d'autres et dépend d'un projet qui l'englobe, mais également de replacer celui-ci au sein de discours de justification, au sein d'autres projets, qui orientent fortement quantité de décisions prises.

En outre, ces projets ont souvent la prétention de vouloir directement influer sur les identités collectives des populations auxquelles ils sont dits être mis au service.

Dès lors, ce chapitre s'efforce de mettre en lumière un double enjeu. Un enjeu d'échelles ou d'espaces de référence, d'abord: l'objet associe plusieurs espaces, depuis le lieu dans lequel il est implanté, en passant par l'espace du projet duquel il fait partie, jusqu'au contexte global dans lequel il prend place, voire les réseaux auxquels il est branché. Un enjeu de lien social, ensuite: l'objet et le projet qui l'englobe ont une aptitude à constituer un collectif, à rassembler des personnes, et à influencer leur manière de se sentir appartenir à un collectif (et donc à se réclamer d'une identité collective).

Un objet en particulier ou le projet en entier sont ainsi souvent caractérisés par leur exemplarité: à la fois parce qu'ils amorcent une nouvelle dynamique dans les espaces de référence qui sont les leurs et parce qu'ils ont la capacité de se propager dans d'autres espaces.

Les arguments utilisés par les différents collectifs sociaux cherchent bien sûr soit à justifier le projet, soit au contraire à le contester, mais toujours ici au nom d'un contexte auquel ils se réfèrent. Les argumentaires de type rationnel et d'autorité populaire vont dominer dans ce cas.

3.1 Une passerelle dans et vers un parc naturel régional en devenir

Dans le cas de la passerelle, l'objet s'insère dans un projet déjà existant. Il s'agit en l'occurrence du parc naturel de Pfyn-Finges. En effet, certaines des intentions qui ont présidé à la construction de l'objet passerelle ressortissent à la promotion de cet espace protégé, menée essentiellement par l'association en charge du site.

Pour comprendre quelles sont ces intentions, il convient de retracer brièvement la genèse de cet espace et de sa gestion.

La forêt de Finges est reconnue au moins depuis les années 1960 comme un espace d'une grande diversité biologique. D'abord, parce qu'elle est l'une des pinèdes les mieux conservées de Suisse, et ensuite parce qu'elle abrite de nombreux milieux intéressants, des zones humides et des zones alluviales, notamment. Il s'agit de l'un des rares tronçons du Rhône qui n'ait pas été canalisé, permettant ainsi à ce fleuve de divaguer et de créer des milieux pionniers, qui sont rares dans un contexte de correction massive des cours d'eau. Face aux menaces qui pèsent sur le site (feux de forêt, exploitation du gravier, impact des loisirs, etc.) (OGGIER 2005), des organisations de protection de la nature, comme la Ligue suisse de protection de la nature – qui deviendra Pro Natura – se sont engagées dès les années 1970 pour proposer un concept de gestion du site. Entre 1984 et 1986 a lieu une collecte de l'Ecu d'Or et du Don de l'Economie Suisse qui rapporte 350'000 francs aux bourgeoisies de Loèche et Salquenen. Ce fonds leur permettra d'entreprendre les premiers travaux de protection à Finges : sur les étangs, les steppes et les pinèdes, la réalisation de sentiers nature, la reprise de l'entretien de la forêt et de décréter l'interdiction de circulation à l'intérieur de la forêt.

L'autre enjeu structurant cet espace est le tracé de l'autoroute A9. Initialement prévue en rive droite pour épargner la pinède de Finges, déjà classée dans l'inventaire des sites d'importance nationale (CPN) en 1963, elle aurait contribué à fortement restreindre le lit du Rhône et, du même coup, la biodiversité qui en résultait. En 1991, le Conseil fédéral approuve la modification de tracé de l'autoroute, dont le tracé est désormais prévu en tranchée couverte sous le Bois de Finges, à la place de l'actuelle route cantonale, déplacée, elle, en rive droite du Rhône (OGGIER 2005)[108]. Parallèlement, aucune autoroute depuis les années 1990 ne se construit sans prendre en compte toutes les incidences écologiques qu'elle produit. Ainsi, des fonds importants (environ 20 millions de francs suisses) ont été alloués à des mesures de compensation. Parmi ces mesures sont prévues la revitalisation de la zone alluviale, la protection et l'agrandissement des zones humides et des étangs, l'entretien des prairies et des vergers, ainsi que la construction de deux passerelles piétonnières.

Au niveau cantonal, le site de Finges a été protégé formellement par une décision du Conseil d'Etat du 17 décembre 1997.

Dans les années 1990, c'est un statut de protection nationale qui est obtenu. En 1992, la portion du Rhône est répertoriée comme zone alluviale d'importance nationale. En 1998, c'est un périmètre plus large couvrant l'ensemble de la forêt de Finges et également l'Illgraben qui est classé dans l'Inventaire fédéral des paysages, sites et monuments naturels d'importance nationale (IFP – qui a succédé au CPN). En 2001, deux étangs du Bois de Finges sont classés dans l'Inventaire des sites de reproduction de batraciens d'importance nationale.

En mars 2000, l'association Espace de vie et de découverte Pfyn-Finges[109] est fondée, dans l'objectif d'une mise en valeur touristique du site et de la création d'un parc naturel. Sont membres de cette association : les régions LIM[110] de Sierre et Loèche, les communes et bourgeoisies de Sierre, Salquenen, Varone et Loèche, les Sociétés de développement de Loèche, Sierre,

---

108 Il faut noter que la nouvelle route cantonale a été inaugurée en juin 2007. Quant au tronçon de l'autoroute entre Sierre et Loèche, dans sa majeure partie enterré, son ouverture est prévue en 2014.

109 Puisque le périmètre de l'espace que gère cette association traverse l'isoglosse (la limite linguistique, voir III 4.1.3), le bilinguisme a été de rigueur dès les débuts de l'association. Cela se traduit, notamment, par le nom de l'association : Pfyn-Finges, qui tient à mentionner les toponymes des deux langues.

110 La loi sur les investissements en régions de montagne (LIM) date de 1974. Elle a été un instrument de la politique régionale suisse. Elle a instauré 54 régions dans lesquelles des aides sont octroyées dans le but d'une « occupation décentralisée du territoire ». Cette loi a disparu avec l'entrée en vigueur de la Nouvelle politique régionale le 1er janvier 2008.

Salquenen et environs, Pro Natura et WWF. La même année, l'association obtient un fonds Regio Plus[111]. En 2002, un concept touristique Pfyn-Finges est élaboré. L'association veut donner un statut plus stable à cet espace. C'est chose faite en novembre 2005, date à laquelle l'espace Pfyn-Finges est déclaré Parc Naturel Valais par le Grand Conseil valaisan.

Au niveau national, est discutée à la même période la possibilité de créer des parcs naturels régionaux et, fin 2007, l'ordonnance fédérale sur les parcs et la révision de la loi sur la protection de la nature entrent en vigueur et permettent ainsi la création de parcs naturels régionaux. Entretemps, l'association Pfyn-Finges avait fait se rallier au projet 15 autres communes pour satisfaire aux conditions exigées pour obtenir le label PNR. Des groupes de travail, largement ouverts à la population locale et concernant différentes thématiques, ont été mis en place pour mieux définir le contenu du parc. Celui-ci a été officiellement reconnu candidat à la dénomination Parc régional d'importance nationale en août 2009 par la Confédération.

La passerelle est ainsi insérée dans ce contexte très large, tant au niveau spatial que temporel. L'objet va être conçu pour se compléter avec le reste du projet et, donc, servir celui-ci, en plus d'être un support de messages pour d'autres collectifs (l'association Montagne 2002, notamment).

La passerelle est instrumentalisée par divers collectifs selon trois axes: la passerelle s'intègre dans un réseau de promenades, conforme au projet de l'Association Pfyn-Finges; elle est un moyen de faire découvrir des richesses naturelles (ce point a été traité partiellement en 1.1.2), là aussi selon le point de vue de l'Association Pfyn-Finges; elle est incorporée dans l'offre touristique de la région, telle que la conçoit la commune de Loèche et Leuk Tourismus.

3.1.1 Un élément du chemin des passerelles

Il semble que ce soit l'équipe en charge des mesures de compensation écologique au Service des routes nationales à l'Etat du Valais qui soit à l'origine de l'idée d'un «chemin des passerelles». Comme dans tout espace dont on veut que soient préservées les qualités naturelles, un concept de

---

111 Regio Plus est également un instrument de la politique régionale suisse, mais cette fois-ci plus seulement destiné aux régions de montagne, mais aux régions rurales dans leur ensemble.

gestion des flux de visiteurs doit être élaboré, pour tout à la fois minimiser les impacts de ceux-ci sur les écosystèmes et pour les sensibiliser à la fragilité de ceux-là. Ainsi naît l'idée du chemin des passerelles, qui pourra aussi constituer une «attraction touristique». Il s'agit alors de relier les villages et de faire cheminer les promeneurs par deux sites d'importance nationale. De plus, la nature des ouvrages convenait bien à l'intention touristique: offrir du «fun», une spécificité architecturale et faire découvrir du panorama[112]. Ce seront cinq passerelles à terme qui baliseront le réseau pédestre à travers le Bois de Finges: la passerelle de l'Ile-Falcon (construite en 1997), à Sierre, la passerelle bhoutanaise sur l'Illgraben (2005), la passerelle sur le Rhône entre Milljeren et Salquenen (2008) et la passerelle sur l'étang du Grossee (2010), destinée à l'observation de la nature.

Les médias ont abondamment rappelé, lors de sa construction, la fonction très pratique que remplissait la passerelle bhoutanaise, au-delà de ses connotations très symboliques:

> Die Brücke ist nicht nur als Symbol für die Völkerverständigung zwischen Alpen- und Himalayabewohnern oder als Brückenschlag zwischen Unter- und Oberwallisern über die Sprachgrenze hinweg zu verstehen, sondern übt eine sehr praktische Funktion als Bestandteil des Wanderwegnetzes durch den künftigen Naturpark Pfyn-Finges aus[113] (PB 15).

L'originalité de l'ouvrage servait bien les intérêts de l'association Pfyn-Finges:

> L'association Pfyn-Finges, responsable de la construction de ce pont suspendu, a intégré cette réalisation dans son concept touristique visant à offrir une infrastructure d'accueil attrayante et dynamique (PB 10).

Alors président de l'association, l'actuel Conseiller d'Etat Jean-Michel Cina ne s'y trompait pas (ici cité dans un article du *Walliser Bote*):

> Im Namen des Vereins Lebens- und Erlebnisraum Pfyn-Finges dankte dessen Präsident Jean-Michel Cina allen Spendern, welche die Realisierung dieses Projekts

---

112 Entretien au Service des routes nationales, Etat du Valais, 13.11.2007.

113 «Le pont ne doit pas être seulement compris comme un symbole du partenariat entre les peuples de l'Himalaya et des Alpes, ou comme un lien entre le Haut-Valais et le Bas-Valais, mais il fonctionne aussi comme une partie du cheminement pédestre à travers le futur parc naturel régional du Bois de Finges» (trad. libre).

ermöglichten. Der bhutanische Hängelaufsteg bilde einen wichtigen Baustein im
Wanderwegnetz durch den Pfynwald, erklärte er[114] (PB 16).

Il n'est pas de doute que pour l'association, le pont bhoutanais a lancé et
concrétisé son projet de chemin des passerelles, car la première qui avait
déjà été érigée sur le Rhône à l'Ile-Falcon en 1997 n'avait évidemment pas
eu le même écho médiatique.

A l'inverse, on peut relever le rôle qu'ont joué le Service des routes et
l'association Pfyn-Finges pour que la passerelle bhoutanaise, au moment
où l'idée a émergé au sein du comité de l'association Montagne 2002,
soit localisée à Finges[115]. On voit donc bien aussi l'intérêt que ces deux
structures portaient à l'objet, apte à compléter le projet qu'elles mettaient
en place. Pour convaincre le comité, il semble que l'argument du financement ait été utilisé (la construction de la passerelle aurait été couverte
par les fonds de compensation écologique, ce qui n'a finalement pas été
le cas).

3.1.2 *Le pont pour diffuser le concept de développement durable*

La seconde idéologie qui se concrétise dans l'objet passerelle est de type
écologique, comme déjà signalé dans le chapitre 1.1.2. La passerelle est
pensée comme une porte d'entrée dans le parc naturel et, ce faisant, un
moyen de sensibiliser les visiteurs aux richesses écologiques de Finges :

> L'idée déjà bien de faire ce pont par l'Illgraben puis on trouvait l'endroit assez bien
> parce qu'on montre la nature. [...] Vu que l'idée de ce parc naturel c'est le dévelop-
> pement durable, alors je trouve que c'est aussi bien de faire un signe pour ce parc, au
> début, à l'entrée du parc, quelque chose qu'on passe, un pont dans le parc. Parce
> qu'on passe en principe de la commune, de la zone à bâtir dans le parc naturel par un
> pont. Donc je trouvais l'endroit était idéal. Au lieu de mettre quelque part là en haut
> (PB 7).

114 « Au nom de l'association LER Pfyn-Finges, son président Jean-Michel Cina a re-
     mercié tous les donateurs, qui ont contribué à la réalisation du projet. La passerelle
     bhoutanaise forme un maillon important dans le sentier de randonnées à travers le
     Bois de Finges » (Trad. libre).
115 Quoique l'on puisse douter de la réelle volonté de Pfyn-Finges d'attirer la passerelle.
     En effet, le directeur de l'association était très circonspect, lors de sa nomination,
     vis-à-vis d'un pont dont il ne voyait pas l'utilité. Cela n'a pas empêché que l'associa-
     tion se soit parfaitement approprié le projet par la suite.

Pour l'association Pfyn-Finges, la passerelle vient valoriser une partie du périmètre de l'espace qu'elle gère et qui reste un peu à l'écart des flux de visiteurs :

> La découverte du haut de Finges est importante, car c'est une région peu fréquentée (PB 5[116]).

Cette intention de coupler l'objet à des opérations de sensibilisation par rapport à la nature s'observe également dans la configuration de l'objet lui-même. On prend ici les exemples des fondations en béton de la passerelle et de l'édification de la croix.

L'ancrage de la passerelle a nécessité la construction de socles en béton particulièrement imposants. Ils sont essentiellement visibles en rive gauche de l'Illgraben, sur l'espace protégé, en raison de la topographie particulière. Lors de la construction de la passerelle, *« des gens ont été critiques »* (PB 5) vis-à-vis de ces aménagements. Or, la volonté de l'association de Pfyn-Finges a été de ne pas chercher à dissimuler ces impacts jugés négativement. A cet effet, une plaquette explicative a été installée sur les piliers du pont, pour expliquer le choix de ne pas végétaliser les abords des socles en béton. La plaquette argue de la *« dynamique naturelle »* qu'il s'agit de laisser se déployer et qui à terme recouvrira les remblais. *« Ces fondations en béton sont le produit du travail de l'homme et doivent apparaître en tant que tel »*. C'est à la fois la dynamique naturelle mais aussi la dynamique humaine qui sont spécifiées.

Lors de la polémique sur le chorten (voir à ce sujet III 2.1.2), l'association Pfyn-Finges a refusé que soit érigée la croix sur le périmètre du site protégé de Finges. Elle voulait montrer par là que des constructions, quelles qu'elles soient, ne pouvaient pas être tolérées dans ce type d'espace. Ainsi, comme nous l'avons déjà souligné, la croix a dû être installée sur la même rive, à côté du chorten, réduisant le potentiel symbolique du pont en tant que lien entre deux religions (*Cf.* III 4.1.3).

En tout cas, au travers de cette configuration de l'objet, un collectif (l'association Pfyn-Finges principalement) est capable de transmettre les idées qu'il défend pour un espace tout entier.

---

116 Suite à une mauvaise manipulation de l'outil (mea culpa), une partie de cet entretien n'a pas été enregistré ; il s'agit donc ici d'une reconstitution de ce qui a été dit.

3.1.3 La passerelle comme attrait touristique et comme symbole de lien social

La passerelle est intégrée dans la stratégie de développement touristique de la commune de Loèche, qui consiste à capter les flux touristiques en misant sur des ancrages territoriaux[117]. Car la commune se positionne clairement sur des orientations de tourisme culturel et de tourisme de découverte de la nature. Souvent perçue comme un lieu de passage vers les grands centres touristiques, la commune de Loèche commence à structurer une offre touristique propre:

> Le tourisme doux, ça veut dire la nature, l'eau, mais surtout c'est la culture, histoire, culture, art, tout ça, parce que Loèche, là on peut encore faire quelque chose. C'est pas le grand public touristique comme dans les grandes villes, comme Brigue […] Et avec une bonne collaboration avec Salquenen, Sierre et Loèche-les-Bains avec l'eau, ça c'est important. C'est des produits qu'on peut bien présenter avec justement le Bois de Finges, le vin, les vignes et le paysage, je crois que c'est un peu ça qu'il faut viser (PB 7).

Loèche cherche à «vendre» des objets, tels le château rénové par Mario Botta, sa vieille-ville ou le parc naturel de Finges. Ces objets traduisent des imaginaires très en vogue aujourd'hui sur le marché touristique, mais qui vont un peu à l'encontre de ceux associés habituellement aux stations valaisannes: le ski et la haute montagne.

Dans cet esprit, la commune a été reliée à la Via Cook[118], un itinéraire culturel parmi la douzaine qui sillonne la Confédération et géré par la fondation Via Storia, mandatée par la Confédération. Cet itinéraire est une aubaine pour la commune dans la mesure où il permet de mettre en valeur ses objets touristiques. Comme dans le cas du Val d'Hérens (*Cf.* 3.3), le tourisme est planifié dans une dimension régionale, en tentant également de mettre en réseau des événements et des objets.

Dans ce contexte touristique, la passerelle bhoutanaise complète la mosaïque des offres proposées par Leuk Tourismus, qui a d'ailleurs participé au financement de la passerelle:

> Leuk Tourismus a aussi donné de l'argent pour signaler qu'on aimerait ce pont (PB 2).

---

117   Sur ce sujet et cette manière de problématiser le phénomène touristique, mais illustrée par d'autres exemples, voir DEBARBIEUX, DEL BIAGGIO & PETITE 2009.

118   Du nom de l'Anglais Thomas Cook dont on dit qu'il a, en 1863, organisé le premier voyage touristique, suivant un parcours menant de Genève à Pontarlier, en passant par le Valais.

La passerelle correspond bien à cette image un peu décalée dont la commune veut se doter pour tenter d'attirer des flux touristiques. La passerelle procure un bénéfice d'image, qui se répercute sur la fréquentation.

> Je pense que si vous pouvez faire des choses spéciales comme le pont bhoutanais, alors il y a beaucoup de personnes qui viennent aussi de Brigue ou de Viège, qui ont entendu parler de ce pont, alors ils viennent visiter. Et je pense pour être attractif, il faut faire quelque chose, c'est une pierre dans toute l'offre touristique (PB 2).

> Au début de [...] l'année passée au mois de juillet [2005] quand on a inauguré, on avait deux cent personnes par jour en moyenne, qui venaient parce que c'était très nouveau (PB 7).

Parallèlement, l'association Pfyn-Finges et Leuk Tourismus, ainsi que d'autres partenaires intéressés (Region Leuk, Région de Sierre, Dialogue Nord-Sud), se sont attelés à ponctuer l'année 2005 d'événements autour de l'échange entre Valais et Bhoutan : ainsi, par exemple, de la projection d'un film suisse sur le Bhoutan en juin à la Souste, de l'exposition de photographies sur la jeunesse bhoutanaise des deux étudiants bas-valaisans à Loèche, d'une conférence sur des personnages du Bhoutan, de la soirée sur les costumes à Loèche, de la projection d'un autre film sur le Bhoutan à Sierre. En décembre 2005 a encore eu lieu le débat sur la rencontre linguistique et religieuse à Sierre, et, enfin, dernier événement en date, en 2007, l'exposition de photographies sur la construction de la passerelle dans le Bois de Finges. A cela s'ajoute la journée bhoutanaise qui s'est tenue en juillet 2006.

Ces événements peuvent être interprétés non seulement, bien sûr, dans le sens d'un souci d'étoffer l'agenda touristique de Loèche et de la région, mais aussi et surtout dans le sens d'une réelle intention d'incorporer l'objet dans son environnement afin que les habitants se l'approprient. Il faut noter d'ailleurs que c'est moins l'objet en tant que tel que l'idée qui l'a fait naître (les échanges Valais – Bhoutan) qui sont ici visés.

Pourtant, il est difficile d'entretenir cette signification plusieurs années après la construction, et la journée bhoutanaise ne peut pas être reproduite à l'infini.

> Quand Loèche Tourisme fait quelque chose [...] on essaie toujours un peu de faire le lien avec le Bhoutan. Donc on fait des rappels, des petites choses, mais quand même pas des journées entières comme on a fait (PB 9).

Si, en l'absence d'une véritable coopération entre Valais et Bhoutan (le dossier n'a plus été réactivé à l'Etat du Valais), les significations ou les idéologies qui pouvaient transiter par la passerelle, via toutes sortes d'événements qui lui étaient liés, s'évanouissent progressivement, il n'en demeure pas moins que la passerelle reste un lieu apprécié par les habitants de Loèche et des environs, si l'on en croit les discours.

> Les gens commencent à être très fiers de leur passerelle. Le Bhoutan devient leur enfant chéri. Comme Farinet pour la passerelle à Saillon. Mais cela ne suffit pas cette sensibilité, il faut que des gens soient prêts à investir du temps et de l'argent pour mettre sur pied des choses pour maintenir la flamme allumée (PB 4).

La passerelle devient un but de promenades :

> Ce qui est très clair c'est que les gens apprécient maintenant beaucoup pour se promener (PB 7).

Elle s'apparente à un objet que l'on aime montrer, que l'on fait voir à ceux qui ne le connaissent pas :

> Donc le pont en lui-même c'est un grand succès. Tout le monde dit à Loèche il y a tout le temps bien du monde. Chaque fois quand on était aussi et en plus il y a des amis à nous et des gens de Loèche ils disent quand on a des visites on les amène là-haut (PB 8).

Motivés par l'effet de nouveauté, nombre de sociétés, groupes politiques, associations ou autres se sont rendus sur la passerelle durant l'année qui a suivi l'inauguration. On peut citer par exemple l'Association des Villes du Valais, une société d'histoire, l'association Dialogue Nord-Sud ou le Rotary Club.

La passerelle demeure un objet exotique, vaguement attribué à une culture himalayenne, mais elle est moins porteuse des significations que ses concepteurs avaient voulu diffuser.

Toujours dans ce souci incessant de rendre parfaitement acceptable un objet dans son environnement, certains discours, émanant plutôt des autorités communales, s'attellent à justifier la passerelle dans le territoire de la commune de Loèche en tant que telle. Cette justification à l'échelon communal s'ajoute à la justification au niveau régional, dans laquelle c'est l'insertion dans le futur parc naturel régional de Finges qui est légitimée.

> Et quel est le rapport entre Loèche et les ponts? Toute personne qui se rend aujourd'hui dans notre commune en voiture à travers le Bois de Finges ou en train le long du Rhône ne considère certainement pas Loèche comme un village de ponts. Et pourtant, d'un point de vue historique, notre commune a un lien étroit avec des ponts (PB 11).

Lors d'un entretien, le président de la commune de Loèche a précisé sa pensée:

> Mais ça c'est de nouveau un symbole, Loèche veut faire le pont vers l'avenir, vers l'ouverture, on est une commune assez dynamique et je crois que ce mot de pont est assez bien pour la commune de Loèche (PB 7).

Non seulement la passerelle se voit naturalisée dans un lieu dont on dit qu'il se singularise par la présence de nombreux ponts, mais la passerelle est aussi pensée comme un symbole particulièrement bien adapté à la commune. En effet, la construction de la passerelle concordait bien avec les thématiques que les autorités communales dédient à chaque année:

> En 2003 […] mon prédécesseur, il a dit cette année je proclame l'année des ponts, Brückenschlag. D'une part, à l'intérieur de la commune, entre Souste et Loèche, où c'est pas toujours facile, parce que c'est presque deux communes, même si ça a jamais été deux communes, mais le climat est très très délicat […]. Après on a eu justement l'année 2005, moi j'ai proclamé l'Année du dialogue. Le Bhoutan c'était idéal pour moi, c'était le dialogue entre le Haut et le Bas, entre… Et après on a fait des séances de dialogue entre les deux villages. Bon c'était des petites choses, on avait deux sociétés de femmes, on a commencé à discuter, pourquoi pas en faire une seule. On avait deux fanfares… […]. On a discuté pourquoi pas mettre ensemble les deux. Alors on a beaucoup fait en direction du dialogue. Cette année 2006, c'est l'année de la rencontre (PB 7).

L'objet est donc réinvesti comme un symbole à multiples dimensions. Il est récupéré dans la politique communale pour qu'il fasse sens localement. La passerelle entre dans cette stratégie consistant à tenter de créer du lien social et de faire se rapprocher les citoyens.

Outre cette connexion avec la commune et le Parc naturel, l'objet a aussi été considéré par l'association Montagne 2002 comme un signe matérialisant les actions lancées par l'association, et pour que l'objet dure au-delà de l'existence même de l'association, dissoute à la fin de l'année 2005.

> Par la valeur symbolique et durable que représente ce projet, il a eu un effet très porteur quant aux autres activités de l'Association (PB 70).

Dans ce jeu entre le registre symbolique et le registre utilitaire par lesquels est appréhendé l'objet, on peut attribuer trois effets à la passerelle : sur le parc naturel régional, sur l'orientation touristique et sur l'espace linguistique. Le choix même de l'emplacement de la passerelle est significatif : il s'agissait d'un espace dans lequel quantité de projets fleurissaient et qui allait être soumis à de profonds bouleversements (une autoroute allait le traverser, des compensations écologiques avaient été prévues, une association tentait de gérer un nouvel espace naturel et cherchait aussi à le vendre comme une destination touristique). L'objet s'inscrit parfaitement dans ce parc naturel : il constitue un maillon du chemin des passerelles, lui-même imaginé en tant que double opérateur de distinction touristique et de gestion de la fréquentation. En construisant la passerelle, certains groupes (l'association Pfyn-Finges, la commune de Loèche, par exemple) avaient l'objectif, en plus de celui d'entretenir la symbolique de lien entre les peuples, d'attirer des touristes grâce à un objet inédit dans l'offre touristique d'autres régions, en Valais ou ailleurs. En installant une passerelle oscillant au passage des promeneurs, les porteurs de projet souhaitaient procurer du «fun» à ceux qui la visiteraient. De même, la possibilité de faire communiquer le Haut-Valais et le Bas-Valais a été sans cesse évoquée. Cette possibilité concernait avant tout les villes de Sierre et de Loèche. Peu importe que ces collaborations soient, dans les faits, restées limitées. Mais dans les intentions et dans la vertu qu'on a voulu attribuer au projet, un espace de collaboration inédit devait être stimulé.

3.2 Un héritage Walser pour repenser sa commune

Ce sous-chapitre traite des interactions entre le projet Walser Alps et le contexte communal dans lequel il s'est déployé. Il nous semble que cette échelle-là est réellement pertinente pour cette étude de cas, car il n'y existe pas la dimension régionale comme dans les autres études de cas, en particulier la passerelle bhoutanaise et Ossona. L'idée principale que nous voulons montrer est la suivante : dans ses intentions, le projet Walser Alps s'est résolument présenté comme une réflexion sur l'avenir de Vallorcine. Il a voulu déployer des effets sur le lien social, orienter le développement touristique et plus généralement construire une plate-forme de discussion. Si l'ambition de ces effets escomptés est indéniable, le décalage entre ces intentions et les répercussions réellement produites l'est aussi. Nous proposons de comprendre pourquoi et, bien plus, de focaliser l'analyse, comme pour les autres études de cas, sur les discours tentant de justifier le projet dans son contexte communal, ainsi que la mise en discours des impacts souhaités du projet.

Le chapitre commence par expliquer comment ce projet est dit avoir été mis au service à la fois de la population et de l'avenir de la commune. Il continue par s'intéresser à la plus-value touristique que ce projet est supposé procurer à Vallorcine. Il termine en s'efforçant de montrer que le projet Walser Alps a amené du crédit à l'identité locale.

3.2.1 Les intentions: une réflexion sur le développement de la commune

Nous avons déjà dit (*Cf.* III 1.2.2) que les responsables du projet Walser Alps avaient envisagé celui-ci avant tout à destination de la population locale:

> Ce projet c'est pour les Vallorcins, ce n'est pas pour les chercheurs, c'est pour la population locale avant tout, et pour moi c'est très important qu'il n'y ait pas de décalage entre ce projet et la population locale (WA 5).

Monter un projet au service des habitants signifie aussi s'intéresser à l'avenir de ceux-ci. La teneur du projet (baigné par l'idéologie du développement durable, qui engage une responsabilité d'une société vis-à-vis des générations futures) encourageait d'ailleurs ces orientations prospectives. Or, les porteurs de projet ont estimé, à l'occasion du lancement du projet Walser Alps à Vallorcine, que celui-ci s'accordait très bien avec le contexte communal actuel, qualifié de «tournant».

> On est à un tournant, ça il faut le savoir. Il y a eu une baisse de la population, ne serait-ce que surtout dans les années 75-80. […] Au niveau de la population, ça a été plus important au niveau de la construction du barrage. Il y a eu même beaucoup d'étrangers qui sont venus. Et c'est aussi un tournant, parce que c'est au moment de la déprise agricole, cette construction du barrage. Donc quand les gens du barrage sont partis, Vallorcine s'est tourné tout doucement vers le tourisme. Mais pas à une échelle très importante. Là depuis l'année dernière, il y a une remontée mécanique à Vallorcine. Donc il va y avoir du tourisme peut-être plus important qui va venir. Là il y a peut-être une question à se poser au niveau de l'identité: qu'est-ce qu'on veut faire avec les touristes? (WA 5).

Dans l'extrait précédent, le projet est replacé dans le contexte historique de Vallorcine et, d'emblée, la question du développement touristique est au centre des préoccupations. Dans les papiers de présentation, il est fait même mention d'un «outil d'aménagement du territoire» que pourrait contribuer à élaborer le projet Walser Alps:

> Vallorcine est à un tournant de son histoire en raison de la future remontée mécanique vers le domaine skiable de Balme. Ces recherches serviront à développer un outil de l'aménagement du territoire au moment où le site va connaître des bouleversements (WA 18).

Le projet est vu comme pouvant atténuer la rupture qui serait provoquée par le développement annoncé du tourisme d'hiver.

> L'isolement, qui avait suffi jusqu'à ce jour à préserver l'authenticité d'un mode de vie traditionnel, et des gestes hérités des anciens par une transmission directe, permettra-t-il de résister à un développement de type «station touristique de sport d'hiver» si les actions concrètes ne sont pas entreprises dès aujourd'hui? Le passage d'un mode de vie traditionnel à un développement harmonieux nécessite une réflexion de tous sur les atouts et les handicaps de notre territoire (WA 26).

De manière générale, comme nous l'avons relevé précédemment (*Cf.* III 1.2.2), les traditions, qui sont mises en valeur par le projet, servent à accompagner des stratégies d'ancrage territorial au sein de la commune et dans un but touristique. C'est le sens du discours d'ouverture du maire Patrick Ancey (cité par *Le Dauphiné Libéré*) lors de la réunion du projet à Vallorcine en octobre 2005.

> C'est un honneur de vous accueillir et, à l'heure d'un développement touristique que l'on souhaite mesuré, une chance pour nous de prendre part à ce projet, de nous attacher à la quête de nos origines (WA 1).

Le lien est ici clairement établi entre les retombées du projet et l'orientation touristique de la commune. Les attentes des habitants vis-à-vis de ce projet correspondent aussi à cette volonté de maîtriser leur histoire:

> Moi, je pense que ce serait quelque chose à développer surtout par rapport au fait que Vallorcine prend son ampleur avec la remontée et avec tout ça et du fait, ben qu'on retrouve nos origines et qu'on retrouve notre culture, faire un centre où on explique tout ça. Ça peut me paraître super intéressant (WA 4).

L'action qui consistait à organiser un concours d'idées pour les jeunes avait également été pensée pour travailler ce tournant :

> Un concours dont le but était de donner la parole aux jeunes à un moment-clé de l'histoire de leur village (ouverture récente de la télécabine, projet de développement immobilier et touristique…), de leur permettre de donner leur sentiment sur cette vallée où ils ont grandi, d'en présenter à travers leur vécu les particularités, d'ouvrir un volet sur l'installation au XIIIᵉ siècle des colons Walser et de s'exprimer sur le devenir idéal de Vallorcine. L'objectif était de les faire travailler sur leurs racines et partant de là de se projeter sur l'avenir de la vallée (WA 15).

De surcroît, la mobilisation de la population locale, tant recherchée, peut conférer de la légitimité (politique ?) aux propositions élaborées durant le projet :

> Le fait qu'on se soucie du devenir, parce que c'est étroitement lié. On en parle forcément. Mais la seule chose qu'on s'est dit, c'est que tout ce qu'on a fait là, on espère, puisque ça a mis en avant des choses, on espère que les élus auront à matière à réflexion. Puisqu'il y a quand même un témoignage de pas mal de personnes (WA 9).

L'autorité populaire est invoquée pour justifier le projet. En outre, la possible application et la prise en compte des résultats du projet par les pouvoirs publics sont clairement revendiquées.

Ce faisant, le projet Walser Alps prend acte de ce contexte et ambitionne de l'influencer, dans la double direction d'un tourisme doux et d'un lien social renforcé. Car, nous y reviendrons ultérieurement (*Cf.* III 3.2.3), les discours contiennent une relation implicite construite entre le développement d'un tourisme de masse, dont l'émergence est crainte, et la déliquescence du tissu social, provoquée par ce développement.

> Parce que pour l'instant tu vois bien il y a pas trop d'immobilier, le village a pas trop changé et du coup même dans son état d'esprit il a pas trop changé, je pense que les mutations à venir c'est maintenant. C'est maintenant que Vallorcine va prendre un tournant (WA 9).

Le projet Walser Alps s'insère dans ce contexte de méfiance vis-à-vis de la future arrivée de touristes, lesquels ne seraient pas adaptés au village :

> Il y a un projet d'hôtel 4 étoiles ça aussi ça me fout en l'air qu'est ce que vous voulez que les gens qui viennent dans un 4 étoiles apportent à Vallorcine ? (WA 54).

Avant même qu'elles soient construites (fin 2008), les résidences immobilières représentent des objets qui sont probablement plus configurant que des objets déjà matériellement présents (comme la télécabine). Face à ces objets et ce qu'ils représentent, le projet Walser Alps a donc pu faire s'exprimer les habitants et leurs craintes. Ces craintes reposent sur la conscience d'un changement d'époque dont parlent la plupart des protagonistes.

Lors de la synthèse du projet[119], l'un des habitants l'exprimait de manière exemplaire. L'exceptionnalité de la commune, affichée par ses habitants, serait mise en péril par un développement touristique:

> C'est sûr c'est important de connaître nos origines mais savoir où on va? J'ai un peu d'appréhension car ça va à toute vitesse. En peu de temps, on va changer la physionomie du pays, on n'a jamais vu des trucs pareils (les constructions en cours pour les résidences de tourisme). On va changer la mentalité du pays, ça m'inquiète. Ces clients, ils n'auront pas le même niveau de vie, ils ne resteront que par épisodes. J'ai peur qu'on en oublie nos origines rurales, nos origines de vie. Surtout que Vallorcine c'est un petit pays, une petite commune gérée différemment d'ailleurs. Maintenant, ça prend un peu la même tournure qu'ailleurs. Il faut vraiment lutter pour garder notre identité. Vallorcine ce n'est pas le Pérou mais un joli petit coin où il faisait bon vivre et où on se connaissait tous (WA 42).

Le type de tourisme prévu n'est pas jugé compatible avec la représentation qu'ont les Vallorcins de leur lieu de vie.

> Moi j'ai peur qu'on cible pas la bonne clientèle [...]. Peut-être pourquoi même si on était le dernier îlot, le dernier bastion toujours debout, peut-être qu'on devrait continuer à miser sur quelque chose de nature préservée, plus aider les gens à s'implanter, à faire des choses originales [...]. Je pense qu'il faut qu'on fasse attention, parce que je suis pas sûr qu'on ait les moyens de revenir en arrière après. On a plein d'exemples comme ça. Dès que tu donnes un pouvoir à des aménageurs qui eux n'ont pas la sensibilité que tu as toi, la question que je me pose, est-ce que tu as les moyens de faire faire ce que toi tu as envie de faire. Pas sûr (WA 9).

Les deux derniers extraits démontrent le particularisme (à plusieurs points de vue: interconnaissance de ses habitants, forte ruralité, etc.), dont se revendiquent les Vallorcins et qui serait aujourd'hui menacé. Face à cette

---

119 Il s'agit d'une action réalisée à la fin du projet dans le cadre du WP 8. Elle a consisté à mener une enquête auprès des habitants destinée à apprécier leur avis sur le projet, elle répondait à la première enquête menée au début du projet auprès de ces mêmes habitants.

menace, le tourisme doux s'imposerait comme une solution bien plus appropriée que l'orientation prise par la commune.

D'ailleurs, à l'échelle du projet entier, nous y reviendrons dans le chapitre 4.2.3, le réinvestissement de la culture Walser dans des projets touristiques a été l'un des principaux buts poursuivis par tous les partenaires. Cette idéologie d'ordre rationnel consiste à défendre l'idée que le projet Walser Alps apporte une plus-value sur le plan touristique. Dans un marché touristique, la coloration Walser peut conférer de la spécificité à la destination Vallorcine et, par la même, faire se positionner celle-ci sur un créneau culturel qui diffère de ce que proposent les autres stations; c'est en tout cas ce qu'a voulu dire l'une des responsables de l'office du tourisme de Vallorcine, quand il s'agissait d'évoquer les retombées du projet:

> D'un point de vue touristique l'identité Walser de notre village nous permet de nous démarquer par rapport aux autres stations villages (WA 42).

A l'instar des communes franchement marquées par la colonisation Walser, le potentiel de valorisation touristique de la culture Walser a donc été clairement perçu. Reste à savoir si ce potentiel sera effectivement exploité à l'avenir.

3.2.3 Les enjeux de la commune et le discours des porteurs de projet: un décalage?

Entre les intentions des porteurs de projet franchement orientées vers l'utilité qui pourrait en être tirée, la réalité du déroulement du projet et les impacts de celui-ci sur la communauté locale et les pouvoirs publics, il est possible d'y voir un fossé plus ou moins grand. La synthèse critique du projet que nous avons rédigée en décembre 2007 donne quelques pistes dans le sens des incidences produites par le projet.

Les attentes étaient évidemment importantes et cela tient à toute l'ambiguïté provenant de la genèse du projet. Projet initialement réduit à des questions culturelles et muséographiques, il s'est élargi à des enjeux d'aménagement du territoire et touristique. Car admettre, comme le laissent à penser les objectifs annoncés du projet à Vallorcine, que celui-ci est censé alimenter des réflexions sur le devenir de la commune doit forcément nous conduire à le resituer parmi les enjeux majeurs qui se dessinent aujourd'hui au sein de la commune. Ces enjeux ont été évoqués dans la partie II, sous-chapitre 1.3.

Nous ne revenons pas sur l'enjeu de l'accès routier. Le deuxième enjeu majeur est lié à la question du développement touristique, que nous avons déjà abordée. Les projets immobiliers qui ont suivi la construction de la télécabine en 2004 ont indirectement entraîné, outre l'adoption d'une politique touristique plus offensive, la modernisation du réseau d'approvisionnement en eau potable. Ce dossier a provoqué beaucoup de remous au sein de la commune, cristallisant deux positions antagonistes: celle du maire sortant, partisan d'un réseau public et celles d'habitants défendant le statu quo, à savoir une gestion privée des sources[120]. Le dernier enjeu est lié à la question du logement qui se pose avec acuité à Vallorcine, comme dans toutes les communes touristiques. La commune de Vallorcine souffre en effet d'une pénurie de logements, notamment due à un parc de logement majoritairement composé de résidences secondaires (58% du total des logements[121]). La Municipalité a élaboré en 2005 un projet de logements destinés aux jeunes ménages souhaitant rester vivre à Vallorcine.

Sur ces trois questions, le projet est apparu relativement impuissant à formuler des propositions ou à structurer une réflexion, à l'exception de quelques points de vue individuels émis lors de l'enquête du WP 7 sur le paysage ou du WP 8 sur l'identité et lors du concours des jeunes. Néanmoins, le rapport établi à l'occasion de la révision du Plan local d'urbanisme indique un autre enjeu, celui du maintien de l'agriculture et de son rôle pour l'entretien du paysage: *«la préservation de l'agriculture comme activité économique et actrice du paysage»* (Plan local d'urbanisme 2003, p. 25). Dans ce sens, le travail réalisé par Julie Hodeau, en mettant en lumière les représentations du paysage qu'ont les habitants de Vallorcine, pourrait apporter une contribution à la réflexion, notamment à propos de l'enfrichement des surfaces qui résulte de la déprise agricole.

Tous ces enjeux illustrent, à des degrés divers et plus ou moins intensément, des désaccords de certains habitants avec l'action du maire sortant.

---

120 Les propriétaires des captages sont constitués en associations, qui couvrent les différents hameaux de la commune. Le projet communal consistait à construire un réseau public sur l'ensemble de la commune, afin d'assurer la sécurité en cas d'incendie et d'alimenter les nouvelles résidences de tourisme. Cette «affaire» aurait été la principale cause de la non-réélection du maire sortant en 2008.

121 Chiffres INSEE (1999).

Dix Vallorcins ont ainsi formé une liste pour les élections municipales de mars 2008. Cette liste entrait en concurrence avec celle du maire sortant, qui se présentait pour un second mandat. Au final, c'est la liste «Vallorcine, demain», menée par la principale responsable du projet Walser Alps, qui l'a emporté assez largement, témoignant du désaccord de la majorité des votants face au programme du maire en place. Il est évidemment difficile d'évaluer si le projet Walser Alps a pu influer sur le choix des électeurs, mais il est possible d'émettre l'hypothèse que la démarche du projet, à savoir tenter d'impliquer le plus possible la population locale et lui donner la possibilité de s'investir pour sa commune, a pu séduire.

Par rapport au programme élaboré par la nouvelle équipe municipale, on retrouve une certaine forme de gestion participative, fortement défendue par le projet Walser Alps et qui se traduit, dans le programme politique, par la mise en place de conseils de hameaux et de conseils de jeunes. Pour le premier type de structure transparaît la volonté de maîtriser l'approvisionnement en eau potable. Pour le second type, l'équipe municipale a clairement signalé, dans son programme, qu'elle s'efforcerait de prendre en compte les réflexions proposées dans le concours des jeunes organisé dans le cadre de Walser Alps.

De surcroît, ce même programme réitère l'encouragement à l'Association foncière pastorale; action issue du WP 7 du projet Walser Alps pour réduire l'enfrichement et éviter la fermeture du paysage.

Mais, pour le reste, les grands thèmes développés par l'équipe municipale n'ont pas été repris du projet et suivent plutôt les enjeux décrits plus haut: à savoir la question de l'assainissement (qui comprend celle de la gestion des sources), le réfection des bâtiments communaux, l'amélioration de la circulation, la maîtrise du développement immobilier (qui fait clairement référence à la crainte d'un tourisme qui serait inadapté à la vallée), des actions sur l'environnement (il est notamment fait mention d'un objectif d'obtention d'un label de développement durable[122]) et enfin des mesures de développement économique. Il s'avère donc probablement que les objectifs et les intentions assignées au projet Walser Alps excédaient largement ce que ce type de projet était réellement en mesure d'activer, compte tenu de son financement, de sa durée et du fait qu'il était d'abord et avant tout un projet de valorisation culturelle et patrimoniale.

---

122 Il s'agit du label «Notre village, terre d'avenir», qui assure un cadre dans lequel mettre sur pied un Agenda 21 pour la commune.

3.2.4 L'identité et le lien social suscités par le projet Walser Alps

En fait, c'est davantage au niveau de l'identité collective que le projet a pu enclencher des dynamiques. On sait que les Vallorcins se sont toujours historiquement pensés comme fondamentalement différents des habitants de la Haute Vallée de l'Arve, et de Chamonix en particulier. Dans les discours des habitants et dans ceux directement élaborés par les porteurs de projet, ressortent deux aspects que nous développons maintenant.

Le premier s'apparente à ce culte de la singularité qui passe par une forte différenciation face à Chamonix. Dans la présentation du projet, par exemple, il est admis que Vallorcine est, dans son essence, radicalement différente de Chamonix :

> Vallorcine peut apporter à ce projet des atouts spécifiques. Contrairement à Chamonix, par exemple, Vallorcine n'a pas connu véritablement d'ère industrielle de tourisme à grande envergure et le défi est d'examiner comment la vallée de Vallorcine peut superposer une ère nouvelle d'économie touristique à cette ancienne société pastorale (WA 18).

Lors de l'enquête réalisée dans le cadre du WP8, cette identité en opposition est surexprimée et la référence aux Walser, bien que les habitants ne se la soient pas encore appropriée, renforce ce sentiment de différence :

> On a [des difficultés] à se sentir Walser mais on prendrait bien de ce côté-là quand on a des problèmes avec la France du côté de Chamonix (WA 4).

Certains habitants perçoivent bien le rôle du projet dans la consolidation de cette identité :

> L'intérêt [de ce projet] c'est justement d'en savoir un peu plus sur ces origines et sur les nôtres. Et puis ça fait du bien de sentir qu'on n'est pas forcément comme tout le monde, comme les gens de Chamonix, comme les gens d'ailleurs, ça fait du bien, on a besoin de ça (WA 4).

On peut donc observer le discours qui construit une identité déterminée par l'inscription spatiale des populations. De même, une origine dissemblable est suggérée, si bien que l'invocation d'un passé plus ou moins germanique (voir III 2.2) et relatif aux Walser, garantit cette différence ontologique :

> La première fois que j'ai entendu parler qu'on descendait des Teutons, c'était dans mon enfance. On disait : on descend des Allemands. [...] On est pas de la même origine que les gens de la vallée de Chamonix (WA 4).

D'autres attributs, comme l'architecture, les regats en particulier, systématiquement mentionnés comme étant propres à Vallorcine mais absents à Chamonix et dans le reste de la vallée, contribuent aussi à corroborer cette identité de fait. La différenciation par rapport à Chamonix véhicule aussi une représentation particulière de Vallorcine: celle d'un monde préservé des excès du tourisme.

> Chamonix c'est la ville, c'est un autre monde. Et on n'a pas forcément envie de faire à Vallorcine ce qui se fait à Chamonix. On veut rester un petit village sympa, tranquille où on se connaît tous, où tout va bien (WA 6).

Or, dans le contexte du développement touristique de Vallorcine, la crainte d'une assimilation à la situation chamoniarde est perceptible:

> Justement pour pas perdre les origines parce que c'est maintenant qu'on les perd et c'est maintenant que… qu'on risque de les perdre justement à s'enfouir dans le tourisme et dans le Argentière et dans le Chamonix, c'est dommage (WA 4).

Cette différenciation est également expliquée par des conditions naturelles contraignantes, et notamment par le rôle de barrière joué par le Col des Montets. Dans cette optique, la contrainte environnementale est perçue positivement par ceux qui en font un attribut identitaire:

> Vallorcine c'est l'image du village, cette petite vallée, ce petit village tout étendu perdu dans sa petite vallée de l'autre côté du col des Montets et qu'on aurait mieux fait d'être suisse que rattaché à la France, parce que géographiquement on est plus près de la Suisse que de la France par le col des Montets qui fait un peu barrière, on nous a toujours un peu assimilés aux Suisses d'ailleurs, au début du siècle Vallorcine était beaucoup tournée sur la Suisse, il y a beaucoup de Vallorcins qui descendaient travailler les vignes en bas à Martigny, moi j'ai mon grand père, il m'a raconté qu'il partait avec la hotte, ils partaient des fois des semaines entières au printemps pour aller préparer la vigne, tailler la vigne après ils allaient à l'automne faire les vendanges (WA 54).

Le Col des Montets et son difficile franchissement auraient protégé Vallorcine et conservé son caractère originel. La vallée est dite appartenir à un autre bassin-versant (celui de l'Eau Noire) et, par là même, faire naturellement partie de la Suisse. L'argument se réfère à des frontières naturelles qui ne correspondraient pas aux frontières politiques. Une anecdote historique (le travail des vignes) est rapportée dans le but de renforcer l'idée que les habitants de Vallorcine sont véritablement tournés vers la Suisse, et qu'ils n'ont donc pas grand-chose à voir avec les Chamoniards.

> C'est vrai qu'on s'est toujours senti un petit peu différents d'Argentière et de Chamonix, à Vallorcine. Je pense que c'est du fait qu'on était coupés du reste du monde pendant l'hiver et on était certainement plus proche de la Suisse (WA 4).

Dans ce contexte d'affichage identitaire systématique, la découverte de la culture Walser, survenue au lancement du projet, a surajouté une identité Walser aux habitants qui l'ont volontiers endossée.

Car si l'on en croit les discours récoltés lors de la première enquête du projet, menée auprès des habitants, aucun parmi eux n'avait une conscience bien nette d'un passé Walser propre à Vallorcine, à plus forte raison que les historiens eux-mêmes ne sont pas forcément unanimes quant à la présence de cette colonisation dans la vallée (*Cf.* III 2.2.1). Pour les porteurs de projet, l'identité est considérée comme une essence ou une ontologie qu'il s'agit de déterrer pour se l'approprier ensuite.

> Quel est l'intérêt de Vallorcine pour les Walser, car les Walser c'est loin, surtout à Vallorcine où on a été rapidement noyé dans le franco-provençal. Le sentiment d'appartenance est d'autant plus difficile. Comment se sent-on Walser aujourd'hui? *« C'est une identité à creuser* [...], savoir qui on est avant de l'exporter, en quelque sorte »* (WA 1, soul. par nous).

Selon cet article paru dans le Dauphiné Libéré, les Vallorcins auraient oublié qu'ils sont Walser et le but du projet serait de recouvrer cette appartenance enfouie par le temps. Lors des entretiens de bilan du projet, les habitants prétendent s'être parfaitement approprié cette culture et l'avoir intégrée dans leur identité:

> On partait de rien et on a pris conscience de notre identité. Surtout que ce sont des traces ténues, lointaines. C'était du boulot. On a réalisé beaucoup de travail (WA 42).

> Au début on ne savait rien et aujourd'hui, on en a appris beaucoup (WA 42).

L'acquisition d'une nouvelle identité est ouvertement évoquée:

> N'ayant pas saisi tout l'intérêt de ce projet tout de suite, je peux dire que je ne me suis pas assez impliqué. Aujourd'hui je le regrette. On ne s'est pas senti Walser tout de suite (WA 42, soul. par nous).

Et cette identité est annoncée comme étant stabilisée dans le temps par les actions du projet:

Maintenant l'identité, la culture Walser c'est plus concret. Avant on parlait d'endroit qu'on ne connaissait pas. Maintenant avec les photos, les documents, ça devient concret. On s'identifie à une culture. C'était voué à s'éteindre peut-être et maintenant, alors que ça prend forme doucement, c'est amené à perdurer (WA 42).

On constate au final que le projet Walser Alps a suscité des importantes transformations dans le processus d'identification, qui passe aussi par la reconnaissance d'objets matériels :

Je préfère même qu'on nous appelle les Walser. C'est grâce à eux si on a ces anciens regats. Je suis sûr qu'il y a encore d'anciennes maisons faites par eux. Grâce à eux, on est ce qu'on est, on a eu cet héritage (propre à Vallorcine). C'est vrai qu'avec mon grand-père on n'en parlait pas. Je ne sais pas pourquoi. Il ne savait pas peut-être… (WA 42).

Un tel enthousiasme de ces habitants donne à penser que la culture Walser a été appropriée[123]. La mémoire collective, personnifiée ici par celle du grand-père, en vient à être corrigée en fonction des connaissances apportées par le projet.

Si le projet ne semble pas avoir eu de réelles prises sur les enjeux majeurs de la commune, il n'empêche pas moins que les habitants interrogés à l'occasion du bilan du projet lui reconnaissent des vertus certaines. Il est salué pour la connaissance historique qu'il diffuse et la transmission de la mémoire qu'il permet, processus qui ne peuvent que créer du lien social.

C'est important de connaître son histoire et même pour les gens qui viennent d'ailleurs, ça les aide à s'intégrer car on fait partie d'un groupe. Ca crée des liens. Ca soude la population quelque part… (WA 42).

La fameuse phrase adoptée par le projet : « *Savoir d'où l'on vient pour savoir où l'on va* » (adage populaire qu'on attribue parfois à un proverbe africain) est ainsi symptomatique de l'importance accordée à l'histoire pour les choix que peut faire une société pour son avenir. La sensibilisation des jeunes à cette origine est ainsi jugée indispensable :

Sans imposer quoi que ce soit aux jeunes, on leur a apporté des éléments d'histoire, du passé et un jour ou l'autre ils s'en serviront (WA 42).

---

123 Mais relativisons ces discours par le contexte même dans lesquels ils ont été produits : en réponse aux questions des responsables du projet Walser Alps, ce qui a pu conduire les enquêtés à enjoliver leur propre représentation du projet et de sa portée.

Dans une certaine mesure aussi, l'action sur le recensement des toponymes a pu contribuer à faire se converger des habitants autour d'objets communs. Certes, le travail réalisé a été essentiellement l'œuvre d'un expert, mais celui-ci a beaucoup consulté certains habitants pour qu'ils l'éclairent sur la signification ou l'emplacement de tel ou tel toponyme.

A Vallorcine, nombreuses sont les incidences qu'a pu avoir et qu'aura encore probablement à l'avenir le projet INTERREG Walser Alps. Retenons ici les trois qui paraissent les plus significatives.

D'abord, l'orientation touristique de la commune a été maintes fois évoquée dans ce projet, lequel a contribué à donner des impulsions dans ce sens. Le projet Walser Alps a fait émerger de nouvelles représentations en conférant une plus-value touristique à la destination Vallorcine. Au-delà des simples objets matériels, la valorisation de la culture Walser à Vallorcine s'inscrit dans un principe, soutenu par les porteurs de projet et par la nouvelle équipe municipale, de développement touristique doux. Le projet a certes été élaboré à destination de la population, comme cela a été répété à plusieurs reprises, mais l'introduction d'une coloration Walser dans l'offre touristique locale était aussi censée profiter aux acteurs du tourisme, pour lequel des éléments de distinction, sinon d'exotisme, sont susceptibles de procurer une plus-value indéniable.

Ensuite, les idéologies portées par le projet se sont traduites en un véritable projet politique, non seulement parce que les actions développées ont touché un large spectre de problématiques de l'avenir de la commune, mais aussi parce que, *in fine*, la principale responsable du projet a été élue dans un conseil municipal renouvelé en totalité. Toutefois, le programme politique de cette équipe ne s'est inspiré qu'à de rares occasions des réflexions du projet Walser Alps.

Enfin, la contribution la plus significative du projet a été, à notre sens, de mettre à disposition des éléments identitaires à la population locale. En ce sens, le projet Walser Alps peut être donc assimilé à de l'injonction identitaire, dirigée vers les habitants de Vallorcine, lesquels en viennent à incorporer une «identité Walser». Il est loisible de parler d'injonction, car le discours prend une forme idéologique: on juge incontournable que les racines doivent être connues par les habitants. Il resterait maintenant à savoir si ladite identité (dont on veut faire croire qu'elle est indiscutable) ne va pas s'évanouir aussitôt le projet terminé…

Néanmoins, cette «invention» ou «surimposition» d'une identité Walser, processus que les spécialistes appellent «Walserbewusstsein» (littéralement la «conscience Walser»), que l'on élargira, dans le contexte du projet INTERREG, à la naissance d'un sentiment transnational d'appartenance, est créé délibérément dans un double objectif: promouvoir un développement touristique durable (à l'encontre d'un tourisme uniquement fondé sur le ski) et travailler le lien social (faire que les habitants – jeunes en particulier – s'approprient leur mémoire et leur histoire).

Figure 7: L'inauguration du panneau sur le sentier Walser en octobre 2007. Des habitants posent devant le panneau installé à côté de l'Office du tourisme, pour présenter l'itinéraire qui a été prolongé jusqu'à Vallorcine. C'est par ce type de manifestation aussi que la population s'approprie un tel projet (Cliché: Mathieu Petite).

3.3 Un plateau agricole pour redynamiser une commune et une vallée

Nous avons déjà dit que le projet agrotouristique d'Ossona découlait d'une politique de la commune de Saint-Martin destinée à s'orienter vers un développement durable de son territoire, par le biais du renforcement de l'agriculture et des offres touristiques relatives.

Ainsi, il est possible de déceler des jeux d'échelles à travers le temps dans ce processus : la commune décide de se lancer dans des « voies alternatives » (en référence à la décision de l'Assemblée primaire de renoncer au tourisme d'hiver) et choisit de revitaliser le site d'Ossona et Gréféric. Celui-ci contribuera à faire de Saint-Martin une commune modèle en matière agrotouristique, ce qui accentuera l'intérêt des autorités cantonales et fédérales pour cette démarche. L'échelle d'un site, l'échelle d'une commune et l'échelle cantonale se voient entrelacées. Mais le plus intéressant est l'émergence d'une échelle intermédiaire, celle de la Vallée d'Hérens, espace de référence exigé pour le lancement d'un projet de DRR. On ne peut pas dire pourtant que c'est totalement de l'impulsion, peut-être pas tout à fait délibérée, de Saint-Martin qu'est venue la création d'une structure intercommunale, mais que celle-ci avait déjà été préfigurée par le projet IMALP et, bien entendu, par d'autres initiatives plus ponctuelles et sectorielles, entreprises par les différentes communes depuis de nombreuses années.

L'idée que nous souhaiterions détailler dans ce panorama des processus à l'œuvre dans le Val d'Hérens est la suivante : les objets d'Ossona et Gréféric rassemblés dans un projet de site sont pensés et mis en discours par ceux qui les manipulent en référence à un contexte bien plus large (communal et régional) et en tant qu'ils sont aptes à amorcer des dynamiques dans ces contextes.

C'est ce que nous avons rangé dans l'exemplarité dont est porteur le projet (et, donc, les objets qui le composent).

3.3.1 Saint-Martin rate le premier train mais prend le suivant : le destin d'une commune pas comme les autres

Comme nous l'avons vu dans la deuxième partie, la commune de Saint-Martin est confrontée, depuis les années 1970, à un certain nombre de problèmes structurels : le déclin de l'agriculture, l'inadaptation des infrastructures, l'augmentation du taux de pendulaires (consécutif à la baisse des emplois sur la commune), le vieillissement de la population, l'enfrichement des surfaces sont parmi les principaux diagnostics tirés par les autorités communales au début des années 1980. La mise en évidence de ces constats alarmants est souvent expliquée par l'absence de développement d'infrastructures pour le tourisme d'hiver. Nous avons déjà dit que les projets d'équipement touristique avaient échoué au milieu des années quatre-vingt. Mais déjà quelques années auparavant, l'ensemble des communes de la Rive droite, qui partagent entre elles les mêmes faiblesses caractéristiques, avaient initié une réflexion sur leur avenir touristique. En effet, en 1987, un groupe de travail réunissant les représentants des communes de la Rive droite de la Borgne et les représentants des associations écologistes (WWF et Ligue Suisse pour la Protection de la Nature) a été créé, à la suite des oppositions de ces dernières à l'extension du domaine skiable de Nax. S'appuyant sur un diagnostic socio-économique, démographique et écologique de la région, ce groupe de travail visait à trouver un terrain d'entente sur la question des remontées mécaniques projetées et à rechercher des solutions alternatives au tourisme d'hiver. En 1988, cette concertation aboutit, entre autres décisions, à la levée de l'opposition des associations écologistes contre la construction d'un téléski et en contre-partie la promesse faite par les communes de ne pas étendre le domaine skiable dans le périmètre du Vallon de Réchy, très riche écologiquement[124]. Il n'est pas de doute que cette solidarité entre ces communes voisines a préfiguré le projet de Biosphère et la collaboration politique sous la forme de l'ACVH[125].

---

124 CEAT, SEREC & GECI, *Rive droite de la Borgne. Réussir ensemble : un défi à relever !*, 1988.

125 Il est d'ailleurs assez frappant de constater que la plupart des principes (recherche d'alternatives au tourisme de ski, planification régionale, concertation avec les associations de protection de la nature, etc.) dont se réclame la commune de Saint-Martin avaient été énoncés dans ce rapport dix ans auparavant.

Dynamisée par quelques personnages charismatiques, la commune de Saint-Martin a d'emblée amorcé une réflexion de fond sur son avenir. Sans entrer dans les détails de cette histoire de la commune, il est assez intéressant de constater qu'au travers de l'histoire qui est reconstituée dans les discours, le déclic s'opère au moment même où la commune reçoit le refus de la concession sollicitée pour la construction de trois remontées mécaniques. En effet, il est longuement rappelé, particulièrement dans les articles de journaux ou de magazines, le «destin» de Saint-Martin. Paradoxalement, le choix de renoncer totalement au tourisme d'hiver est tantôt présenté comme particulièrement audacieux, tantôt qualifié de contraint.

> Nous n'avions pas vraiment le choix. A la fin des années 1980, la commune n'a pas pu profiter de la manne de l'or blanc car, contrairement à nos voisins de Nax et d'Evolène, les concessions pour la construction d'un téléski et d'un télésiège lui ont été refusées. Pour assurer le développement de Saint-Martin et freiner l'exode rural, nous avons dû changer notre politique de 180 degrés (OG 1).

On remarque, d'un autre côté, la fierté que peuvent en retirer les protagonistes, toujours en se comparant à la situation des autres communes:

> C'est assez incroyable parce qu'on a été traités de fous par tous nos voisins, Hérémence, Nax. Nax avait même dit, on viendra dans vingt ans pour voir ce qu'on serait devenus si on avait pris la même direction qu'eux. Aujourd'hui on se rend compte que ça a complètement inversé et que tout le monde va dans cette direction de développement durable et de tourisme doux (OG 11).

Dans cet extrait, l'anecdote est volontiers utilisée pour faire passer cette idée d'avant-gardisme. C'est comme si la commune de Saint-Martin était présentée telle l'héroïne d'une histoire qui se termine bien:

> Pas de sinistrose donc dans ce village de montagne, où on n'a pas l'habitude de baisser les bras. «Il est temps de trouver de nouvelles voies à même d'assurer durablement l'avenir de notre communauté», ont affirmé d'une même voix Conseil communal et population (OG 23).

Il est fait mention de toute la détermination d'une commune, dont les autorités et les habitants sont prêts à forcer leur destin, en dépit d'une situation initiale défavorable.

> Une démarche originale, novatrice et exemplaire, basée sur la mise en valeur de l'existant, un maillon complémentaire aux stations traditionnelles, centrées surtout

sur les sports d'hiver. Saint-Martin est en marche, et foi de montagnard, rien ne pourra freiner sa volonté d'atteindre les objectifs fixés (OG 23).

Dans ce choix contraint, revendiqué comme tel et en même temps source de fierté, le couplage tourisme – agriculture est pensé comme une stratégie à même de freiner l'exode de population qui caractérise la commune. Mais l'essentiel de l'argumentation repose sur l'objectif de maintenir la population sur la commune. Ce choix de combiner l'agriculture et le tourisme est étayé par le double constat des faiblesses et des atouts:

> C'est les atouts que Saint-Martin avait, avec un patrimoine préservé, étant donné qu'on n'avait pas pu ou décidé de renoncer à des infrastructures lourdes. Et puis la problématique justement c'était l'émigration de la population et le déclin de l'agriculture (OG 11).

Est ici évoquée une relation de cause à effet entre une absence de développement d'infrastructures pour le tourisme d'hiver et la conséquence sous-entendue inévitable d'un paysage intact. C'est probablement aussi ce qui a séduit le Fonds suisse pour le paysage, qui a octroyé un financement pour l'achat des terrains. Cette fondation a consacré deux articles à Ossona dans ces bulletins, où elle se félicite de l'absence de développement dans la commune:

> On découvre encore ici de vastes zones largement épargnées par les profonds changements liés au développement touristique (OG 15).

L'une des opérations qui a lancé cette réflexion n'est pas l'aménagement du site d'Ossona et Gréféric, mais la rénovation de l'alpage de l'A Vieille. A cette occasion, la commune «s'invente» un patrimoine: les chottes[126] de l'alpage, qui vont être restaurées par des particuliers. Cela préfigurera sans aucun doute la préoccupation patrimoniale dans le projet d'Ossona. En même temps, à L'A Vieille, la commune entreprend le premier grand chantier au niveau agricole (rénovation de l'alpage), le début d'une vaste réflexion, puis de mesures de construction plus importantes encore (*Cf.* II 1.3 et III 1.3.1).

Par conséquent, c'est d'abord dans ce contexte qu'il faut replacer l'émergence du projet d'Ossona. Celui-ci s'inscrit dans cette longue réflexion sur l'agriculture et les moyens pour la dynamiser dans la commune de Saint-

---

126 Il s'agit d'anciens bâtiments d'alpage de taille modeste et qui abritaient le bétail.

Martin. Pour les représentants de l'Etat du Valais, le site d'Ossona remplissait avant tout des conditions idéales à la reprise d'une activité agricole (*Cf.* III 1.3.1). Nous avons vu comment cette idéologie d'un espace agricole s'opposait diamétralement à celle d'un espace naturel (*Cf.* III 2.3)

Mais la revitalisation du plateau d'Ossona Gréféric n'est pas d'emblée identifiée comme prioritaire. Les autorités entreprennent d'abord des travaux jugés plus urgents aux abords des villages de la commune: la création de places à bâtir, qui soient équipées et directement constructibles, ainsi que la construction des infrastructures agricoles.

Les autorités communales amorcent donc une politique volontariste, très active, de redynamisation de l'agriculture, mais aussi de valorisation de la zone bâtie. En même temps, les premières lignes de l'avant-projet de réoccupation du site d'Ossona et Gréféric, laissé à l'abandon depuis près de quarante ans, sont dessinées. En 1997, l'affaire prend une tournure plus précise avec la commande, à l'Institut d'architecture de l'Université de Genève, d'un rapport dressant les potentialités de remise en état du plateau d'Ossona et Gréféric. Un étudiant en fera le sujet de son travail de diplôme[127].

A partir de là vont s'enchaîner les étapes que nous avons déjà décrites dans la partie II: rachat des terrains, débroussaillage, reconstruction du bisse, construction des réseaux techniques, construction de la ferme, etc. Au début des années 2000, plusieurs réalisations sont en cours sur la commune, comme la rénovation de l'alpage de l'A Vieille ou l'équipement des places à bâtir. Mais, les années passant, le projet d'Ossona occupe bien vite le devant de la scène, devenant la matérialisation la plus puissante de la politique de développement durable voulue par la commune.

3.3.2 Ossona Gréféric: une fonction identificatoire?

Il y a donc logiquement une co-influence de la politique à l'échelle de la commune et du déroulement du projet à Ossona. Mais à cela s'ajoute un effet social sur les habitants, qui est soit directement recherché par les porteurs de projets, soit qui se produit *de facto* à la faveur de l'impact que les objets ont sur la population locale.

---

127 CAPOL Jürg, *Mise en valeur du plateau d'Ossona-Gréféric, St-Martin VS*, Genève: Institut d'architecture, 1999, 40 p.

Il faut se rappeler que les hameaux d'Ossona et de Gréféric étaient habités par quelques familles à l'année et, temporairement, par des habitants de Suen qui y descendaient en été et en automne (pour faucher les prés) ainsi qu'en hiver (pour faire pâturer le bétail). Ce qui représentait, selon les années, une population approchant les 65 personnes (EVÉQUOZ 1991). Le départ des habitants s'est échelonné sur quinze ans, à partir des années 1950. Le différentiel entre les villages et les hameaux du plateau se creusait : les premiers étaient approvisionnés en eau potable et en électricité, une route carrossable les desservait, tandis que les seconds ne l'étaient. Il devenait inconcevable pour les habitants d'Ossona et de Gréféric d'y rester vivre : les conditions allaient être bien meilleures dans les villages.

> Parce que mes parents quand les enfants on a été tous adultes, ils sont venus s'établir ici à Suen. Et tout ça est tombé à l'état sauvage presque, il y avait plus grand-chose de bon. Toutes les maisons, c'était tout délabré, il y avait plus rien (OG 6).

Le plateau se marginalise à l'échelle de la commune, l'attention se concentrant alors sur les villages.

> – Mais quand justement vous avez quitté cet endroit, les trois, est-ce que vous vous êtes dit, mais c'est dommage finalement de quitter cet endroit, qu'il devienne désert ou est-ce que vous disiez c'est normal c'est une évolution ?
> – Oui ça faisait mal de voir toutes ces granges, toutes ces maisons, qui tombaient…
> – Oui mais au début à l'âge qu'on avait on y prêtait pas trop attention. On y allait plus, notre vie était ici. On avait notre famille, on s'est mariés, on a eu des enfants, on était ici et avec les années maintenant, on réagit différemment (OG 6).

Les hameaux sont abandonnés sans regret, mais au fil des années, la prise de conscience d'une déliquescence d'un passé qu'on se représente positivement émerge (alors que les conditions de vie étaient décrites comme y étant difficiles).

> On a plus rien, tout a été vendu. Mais c'est quand même notre… on a passé une certaine jeunesse là-bas. On est si on veut dans un sens attaché à l'endroit […] Et c'était notre jeunesse, on était attaché… de cette façon là. On a vécu nos bonnes années là-bas, nos années d'insouciance (OG 6).

Progressivement, les champs en terrasse du plateau d'Ossona et Gréféric s'enfrichent, les habitations tombent en ruine et le site, que l'on ne fréquente moins régulièrement, voire plus du tout (voir III 1.2.4), devient repoussant.

Il reste encore, dans les villages de Suen et des alentours, probablement une vingtaine de personnes vivantes, de 60 ans ou plus, qui ont fréquenté le plateau. Ces personnes-là, qui y ont habité même temporairement mais qui ne représentent bien sûr qu'un infime pourcentage de la population totale (environ 2 %), ne peuvent être que réjouies par la perspective de voir les lieux de leur enfance resurgir, d'autant que, nous l'avons dit, l'enfrichement est toujours perçu négativement. C'est ce que précise l'un des responsables du projet :

> Ils sont très heureux de penser que ce qui était un élément de leur patrimoine, qui était en train de disparaître, dans une dégradation totale, ait été repris en main et qu'on en refasse quelque chose de vivant, pour eux, c'est un élément de leur mémoire. Ils sont très favorables (OG 9).

Ces habitants suivent attentivement la rénovation successive d'objets par la commune :

> – Si la commune avait pas repris, ce serait fini, ce serait tout boisé. Il y avait plus de maisons, comme ça ils vont refaire doucement, je te dis cinq ans.
> – On est descendus jeudi passé, mais ça fait plaisir de voir toutes ces granges qu'ils ont mis un toit provisoire. Elles sont à l'abri et ils les ont remises un peu d'aplomb.
> – Tu l'as vu le mur ? Ils ont fait un beau mur.
> – Ah oui ils remontent le raccard (OG 6).

Pour les porteurs de projets, il a été ainsi tentant de se constituer en porte-parole de ces habitants-là et de se porter garants d'une certaine mémoire collective vis-à-vis de ces lieux. Nous avons déjà souligné que des objets avaient été réinstallés dans cette perspective : les fruitiers, la vigne, le bisse, par exemple. Bien plus, les autorités communales ambitionnent de faire participer les habitants à la renaissance du plateau, pour que celui-ci soit désormais pleinement intégré à leur territorialité.

> Parce qu'il faut pas oublier c'est un projet communautaire, c'est vraiment un *partenariat* et les gens de la commune ils ont quand même majoritairement voté les crédits pour acheter les terrains à l'époque, pour faire la route. Donc ils ont un fort lien avec ces domaines, les gens au-dessus de 50, 60 ans, ils ont habité (OG 5, soul. par nous).

Figure 8: La «renaissance» du lieu. A gauche, les premiers travaux de réfection (mai 2004). A droite, les mêmes bâtiments rénovés (août 2008). On distingue l'annexe en béton derrière la maison. (Cliché: Mathieu Petite)

La plantation de la vigne répond à cette logique de (ré)appropriation des lieux par les (anciens) habitants. En plus d'avoir aidé à la plantation de la vigne en avril 2007, une association de retraités s'occupe en effet de l'entretenir. Cette opération traduit la double volonté de la commune à la fois de remettre en état des éléments qui étaient structurants pour le paysage du site et de susciter l'appropriation du projet par la population, au travers de cet objet-là. Les autorités communales avaient déjà joué sur ce ressort, en organisant le débroussaillage du plateau en 2003 par des ouvriers de la protection civile.

Mais il est hors de doute que les efforts de la commune pour impliquer des habitants dans le projet d'Ossona visent aussi à éviter une marginalisation du site par rapport aux flux habituels du territoire (entre les différents villages et hameaux).

De manière générale, la commune s'efforce de rassembler ses citoyens au travers d'événements populaires qui rythment l'avancement du projet: l'inauguration du bisse (octobre 2005), la plantation de la vigne (avril 2007), la visite de la conseillère fédérale Doris Leuthard (août 2007), l'inauguration des gîtes (août 2008). Les porteurs de projet ont en effet beaucoup cherché à impliquer la population et les institutions ou associations qui ont financé le projet. Parmi ces rassemblements, certains se sont spécifiquement tenus autour d'un objet en particulier: le bisse, la vigne, les gîtes d'accueil et l'auberge[128]. Au travers de ces mobilisations sociales, c'est

---

128 A noter que cet objet-là a même été conçu pour favoriser la rencontre entre exploitants agricoles et visiteurs: preuve qu'on attend de la matérialité qu'elle influe sur les relations sociales.

le projet en entier qui se met en scène, qui produit sa propre publicité, d'une part auprès des financeurs (les institutions cantonales et fédérales – voir la visite de Doris Leuthard –, les entreprises, la Coop) et donc stimule indirectement d'autres financements (*Cf.* III 4.3.1), et d'autre part, auprès de la population locale, dont les porteurs de projet estiment qu'elle doit être partie prenante de la sauvegarde de son patrimoine.

On constate, donc, que le projet et les objets, par leur matérialité et les significations qui lui sont assignées (perpétuer une certaine mémoire collective), influencent la dynamique sociale à Saint-Martin, en faisant se rassembler des personnes, en les impliquant à des degrés divers dans le projet. Tout cela concourt à construire une identité collective qui s'appuie pleinement sur ces objets.

3.3.3 Du projet IMALP au projet DRR: Le Val d'Hérens sous les feux de la rampe

Dans le même temps, c'est déjà à l'échelle de la vallée qu'est en train de se jouer une autre tendance qui imprimera des dynamiques sociales durables. Mais, par contre, dans ce cas, l'impulsion est dans une certaine mesure exogène. Elle provient en effet d'organismes de recherche et de chambres d'agriculture qui collaborent au sein d'un projet scientifique financé par l'Union Européenne, via le programme cadre de recherche et développement (5ᵉ PCRD). Il s'agit du projet IMALP, comme «Implementation of Sustainable Agriculture and Rural Development in Alpine mountains» (Plan d'action en faveur d'une agriculture durable et d'un développement rural dans les Alpes) qui a rassemblé partenaires français, autrichiens, italiens et suisses entre 2003 et 2006. Fortement orienté par la recherche de solutions sur le terrain, le projet, qui visait à «mettre en œuvre et évaluer des actions collectives en faveur d'une agriculture durable et du développement rural dans les Alpes»[129], a retenu quatre régions pilote dans toutes les Alpes: la Moyenne Tarentaise en France, le Val d'Hérens en Suisse, Murau en Autriche et le Val di Sole en Italie. Le principe du projet consistait à impliquer la population locale, en particulier les agriculteurs, pour qu'elle soit elle-même l'opératrice des actions. Le groupe de travail dans la

---

129 PETIT, Sandrine *et al.*, *Mettre en œuvre des projets d'agriculture durable dans les Alpes. Gérer la dynamique sociale dans le cadre d'actions sociales.* Projet IMALP, juin 2006.

vallée d'Hérens, composé en partie par des agriculteurs, a dégagé les enjeux prioritaires suivants: «mieux valoriser la viande locale; maintenir l'approvisionnement des laiteries; développer les activités d'accueil touristique et pédagogique à la ferme; appuyer la collaboration entre agriculteurs et la gestion de l'espace». Des actions ont été ensuite réalisées (par exemple, création d'un label Viande d'Hérens, fondation d'une association de plusieurs fermes pouvant proposer un accueil touristique).

On voit bien que ce projet IMALP, d'origine scientifique mais pensé pour être utile à la population locale, a préfiguré les dynamiques actuelles dans le Val d'Hérens. Le projet de Développement rural régional (DRR) a repris certaines des thématiques traitées dans le projet IMALP, notamment celle liée à l'agritourisme. Le projet subventionné par la Confédération se focalise en effet sur la mise en réseau des offres agrotouristiques dans le Val d'Hérens. Il s'agit d'un *«projet-pilote modèle pour intégrer et atteindre les objectifs stratégiques de la Confédération dans la mise en place de la nouvelle politique régionale [...] Ce projet possède un caractère novateur par le fait qu'il intègre, dans la phase de réalisation des infrastructures, la mise en réseaux des acteurs, prestations de produits et services»* (OG 2). Il vise à developper la valorisation des produits agricoles locaux et la structuration d'une offre agro-touristique dans le périmètre concerné.

On remarque dans ces objectifs l'attention accordée à la valeur exemplaire que peut avoir le projet, et, par là même, la référence à une échelle plus vaste (l'échelle nationale) qu'il autorise.

> La reconnaissance du Val d'Hérens comme région pilote au niveau fédéral permet ainsi au canton de créer et tester un véritable modèle de développement rural qui, selon les enseignements à retirer, pourra être étendu à l'ensemble du canton et aux autres régions de la Suisse (OG 67).

Le projet a été porteur de changement, dans la mesure où il a nécessité une collaboration régionale. Celle-ci s'est traduite par un pilotage de huit communes, puis la création de l'association des communes du Val d'Hérens, dont les compétences ont rapidement dépassé le seul cadre de ce projet.

Avant ces projets d'IMALP et de DRR, les communes de la rive droite de la Borgne s'étaient rassemblées autour d'un projet de Réserve de biosphère, à partir du regroupement des sociétés de développement de Nax, Mase, Vernamiège, Saint-Martin et Grône, lancé en 2001 avec la collaboration de l'Université de Genève. Ce projet, qui est la suite logique de la mobilisation de ces mêmes entités politiques au sujet de leur avenir touristique en 1987 (*Cf.* 3.3.1), a obtenu un appui de la Confédération, via les fonds Regio Plus en 2003. Le projet visait à faire reconnaître la zone concernée en tant que réserve de biosphère, labellisée par l'UNESCO. Le projet poursuivait trois objectifs: coordonner et insuffler des dynamiques locales; mettre en valeur les patrimoines naturels et culturels; obtenir la reconnaissance de l'UNESCO[130]. Au travers de ces objectifs généraux le projet vise à articuler des éléments déjà existants:

> Le projet réserve de biosphère Maya Mt Noble se pose en projet fédérateur ayant l'ambition de tisser des réseaux de compétences, déjà présents sur le terrain mais actuellement sans cohérence évidente. Le projet veut coordonner les initiatives aussi bien privées que publiques sous une seule appellation («réserve de biosphère Maya Mt Noble») qu'elles soient liées aux aspects environnementaux et naturels, sociocul-turels (traditions et savoir faire, sciences naturelles et humaines) ou économiques (tourisme, agriculture de montagne, produits du terroir, exploitation forestière, arti-sanat et industrie) (OG 64).

Le projet a eu beaucoup de peine à démarrer (et ce, bien que des actions concrètes sur le territoire aient été listées dès 2002) et à être accepté au sein de la population locale. Ainsi, aucune définition des périmètres de gestion (aire centrale, zone tampon…) n'a pu être réellement envisagée pour le territoire concerné. En 2006, l'Association Maya Mont Noble décide de transformer l'appellation du projet: ce ne sera plus Réserve de biosphère, mais Biosphère tout court. Cette décision est une façon de désamorcer la connotation négative associée au terme de réserve, laquelle, pour beau-coup, est bien trop liée à des conceptions écologistes. Dès les débuts du projet, les responsables ont tenus à ne pas se focaliser sur les aspects environnementaux:

> Ce projet met l'Homme au centre des préoccupations. Il définit plus particulière-ment sa place au sein de son environnement naturel afin qu'il le préserve et l'exploite de manière pérenne et harmonieuse (OG 64).

En 2006 également, l'Association Maya Mont Noble ouvre le projet aux quatre autres communes du Val d'Hérens à la suite d'une demande de l'association des communes, qui, du coup, prend la charge du projet.

---

130 WILK, Rolf et Sébastien MABILLARD, *Projet Réserve de Biosphère Maya Mt Noble. Un Projet de développement économique et social.* Projet Regio Plus. Association Maya Mt Noble, Août 2003.

Eu égard à l'évolution de la législation fédérale et notamment la révision de la Loi sur la protection de la nature, le projet de Biosphère doit d'abord se constituer en Parc naturel régional, avant de pouvoir aspirer à une reconnaissance par l'UNESCO. En 2006, l'Association Maya-Mont-Noble mandate un bureau d'études (AZUR) pour étudier la faisabilité d'un tel parc à l'échelle du Val d'Hérens. L'opportunité d'élargir le périmètre à des communes italiennes de la Valpelline est également évoquée.

L'appellation du projet est modifiée: «Biosphère Val d'Hérens». En janvier 2009, un dossier de candidature a été déposé auprès la Confédération dans le but d'obtenir le label Parc naturel régional d'importance nationale, tel que le prévoient la Loi sur la protection de la nature et l'Ordonnance sur les parcs (OParcs) entrées en vigueur le 1er décembre 2007.

Aux mêmes périodes, les communes de la rive gauche (de la Borgne) réfléchissent à une collaboration avec la Valpelline. Dans ce but, un projet INTERREG IIIA a été déposé et accepté en septembre 2004. Il fait collaborer la Communauté de montagne Grand Combin dans la Vallée d'Aoste et l'association Hérens Vacances, l'Association des communes du Val d'Hérens n'étant pas encore créée lors du lancement du projet. Son nom, «Montagne de l'Homme» découle de l'identification de différentes spécificités qui seraient propres à certaines zones par le Plan de coordination territoriale Valais – Vallée d'Aoste, lequel avait reconnu une zone intermédiaire entre les zones fortement touristiques du Mont-Blanc *(«l'exceptionnel de la montagne»)* et du Cervin-Mont-Rose *(«les hautes terres du grand ski»)*. Cette zone intermédiaire a été qualifiée de prioritaire dans la coopération entre Valais et Vallée d'Aoste dans une perspective de valorisation d'une certaine authenticité dont serait doté cet espace: *«la montagne de l'homme pour le Pays du Grand-Saint-Bernard et la zone du Grand Combin avec une attention particulière à l'histoire et à l'agriculture, dans un esprit de mise en valeur de l'authenticité et de la typicité de la civilisation alpine»* (OG 69). Financé par l'Union Européenne, la Région Autonome de la Vallée d'Aoste, l'Etat italien, le Canton du Valais et la Confédération, le projet a couvert la période 2004-2007.

Cette collaboration Hérens – Valpelline a eu probablement autant de mal à se concrétiser que le projet de Biosphère. Pourtant, elle avait identifié des domaines de coopération, correspondant à des types d'espaces ou d'objets bien précis: la valorisation touristique des ressources hydroélectriques et la mise en valeur du patrimoine naturel, à savoir les zones non habitées, qui couvrent une vaste proportion des territoires des deux vallées. Comme pour le projet de Biosphère et dans une moindre mesure le projet DRR, la coopération Hérens – Valpelline est mise sur pied au service des populations locales et de leur maintien en montagne :

> Trouver des solutions à des problèmes communs afin de garantir le maintien de la population sur le territoire. L'engagement transfrontalier du Val d'Hérens et de la Valpelline se base prioritairement sur un souci social c'est à dire garantir des opportunités de vie aux populations locales. Le but est de maintenir la montagne habitée, de garantir le préside [sic] des hautes terres, de sauvegarder une colonisation millénaire des vallées alpines (OG 3).

L'argument invoque l'histoire et une certaine continuité, mais donne à voir une idéologie localiste. Même si le concept de développement durable est arboré dans le projet et même si le « patrimoine naturel » est pris en compte, le projet se positionne clairement contre des conceptions écologistes :

> Le Val d'Hérens et la Valpelline ont un patrimoine naturel tout à fait exceptionnel et pour l'extension des surfaces non habitées et pour la qualité du cadre paysager. Ce patrimoine peut faire l'objet d'une valorisation économique dans le cadre d'une gestion territoriale conjointe qui ait à la base le concept de développement durable. Evoquer dans les alpes l'image d'une dimension « totalement wilderness » pour les parties naturelles et non habitées, est tout à fait hors de la réalité. Les hautes terres aussi doivent rentrer dans une stratégie de gestion territoriale active de la montagne (OG 3).

L'allusion à l'association Mountain Wilderness est suffisamment claire pour ne pas être fortuite.

Relativement actif côté Valpelline, le projet a longtemps sommeillé du côté du Val d'Hérens, probablement à défaut d'une organisation décisionnelle unique. Rassemblées en une seule association, les communes ont pu dès 2006 réactiver le projet et commander en 2007 une étude à la Haute école d'économie de Lucerne (HSW) pour proposer une stratégie touristique fondée sur des éléments existants dans la vallée.

Ainsi, en janvier 2006, lors sa création, fortement encouragée par le canton, l'Association des communes du Val d'Hérens s'est retrouvée à gérer trois projets, lancés au même moment mais sans concertation entre eux et dont les objectifs multiples, ainsi que les actions prévues, tantôt se recoupaient tantôt se complétaient. En septembre 2009, la deuxième phase du projet du développement régional du Val d'Hérens, couvrant la période 2009-2015, a été adoptée par le Grand Conseil valaisan. 5.6 millions de francs ont été débloqués par le canton sur un total de 21 millions d'investissements prévus. La coordination entre les trois projets cités plus haut est jugée indispensable.

3.3.4 Ossona Gréféric porte à bout de bras le Val d'Hérens

Dans ces jeux d'échelle, le lieu et le projet qui y prend place conditionnent une dynamique à d'autres échelles, communale d'abord, régionale ensuite et nationale enfin. Le projet et les objets qui le composent sont justifiés de telle sorte à connecter ces espaces de référence et ces espaces institutionnels.

Il est souligné d'abord que le projet d'Ossona trouve ses racines dans la politique que mène la commune depuis le début des années 1980:

> C'est pas uniquement une action sur un site particulier, mais c'est bien une vision globale au niveau de la commune. C'est aussi ce qui fait la force de ce projet. Parce que c'est vrai qu'on a fait les choses je pense de manière assez sérieuse. Et si aujourd'hui on aborde différents milieux pour avoir des aides et ça, ils sont très réceptifs (OG 11).

Le projet est contextualisé dans un ensemble plus vaste que lui, ce qui, selon le locuteur, explique les financements obtenus (*Cf.* 4.3.1). C'est le projet qui dépend d'un espace, mais l'espace est également redevable du projet, particulièrement au niveau symbolique, comme le montre la citation suivante:

> Le fait est que si [le projet] marche, il y a quand même des preuves tangibles qui sont là, c'est quand même le signe d'une commune vivante. [...] Et tout ça, ça encourage les gens à dire, eh ben il se passe quelque chose à Saint-Martin, c'est pas simplement un village de vieux, où les gens s'en vont parce qu'il y a rien à faire. Je crois que c'est ça qui est important, c'est qu'il y a un souffle qui encourage à entreprendre d'autres choses (OG 9).

Le projet doué de matérialité devient un exemple: il est imaginé de telle manière qu'il peut se reproduire et donner ainsi une qualité nouvelle à l'espace qui l'abrite. Dans cet argument est également invoquée l'autorité populaire, c'est-à-dire les habitants pour lesquels ce projet a une incidence positive.

Ensuite, la commune de Saint-Martin et son projet emblématique d'Ossona ont incontestablement entraîné dans leur sillage les autres communes de la vallée et encouragé la concertation politique qui en a découlé.

> Donc en fait le développement prôné par Saint-Martin de par les raisons straté-
> giques, économiques et les problèmes que les populations de montagne connaissent,
> a fait boule de neige (OG 10).

Les médias mettent particulièrement en avant ce lien entre le projet et la
région qui en serait affectée :

> Ce projet d'agrotourisme redonne un souffle à toute une région et permettra à deux
> familles de vivre sur le plateau d'Ossona-Gréféric, d'y travailler (OG 1).

L'argument avance une relation de cause à effet entre le projet et les places
de travail créées.

Au niveau territorial, il semble bien, comme le dit le président de Saint-
Martin (cité dans le *Nouvelliste*), que le complexe agrotouristique d'Ossona
structure le projet DRR :

> Cette zone [Ossona] […] est appelée à jouer le rôle de centre névralgique de ce
> projet [de DRR] (OG 38).

A ce propos, la visite de la Conseillère fédérale Doris Leuthard (citée dans
le journal *Coopération*), qui entendait soutenir des projets tels que celui
d'Hérens, s'est déroulée à Ossona et pas ailleurs, signe que le lieu est véritablement le moteur et le symbole du projet.

> Le projet de Saint-Martin est exemplaire du point de vue écologique et économique.
> Il sert de référence à d'autres régions de montagne de Suisse, des produits et des
> prestations de services créant une plus-value sur place (OG 30).

Enfin, la connexion avec l'échelle cantonale et nationale est assurée par les
flux financiers, qui ont été d'abord accordés pour consolider le projet
d'Ossona, mais ensuite affectés à plusieurs projets d'autres communes. Il
est toutefois reconnu, là encore, que le projet d'Ossona est pour beaucoup
dans la désignation par la Confédération du Val d'Hérens comme cadre
du projet pilote :

> Donc la Confédération a choisi le Val d'Hérens pour une raison bien claire, c'est que
> la commune de Saint-Martin a à peu près en Valais en tout cas quinze ans d'avance
> sur tout projet de développement tourisme doux (OG 13).

3.3.5 *Ecueils et avancements d'une coopération politique*
dans le Val d'Hérens: l'ACVH

L'Association des communes du Val d'Hérens (ACVH) est fondée et tient sa séance inaugurale le 19 janvier 2006. Elle a pour but de *«gérer en commun et de manière coordonnée les projets concernant le Val d'Hérens»* (OG 48). Cet événement est salué par tous comme une avancée considérable dans la vallée. Elle intervient dans un contexte de remise en cause des découpages politiques traditionnels, dont les fusions de communes sont une des manifestations les plus spectaculaires. En novembre 2006 d'ailleurs, les communes voisines du Val d'Anniviers se sont prononcées pour une fusion en une seule commune.

Nous l'avons déjà dit, ce sont davantage les circonstances (le pilotage du projet DRR) qu'une réelle volonté politique délibérée qui ont incité la création de l'ACVH. En effet, lors de l'attribution du projet par la Confédération, les huit communes se posaient comme les interlocuteurs du canton et de la Confédération. Lors de la visite de Doris Leuthard à Ossona, le conseiller d'Etat Jean-René Fournier affirme que *«la réalisation politique majeure de ce projet pilote est la création de l'association des communes du val d'Hérens»* (OG 24). Lors d'une conférence de presse, l'ACVH déclarait cette nécessité de coordination:

> Envisager son avenir est l'une des exigences les plus urgentes que vit le Val d'Hérens. Sauvegarder les qualités uniques de la vallée est devenu un enjeu et s'organiser, une condition indispensable (OG 66).

Pourtant, si l'on en croit les discours recueillis, ce processus de concertation n'a pas été simple, même si plusieurs services à la population ou d'activités économiques avaient déjà été mutualisés à l'échelle de la vallée (le cycle d'orientation, la gravière, par exemple):

> Je dirais que les débuts ont été très difficiles, parce que, on peut pas dire qu'ils ont été imposés par le canton, mais quand même il y a eu une volonté très forte de dire, maintenant vous vous organisez pour mettre en place… Et quand on touche à l'autonomie communale, on touche à quelque chose de sensible (OG 31).

Le Val d'Hérens est marqué par une longue histoire d'autonomie communale, contrairement au Val d'Anniviers voisin. L'événement que constitue la fondation de l'ACVH est donc interprété comme l'indice d'une évolution mettant fin à une période de concurrence néfaste à la vallée, qui est traduite par l'expression «copier-coller»:

> C'était du copier-coller, systématique. Un qui fait quelque chose dans une commune, l'année d'après… (OG 11).

L'ACVH est donc présentée comme une structure faisant sortir le Val d'Hérens et ses communes de ses traditions, ses mentalités, ici qualifiées de terriblement sclérosantes. Car les bénéfices qu'a apportés l'association sont reconnus par les porteurs de projet:

> Donc grâce à la structure de l'ACVH on a fait abstraction de la notion de limites communales et on a essayé d'avoir une vision régionale en disant, si je fais quelque chose à Nax, qu'est-ce que je peux faire à Saint-Martin ou qu'est-ce que je peux faire à Evolène. Alors il y a les particularités de chaque commune, chaque commune vit d'une certaine manière avec des objectifs économiques qui sont pas forcément les mêmes […]. Donc on essaye de jouer sur ces particularités pour offrir des complémentarités (OG 13).

Des objets sont cités comme des exemples de collaboration réussie, l'arène d'Evolène, parmi d'autres objets à venir[131]. Pourtant, si l'on regarde les projets retenus dans le cadre du projet DRR, on ne peut s'empêcher d'observer l'arbitrage entre les différentes communes qu'ils ont nécessité et, par là même, de voir émerger le risque de redondance tant redouté: maison de la nature et de l'agriculture à Nax, centre d'accueil des produits locaux à Vex, ferme pédagogique d'Hérémence, centre agrotouristique d'Ossona. Pour ces deux derniers projets d'ailleurs, on peut avancer l'idée selon laquelle la même nature de ces deux projets a exigé une collaboration. D'initiative privée et datant déjà de la fin des années quatre-vingt, la ferme des Senandes se différencie d'Ossona par le type de clientèle visé[132].

Cette recomposition politique découle donc bien de la négociation qui a eu lieu autour de ces objets, déjà en place et en cours de réalisation, ainsi

---

131 L'arène d'Evolène est un projet phare de la deuxième phase du projet DRR. Elle devrait permettre d'accueillir des manifestations diverses, mais avant tout les combats de reines.

132 La ferme pédagogique des Senandes sur la commune d'Hérémence a été inaugurée en mai 2004. Elle accueille généralement des groupes et des écoles. Face au créneau pris par cette exploitation, le projet d'Ossona a dû se positionner: il a cherché à attirer une clientèle plutôt haut de gamme, comparativement à celle que visait la ferme pédagogique.

que de la nécessité désormais établie de les faire se compléter à une échelle inédite. Il est d'ailleurs intéressant de relever que l'ACVH pense davantage par objets que par stratégie cohérente. Ce sont d'abord les objets qui ont été privilégiés (l'arène d'Evolène, la maison de la nature, etc.) et ensuite seulement une vision commune a été discutée. Comme si être ensemble et décider ensemble passait par construire ensemble des objets.

Au final, un événement plus récent est venu encore accentuer la pression sur les anciennes structures politiques: en 2007, les communes de Nax, Vernamiège et Mase ont lancé une procédure de fusion, qui a été acceptée en votation populaire par les trois communes[133]. A terme, l'ACVH ne dissimule pas son objectif: *«Renforcer les coopérations intercommunales dans l'optique de construire LA commune d'Hérens»* (OG 66).

Le projet de revitalisation du plateau d'Ossona Gréféric, à ses débuts centré sur la commune de Saint-Martin, s'intègre désormais dans d'autres projets plus englobant, puisque portant sur des périmètres spatiaux plus étendus. Il s'agit, rappelons-le, des trois projets recouvrant le Val d'Hérens, le DRR, Biosphère et INTERREG avec Valpelline. La commune de Saint-Martin, après avoir été moteur dans le lancement de deux de ces projets avec son programme d'Ossona, doit désormais tenir compte de ces orientations globales et éventuellement adapter ses exigences (revoir l'offre touristique du site, par exemple). Ce projet agrotouristique, par effet de ricochet, a instauré une nouvelle dynamique dans le Val d'Hérens. Un nouvel espace de référence a émergé et se juxtapose à l'espace de référence communal. Le projet DRR, sollicité pour consolider les financements du projet d'Ossona, a exigé l'élargissement du périmètre de réflexion et, par conséquent, d'appliquer la thématique de l'agrotourisme à l'ensemble de la vallée. L'aboutissement de ce processus est évidemment la constitution de l'Association des communes du Val d'Hérens. Celle-ci instaure une coordination au travers de laquelle ne sont discutés rien de moins que des options pour l'avenir de la région. Et ce, au-delà des difficultés que représente cette tentative de coordination. Il est évident que nous avons affaire aux premiers linéaments d'un véritable projet de territoire dans cette vallée, et dont la construction est récente.

---

133 La commune de Mont-Noble entrera ainsi en vigueur en 2011.

3.4 Après les démontages ou au lieu des démontages, les remontages

Mises en lumière par Mountain Wilderness, les installations obsolètes révèlent aussi des enjeux qui les dépassent. Car autant les partisans que les
détracteurs d'un démontage sont toujours porteurs d'une vision à plus
long terme et à plus large échelle qui justifie leur action.

3.4.1 *Le démontage des téléskis du Col du Frêne dans le PNR des Bauges*

Le démontage des téléskis du Col du Frêne, pensé comme un acte fort à la
fois par Mountain Wilderness et le Parc naturel régional des Bauges, est à
replacer dans le contexte qui caractérise ces deux collectifs. Le fort écho
médiatique qu'a eu cet événement (télévision et journaux ont relaté cette
opération de démontage), peu courant dans les Alpes françaises, a été mis
à profit par les instances concernées.

Primo, dans le discours de ceux qui le justifient, le démontage s'inscrit
dans une politique plus large que tente de mener le parc en compagnie de
divers partenaires.

Les porteurs de projet s'attachent à penser l'action moins en elle-même
que pour ce qu'elle signifie plus largement dans un espace qui la dépasse.
Au-delà d'inévitables effets d'annonce politique, ce souci reflète bien le
pouvoir de l'objet, lorsqu'il est enlevé, à référer à la fin d'une époque caractérisée par le «tout-ski» et à inaugurer une nouvelle ère de tourisme
«plus doux» (le maire de Sainte-Reine a déclaré, à cette occasion, souhaiter se tourner vers «le tourisme vert»). Les instances du parc, d'ailleurs,
pouvaient voir dans l'opération de démontage une illustration de leur engagement pour davantage de «naturalité»:

> Cette action s'inscrit dans une démarche plus générale, menée par le Parc depuis
> bientôt dix ans qui vise à préserverles paysages et les espaces sensibles et à mettre la
> nature au cœur du projet de développement durable du massif des Bauges (IO 1).

D'ailleurs, le démontage des téléskis du Col du Frêne est intervenu au
moment où le Syndicat mixte qui gère le parc avait à redéfinir sa charte
que signent l'ensemble des communes concernées.

Cela dit, il s'agit, pour le PNR, de ne pas diffuser une représentation laissant croire à un abandon du ski alpin dans les Bauges. Lors de la cérémonie organisée à Sainte-Reine à la suite du démontage en décembre 2005, le champion local de ski alpinisme Stéphane Brosse, profitant de l'occasion pour promouvoir un événement sportif et festif («Noctibauges») co-organisé par le parc naturel régional des Bauges, disait:

> Ce n'est pas parce qu'on démonte qu'on ne fait plus de ski dans les Bauges (IO 22).

Secundo, pour Mountain Wilderness, ce démontage doit être resitué dans l'ensemble de l'opération sur les installations obsolètes:

> C'est la première fois qu'un Parc naturel régional s'implique autant pour enlever une installation obsolète de son territoire. La Savoie est un département particulièrement touché par les installations obsolètes d'origine touristique et l'action menée ici est exemplaire. Souhaitons qu'elle ait un effet d'entraînement important! Souhaitons également l'inscription dans la charte du Parc l'obligation aux aménageurs pour tout nouvel équipement de provisionner pour démonter et nettoyer le terrain dès que l'aménagement ne sert plus (IO 11).

La charte 2008-2020 du Parc naturel régional des Bauges mentionne effectivement cette obligation:

> Comme le prévoit la convention alpine, la mise en place de nouvelles remontées mécaniques d'un domaine skiable sera subordonnée à l'enlèvement des remontées hors d'usage de ce domaine et à la renaturation des surfaces inutilisées avec, en priorité, des espèces d'origine locale. Cette exigence qualitative s'appliquera aux réaménagements des domaines existants et à l'étude de production de neige de culture qui devra, de toute façon, rester limitée (IO 44).

En ce sens, l'objet, dans sa disparition, est exemplaire, à double titre: tout à la fois parce qu'il a démontré que d'autres démontages étaient possibles (pour Mountain Wilderness en particulier)[134] et parce que le discours qui le justifie délivre un message clair d'orientation touristique douce du massif (tout en insistant sur le renforcement de l'activité ski dans d'autres secteurs du massif).

---

134 Ce type de partenariat a effectivement été reproduit pour une autre opération de démontage. Mountain Wilderness a collaboré avec le Parc naturel régional du Livradois-Forez pour le démontage de trois téléskis à Sainte-Anthème (Département du Puy de Dôme) en juillet 2007.

3.4.2 *Le Pic Chaussy: chronique d'un vrai-faux re-dé-montage*

La télécabine du Pic Chaussy a été mise en service en 1963. Elle reliait le Col des Mosses à 1450 mètres à l'arête du Pic Chaussy à 2310 mètres, avec un arrêt intermédiaire au Lac Lioson à 1830 mètres d'altitude. Un déficit trop important de la société d'exploitation conduit à sa faillite et à l'arrêt de l'exploitation en 1987. L'installation est alors rachetée par la société privée «étude de faisabilité Pic Chaussy» dont est actionnaire la commune d'Ormont-Dessous, territoire sur laquelle la télécabine est située. Les câbles sont retirés, mais les pylônes de la première section ainsi que les trois gares, y compris le restaurant du sommet (figure 9), ont subsisté, totalement à l'abandon, pendant vingt ans jusqu'à leur démolition en septembre 2009. Seule la gare de départ, qui sert, depuis de nombreuses années, de dépôt pour les engins de damage de la station des Mosses, est conservée.

Figure 9: Station sommitale du Pic Chaussy (Cliché: Mathieu Petite, juillet 2008).

Lorsqu'elle a lancé sa campagne «Rückbau zur Wildnis», l'association Mountain Wilderness Suisse a rapidement recensé la télécabine du Pic Chaussy comme étant une installation obsolète particulièrement emblématique. La page de titre de l'avant-projet de cette campagne était d'ailleurs ornée de la photographie de la station supérieure (prise par temps de brouillard, ce qui lui donnait un aspect particulièrement lugubre). En outre, l'association y a rapidement vu le moyen de publiciser sa campagne et ses efforts pour inscrire légalement une obligation de remise en état du site une fois la concession terminée et de pouvoir démontrer l'impact esthétique négatif:

> Dans le cadre de son projet «reconstruire la nature», une randonnée de protestation aura lieu sur le Pic Chaussy pour montrer à quel point le flou de situation actuelle peut déboucher sur des horreurs (IO 5).

Le critère esthétique domine, mais pourtant Mountain Wilderness dans son action «Rückbau zur Wildnis» affirme ne pas uniquement se focaliser sur l'objet indésirable, mais se réclame ainsi d'une attention plus large à une région toute entière:

> Die nachhaltige Entwicklung einer Region, nach dem Rückbau von Anlagen, konzeptionell begleiten: Rückbau soll nicht als Verzicht erlebt werden, sondern soll eine neue, nachhaltige Entwicklung einer Region ermöglichen[135] (IO 33).

Pourtant, l'objet n'était pas considéré comme un déchet, notamment par des habitants des Mosses: il a été conservé dans la mesure où il pouvait toujours servir, comme le proclame un habitant[136].

> C'est pas beau, on est d'accord, maintenant si c'est pas démoli, c'est parce qu'on nous a toujours dit que si tout était démoli, il y avait plus de concession, il y avait plus moyen de refaire quelque chose, donc ici dans la vallée, il y a quand même l'intention, la volonté de refaire tourner ce Pic Chaussy pour ramener du monde ici (IO 59).

---

135   «La conception d'un démontage d'une installation s'accompagne du développement durable d'une région: le démontage ne doit pas impliquer un abandon, mais doit permettre un développement nouveau et durable de la région en question» (trad. libre).

136   Cette position coïncide avec celle de l'association faîtière de la branche des remontées mécaniques (Remontées Mécaniques Suisse) qui s'était également fendu d'un communiqué lors de la manifestation de Mountain Wilderness au Pic Chaussy: «Si l'exploitation d'une installation de remontées mécaniques est définitivement arrêtée, une remise en état du terrain doit nécessairement avoir lieu: Remontées Mécaniques Suisses soutient cette exigence [...]. RMS constate que, dans le cas des installations de remontées mécaniques du Col des Mosses (Pic Chaussy), il ne s'agit en aucun cas de remontées mécaniques en ruine» (Communiqué de presse de Remontées mécaniques Suisses (RMS) du 26 août 2005). La qualification de l'objet diffère de celle du WWF et de Mountain Wilderness.

Lors de l'action très médiatisée de Mountain Wilderness (télévision et journaux étaient sur place) en août 2005, les deux parties se sont livrées à une véritable «guerre des banderoles»: devançant la manifestation de Mountain Wilderness, des habitants étaient également montés sur le sommet du Pic Chaussy et avaient déployé des banderoles de la commune d'Ormont-Dessous et de la station des Mosses, qu'ils étaient censés représenter. A l'arrivée des militants de Mountain Wilderness, les habitants les intiment de ne pas afficher des banderoles. Après avoir discuté sur les positions de chacun, les habitants redescendent. Les militants de Mountain Wilderness arborent ainsi à leur tour leurs banderoles (Figure 10).

Figure 10: La manifestation de Mountain Wilderness le 26 août 2005 au Pic Chaussy. Les militants de Mountain Wilderness et du WWF sont «accueillis» par des habitants des Mosses. A droite, on voit qu'ils parviennent tout de même à déployer leur banderole (Clichés: Archive Mountain Wilderness Suisse).

Les autorités communales ont toujours défendu un projet de reconstruction et donc de non intervention sur le site du Pic Chaussy:

> Si tout est démantelé il ne sera plus jamais possible de faire quoi que ce soit! Avec le pouvoir qu'ont les milieux écologistes, le site serait définitivement rendu à la nature…[137] (IO 3).

137   La syndique a ensuite changé d'avis, puisque lors d'une séance du Conseil communal d'Ormont-Dessous en 2007, elle disait ceci: «*Le démantèlement devra se faire avant cette décision* [la décision du canton de valider ou non le plan partiel d'aménagement du Pic Chaussy, laquelle est parvenue en avril 2007 désavouant la commune] *car les laisser ne nous apporte rien. En effet, la probabilité d'obtenir une concession pour le Pic Chaussy n'est pas dépendante de la présence ou non de ces installations*» (IO 56). C'est une position qui est totalement à l'encontre de tout ce qu'a revendiqué la

Les remontées mécaniques des Mosses et la commune s'engagent en effet depuis de nombreuses années pour un projet d'une nouvelle installation au Pic Chaussy. Elles ont été légitimées dans leurs efforts par la publication en 2003 d'un rapport sur l'avenir du tourisme d'hiver dans les Alpes vaudoises, dit rapport Furger. Ce rapport préconisait justement de réinvestir dans le secteur du Pic Chaussy, nonobstant le contexte régional:

> Les moyens financiers limités à disposition, le grand besoin d'investissements mais aussi la faiblesse concurrentielle due à l'altitude moyenne et de domaines skiables restreints des Alpes vaudoises, exigent de concentrer les forces et moyens disponibles sur les éléments suivants:
> ♦ Renforcement des domaines d'altitude
> L'évolution climatique des années passées force à exploiter davantage les domaines à plus haute altitude. C'est pourquoi, une meilleure utilisation des domaines disponibles à ces altitudes est prioritaire:
> – une adaptation de Glacier 3000 pour permettre une exploitation plus dynamique et plus adaptée aux besoins de la région
> – par ailleurs, les Alpes vaudoises disposent, avec le Pic Chaussy d'un domaine à une altitude et une exposition topographique intéressantes. Les analyses détaillées de ce domaine, au cours de l'étude, par les différentes visites ont démontré ici une grande sécurité et surtout une qualité de neige. C'est pourquoi nous recommandons une reconstruction du Pic Chaussy en combinaison avec un centre nordique aux Mosses (IO 54[138]).

Il est intéressant d'observer que les deux parties en opposition usent du même argument de contextualisation. L'une au nom de la nature: c'est la position du WWF Vaud et de Pro Natura. L'autre au nom de la survie d'une station: c'est la position d'acteurs économiques du lieu ou d'élus.

Municipalité et les habitants des Mosses, qui ont justement fustigé Mountain Wilderness dans leur réclamation de démontage.

138 Ce rapport a été actualisé en 2007, en raison d'un certain nombre d'évolutions survenues en quelques années et notamment l'abrogation de la concession de la télécabine du Pic Chaussy. Pour revenir aux arguments avancés par le rapport Furger, une étude sur les transports dans le Chablais menée pour le compte de l'Association régionale pour le développement du district d'Aigle (ARDA) avait au contraire jugé peu faisable un nouveau projet: «*La reconstruction d'une telle installation au Pic Chaussy paraît d'une mise en œuvre difficile, car les motifs qui avaient conduit à la fin des années 1980 à l'abandon de la télécabine sont toujours les mêmes: piste située sur un versant nord, profil escarpé au départ, puis plat à partir du Lac Lioson, absence de liaison facile avec les pentes situées en face sous le Mont d'Or (Dorchaux,…), domaine skiable restant réduit. Depuis lors, les conditions générales de rentabilité des remontées mécaniques se sont plutôt dégradées*» (IO 47).

Un conseiller communal et hôtelier de la station réfute l'argument écologique:

> Ce qui est antiécologique, c'est de favoriser l'enneigement mécanique à moyenne altitude alors qu'à 2300 mètres, les conditions de neige sont optimales (IO 2).

La reconstruction de la télécabine et donc le maintien des friches est justifiée par le destin même de la station et sa rentabilité:

> «Avec le Pic-Chaussy, nous n'aurions aucun problème. Alors que là, comme les autres stations de basse et moyenne altitude, nous avons souffert», reprend Michel Oguey [président des Remontées mécaniques Les Mosses La Lécherette RMML], en invoquant une baisse probable de 30 à 40% du chiffre d'affaires pour la saison [2006-2007] qui vient de s'achever (IO 2).

Le WWF, en réponse à ces arguments, invoque un espace de référence et de réflexion plus vaste, les Alpes vaudoises, privilégié également par le rapport Furger, mais dont les conclusions divergent:

> Puisque la neige manque, il faut exploiter au maximum d'autres sites plus en altitude, comme le Glacier des Diablerets. Je me refuse à analyser la situation d'un point de vue purement local. Il convient de faire une pesée d'intérêts: l'avenir des Mosses sera compromis d'ici vingt ou trente ans et je ne pense pas que le projet proposé puisse inverser la tendance. Sans compter la concurrence supplémentaire pour les stations voisines. Pour sa part, le WWF a plus le souci d'y préserver des espaces sauvages (IO 2).

Le propos avance ici à la fois un pas de temps plus long (sur le long terme, une installation ne serait pas rentable) et l'élargissement de l'échelle de réflexion (une installation ne serait pas concurrentielle face aux autres stations des Alpes vaudoises).

En avril 2007, l'Etat de Vaud invalide le Plan partiel d'affectation du Pic Chaussy, en admettant le recours du WWF. Lors d'un débat le même mois, la syndique d'Ormont-Dessous annonce que la commune renonce, en tout cas provisoirement, au projet du Pic Chaussy:

> Je tiens à vous annoncer ici, officiellement, qu'après étude de faisabilité et consultation avec la commune, nous reléguons notre projet du Pic Chaussy (reconstruction de l'ancienne télécabine) dans un tiroir (IO 48).

En juin 2007, l'Office fédéral des transports décrète l'abrogation des concessions d'exploitation pour le Pic Chaussy et ordonne le démantèlement des installations. En novembre 2007, la société propriétaire des parcelles sur lesquelles se trouvent les restes de l'installation est dissoute pour cause de faillite. Lors d'une séance du Conseil communal de décembre 2007, la syndique d'Ormont-Dessous tire un bilan négatif de l'année 2007, en se référant à «l'affaire» du Pic Chaussy:

> Nous voici arrivés au terme d'une année 2007, dont je ne garderai pas un souvenir exceptionnel, je dirai même qu'en vingt ans de Municipalité, ce fut pour moi l'année la plus décevante [...] La deuxième mauvaise nouvelle [...] c'est l'abandon du projet du Pic Chaussy et l'obligation de procéder à son démantèlement. Cette décision a mis à mal l'espoir que certains, dont je faisais partie, avaient mis en cette installation *pour redynamiser la station des Mosses*. On savait tous que nous allions nous heurter à un problème financier assez conséquent, mais personne n'imaginait que nous allions avoir une telle pression, nous obligeant, et non sans remords, d'abandonner ce projet. Et pour terminer le dépôt de bilan de la société propriétaire de cette installation. Conclusions: la commune se verra dans l'obligation de passer à l'acte pour le démontage de ces installations, mais qui dit démontage pense également financement (IO 57, soul. par nous).

Un argument d'ordre rationnel est là aussi formulé. Témoignant d'une idéologie localiste, il consiste à voir l'objet en tant qu'il produit un effet sur l'espace dans lequel il est transformé (la station des Mosses).

Cet épisode trouve son épilogue à la fin de l'été 2009. Contraintes par l'Office fédéral des transports de démonter les restes de l'installation, les autorités communales acquièrent à cette fin les propriétés de la société mise en faillite. Dans sa séance du 24 juin 2009, le Conseil communal décide à l'unanimité d'accorder un financement de 570'000 francs pour les travaux de démantèlement. En septembre 2009, les stations supérieure et intermédiaire, ainsi que de tous les pylônes, sont retirés. Lors de la séance du Conseil communal du 4 novembre 2009, la syndique tient à insister sur l'effacement complet des traces de la télécabine. «*Le Pic Chaussy a vécu et le seul souvenir restant est la station de départ aux Mosses. En effet, les travaux ont duré environ trois semaines, et les lieux sont quasiment dépourvus de tout souvenir de cette installation*».

3.4.3 La réorientation du Mas de la Barque

Un autre exemple d'effet produit par le démontage d'un objet est fourni par la station du Mas de la Barque, dans le Département de la Lozère. Construite dans les années 1960 (et située dans la zone centrale du Parc

National des Cévennes, créé quelques années plus tard en 1970), la station connaît de plus en plus de difficultés financières durant les années 1980 et souffre du manque de neige, malgré des investissements dans l'enneigement artificiel. En 1994, la société d'exploitation du domaine skiable est dissoute. Mais *«quand le projet de démontage s'ébruite, il y a parfois des habitants qui s'y opposent, pensant qu'il est encore possible de faire tourner»* (IO 10) et le *statu quo* dure pendant plusieurs années. Le démontage de la totalité des téléskis a lieu en 2002 par le Parc national.

La station, par conséquent, doit s'orienter vers d'autres activités que le ski :

> En remplacement de l'activité supprimée, le PNC a fait un certain nombre de propositions, qui ont reçu l'aval des élus locaux et des investisseurs. L'activité hivernale va être tournée essentiellement vers le ski de fond, déjà présent, la randonnée avec raquettes (malheureusement conçue comme devant se dérouler sur des pistes balisées) et la promenade en traîneaux à chiens (IO 18).

Le démontage des objets déclenche donc des effets sur le territoire. Pour Mountain Wilderness France, qui avait recensé ces installations comme étant obsolètes, le destin des ces objets est particulièrement utile pour conforter sa politique d'aménagement mesuré en montagne :

> Les canons à neige ont été installés sur place. Ils y sont encore et ils n'ont jamais pu tourner. C'est un truc tout neuf, obsolète, qui a jamais servi, parce qu'il fait trop chaud, on peut pas les faire tourner. C'est assez intéressant pour nous de voir aussi sur les projets sur lesquels on travaille actuellement, des projets d'aménagement, de liaison entre différentes stations, toujours plus de pistes. On s'aperçoit quand on prend un peu de recul, sur des aménagements comme ça qui ont été fortement subventionnés, parfois, il y a eu peut-être un petit manque de réflexion sur le moyen-long terme. Ils auraient jamais dû investir dans les canons à neige dans ce site-là, c'est évident. Donc pour nous c'est intéressant pour montrer cet exemple-là (IO 10).

Les objets sont exemplaires, encore une fois à deux niveaux : parce que, par leur disparition, ils transforment l'espace qui accueille de nouvelles pratiques ou les renforcent ; et parce que leur démontage et la publicité qui en est faite est récupéré par des associations qui militent plus généralement pour l'éradication des friches touristiques et, encore plus généralement, pour l'arrêt des projets d'extension et de création de domaines skiables.

Dans le cadre d'un démontage d'une installation obsolète, les porteurs de projet se réclament toujours d'une intention plus large, qui a bien entendu pour fonction de justifier le bien-fondé de leur action de démontage ou de contestation du démontage. L'action de Mountain Wilderness, particulièrement la section française, visant au démantèlement des installations obsolètes a pu servir à celle-ci de projet exemplaire pour dénoncer les dérives du tourisme de masse et de l'équipement trop intensif de la montagne. Les maîtres d'ouvrage, lors d'un démontage, se positionnent également d'une manière particulière. Les Parcs naturels régionaux profitent, par exemple, de l'occasion pour rappeler leurs engagements en matière de protection de la nature, ou leurs efforts destinés à diversifier leur offre touristique. Ainsi, le démontage des téléskis du Frêne entrait dans le contexte de renouvellement de la Charte du Parc naturel régional des Bauges, selon les représentants de ceux-ci. Mais, tout en soulignant l'exemplarité du démontage des téléskis, le Parc naturel régional des Bauges ne manquait pas l'occasion de rappeler les investissements faits dans l'amélioration des infrastructures de ski dans d'autres stations des Bauges. Dans la station du Mas de la Barque, l'acte même d'enlever l'objet devenu indésirable a contraint ses responsables à revoir l'orientation touristique de la station dans laquelle l'objet était installé. Aux Mosses, les opposants au démontage se sont également réclamés d'une vision plus régionale de l'avenir du tourisme dans les Alpes vaudoises. A l'inverse, mais selon une même logique, les partisans du « remontage » de la télécabine du Pic Chaussy, au Col des Mosses, se sont volontiers appuyé sur le rapport Furger, qui donnait des orientations pour la planification touristique des Alpes vaudoises et mentionnait la reconstruction d'une installation au Pic Chaussy, pour plaider le laisser en l'état des friches touristiques. Ainsi, la conservation puis la réinstallation d'une remontée, était dite puiser sa pertinence dans un projet plus global qui dépassait largement la seule station des Mosses.

Dans tous ces exemples, Mountain Wilderness défend un certain modèle de la pratique touristique ; celui-ci correspond globalement à ceux portés par d'autres associations environnementales ou écologistes (le WWF par exemple). A l'inverse, ceux qui s'opposent à un démontage des installations se réclament d'une vision du tourisme différente.

Synthèse du chapitre 3

Pour conclure ce chapitre, revenons sur l'instrumentalisation des projets et des objets. Banalement, d'abord, les objets sont inclus dans un projet, qu'ils font fonctionner. Ensuite, quelques individus qui se font les porte-parole d'un groupe attendent un effet concret de l'objet et du projet sur l'espace qu'ils fréquentent et, le cas échéant, planifient. Ils voient dans le projet un moteur du développement économique, une occasion de trans-former les représentations habituellement associées à cet espace ou encore l'opportunité d'afficher une identité particulière. On a constaté effective-ment que le projet crée dans tous les cas une dynamique, en mettant en relation des groupes, des institutions, des individus.

Nous avons dit que les objets et les projets se répercutent sur la forma-tion de l'identité collective. Par l'intermédiaire des projets et des objets, des injonctions identitaires sont énoncées par les collectifs ou les institu-tions qui ont intérêt à susciter de la cohésion sociale ou à raviver une mémoire collective.

Tous ces processus transforment plusieurs espaces, du micro-local au régional : les espaces de références, depuis celui de l'objet qui occupe un lieu particulier à celui d'espaces englobant dynamisés, en passant par celui d'un projet à qui l'objet confère de la spécificité.

Chapitre 4

Mobilisation des groupes dans les projets: réseaux et coopérations

Les objets constituent des opérateurs particulièrement efficaces pour susciter des mises en réseau et des connections entre espaces contigus et non contigus. Nous avons vu, dans le chapitre précédent, que les objets, en plus d'être intégrés dans des projets, conditionnaient aussi des actions qui relevaient d'espaces de référence et d'espaces institutionnels plus larges. Ce chapitre 4 met l'accent sur l'ensemble des réseaux qui traversent les projets et les objets qui les composent. Car nous pensons que tous les objets étudiés ici sont redevables plus ou moins explicitement de réseaux, de natures différentes selon les cas. La passerelle bhoutanaise, dans son esprit initial, avait vocation à susciter des réseaux, entre des espaces et des groupes dont on souhaitait ardemment l'interaction (Valais – Bhoutan, Haut-Valais – Bas-Valais). Elle visait à jouer sur le différentiel de culture, de techniques et de langues, et à condenser en un seul objet ces éléments apparemment dissemblables. Le projet Walser Alps a créé *de facto* un réseau entre les communautés Walser à travers les Alpes en cherchant à les rassembler par delà les frontières, les différences culturelles et linguistiques et en les faisant partager un projet commun, fondé sur un destin qui le serait aussi. Le projet d'Ossona et la rénovation de ses objets a pu être lancé seulement à la faveur d'un important effort des porteurs de projet pour se brancher à différents réseaux (politiques ou «environnementaux») qui leur ont ouvert des financements cruciaux. En même temps, ces réseaux ont bénéficié de l'apport d'un exemple concret illustrant les principes défendus en leur sein. Les installations obsolètes sont l'objet d'attention de la part d'une association qui fonctionne sous la forme d'un réseau. La problématisation de ces objets dépend de principes, de valeurs qui ne sont *a priori* pas territorialisés, et qui sont censés s'appliquer à n'importe quel lieu (ce qui se passe d'ailleurs, avec la tentative de reproduction de campagne de lutte contre les installations obsolètes dans chacune des sections nationales).

4.1 Créer du lien transnational et transculturel avec un pont

Plus qu'aucun autre, l'objet passerelle bhoutanaise a été pensé et construit tout à la fois à la faveur de réseaux «montagnards» et pour en stimuler. Nous avons vu que ce projet était né dans le contexte de l'Année internationale de la montagne, baigné par l'idéologie des réseaux, selon laquelle les espaces de montagne du globe doivent interagir entre eux, échanger des savoir-faire, de la connaissance, pour améliorer les conditions de vie de leurs habitants[139]. Quoi de plus approprié, à l'évidence, qu'un pont qui puisse figurer les échanges que peuvent entretenir ces communautés de montagne? Mais cet objet est conçu au-delà de sa simple valeur symbolique: l'échange concret de techniques est également recherché à travers la construction du pont. Il s'agit des principales connotations qui sont assignées à l'objet, tandis que d'autres connotations sont venues s'ajouter par la suite en fonction du contexte qui a influé sur l'objet et des groupes qui l'ont investi. D'abord, en raison de la localisation de la passerelle, celle-ci s'est vue affubler une signification linguistique de lien entre Haut-Valais et Bas-Valais. Ensuite, autour de la passerelle, s'est greffé le symbole de l'échange de religions, apparu à la suite de l'édification du chorten et de la croix devant la passerelle. Ces trois dimensions sont souvent interconnectées dans le discours.

Ainsi, il est dit que la passerelle est le produit de réseaux, ou de relations entre lieux et personnes non contiguës spatialement. Mais il est dit également que l'objet est apte à enclencher ou faire perdurer ces relations qu'il a instaurées:

> Ce projet [de passerelle] doit se poursuivre dans le but d'une collaboration avec les constructeurs de pont au Bhoutan, des stagiaires-étudiants du Bhoutan, Helvetas Suisse et les initiants du projet (PB 63).

Cette capacité de l'objet à cristalliser des relations est tributaire de sa matérialité même:

> Les Suisses sont très soucieux d'une efficacité à court terme. On ne pouvait pas imaginer un projet suisse sans qu'il y ait quelque chose de concret qui reste. C'était

---

139   «*La mise en place et la consolidation d'un réseau entre les habitantes et habitants des différentes régions de montagne du monde*» (PB 63).

aussi un souvenir. Bon il y a aussi le Massaweg qui est resté[140]. Mais faire que de la sensibilisation, du soft, c'est pas totalement satisfaisant pour la mentalité suisse (PB 6).

L'objet, par sa présence matérielle, est à même de faire converger des collectifs, de taille aussi modeste soient-ils.

> C'est un symbole assez fort, c'est une référence aussi. *Un symbole ça pourrait être quelque chose d'abstrait, mais là, elle est là cette passerelle. Elle nous rappelle qu'il y a ce contact maintenant malgré la distance entre ces deux régions, le Valais d'un côté, le Bhoutan de l'autre.* [...] Ça reste un exercice un peu marginal, on va pas accueillir ici des milliers de Bhoutanais, ni des Bhoutanais accueillir des familles valaisannes par centaines. Ça reste fortement limité, mais c'est présent (PB 1, soul. par nous).

Il y a donc l'espoir largement partagé qu'un objet, par sa seule présence, peut amener des collaborations, presque naturellement. Ce chapitre discute des différentes connotations symboliques des objets, en soulignant les espaces et les entités collectives qu'elles mettent en relation.

4.1.1 Le lien entre deux cultures

Dans tous les discours officiels, il ne fait pas de doute que la passerelle a été construite d'abord et avant tout pour symboliser les échanges entre le Valais et le Bhoutan.

«*Pour marquer les liens de solidarité entre l'Himalaya et les Alpes, l'Association Montagne 2002* [...] *a inscrit la construction d'une passerelle sur l'Illgraben, à Finges, comme symbole concret du jumelage entre le Valais et le Bhoutan*» (PB 10) avait dit le Conseiller d'Etat Jean-Jacques Rey-Bellet lors de la pose de la première pierre. Dans le dépliant publié à l'occasion de l'inauguration en juillet 2005, la coopération est présentée comme la raison d'être de la passerelle.

> Die bhutanesische Hängebrücke steht da als Symbol der Freundschaft zwischen dem Wallis und Bhutan. Sie macht freundschaftlicher Bande sichtbar: Zwischen

---

140 Sentier thématique réalisé à Riederalp le long d'un bisse, illustrant les similitudes entre les systèmes d'irrigation en Valais et au Népal (projet de l'association Montagne 2002 également).

dem Königreich Bhutan und der Schweiz, zwischen dem «Reich des friedlichen Drachens» und dem «Kanton der 13 Sterne»[141] (PB 57).

On notera ici la superposition de deux échelles: la référence à la Suisse, puis au Valais, comme vis-à-vis *(alter ego)* du Royaume du Bhoutan. L'échange culturel exalté sous la forme d'un apport naturellement positif pour le collectif (le Valais) qui suscite la relation.

> Ce pont est une main ouverte aux gens de l'Himalaya [...] Le Bhoutan nous aide nous à résoudre nos problèmes de randonnées, de coexistence entre deux cultures, grâce à leur technologie. Nous Valaisans on est prêts à recevoir, à s'ouvrir à une autre culture (PB 4).

Le collectif des porteurs de projet se fait ici le porte-parole de la société valaisanne toute entière.

Issu de l'association Montagne 2002, le projet revêt une dimension montagnarde explicite, qui se traduit dans les objectifs du projet.

> Die Erstellung dieses in Europa einzigartigen Bhutanesischen Hängelaufsteges über den Illgraben, welcher in diesem symbolträchtigen Jahr die Zusammenarbeit zwischen der Schweiz und Bhutan feiern sollte, ist die Konkretisierung eines dieser oben erwähnten und im UNO Jahr der Berge durchgeführten Projektes, betont die Bedeutung der Bergwelt und zollt eben dieser Anerkennung[142] (PB 59).

Dans cette optique, le pont renferme une puissance symbolique: il joint deux rives, et, par là même, métaphoriquement, des peuples et des montagnes[143]. D'ailleurs, le titre du dépliant («Brücken Bhutan Wallis») publié à l'occasion de l'inauguration joue sur ces deux axes: le pont matériel et le pont symbolique.

L'idéologie de la connexion entre deux peuples n'apparaît pas seulement dans le discours, mais aussi dans les différentes manifestations orga-

---

141 «La passerelle bhoutanaise est là comme symbole du partenariat entre le Valais et le Bhoutan. Elle rend visible plusieurs partenariats: entre le Royaume du Bhoutan et la Suisse, entre le Royaume du dragon pacifique et le canton des treize étoiles» (trad. libre).

142 «L'édification, sur l'Illgraben, de cette passerelle bhoutanaise unique en Europe, censée célébrer, en cette année riche de symboles, le travail commun entre la Suisse et le Bhoutan, représente la concrétisation de l'un des projets cités ci-dessus et menés durant l'Année internationale de la Montagne. Il met en évidence le sens de l'espace montagnard et témoigne justement de cette reconnaissance» (trad. libre).

143 *«Nous formons tous nos vœux de réussite à la réalisation de cet ouvrage, symbole de la rencontre des montagnes et de leurs peuples»* PB 10.

nisées autour de la passerelle, à commencer par l'inauguration en juillet 2005. Les porteurs de projet se sont efforcés, à ces occasions, de mettre en scène la rencontre entre ces deux peuples, en particulier d'accentuer leurs différences et leurs similitudes. C'était le cas lors de l'inauguration du chantier et lors de la cérémonie inaugurale du pont. Les délégations bhoutanaise et valaisanne avaient pris soin de faire enfiler des costumes à des enfants, des yaks haut-valaisans avaient été amenés d'Embd[144], des drapeaux de prière avaient été accrochés au pont, des joueurs de Cor des Alpes costumés ainsi qu'un chanteur tibétain avaient été appelés. En mars 2005 également, l'ambassadeur du Bhoutan, déjà en costume, le Conseiller d'Etat valaisan et le président de Pfyn-Finges posaient en tirant sur la même corde qui reliait les deux rives, en guise de symbole (Figure 11).

Figure 11 : Cérémonie d'inauguration des travaux de la passerelle, mars 2005.
L'ambassadeur du Bhoutan en Suisse, le président du Conseil d'Etat valaisan et le président de l'Association Pfyn-Finges tirent ensemble à la même corde. Celle-ci a été tendue entre les deux rives de l'Illgraben à l'emplacement de la future passerelle (Cliché : Pascal Vuagniaux).

144   Un village haut-valaisan dans lequel un couple s'est spécialisé dans le trekking avec des yaks. Voir Yak Tsang Ling Roti Flüo <www.yaks.ch>.

Lors de la journée bhoutanaise, organisée en 2006 pour commémorer l'inauguration de la passerelle, la présence bhoutanaise était bien entendu plus modeste, eu égard à la moindre ampleur de l'événement. Les organisateurs avaient cependant émaillé la journée de symboles censés rappeler la bhoutanité : toujours les drapeaux de prière (Figure 12), un stand de tir à l'arc, qui est l'un des sports très prisés par les Bhoutanais, et la possibilité de manger une spécialité culinaire bhoutanaise.

Figure 12 : Journée bhoutanaise en juillet 2006.
Des Bhoutanais fixent des drapeaux de prière sur la passerelle (Cliché : Mathieu Petite).

L'affiche de cette journée est également intéressante à analyser pour ce qu'elle dit. Le symbole du pont est à nouveau convoqué pour signifier la rencontre avec l'altérité que constitue le Bhoutan. «Traverser le pont et rencontrer l'autre» était le slogan inscrit sur l'affiche.

En 2007, une exposition de photographies prises par une enseignante durant la construction du pont a été montée à la salle d'exposition de l'Ermitage dans le Bois de Finges. Elle s'est intitulée «Une passerelle entre deux pays». Toujours dans cet esprit d'échange bilatéral, des photographies de ponts construits au Bhoutan ont été exposées en vis-à-vis. Il est fait mention d'un «*étonnant rapprochement entre les deux cultures*» (PB 67) dans le dossier de sponsoring de cette manifestation. Les photographies portent sur «*le travail des hommes, la technique des constructeurs, la collaboration de l'ingénieur bhoutanais, dans le décor grandiose de l'Illgraben*» (PB 67). Tout, dans cette exposition, est donc fondé sur l'échange, la mise en parallèle de deux «cultures», de deux «pays». D'ailleurs, en novembre 2008, les photographies ont été exposées au Bhoutan à l'occasion du couronnement du cinquième roi, concrétisant encore davantage cette idée d'échange bilatéral.

4.1.2 *L'apport mutuel de techniques : un bricolage*

La deuxième dimension reprise en permanence dans la justification de l'échange Valais – Bhoutan a trait aux techniques de construction, lesquelles sont tenues pour indispensables à la réalisation du projet.

Or, cet échange, qui se déclare à double sens, est bien le prolongement des actions de coopération que mène la Suisse au Bhoutan et ailleurs depuis de nombreuses années. Le savoir-faire qui est dit être requis pour la construction du pont repose sur l'implication de l'ONG Helvetas au Bhoutan, laquelle forme des ingénieurs à la construction de ponts. Ainsi, il serait parfaitement naturel que la section des ponts suspendus du Bhoutan vienne apporter son savoir-faire en Suisse, comme par un retour logique de connaissances.

> Da die Schweiz bereits seit mehr als 15 Jahren den Bau von Fussgängerhängebrücken in Bhutan unterstützt, war es nur natürlich, dass bald einmal die Idee des Baus einer Bhutan-Hängebrücke im Wallis diskutiert wurde[145] (PB 62).

La justification est non seulement fondée sur la rationalité, mais aussi revêt une symbolique forte, à travers l'invocation d'un esprit de collaboration et d'apport mutuel.

> Les échanges ils vont toujours dans le même sens. Les gros blancs de Suisse qui sont les plus forts qui donnent des trucs aux autres qui comprennent rien. C'est un peu ça le cliché. Alors on s'est dit, on change. Si on fait une passerelle, nous on ne sait pas

---

145 «Puisque la Suisse soutient déjà la construction de passerelles piétonnières au Bhoutan depuis plus de 15 ans, il était naturel que l'idée de construire un pont bhoutanais en Valais ait été envisagée» (trad. libre).

faire une passerelle, en Suisse. Donc on va demander aux Bhoutanais de faire la passerelle, ils font les plans là-bas, après bien sûr on les adapte aux normes SIA. Et la grande idée, c'était de dire on va prendre des ouvriers suisses et on fait venir les chefs de chantier du Bhoutan pour diriger le chantier (PB 6).

Et dans les discours officiels, cet échange de techniques est mis en avant.

Les plans de cette passerelle ont été conçus et dessinés au Bhoutan. La réalisation fut l'œuvre d'entreprises valaisannes sous la supervision d'un ingénieur bhoutanais. Par cette collaboration chaque partenaire a bénéficié de l'expérience de l'autre (PB 19).

Cette participation des Bhoutanais à l'objet vise à rendre crédible l'ensemble du projet et donne légitimement une qualité «bhoutanaise» à la passerelle.

Mais il fallait quand même impliquer les Bhoutanais! Il ne suffisait pas de faire un pont par un ingénieur suisse, et déclarer ensuite que c'est un projet bilatéral! Un ingénieur bhoutanais est venu et a participé activement à l'élaboration et à la construction du pont (PB 1).

En définitive, d'aucuns ont reconnu que l'engagement des Bhoutanais n'a pas été aussi important qu'escompté.

On a souhaité que le chantier ici soit accompagné par des Bhoutanais [...]. D'abord c'était prévu sur toute la durée du chantier… mais comme la durée c'était difficile à délimiter pour pas mal de raisons. D'abord c'était prévu en deux tranches, donc deux Bhoutanais. Et finalement ça s'est réduit sur une et ils ont aussi d'autres projets et d'autres urgences carrément. Alors il y a un seul qui est venu, donc pendant un mois (PB 8).

Le rapport intermédiaire AIM 2002 en Valais donnait à penser en effet que plusieurs ingénieurs seraient dépêchés à Finges: «*il est prévu de construire un pont suspendu piétonnier de type Helvetas à Pfynwald avec l'aide* de chefs *de chantier venus du Bhoutan*» (PB 70). Au final, un seul ingénieur s'est rendu en Valais. De surcroît, présenté comme un «*chef de chantier bhoutanais*» (PB 48), il n'a en fait pas supervisé les travaux mais y a seulement assisté et ponctuellement aidé l'entreprise dans la construction[146]. Ceci, évidemment, parce que les plans, conçus au Bhoutan, ont dû être

---

146 L'un des protagonistes de la coopération et du projet de passerelle concède d'ailleurs que le choix du Bhoutan, de par la forte présence suisse sur place, a nécessité d'autant moins de contacts directs avec des Bhoutanais.

adaptés et transformés, considérablement et probablement davantage que prévu, pour correspondre aux normes de construction suisses.

> On a dû changer deux trois choses, aussi le nombre de câbles, je crois que eux avaient prévu quatre câbles porteurs, mais ici ils ont réduit ça à deux. [...] Mais alors des plus forts bien sûr. Au niveau des normes, c'était ça qu'il fallait faire ici (PB 8).

4.1.3 Le lien entre deux religions

La connotation religieuse s'est surajoutée à la suite de l'édification du chorten. Celle-ci a donné lieu à une polémique que nous avons évoquée précédemment (*Cf.* III 2.1.2), car elle nous a semblé révélatrice de positionnements divergents sur un même objet.

Dans les discours officiels en tout cas, particulièrement lors de l'inauguration, cette coexistence de deux religions n'est évoquée que par le chef de projet et le président de l'association Montagne 2002 et de manière très lapidaire.

> Dans l'Himalaya, les endroits stratégiques tels que les cols ou les ponts sont protégés par des chorten. Par souci de fidélité à la culture de nos partenaires bhoutanais nous avons souhaité en faire construire un à proximité de la passerelle (PB 19).

Cet extrait est un parfait exemple d'un recours à l'autorité de la tradition (bhoutanaise ou himalayenne, en l'occurrence) pour justifier un aménagement. Nous remarquons aussi que le terme de religion ou de cohabitation de deux religions n'est pas employé, au profit de celui, probablement beaucoup plus neutre, de culture. Encore moins lors du lancement du projet ou au début de la construction, la question de la religion n'est pas abordée pour qualifier l'objet à venir. L'allocution du chef de projet lors de l'inauguration ne fait pas allusion à un quelconque symbole religieux, mais simplement à un «élément culturel» censé conférer de la «bhoutanité» à l'objet :

> Sur le coté est du pont, l'Association «Montagne 2002» a fait poser un shorten [sic] pour ajouter un élément culturel bhoutanais à la construction (PB 52).

Toutefois, les médias se sont fait l'écho de la double cérémonie chrétienne et bouddhiste de bénédiction de l'objet[147].

---

147   Double cérémonie en fait : lors de l'installation du chorten en juin 2005 et le jour de l'inauguration (plus modeste) le 15 juillet 2005.

Nach den Grussbotschaften des Staatsrates und des Botschafters wurde das Werk von Diakon Paul-André Ambühl gesegnet und unter den Machtschutz Gottes gestellt. Doppelt hält bekanntlich besser. Aus diesem Grund weihte auch ein buddhistischer Lama die Hängebrücke ein und sprach die in seiner Religion üblichen segenspendenden Worte[148] (PB 15).

La religiosité prend ainsi une place centrale dans le rapport à l'objet, par le fait même que le chorten d'abord et la croix ensuite ont été installés. Cette juxtaposition n'apparaît pas comme un choix délibéré, mais comme une adaptation aux événements, comme nous l'avons vu dans le chapitre 2.

Le chorten, c'était une idée de Montagne 2002. Mais on a ajouté la croix à côté parce qu'on a eu peur qu'il y ait trop de problèmes avec le christianisme. [...] Mais c'est important qu'on ait mis ces deux éléments, on a maintenant un équilibre, c'est une «place de la paix», c'est important aujourd'hui dans un contexte de terrorisme. Moi j'appelle ça «place de la paix», parce qu'elles sont les deux ensemble, la collaboration de deux religions. C'est très philosophique (PB 3).

Les objets, qui n'étaient initialement pas planifiés et dont la présence est vue comme contingente, sont néanmoins réinvestis dans une réflexion sur le dialogue interreligieux.

Les catholiques doivent aussi faire un pont, une ouverture vers notre religion. [...] Mais simplement ici les deux à côté du pont, je vois pas tellement le sens, c'était plutôt pour calmer les gens, c'était l'idée. Mais je sais pas si ça c'est beaucoup calmé. Le curé il a bien dit dans son discours, [...] il a justement dit que la croix était un bon signe, c'est pas seulement une liaison entre Dieu et Nous mais c'est aussi une liaison horizontale, comme le pont c'est la liaison entre deux pays, symbolique, et la croix, la liaison entre deux religions (PB 7).

Les symboles d'échange culturel et d'échange religieux s'entrelacent. Lors de la journée bhoutanaise en 2006, le dialogue interreligieux avait été repris, en raison des polémiques créées par le chorten et du manque d'informations à son égard.

On trouve également trace de la préoccupation de susciter la réflexion sur les deux religions dans le débat organisé à Sierre en décembre 2005 et dont le titre était « *Un pont entre Sierre et le Haut-Valais – un pont entre le*

---

148   «Après les hommages de l'ambassade et du Conseil d'Etat, l'ouvrage a été béni par le diacre Paul-André Ambühl et placé sous la protection de Dieu. Il l'est en fait doublement. Car un lama bhoutanais l'a aussi inauguré et prononcé les bénédictions habituelles dans sa religion» (trad. libre).

bouddhisme et le christianisme». Ont participé à ce débat un ancien Conseiller d'Etat (haut-valaisan), un sociologue (bas-valaisan), un pasteur, un abbé et un moine tibétain. La passerelle constituait un prétexte pour cette *«soirée de rencontre et de partage».* Cette manifestation révèle que l'on cherche systématiquement à mêler les différentes connotations attachées à la passerelle (ici le lien entre les religions et le lien entre les langues).

4.1.4 Le lien entre deux régions linguistiques

Le choix de localisation de la passerelle au sein du Bois de Finges explique probablement le symbole de trait d'union entre deux régions linguistiques dévolu à l'objet. Nous avons vu que, dans sa genèse et dans les intentions, la gestion du Bois de Finges était empreinte de cette idée de faire collaborer deux régions linguistiques. Dans le dépliant officiel publié avant l'inauguration, le rapprochement entre Haut Valais et Bas Valais est évoqué: *«Lässt damit das Ober- mit dem Unterwallis näher rücken»*[149] (PB 57). Pour le chef de projet, il est clair que la collaboration entre les deux entités fait partie des buts du projet:

> Darstellung eines symbolischen Aktes der Verbindung und Zusammenarbeit zwischen zwei Bergregionen wie auch den beiden Sprachregionen des Wallis[150] (PB 59).

De même, dans le dossier de sponsoring rédigé par l'Association Montagne 2002, la passerelle doit *«relier symboliquement la région germanophone de Loèche avec la région francophone de Sierre»* (PB 63). Les espaces de références sont différents (tantôt une région restreinte, tantôt l'ensemble d'une aire linguistique d'un canton), mais l'idée est semblable et revendiquée comme telle dès le début du projet. Cette idée consiste à considérer l'objet en tant qu'il est capable de rassembler des personnes, des collectifs éventuellement, qui n'interagissaient pas ou peu et que ce lien ne tient pas de l'évidence[151].

---

149 «Contribue à rapprocher le Haut-Valais du Bas-Valais» (trad. libre).
150 «Représentation d'un acte symbolique du lien et de la coopération aussi bien entre deux régions de montagnes qu'entre les deux régions linguistiques du Valais» (trad. libre).
151 A noter tout de même que, dans certains domaines, les districts de Sierre et de Loèche collaborent de longue date, par exemple dans le secteur de la santé.

Le lien entre deux aires linguistiques est une volonté qui est à replacer dans le contexte bien particulier du canton du Valais, dont on sait qu'il est partagé entre la langue allemande (28% de la population cantonale) et la langue française (63%)[152]. Or, comme dans toute la Suisse, cette coexistence de deux langues est singulière: «Contrairement à d'autres pays, le plurilinguisme de la Suisse est essentiellement un *plurilinguisme de juxtaposition* en ce sens que les domaines linguistiques se placent côte à côte mais ne se calquent pas et ne s'interpénètrent pas» (SANGUIN 1983, p. 114, soul. par l'aut.).

Pourtant, en Valais, il semble que des hommes politiques ne manquent pas de mettre en avant «l'unité cantonale» et, pour cela, de favoriser une intégration des deux aires linguistiques. Les stratégies utilisées concernent plusieurs domaines: la promotion du bilinguisme (par exemple, l'ouverture de classes bilingues dans les écoles primaires, la possibilité d'échanges linguistiques entre les élèves haut-valaisans et bas-valaisans) ou l'encouragement de projets culturels concernant l'ensemble du canton (par exemple, le programme «Valais, singulier, pluriel» lancé en 2007 par le Service de la culture du canton afin de promouvoir «la rencontre entre les deux régions linguistiques du canton»[153]). Pourtant, le dépôt d'une motion, en partie justifiée par la différence linguistique, visant à étudier l'opportunité de diviser le Valais en deux demi cantons[154] en décembre 2004 par des députés du Grand Conseil valaisan montre les difficultés récurrentes qu'éprouve le canton à se penser comme une entité.

Dans les entretiens menés, les personnes impliquées dans la construction ou la gestion de la passerelle sont très enclines à évoquer les rapports entre Haut et Bas-Valaisans, souvent pour les décrire comme particulièrement crispés, voire inexistants.

> Je pensais pas avant de venir ici qu'il y avait une telle barrière linguistique. Les gens se connaissent pas, il s'ignorent (PB 6).

---

152 Les 9% restant sont attribués à l'Italien (7%) et à d'autres langues minoritaires (Source: OFS).

153 Source: Site web de l'Etat du Valais <http://www.vs.ch/Public/doc_detail.asp?ServiceID=&DocumentID=17650>.

154 Postulat 4.484 des députés Gabriel Bender, Narcisse Crettenand et consorts concernant Valais und Wallis (15.12.2004).

Le fameux «röstigraben»[155] traverserait également le Valais :

> On a cette röstigraben dans le Valais, c'est vrai. Et c'est pas facile parce que nous on est dans la minorité, le Haut-Valais, on doit toujours se battre dans le Bas pour aussi recevoir quelque chose. Alors ça crée un climat de défense, c'est pas de la collaboration (PB 7).

Cela correspond à l'un des stéréotypes qui consiste à affirmer que les Haut-Valaisans sont systématiquement minorisés dans le canton (WINDISCH 1992). On évoque l'exemple du football pour mieux attester de la pauvreté des relations en-dehors de cet engouement.

> Il y a encore ici en Valais, même si ça c'est beaucoup amélioré, la peur de l'autre culture. C'est seulement si le FC Sion gagne la Coupe Suisse que tous les Valaisans sont unis. Mais sinon c'est assez cloisonné (PB 5).

Nous allons donc montrer que la passerelle participe de ce souci (éminemment politique) de renforcement de la cohésion interne du canton, au-delà des clivages linguistiques. La commune de Loèche, sur le territoire de laquelle se trouve la passerelle, est ainsi investie d'une mission de faire collaborer les Haut-Valaisans et les Bas-Valaisans.

> Comme souvent dans l'histoire de notre commune, Loèche est appelée une nouvelle fois à jeter un pont… un pont entre les cultures valaisannes et bhoutanaises, *mais également un pont entre le Haut- et le Bas-Valais* (PB 12, soul. par nous).

L'argument est fondé sur l'invocation d'un trait historique qui justifierait la symbolique du lien linguistique régional. Par la puissance symbolique annoncée de l'objet, la commune de Loèche poursuivrait son rôle de médiateur entre les espaces culturels et linguistiques. L'histoire légitimerait l'emplacement même de la passerelle et contribue à «naturaliser» celle-ci dans son environnement.

> Le choix de la forêt de Finges pour la pose de cette passerelle est également pertinent pour sa valeur symbolique. *Finges, Pfyn, signifie Ad fines, c'est-à-dire «à la frontière» : ce pont reliera donc deux régions linguistiques* (PB 10, soul. par nous).

---

155 Il s'agit d'une expression couramment utilisée en Suisse pour qualifier les différences de mentalité qui existeraient entre la Suisse germanophone et la Suisse francophone.

L'allocution du président du Conseil d'Etat valaisan, dont est tiré l'extrait, cherche ici à montrer la pertinence d'une localisation pour la passerelle. L'argument prend presque la forme d'un syllogisme en ce qu'il instaure une relation de cause à effet, présentée comme parfaitement logique, entre la signification du toponyme de Finges et le symbole de lien qu'on assigne à l'objet.

Aussi la passerelle a-t-elle été l'un des moyens de (se) rappeler que les communes participant au parc naturel de Finges pouvaient habilement jouer de ces deux cultures et de ces deux langues en effaçant cette soi-disant frontière.

> Moi je crois d'avoir un lien symbolique entre le Haut et le Bas Valais, c'est plus que nécessaire. C'est vraiment quelque chose que les gens ici ils apprécient pas comme chance. […] C'est une grande chance pour Pfyn-Finges si on arrive à intégrer les deux langues. Quelque chose que moi j'apprécie, c'est quand je me promène au Bois de Finges, dès l'Ermitage, je ne suis plus sûr comment il faut dire bonjour aux gens. En allemand ou en français. A mon avis, c'est un signe fort d'échanges de langues. […] Comme région au centre du Valais, […] on pourrait *se créer une identité avec les deux cultures* (PB 5, soul. par nous).

Le pont est un symbole de ce lien, en ce qu'il permet d'une part de penser que Bas-Valaisans et Haut-Valaisans peuvent travailler main dans la main, et en ce qu'il augure d'autre part la poursuite de cette collaboration pour le projet de Parc naturel. L'objet est exemplaire d'une collaboration inédite.

> Le projet de Finges est un projet de collaboration entre francophones et germanophones. Et ce symbolisme on veut vraiment le renforcer surtout dans cette région où on est au centre du Valais, pas qu'il y ait de scission, parce que nous au centre on est obligé de travailler ensemble (PB 3).

> C'était très symbolique parce que cette année 2002 on l'a fait Haut Valais Bas Valais, ce qui est pas toujours le cas en Valais. […] On a toujours fait très attention qu'il y ait autant de Haut-Valaisans que de Bas-Valaisans dans le projet. Ça a été un des grands plus de l'année de la Montagne (PB 6).

L'objet est presque parfois pensé comme une preuve tangible d'un processus qui a réussi à contourner une situation jugée difficile entre Haut-Valaisans et Bas-Valaisans :

> J'ai vu à quel point il existe un röstigraben entre les deux côtés de la Raspille. C'est vraiment une autre culture, c'est difficile de travailler ensemble. Et là aussi on a appris quelque chose. Même si on a pas très bien réussi en l'occurrence, le résultat est là, on a pu s'entendre. Au départ, le comité pensait plutôt au lien avec Bhoutan mais pas au röstigraben (PB 4).

On constate aussi que le lien entre Haut-Valais et Bas-Valais est une signification ajoutée dans un deuxième temps en fonction de l'évolution du contexte.

Pourtant, cette mise en relation ne s'est pas soldée par une réussite :

> La collaboration avec Sierre pendant l'inauguration c'était pas brillant mais bon il y avait plusieurs raisons, communication et compréhension (PB 8).

Un rapide coup d'œil à la couverture médiatique de cet objet permet aisément de se rendre compte que les médias bas-valaisans se sont bien moins intéressés à la construction de la passerelle, mais aussi à toutes les manifestations organisées en marge de cet événement, bien mieux couvertes par les médias haut-valaisans, en particulier le *Walliser Bote*.

Selon André-Louis Sanguin (1983, p. 128), «le contact Bas Valais – Haut Valais entre Sierre et Leuk est une isoglosse[156] compliquée», parce qu'elle se superpose à la frontière de district (celui de Sierre et celui de Loèche), elle est plus ou moins calquée sur un objet naturel (le Bois de Finges) mais en même temps, la présence d'une minorité germanophone à Sierre (principalement installée dans le quartier de Glarey) brouille les limites linguistiques. La frontière a été du reste mouvante dans l'histoire, puisque, en 1850, le parler germanophone dominait encore à Sierre (*idem*, p. 129).

En effet, André-Louis Sanguin qualifie cette isoglosse de physiographique, à savoir qu'elle coïncide avec un objet naturel : «La dernière isoglosse physiographique est celle formée à Sierre (Valais) par le cône de déjection de l'Illgraben, recouvert par la forêt de Finges et par l'éboulement de Sierre» (*idem*, p. 130). Cependant, André-Louis Sanguin la désigne comme une «isoglosse historico-administrative» : «c'est là, en effet, que s'est fixée entre le VIe et le Xe siècle, la limite entre le Bas Valais de langue française et le Haut Valais de langue allemande, entre les Romands et les Walser» *(ibidem)*.

Les porteurs de projet de la passerelle ont évidemment tenté de jouer sur la dimension physiographique de l'isoglosse :

> Là [si on l'avait fait à Trient] le signe était encore moins fort. Ici oui, passerelle haut – bas, c'est la vérité. C'est pas parce qu'on dit quand on parle du Röstigraben valaisan, on dit c'est la Raspille, mais en réalité en face l'Illgraben est tout autant à la frontière linguistique. Donc on est dans la frontière linguistique (PB 20).

156 André-Louis Sanguin définit l'isoglosse comme la «ligne de séparation entre deux aires idiomatiques consacrées» (p. 124).

Le symbole prendrait de la vigueur par son emplacement même. Pourtant, «officiellement», la frontière de district, habituellement considérée comme la frontière linguistique, ne suit absolument pas l'Illgraben (elle passe quelques kilomètres à l'ouest au pied des monticules formés par l'éboulement de Sierre). Mais peu importe en définitive l'exactitude de la référence à laquelle est rattaché le symbole. Il est probablement plus aisé de figurer une frontière par une rivière, un objet naturel qui est circonscrit, comme l'est la Raspille qui trace la frontière linguistique sur la rive droite du Rhône. Ce qui compte ici est davantage le symbole dont on a voulu investir la passerelle et qui surpasserait la vérité de la frontière.

> Parce que [le pont] traverse symboliquement [le torrent], bien que la frontière [linguistique] ne passe pas là [sur l'Illgraben]. Mais symboliquement c'est une rivière qu'on traverse. C'est seulement au niveau de l'idée. On fait un chemin pour relier le Haut et le Bas. C'est important parce que le projet de Finges c'est un symbole de collaboration intercommunale, qui est pas si simple, il y plein d'acteurs et deux langues différentes. C'est une super expérience. Et c'est la même chose avec le Bhoutan (PB 3).

Cette dernière citation nous permet de montrer les différents couplages d'espaces de références qui sont associés à la passerelle. D'abord, celle-ci réfère au couplage, qui est à l'origine du projet, entre le Valais (voire la Suisse) et le Bhoutan (voire parfois l'Himalaya). Le couplage Bas-Valais – Haut-Valais est également très affiché, bien qu'il ait émergé à la suite du choix de localisation de l'objet. Ces deux échelles sont souvent évoquées ensemble et sont superposées. Le premier couplage comprend, en quelque sorte, l'échange des techniques. Ensuite, des autres significations, secondaires, ont été surajoutées: comme celle portant sur la religion.

L'objet dépend, par conséquent, bien de réseaux: le terme est explicitement employé par l'association Montagne 2002 qui voyait donc dans la passerelle un symbole de la coopération qu'elle tentait d'établir entre le Valais et le Bhoutan; un réseau d'acteurs, dont on a souhaité qu'il se crée, entre le Bas-Valais francophone et le Haut-Valais germanophone, autour d'une coopération qui se serait faite, elle, sur un espace contigu, entre les communes et les districts de Sierre et Loèche.

Ce souci de faire se combiner plusieurs espaces, plusieurs réseaux et plusieurs échelles pour parvenir au résultat, ici de la construction d'un objet particulier, est à rapprocher de la constitution du Parc naturel de Finges, qui dépend aussi de réseaux. D'une part, l'association Pfyn-Finges nourrit en effet des contacts plutôt informels avec d'autres projets de parc en Suisse. D'autre part, les communes membres de l'association sont également adhérentes du réseau de communes Alliance dans les Alpes.

4.1.5 L'échec de la coopération Valais – Bhoutan

La passerelle était censée reposer sur une coopération entre le Valais et le Bhoutan. Or, ces échanges ont rapidement cessé une fois la construction terminée. Nous avons déjà décrit les différents événements qui ont marqué la coopération dans la partie II. L'échec de cette coopération est attribué à la distance (tant géométrique que culturelle) d'une part, et à l'absence de volonté politique d'autre part.

L'éloignement est un facteur régulièrement cité. Construire une coopération durable avec une région aussi éloignée que le Bhoutan demanderait un temps d'investissement plus important que celui réellement ménagé par ce projet.

> Tant que les gens ne sont pas devenus amis, la coopération ne marchera pas. Avec des différences comme ça. Il y le problème de la distance, du coût du billet d'avion. Moi j'avais pensé à un jumelage avec la Bulgarie, là on était proches (PB 6).

Ce n'est pas seulement la distance géographique qui est en cause, mais aussi la distance culturelle qui sépare les deux régions. Cela empêcherait la population de véritablement s'identifier à cette coopération.

> Mais pour la population je crois que c'est trop loin, ça c'est un peu le désavantage d'avoir choisi le Bhoutan. [...] 99,99% n'ont jamais été au Bhoutan. [...] Alors c'est pour ça c'est le désavantage, c'est loin. [...] On aurait sûrement des échanges plus étroits si on avait pris le Tyrol, un paysage d'Italie du Nord ou bien une vallée en France, par exemple. On aurait sûrement des échanges beaucoup plus intensifs. [...] Mais au Bhoutan, qu'est-ce qu'on peut faire? D'une part, on peut pas rentrer et d'autre part c'est très cher, très loin (PB 7).

Même lorsqu'un petit groupe de personnes tente d'animer les échanges entre Valais et Bhoutan à Loèche après l'année 2005, la distance culturelle entrave l'organisation de manifestations liées au Bhoutan:

> On aimerait bien, mais le problème c'est que ici à Loèche il y a quasi personne qui connaît vraiment le Bhoutan (PB 2).

Une autre raison avancée pour expliquer l'échec des relations est le manque de volonté politique pour poursuivre la collaboration. Un accord de coopération devait être signé entre la Suisse et le Bhoutan, puisque l'Etat du Valais, à un échelon politique inférieur, ne pouvait lui-même conclure l'accord. Et, au final, le projet a été enterré.

A priori, la coopération Valais – Bhoutan répond à la définition d'un réseau institutionnel, conclu entre des institutions politiques. Mais à mieux y regarder, il s'apparente davantage à un réseau informel, contingent et circonstanciel, d'autant plus qu'il a été éphémère. Bien que la volonté des deux parties (l'Etat du Valais et l'ambassade du Bhoutan) ait été de conclure un accord de coopération formel, la collaboration est demeurée sur un registre affectif et identitaire. Certes, l'échange d'expériences et la recherche de solutions pragmatiques par le transfert de connaissances entre les deux régions prenaient une grande place. Mais la majorité des actions menées ont été d'ordre «symbolique» (au sens de non directement pratique). Il n'est pas possible d'interpréter autrement les échanges qui ont eu lieu entre les accompagnateurs de moyenne montagne. Les deux partenaires tiennent les métiers pour semblables dans les deux régions, malgré le contexte géographique, social et culturel très différent, et admettent donc que les problèmes auxquels ils sont confrontés peuvent être mis en rapport. Mais, dans l'ensemble, le projet de coopération suscitée par la construction de la passerelle a bien reposé sur des motifs symboliques. L'idéologie dominante a été de type développement durable. Dans le discours se décèle ce principe de coopération bilatérale, selon lequel chaque partenaire apprend de l'autre et qui tranche avec une conception unilatérale et dissymétrique entre pays du Nord et pays du Sud. Le savoir-faire par rapport à la construction de pont a circulé de Suisse jusqu'au Bhoutan (par l'intermédiaire de l'ONG Helvetas) et, pour le projet du Bois de Finges, du Bhoutan à la Suisse. Les porteurs de projet ont imaginé avoir besoin d'un savoir-faire très spécifique pour construire un type de pont bien particulier, qui correspondait évidemment aux principes des organismes impliqués dans l'Année internationale de la montagne. Un discours global est venu se cristalliser dans une matérialité «micro-locale»…

4.2 Réminiscences d'un peuple ancestral des Alpes avec des réseaux

Le projet INTERREG IIIB Walser Alps peut pleinement être assimilé à un réseau, dans la mesure où il a fait interagir des personnes et des collectifs dont la plupart n'avaient pas habitude d'interagir, principalement du fait de la distance qui les séparait. La commune de Vallorcine, officiellement l'un des onze partenaires du projet, a, par conséquent, entretenu des liens avec les autres partenaires ; des liens d'autant plus inédits que, nous l'avons dit, aucun travail de valorisation de la culture Walser n'avait été entrepris avant le démarrage de ce projet. De ce fait, la commune de Vallorcine était le seul partenaire dont l'une de ses composantes n'était pas membre de l'association internationale des Walser, à l'origine du projet INTERREG. C'est essentiellement par la participation de Vallorcine à ce projet que nous analysons ce réseau d'échanges entre communautés Walser. Toutefois, la comprendre exige de prendre en compte l'ensemble du réseau et l'interaction des partenaires pour mettre en évidence les objectifs du projet et son déroulement effectif.

Il importe d'abord de comprendre comment la philosophie du réseau est censée imprégner le projet Walser Alps. Parallèlement, en reprenant l'introduction au cas d'étude que nous avons faite en partie II, il convient de mesurer l'importance de ce projet dans l'histoire des Walser : rien de moins que des réminiscences d'un peuplement qui sont apparues à la faveur d'un réseau. Ensuite, il s'agit d'analyser la position particulière de Vallorcine, qui a rejoint le projet sur le tard, et comprendre quelles ont été ses stratégies de « rapprochement » des autres sites Walser. Nous avons admis que, dans un réseau, les points de celui-ci pouvaient être séparés par une distance plus ou moins grande. Or, l'un des buts de ces réseaux d'échanges d'expérience, comme l'est le projet Walser Alps, consiste justement à réduire cette distance pour faire communiquer ses membres. Cela nous ramène aux difficultés auxquelles peut se heurter un projet tel que celui-ci face à la distance, autant géométrique que culturelle. Enfin, il faut s'interroger sur l'orientation que donnent les partenaires au réseau. Il semble que les motifs de connexion et de participation à ce réseau aient pu parfois fortement diverger d'un partenaire à un autre.

4.2.1 L'idéologie du réseau

De par le type de financement retenu, un projet sur les Walser ne pouvait que revêtir la forme d'un réseau. Car en choisissant de le soumettre au programme INTERREG IIIB, les responsables, et, par là même, à des degrés divers, les différents partenaires, ont dû s'approprier une certaine philosophie de ces programmes, qui privilégient bien sûr le réseau. L'un des objectifs du programme Alpine Space est ainsi de «*promouvoir un développement spatial durable de l'Espace Alpin* […] *par la mise en œuvre d'activités transnationales*» (WA 28). L'une des priorités, dans laquelle s'est inscrit le projet Walser Alps, ressortit à la sauvegarde du patrimoine naturel et culturel et pour laquelle il s'est agi de «*protéger la richesse incomparable du patrimoine naturel et culturel, protéger la population et les infrastructures des risques naturels grâce au développement d'outils communs, aux échanges d'expériences et d'information*» (*idem*). Le fonctionnement réticulaire est bien la stratégie à la base d'un tel programme. En ce qui concerne plus spécifiquement le projet Walser Alps, cette attention à la construction d'un réseau se traduit par la mention, dans le formulaire de requête auprès du programme (2004), d'outils d'application tels le site web, l'organisation d'une conférence du Futur ou l'établissement de bases de données; autant d'éléments qui dessinent un réseau tant virtuel que réel. L'échange d'expériences, à la fois en interne (par la Conférence du futur notamment) et en externe (*«exchange with other minorities»*, WA 21) est plusieurs fois cité comme une stratégie utilisée par le projet.

Dans l'histoire des Walser, déjà approchée dans la partie II, il est probable que le projet Walser Alps constitue un tournant, en ce qu'il a instauré, pour une durée limitée du moins, des relations d'une intensité sans précédent entre toutes les communautés Walser, proclamées comme telles. C'est la première fois que ces communautés (les associations principalement) ont dépassé le stade de la simple rencontre folklorique ou de la connaissance érudite, tel qu'il prévalait avec les Walsertreffen et les différentes revues Walser. Deux changements majeurs peuvent être relevés: chaque association a pu, un tant soit peu, se décentrer de sa seule région ou de son seul pays; ensemble les représentants des associations, aidés par des institutions (comme la Région autonome de la Vallée d'Aoste), ont pu, pour la première fois, construire du projet. L'échelle de réflexion s'élargit et s'affranchit des cadres spatiaux traditionnels. Ce type de réseau, qui se définit comme tel, cherche en effet à transcender les frontières nationales et se constitue en-dehors de toute référence à l'échelle nationale ou du moins visent à dépasser cette échelle. Dans la présentation du projet à Vallorcine, cet effacement des frontières est une idée palpable :

> Les populations Walser se relient entre eux et travaillent ensemble au delà des frontières, afin de renforcer leur position de minorité dans leur milieu (WA 26).

L'organisation à Vallorcine, en octobre 2006, d'une séance du comité de pilotage, a concrétisé ce principe de réseau d'échanges entre partenaires. Un article paru à ce sujet dans le *Dauphiné Libéré* atteste qu'il s'agissait pour le groupe de Vallorcine d'un événement important :

> Un véritable réseau est en train de se tisser entre les Walser des cinq nations d'Europe (WA 1).

La dimension identitaire de la rencontre entre peuples est au moins aussi importante que les échanges d'expérience réellement activés :

> Cette rencontre de deux jours a permis d'effectuer un travail important pour l'avancée du programme mais également de consolider les liens établis au-delà de frontières géographiques, notamment avec Vallorcine, seul site à représenter la France dans le projet (WA 1).

Nous remarquons dans ces deux dernières citations la propension récurrente à rappeler que Vallorcine est le seul site français impliqué, contredisant en quelque sorte cette préoccupation de dépassement des «frontières géographiques». C'est tout le paradoxe entre un discours privilégiant l'intégration de tous les villages, peu importe leur appartenance nationale, et les financements qui sont encore et toujours délivrés pour partie selon les échelles nationales, d'où la mention d'une plus-value du projet pour la France, dans les documents rédigés pour le Conseil Général.

> Ce peut être un intérêt pour la France de participer à ce projet et de partager ces expériences par l'intermédiaire de la seule commune française walser (WA 18).

Les arguments relatifs à la constitution d'un réseau tout à la fois sont empreints de rationalité et se réfèrent à des valeurs partagées par les partenaires.

> Aujourd'hui, avec le projet de valorisation de la culture Walser «Interreg III B-Espace alpin», financé par l'Europe, ce lien s'est resserré et même consolidé avec les communautés Walser de Suisse, d'Autriche, d'Italie et du Liechtenstein. On peut

même affirmer que les différentes actions menées en commun par les partenaires européens ont établi *un véritable pont culturel et humain* (WA 1, soul. par nous).

La métaphore du pont en tant qu'il relie des peuples est mise à profit pour témoigner de liens identitaires qui se noueraient entre les différents partenaires, par le partage d'un projet et d'actions communes. De l'aveu même de l'un des responsables du projet, en déplacement à Vallorcine, le groupe de cette commune est le partenaire qui a le mieux mis en pratique ce principe de collaboration :

> C'était vraiment le groupe le plus performant, le plus actif et aussi le plus orienté vers la coopération. Vous avez vraiment cherché la coopération à tous les niveaux (WA 42).

Il est en effet deux actions dans lesquelles le groupe de Vallorcine a particulièrement recherché l'échange d'expériences. Dans le WP 7 sur le paysage, le travail sur les images du paysage a été élaboré en concertation avec le responsable du WP, la Walser Vereinigung Graubünden (WVG), dans l'objectif notamment de formuler des mesures concrètes d'aménagement[157]. C'est bien plus au niveau de la méthodologie du travail qu'au niveau des résultats de cette étude, dont le croisement avec les autres sites n'a été réalisé que par un rapport de synthèse, que l'on peut parler de collaboration.

Dans le WP 8 sur l'identité, les contacts ont été nombreux avec le responsable, l'IVfW : d'abord sur la méthodologie de l'enquête sur les liens transgénérationnels et ensuite sur le réseau de musées *(Museumstrasse)*[158]. Cette ouverture aux autres partenaires et à leurs actions est d'autant plus louable que la barrière de la langue aurait pu l'entraver.

---

157   Cette action a débouché sur l'octroi d'une subvention accordée à l'association foncière pastorale (AFP) pour défricher certains secteurs abandonnés par l'agriculture. La fermeture du paysage était l'un des constats négatifs dressés par la plupart des interviewés de l'enquête. De surcroît, une autre action concrète a été dite découler de cette enquête : l'édition d'une plaquette de sensibilisation à la banalisation du paysage par la plantation de haies d'essences non indigènes.

158   Bien que le musée vallorcin n'ait pas manifesté un grand enthousiasme à l'égard de cette action et du projet Walser Alps en général.

4.2.2 Rapprocher Vallorcine : des objets pour un réseau

Nous avons déjà insisté sur le fait que le groupe de Vallorcine a dû formuler une importante justification pour s'intégrer dans le projet Walser Alps, à la fois à l'interne (auprès des habitants de la commune) et à l'externe (auprès des autres partenaires du projet). Ces stratégies de justification s'appuient non seulement sur des écrits scientifiques, mais aussi sur des prétendues preuves concrètes de traces de la colonisation Walser (*Cf.* III 2.3). Car pour se sentir une entité cohérente (en tant que Walser), des individus engagés dans des associations se constituant porte-parole des Walser et qui n'interagissent pas sur le même espace, doivent forcément partager des attributs. Ceux-ci procèdent largement des abondants travaux de scientifiques qui en ont fait des emblèmes de la culture Walser : l'architecture, les objets (les outils, les costumes…) et, surtout, la langue. L'insertion de Vallorcine dans le projet Walser Alps et, plus largement, dans la communauté Walser, pose deux types de problèmes, dont celui de la langue justement. Cet attribut a été fréquemment utilisé pour qualifier les Walser, davantage encore dans un environnement linguistique englobant différent (en Italie, par exemple).

Or, la langue Walser a été supplantée depuis plusieurs siècles par le franco-provençal à Vallorcine. C'est pourquoi, au début du projet, le groupe de Vallorcine s'est mis en position « d'infériorité » par rapport aux autres partenaires :

> Ce qui fait l'identité d'un peuple, c'est la langue. On parle français et le patois vient du franco-provençal. Les plus excentrés avec nous c'est le Vorarlberg, le Klein Walsertal, mais ils ont une forte identité, parce qu'ils ont gardé la langue (WA 5).

Cette absence de la langue compromettrait l'appartenance de Vallorcine à la communauté Walser[159] :

---

159 Les porteurs de projet croyaient au début du projet que des toponymes d'origine Walser avaient subsisté. L'obsession de rechercher des traces s'était aussi concrétisée par ce projet sur les toponymes. Or la conclusion de l'expert chargé de ce travail est sans ambages : « *La population walser a connu une rapide assimilation linguistique dans notre vallée. Un indice en est que, contrairement à Ayas, Gaby ou Brusson, villages valdôtains où il y a eu autrefois une présence walser et où sont demeurées quelques traces significatives de leur langue dans la toponymie, plutôt d'ailleurs que dans le patois, [...] Vallorcine conserve peu de traces assurées de lieux-dits walsers, moins encore de mots proprement walsers dans son patois* » (WA 21). Ce ne sera pas cet attribut (les noms de lieux) qui pourra confirmer une présence Walser à Vallorcine…

> Vallorcine de par sa position excentrée par rapport aux sites des autres communautés Walser a été immergée dans le franco-provençal ; la question est de savoir si l'on peut être walser en possédant une autre langue ? (WA 18).

Pourtant, au fil du projet et des réunions, les partenaires se sont aperçus que la langue ne pouvait plus être un attribut rassembleur pour les Walser.

> Et la langue, c'est aussi un grand problème, par exemple si vous allez à Alagna [...]. Les vieux ils comprennent encore, ils parlent encore quelques mots d'allemand, Alagneser Titsch, mais les jeunes, [...] ils comprennent plus. C'est mieux à Pomatt ou Greschoney[160] mais par exemple Alagna ça va disparaître cette langue. Et à un moment donné, c'est la langue pour les musées, c'est la langue pour la recherche, pour le reste ça n'existe plus. C'est ça qui est difficile (WA 8).

Des chercheurs ont en effet montré que le dialecte Walser, dans les vallées italiennes, est en forte régression depuis une vingtaine d'années (ZURRER 1993 ; DAL NEGRO 2004), malgré les mesures de conservation répétées des associations, des autorités locales et régionales.

Le second problème auquel ont été confrontés les porteurs locaux de projet a trait à la distance. La commune de Vallorcine est en effet perçue comme étant dans une situation de périphéricité par rapport aux colonies principales. Or, les réalisations du projet Walser Alps seraient susceptibles de réduire cette marginalité :

> [La population] est enthousiasmée à l'idée [...] que des liens transfrontaliers soient créés avec les autres communautés. Vallorcine ne serait plus isolée sur la carte des migrations Walser ! (WA 12).

Cette citation est tirée de la présentation de l'enquête réalisée auprès des habitats au début du projet Walser Alps. Il est fait référence à la carte pour attester de l'éloignement du foyer principal.

> Vallorcine, qui n'était jusqu'alors qu'un petit quadrillage sur la carte des colonies Walser, est officiellement reconnue à l'échelle européenne par la grande communauté Walser (WA 1).

Nous remarquons, dans cet argument, l'opposition entre « petit » et « grand », qui témoigne d'une certaine humilité qu'ont manifesté les porteurs locaux

---

160   Le locuteur emploie les toponymes germanophones de Formazza et de Gressoney, probablement pour bien marquer leur appartenance Walser.

du projet vis-à-vis des autres partenaires. Cette explication peut être mise en relation à la volonté de «se rapprocher des sites Walser» avec une certaine humilité pour annihiler cette distance. L'argument destiné à convaincre la mairie de répondre à l'appel du pied d'Enrico Rizzi avait consisté à souligner que *«c'était de toutes manières une chance pour Vallorcine de participer à un tel projet»* (WA 42).

Dans la présentation du projet au Conseil Régional, ressort l'idée que Vallorcine a été marquée par l'histoire des Walser, attestée par des attributs (l'architecture) et ceci, malgré l'absence de la langue.

> A l'écart des autres communautés, celle de Vallorcine a perdu certaines traditions, comme la langue Walser, mais l'histoire des vallorcins reste semblable à celle des autres minorités, et l'architecture Walser perdure dans cette commune (bien que les bâtiments agricoles comme les raccards – des granges à blé – n'ont plus leur utilisation initiale) (WA 64).

La recherche d'attributs susceptibles de sceller ce rapprochement est perceptible dans l'ensemble des actions menées par le groupe de Vallorcine. Mais pour ceux-ci, il s'agit moins d'affirmer d'hypothétiques traces indélébiles du caractère Walser de Vallorcine que de valoriser des attributs de manière contemporaine au travers de projets concrets. Cette stratégie consiste donc moins à s'appuyer sur les écrits d'auteurs persuadés de la présence de la colonisation Walser à Vallorcine ou à agiter la charte d'albergement comme preuve irréfutable.

Vallorcine a acquis une légitimité à se définir en tant que Walser davantage :

– parce que le groupe de Vallorcine a organisé une réunion du comité de pilotage du projet en octobre 2005, dont nous avons déjà souligné l'importance pour les porteurs de projet dans la «reconnaissance» de Vallorcine au sein de la communauté Walser,
– parce que le chef de file et le responsable du projet sont venus à l'inauguration du panneau du sentier en octobre 2007 pour féliciter et louer le travail de Vallorcine dans le projet Walser Alps,
– parce que pour la première fois, et même à trois personnes (probablement la plus petite délégation de la rencontre), Vallorcine a participé aux Walsertreffen en septembre 2007,
– parce que l'itinéraire du Sentier Walser a été prolongé jusqu'à Vallorcine,
– parce qu'à deux reprises, deux personnes (différentes) sont venus du Klein Walsertal pour marcher sur le Sentier Walser à Vallorcine.

Tous ces événements illustrent le réinvestissement local du projet européen, lequel n'offre pas seulement des ressources financières, mais aussi un cadre pertinent et signifiant dans lequel ces actions sont accomplies.

Revenons sur la question du Sentier Walser, qui peut être interprété comme une volonté de doter la commune de Vallocine d'une identité Walser. Il participe aussi de ce prétendu effacement des frontières. Dans l'avant-projet de cet itinéraire, le sentier a été proclamé comme:

> Lien géographique très symbolique avec les autres communautés Walser de l'arc alpin. Il permettrait de relier Vallorcine au Grand Sentier Walser qui trace déjà un trait d'union entre les colonies du nord de l'Italie, du Haut-Valais, du Tessin, des Grisons, du Liechtenstein et du Vorarlberg. [...] Certaines parties de ce sentier s'adressent à des randonneurs confirmés avec des passages de cols à 2700 et 3000 m mais c'est bien à ces altitudes-là que les migrations Walser se sont effectuées à une époque où le climat plus doux et l'enneigement moins important rendaient plus accessibles ces lieux de passage entre deux vallées (WA 12).

La justification du tracé argue d'une fidélité à l'histoire des migrations Walser. Cette action a été jugée fondamentale pour le groupe de Vallorcine, parce que *« le sentier c'est une façon physique de se relier aux autres sites »* (WA 5).

Plus que toute autre, cette action s'inscrit dans une matérialité qui la fera durer au-delà de la fin effective du projet. C'est l'objet qui perpétue le réseau qui l'a engendré. Il ne s'agit certes pas d'une création de sentier, puisque l'itinéraire suit des sentiers déjà existants, mais le panneau d'information installé à côté de l'Office du tourisme est un objet concret qui représente de manière symbolique le lien avec les autres sites Walser qui est dit être formé par cet itinéraire. Justement, la référence aux frontières que ce sentier permet de dépasser est sous-jacente aux intentions de création de l'itinéraire.

> C'est la concrétisation, nous on a un sentier qui utilise les trois territoires, français, italien, suisse et au-delà après il part vers l'Autriche, le Liechtenstein. Alors que les sentiers à thème de l'Espace Mont-Blanc, c'est sur France, sur Suisse, sur Italie, il y en a pas beaucoup je pense qui sont à saute-frontières. Nous on a vraiment c'est le symbole, c'est le lien vraiment... [...] ça nous relie. [...] Et surtout il a été fait. Tu sais Alois et Barbara [Fritz] l'ont fait et ont été enthousiasmés. C'est génial (WA 9).

En effet, en été 2006, deux membres de l'association Walser du Vorarlberg sont venus à Vallorcine marcher sur une partie de l'itinéraire. En été 2007, deux autres personnes, bien impliquées notamment dans la confection du site web walser-alps.eu ont également cheminé sur l'itinéraire.

> Quel honneur de voir en 2006 quatre Walser de la Kleinwalsertal [...] venir à
> Vallorcine par le sentier Walser et deux autres en 2007 [...]. C'est en effet une pre-
> mière pour nous : des Walser venus d'Autriche avaient emprunté ce lien géogra-
> phique tracé entre la France et les autres pays Walser et, de plus, ils appréciaient le
> choix et les superbes étapes de cet itinéraire (WA 42).

Les habitants ont également apprécié cette action et sa capacité à mobiliser
du transnational :

> Le sentier c'est quelque chose d'important car c'est un lien symbolique, c'est ce qui
> nous lie avec les autres communautés Walser. Je ne vois plus la frontière (WA 42).

D'autres objets, dont nous avons déjà parlé, ont joué le rôle d'attributs
prouvant la « Walséritude » de Vallorcine. Des scientifiques ont depuis longtemps relevé la prétendue spécificité architecturale des hameaux de
Vallorcine, sans l'attribuer forcément aux Walser : « Le raccard vient directement de la Suisse. Seule, dans les Alpes françaises, la commune de Vallorcine
possède ce type de bâtiment » (ROBERT 1936, p. 686). Le fameux regat est
déjà vu comme une particularité. « Elément de la maison valaisanne, le
raccard a certainement gagné par contagion la haute vallée de l'Eau de
Bérard » (*idem*, p. 688). Septante ans plus tard, il est absolument clair, pour
Paul Guichonnet (1991), que les regats constituent un témoin de l'occupation Walser : « Un élément, très original, inconnu partout ailleurs en Savoie,
évoque l'architecture Walser. C'est le *raccard* que l'on retrouve en Valais ».
Lors de la première enquête auprès des habitants dans le cadre du WP
8, beaucoup ont présumé que l'architecture pouvait éventuellement témoigner d'une origine Walser.

> L'architecture, on pourrait dire que les regats, les granges à blé ici se faisaient. Il n'y
> en avait aucune à Argentière. Tout ce qui est là-bas, ça vient tout de Vallorcine,
> absolument tout. Et à Finhaut, il n'y avait que des petits greniers. Il n'y avait pas des
> regats comme ça. Mais en Suisse il y a des endroits où y'en a (WA 4).

Tout se passe comme si un diagnostic par défaut était établi : puisqu'on ne
retrouve pas certaines caractéristiques à Chamonix, celles-ci renvoient
immanquablement à la culture Walser.

> C'est le regat, c'est tout à fait particulier au Valais jusqu'à Vallorcine. Mais en prin-
> cipe, on en trouve pas dans la vallée de Chamonix. Donc ça pourrait être une origine
> Walser, une façon de protéger ses récoltes contre les rongeurs. Parce que c'est ça,
> finalement, la raison d'être des regats, des granges à blé (WA 4).

De la même manière, la hotte ou d'autres outils issus de l'économie agropastorale ont été pensés soit par les habitants interrogés lors de la première enquête du WP 8, soit par les porteurs de projet, en tant qu'attributs connectant Vallorcine à l'entité Walser. Quoique pour la hotte, le lien avec les Walser n'ait été établi que par le projet *Museumstrasse*. Pourtant, au niveau local, il agit comme un symbole d'un artisanat dont on dit qu'il est une spécificité de Vallorcine; spécificité d'ailleurs mise en avant dans le projet Walser Alps.

> La hotte c'est un symbole au niveau de l'artisanat de Vallorcine. Puisque à Vallorcine, tout était pentu et on avait pas de mulets. On transportait tout dans la hotte, tout, tout. C'est-à-dire même le petit bébé qui rentrait de la maternité. […] Le petit cochon qu'on allait vendre au marché de Chamonix, le vin ramené des vignes de Martigny, enfin les choses qu'on transportait les outils pour aller cultiver. C'est vraiment un symbole. Et cette hotte, elle a la particularité d'être fabriquée avec des fibres de mélèze (WA 9).

Le projet *Museumstrasse*, conduit par l'IVfW, s'apparente bien à une mise en réseau d'objets de ce type[161]. Mais on la qualifiera de mise en réseau «faible», dans la mesure où le projet n'est pas orienté vers une collaboration des populations locales; bien que très interactif dans sa conception, il reste très largement l'affaire de scientifiques ou d'érudits locaux. Il n'empêche qu'il constitue le projet, avec le site web, qui a probablement le plus mis en contact les différents partenaires.

Le groupe de Vallorcine a alimenté ce site web avec deux articles sur les techniques de culture: la teppe et la manière de récolter la litière. Mais cette action, pour Vallorcine, reste marginale.

Cela dit, les autres actions menées autour des objets d'artisanat, à savoir les rencontres intergénérationnelles entre les artisans d'une part, et les élèves de l'école de Vallorcine et des adolescents d'autre part, ainsi que la proposition d'un «sentier des artisans», montrent que le groupe de Vallorcine a cherché à valoriser une spécificité face aux autres communautés Walser.

---

161 Il vise à comparer les dialectes, des objets, des costumes, des célébrations religieuses et d'autres éléments culturels provenant de différentes regions Walser. Ces éléments muséographiques sont rassemblés sur un site web et permettent «d'éprouver la vie des Walser proche de la réalité et saisir l'esprit de cette culture sous l'angle virtuel» (Source: site web <www.walser-museum.ch>).

> On s'est dit dans chaque site, il y a une spécificité locale, quelque chose qui est très fort. Ici pour moi c'était évident, peut-être parce que tout le monde le sait, les Vallorcins ont développé un savoir-faire artisanal, moi je pense unique (WA 9).

Mais il est vrai, par contre, que les échanges avec les autres sites Walser ont été, dans ce cas, peu nourris. L'IVfW, en charge de ce projet dans le WP 8, a pourtant bien répété que ce projet intergénérationnel formait un tout et qu'il ne se divisait pas en cinq projets indépendants (le même travail était censé être mené dans les six sites : Gressoney, Lötschental, Brig, Vallorcine, Oberland bernois).

Sur le dépliant du sentier (figure 13), ce sont bien des objets emblématiques de Vallorcine qui y sont représentés, même si ceux-ci, nous l'avons dit aussi, n'ont pas été investis dans une logique de réseau : le regat et ses piliers caractéristiques, la hotte (qui symbolise si bien l'isolement de Vallorcine).

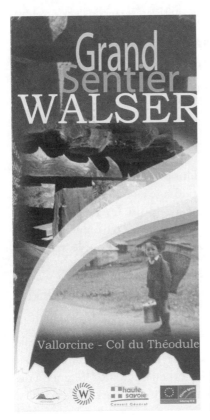

Figure 13 : Le dépliant du Grand Sentier Walser. Mise en scène du regat et de la hotte. (Source : Office du tourisme de Vallorcine 2007).

4.2.3 Le frein de la distance : les écueils d'un projet européen

La rhétorique sur le dépassement des frontières nationales occulte en réalité les difficultés à surmonter la distance qui sépare les partenaires. La distance peut même être envisagée comme un véritable inconvénient, au moins à deux points de vue.

Il est d'abord question de distance géométrique. Banalement la distance constitue une difficulté non seulement pour se voir en face-à-face, en d'autres termes pour se réunir fréquemment entre partenaires éloignés, mais aussi pour se partager de l'information en dépit des moyens de communication modernes comme Internet. Si la mise en réseau s'est effectivement concrétisée lors des séances du comité de pilotage, dont la responsabilité de l'organisation a été tournante, les autres occasions d'échanger *de visu* étaient plutôt rares, du fait d'un éparpillement des partenaires.

> Le problème du lieu de ces réunions, […] on en fait grosso modo deux à trois par an pour l'avancement du projet. […] Donc, le problème, c'est géographique, parce que pour aller à une réunion d'une journée, il y a le laps de temps pour y aller (WA 5).

De plus, la majeure partie de ces réunions ont été en fait occupées par la résolution de questions administratives, réduisant les discussions sur le contenu du projet à la portion congrue.

Ensuite, on peut parler d'une distance culturelle. Ce type de distance induit une difficulté de communication. Le problème de la langue, s'il n'a pas été insurmontable, a suscité des discussions pratiquement jusqu'à terme du projet. Lors d'une séance du comité de pilotage en octobre 2006, un an avant la fin du projet, l'adoption de l'anglais (pour les réunions et les procès-verbaux) a été à nouveau proposée, alors que les partenaires avaient convenu d'assurer au coup par coup les traductions à double sens allemand – italien.

> Le problème des trois langues est vraiment difficile à résoudre. Ça a coûté beaucoup et ça a pesé beaucoup sur le projet (WA 25).

Si ce type de projet ambitionne souvent de dépasser les frontières nationales, les cultures nationales ressortent en fait fortement, du moins dans le discours autour de ce projet Walser Alps. Il y est en effet fait référence à des « mentalités », très différentes suivant la nationalité des partenaires, qui se traduisent dans des manières parfois antagonistes de considérer le projet (nous y revenons en 4.2.4) et de gérer ses aspects administratifs.

> C'est vraiment compliqué d'avoir la mentalité des Autrichiens, du Liechtenstein, les Südwalser, les Suisses et la France, trouver une unité de doctrine, c'est pas possible. C'est une mosaïque et on voit de jolies choses qui viennent, mais ce n'est pas une unité qui ressort de ce projet INTERREG IIIB (WA 8).

La «communauté Walser» serait donc une fiction. Le groupe de Vallorcine pensait arriver dans un bloc uni; en réalité entre les différents pays représentés, mais aussi entre les différentes régions, les opinions divergent. Ainsi, il est reproché un manque de collaboration entre partenaires et une absence de vision stratégique commune aux Walser (*Cf.* III 4.2.1).

Le poids des Etats dans ce type de projet qui se dit par essence transfrontalier et transnational est d'autant plus important que le financement européen ne couvre en fait que la moitié du budget, le reste étant à la charge des Etats concernés. Ce type de montage financier ne peut que renforcer ce sentiment d'atomisation des intérêts.

> Le problème de tout projet c'est que tous les groupes ont travaillé trop pour eux-mêmes et pas assez ensemble. Parce que c'est trop grand, trop compliqué et celui qui apporte son argent, il veut toujours faire son projet (WA 11).

Ce constat remet passablement en cause les théories selon lesquelles l'Etat-nation s'affaiblit inexorablement.

4.2.4 Que faire du réseau? Différentes manières de construire du projet

Outre cet impossible gommage des cultures nationales, il n'y a pas, dans le projet Walser Alps, de consensus sur la direction que celui-ci doit prendre. Tous les partenaires s'entendent sur le fait qu'ils sont face à un héritage Walser, mais les uns et les autres ne sont pas unanimes sur les modalités et les objectifs d'un travail sur cet héritage. Plusieurs manières d'appréhender la coopération entre les partenaires et plusieurs manières de concevoir une mise en valeur de la culture Walser ou un travail sur la société Walser peuvent ainsi être signalées.

En simplifiant les positions des partenaires, nous pouvons estimer que s'opposent d'un côté les tenants d'une approche historique et muséographique et, de l'autre, les partisans d'une approche plus pragmatique, orientée vers le développement et l'aménagement du territoire. L'opposition n'a pas été aussi tranchée : chaque partenaire se retrouverait quelque part dans un continuum entre ces deux pôles antagonistes.

> Les Grisons par exemple étaient plus intéressés au développement. Et les Autrichiens aussi. Tandis que les Valaisans ont toujours travaillé plutôt sur le problème de la langue, de l'histoire. Ce sont presque tous des professeurs à la retraite […] Mais ils ont fait aussi le travail avec les élèves du lycée, qui est un travail anthropologique, sociologique. Donc ils ont aussi regardé vers le futur. Mais leur souci était surtout de sauvegarder. Tandis que les Grisons, peut-être qu'ils vivent aussi un autre type de réalité, étaient plutôt orientés vers le développement (WA 25).

La Conférence du futur en mai 2007 illustre parfaitement cet état de fait. Différentes priorités sont ressorties de la discussion entre tous les partenaires du projet : la langue, les liens entre culture Walser et tourisme, les thématiques environnementales et de labellisation, et les moyens de communication.

La culture Walser revêt premièrement un intérêt scientifique et muséographique : c'était le sens du projet de Kuratorium Walser.

> L'exigence s'impose de fonder un Kuratorium Walser en tant que centre de documentation et de divulgation qui devrait constituer un réseau entre les bibliothèques –archives existants et qui facilite, soutienne et diffuse les activités, qui forme une base de données informatisée avec la réalisation d'un logiciel spécifique qui permette la mise en circulation du matériel recueilli (WA 18).

Cette conception des Walser est en droite ligne de ces ouvrages sur la question dans lesquels il s'est agi de qualifier objectivement ce que sont les Walser. Ces intentions ont été réalisées dans le WP 5, sous la responsabilité de la province de Verbano-Cusio-Ossola. L'inconvénient de cette tendance est évidemment l'implication mesurée de la population locale qu'elle suscite. Aussi le groupe de Vallorcine, très soucieux, nous l'avons dit, d'impliquer les habitants, y a-t-il participé mais sans en faire le moteur principal de son action.

Cette tendance aboutit à la volonté, amorcée dans le projet de Kuratorium, de classer la minorité Walser comme patrimoine mondial de l'UNESCO.

> Les représentants des communautés walser de Suisse, Italie, Autriche, Liechtenstein et France, réunis à Macugnaga le 4 mai 2002 s'engagent […] à étudier des initiatives convenables et favorables pour obtenir la reconnaissance des « ALPES WALSER » entre les sites protégés par l'UNESCO comme patrimoine mondial de l'humanité (WA 65).

A la Conférence du futur en avril 2007, la *«riconoscimento della lingua e delle tradizioni walser come patrimonio mondiale dell'umanita»* ressort en tant que domaine thématique, mais n'est pas jugé prioritaire par le vote des participants. Malgré cela, on voit bien que certains partenaires peuvent être tentés de porter la spécificité Walser à une autre échelle que celle que suppose le projet (les Alpes) : l'échelle mondiale dont relève le label de l'UNESCO.

Deuxièmement, les Walser peuvent présenter un intérêt touristique. Les sites Walser italiens ont bien compris l'avantage qu'il y avait à mettre en valeur des «traditions» (le terme est employé couramment) liées aux Walser[162]. Cela participe de représentations nostalgiques qui répondent bel et bien à des attentes actuelles sur le marché touristique. Le réinvestissement de la culture Walser dans des projets touristiques a été l'un des principaux buts poursuivis par tous les partenaires. Le projet d'Agence touristique Walser, conduit par la province de Vercelli, va dans ce sens. Le groupe de Vallorcine a investi ce champ d'action, en réalisant la prolongation de l'itinéraire du Sentier Walser jusqu'à son territoire.

Cette manière de valoriser l'héritage Walser suppose de passablement activer la coopération transnationale et nécessite une vision commune.

> Et le projet sur le tourisme pourrait être la clé pour un projet pour l'avenir pour les Walser […]. Surtout je crois que c'est un projet qui peut contribuer à se reconnaître dans la communauté Walser élargie […]. Le tourisme implique aussi une image des Walser, donc quelque chose dans lequel tout le monde se reconnaît (WA 25).

Les Walser, troisièmement, peuvent être l'occasion d'une célébration identitaire, que traduit la proclamation d'un sentiment transnational Walser et que certains partenaires ont relevé comme l'un des points forts du projet à la Conférence du futur (*«avere un forte senso di appartenenza al gruppo transnazionale»* avaient estimé certains partenaires italiens). Egalement exalté par la fête folklorique triennale des Walsertreffen, ce sentiment est très présent parmi les partenaires italiens.

> Tous les Walser dans tous leurs endroits ont le sentiment qu'ils sont en train de mourir, parce qu'ils sont peu, ils sont faibles, la langue se perd. Je crois que le vrai

---

162 Il suffit de se rendre dans les vallées italiennes se réclamant d'une appartenance Walser pour comprendre les nombreux signes éparpillés dans l'espace qui réfèrent aux Walser : les décorations architecturales, la mise en évidence des toponymes germanophones, etc.

> résultat du projet a été de casser ce sentiment, parce que les Walser se sont senti un peuple… divisés par les montagnes, mais un seul peuple vraiment. […] Je crois que c'est un résultat. On a reconnu que au-delà des barrières nationales, les Walser sont vraiment reliés par leur histoire (WA 25).

Cette citation très riche est représentative d'une célébration identitaire, qui consacre l'union «d'un seul peuple». En d'autres termes, elle fait état d'une conscience quasi ethnique qui transcende les frontières nationales. Cette conscience permet aussi d'enrayer des menaces qui planaient sur les Walser; ceux-ci ont réussi à surmonter leur faiblesse. Dans une certaine mesure, ce lien identitaire transnational n'est pas absent de tous les travaux sur les liens intergénérationnels menés par l'IVfW:

> Parce qu'il y a pas seulement les places de travail, il y a pas seulement les villages, l'agriculture, il y aussi quelque chose d'émotionnel. Et c'est ça qu'on a voulu chercher (WA 11).

Peu importe, en définitive, que les partenaires ne se soient pas entendus sur une stratégie commune. L'interaction peut constituer en soi une réussite pour le projet:

> Mais je suis quand même heureux qu'on a commencé ça, parce que c'était la première fois que tous les Walser de l'Europe se sont réunis. Ils n'étaient pas toujours d'accord, mais ils se sont réunis. Ils ont discuté des problèmes (WA 8).

A Vallorcine, la dimension transnationale est aussi déclinée sur le mode de la rencontre fraternelle des peuples:

> La démarche européenne, elle est importante parce que c'est une ouverture… parce qu'on vit de toute façon dans un contexte européen. On est frontalier, donc pour moi la démarche européenne elle est importante, parce que c'est un enrichissement, c'est des cultures différentes, qui a la base vont se retrouver … on parle pas la même langue, mais on se comprend. Rien que parce qu'on a adhéré au même projet. […] Il y a quelque chose qui est riche et quelque part on est tous des petites communes, qui évoluent différemment, mais qui à la base ont ce même souci de quelque chose d'essentiel, de conserver quelque chose qui est fort (WA 9).

Dans ces cas, la justification est d'ordre moral: les arguments avancent une adhésion de tous les partenaires à des valeurs somme toute vagues, l'«essentiel», «quelque chose de fort», mais des valeurs qui rassemblent.

Quatrièmement, enfin, les Walser sont un prétexte pour la recherche des solutions pragmatiques pour les populations qui habitent ces sites.

C'est la tendance, très représentée actuellement dans les associations de protection de l'environnement, de mise en avant de «best practices»[163]. Dans ce sens, et là aussi conformément aux nombreux écrits de la question, la société Walser représente la quintessence de toutes les sociétés alpines; elle peut avoir valeur d'exemple pour d'autres «minorités» ou pour d'autres régions de montagne. D'une part, cette exemplarité des Walser se rapporte à l'attractivité dont peuvent être porteurs les sites Walser, notamment pour les jeunes. D'autre part, elle suppose une réflexion sur la «durabilité» à destination d'autres régions de montagnes et d'autres minorités linguistiques.

Beaucoup des actions lancées par les partenaires suisses du projet (WVG et IVfW) relèvent de cette tendance à rendre opérationnel le projet.

> Nous nous intéressons à la question, est-ce que la culture peut faire quelque chose dans les régions de montagne, dans les régions qui se vident, pour garder les gens sur place. C'est pour ça qu'on a fait par exemple le projet sur la jeunesse (WA 11).

Le projet sur le lien intergénérationnel correspond particulièrement bien à la philosophie du projet, dans la mesure où la mémoire des anciennes générations est interrogée pour amorcer une réflexion sur l'avenir d'une région.

> La manière dont on travaille, ça s'appelle en allemand, Grabe wo du stehst [Creuse où tu es]. On a motivé les jeunes gens ici, au Lötschental et partout à faire des interviews avec les grands parents. […] Et ils ont dit que c'est la religion, qui était très très importante, ils ont aussi dit surtout que le sens communautaire que les gens [avaient]. Ça c'est une différence remarquable, très importante, qu'il y a cinquante ans, pour les gens c'était plutôt la communauté qui comptait et pas les individus. Maintenant c'est chacun pour soi. Moi je crois que là par exemple *les valeurs d'autrefois peuvent donner de point de réfléchir, de départ aussi pour les jeunes* (WA 7, soul. par nous).

L'histoire n'est pas à connaître pour elle-même, mais pour ce qu'elle apporte au développement territorial. Le terme est employé à dessein, puisque le financement suisse provenait de l'Office du développement territorial (ARE). A noter qu'une action menée par la WVG a été soutenue et

---

163   *« Those experiences will serve for a spatial planning tool and for an exchange of best practice with other minorities »* (WA 22 – «ces expériences vont servir comme outil d'aménagement et dans des échanges de bonnes pratiques avec les autres minorités» – trad. libre).

reconnue en tant que «projet-modèle pour un développement territorial durable» en 2008[164].

En 2006, toujours dans le cadre de ce projet intergénérationnel, des élèves d'un collège de Brigue sont allés visiter le village de Gressoney et y ont rencontré de jeunes habitants (leurs *alter ego*). Le responsable du projet commente :

> Ils étaient impressionnés par quelques jeunes de Gressoney qui ont dit qu'ils aimaient vraiment vivre là, que de vivre dans les montagnes a une qualité et quelques uns ont aussi dit qu'ils ne voulaient pas vivre dans une ville, c'est exclu. Ils étaient impressionnés parce que pour beaucoup de gens vivre dans le Lötschental ou dans un village, c'est pas une vision. Tout le monde veut vivre à Brigue […]. On a fait un sondage sur les trente élèves dans ma classe et une question du sondage était, est-ce que vous avez l'intention de travailler une fois dans le Valais et 28 sur 30 ont dit probablement pas. Donc la vision du futur c'est pas de vivre ici […] *On espère quand même un peu avec les interviews, avec le travail qu'on fait, qu'ils changent un peu ces visions.* Parce que pour nous, pour le Valais, c'est vraiment catastrophique, quand les jeunes disent, je veux travailler à Genève, Berne ou Zurich mais pas ici (WA 7, soul. par nous).

La mise en réseau entre deux *alter ego* montagnards, concrétisée ici par la visite des collégiens de Brigue à Gressoney, est mise à profit dans l'objectif de transformer des représentations et, au final, de tenter de conserver de la population dans la région.

Le projet Walser Alps est présenté aussi comme un exemple à suivre pour d'un côté pour assurer la «durabilité» et de l'autre côté, pour préserver la diversité linguistique.

> On peut vraiment prétendre faire une réflexion des Alpes européennes et dans des zones qui souffrent fortement dans ces changements actuels, parce qu'ils sont presque tous à la limite du peuplement, de la possibilité de s'installer, et de cultiver. Et là on a pu montrer […] c'est souvent des peuples minoritaires et […] on travaille sur cette problématique, survivre là où c'est assez limite, parce qu'on pense là qu'on peut apprendre beaucoup sur la durabilité, comment la société européenne devrait se développer et sur quels points ils devraient rester attentifs. Et l'autre, c'était l'aspect des minorités, on disait on veut divulguer rapidement des résultats et donner un appui à la diversité culturelle de l'Europe (WA 24).

Les résultats du projet sont dits pouvoir constituer un modèle pour la «société européenne» et pour d'autres minorités linguistiques. Car les «traditions»

---

164   Il s'agissait de la valorisation du Sentier Walser (*Cf.* ARE, *Modellvorhaben Synergien im ländlichen Raum Ausschreibung* 2008. <www.are.admin.ch>).

Walser seraient porteuses d'une connaissance «durable» de l'environnement, susceptibles d'être réutilisée aujourd'hui et par d'autres sociétés.

> The traditional life in this extreme climatic and topografic position bore techniques of absolute causion by using resources, avoiding any waste, a very actual issue of today. It created a setting of culture and nature, still fairly well conserved and ligible in the landscape. The uncertain future of many of the Walser settlements (some speak about «exit valleys») is a setback for a sustainable spatial development for the Alpine space as a whole[165] (WA 21).

La société Walser renvoie donc tantôt à l'échelle des Alpes: *«Est-ce que l'identité des Walser, le savoir de ces gens peut contribuer à résoudre des problèmes de la région alpine»* (WA 7), tantôt à l'échelle européenne, tantôt à l'échelle des «régions périphériques»: *« Wie können Kulturlandschaften mit walserischer Vergangenheit in Zukunft nachhaltig in Wert gesetzt werden? Welche Strategien zu Entwicklungen gibt es in abgelegenen alpinen Gebieten? Inwiefern kann bei der Entwicklung von peripher gelegenen Talschaften auf die Jugend als Potential der Zukunft gesetzt werden?»*[166] (WA 23).

L'orientation pragmatique et prospective du projet s'imposait eu égard aux exigences du programme INTERREG IIIB, axé sur le «développement spatial durable»:

> Et tout ça il fallait l'intégrer dans une logique de programme IIIB, qui était une logique d'aménagement du territoire. Alors il fallait expliquer aux Walser pourquoi on insère un musée Walser, une banque de données sur les langues et la toponymie, dans un projet d'aménagement du territoire. Pour les projets d'avenir, c'était facile. C'était la même logique, on avait la logique Agenda 21. Et pour l'administration du projet, il fallait leur décrire pourquoi travailler sur la langue, c'est quelque chose qui est utile et intéressant pour l'aménagement du territoire (WA 24).

Mais quel type de savoir-faire dit Walser pourrait être utile aux sociétés contemporaines?

---

165 «La vie traditionnelle dans ces conditions topographiques et climatiques extrêmes implique une grande précaution dans l'usage des ressources, en évitant tout gaspillage, un enjeu très contemporain. L'avenir incertain de nombreuses colonies Walser (certains parlent de régions d'émigration) est un échec pour le développement spatial durable de l'espace alpin entier» (trad. libre).

166 «Comment le paysage culturel avec un passé Walser peut-il être durablement mis en valeur pour l'avenir? Quelles stratégies de développement y a-t-il pour les régions alpines reculées? Dans quelle mesure peut-on investir le potentiel formé par la jeunesse dans le développement des vallées périphériques?» (trad. libre).

> Ein etwas sorgfältigerer Umgang mit dem Boden und etwas mehr Respekt vor Natur-
> gefahren wie Lawinen (kein Bauen in Lawinenzonen!!) ist dringend nötig. Auch
> hier könnte alte Walser Erfahrung durchaus weiterhelfen. So gesehen könnten einige
> der Walser Werte eben doch das Überleben im Gebirge garantieren[167] (WA 23).

On retrouve là le terme de «survie», abondamment associé aux Walser.

Le projet Walser Alps a donc été tiraillé entre les personnes désireuses de participer à l'avancement d'une connaissance scientifique sur les Walser, pour en faire une synthèse à l'échelle des Alpes ou à conserver ce qui est train de disparaître (la langue), et celles qui ont résolument pris le prétexte des Walser pour réfléchir à l'avenir des régions dans lesquelles ils habitent (ou qu'ils défendent – car ils n'y habitent pas toujours).

> Pour moi c'est clair les Walser, il faut regarder [vers] le futur. C'est pas toujours les
> projets dans le passé. Il faut faire un pas dans l'avenir. Mais les projets sont toujours
> les mêmes. La langue. Mais qu'est-ce qu'on veut faire en Italie avec le Walserdialekt?
> Rien. Il y a peut-être quelque chose de nouveau, la jeunesse (WA 10).

Pour certains, donc, cette orientation pragmatique n'est pas assez poussée. Pendant la Conférence du futur, une proposition consistant à inciter les associations Walser à s'intéresser à l'application de la Convention alpine a été lancée (lors de la définition des priorités pour la collaboration future des partenaires).

> Mais elle a eu deux points seulement. Et c'est quelque chose de très intéressant, est-
> ce qu'on peut faire quelques pas en avant avec une organisation [l'IVfW] qui est
> jusqu'ici très symbolique. C'est toujours, on se rencontre, on fait une fête et ça suffit.
> J'ai cru moi qu'on pouvait peut-être faire quelques pas en avant. J'ai cru, mais main-
> tenant j'ai le sentiment que non. L'organisation des Walser c'est une organisation
> symbolique et pour la fête et pas pour problématiser des thèmes (WA 10).

Cette citation laisse présager le manque de relais que les tenants d'une approche pragmatique ont pu obtenir. C'est donc autant la volonté de travailler ensemble, le consensus adopté sur le «destin commun» des Walser, qu'une fibre identitaire partagée, qui peuvent relier des groupes so-

---

167   «Il est d'urgence nécessaire de faire une utilisation plus attentive du sol et de manifester davantage de respect envers les dangers naturels (pas de construction dans les
zones d'avalanche!). Dans ces cas, les anciennes connaissances Walser pourraient
tout à fait être utiles. Quelques unes des valeurs Walser pourraient garantir la survie
dans les régions de montagne» (Trad. libre).

ciaux qu'*a priori* rien ne poussait à interagir. En effet, il était probablement inconcevable, pour des Vallorcins, avant ce projet de travailler avec des habitants du Klein Walsertal ou de Gressoney. Cela a pu être rendu possible notamment par la conscience que ces populations, représentées par des individus, partagent des caractéristiques communes et des projets communs.

Un tel projet de collaboration transnationale entre 11 partenaires restera probablement sans suite dans la forme qu'il avait connu. Aucun partenaire n'a en effet souhaité se relancer dans un projet ambitieux en répondant à l'appel de la nouvelle génération de programme INTERREG IVB de coopération transrégionale, qui exige la coexistence de multiples partenaires de plusieurs pays. A ce jour, seuls deux projets sont réellement en passe d'être concrétisés. D'une part, un projet d'échanges entre jeunes des régions Walser a été lancé. La «Conférence des jeunes» s'est réunie une fois en novembre 2007 mais est restée sans suite. D'autre part, un projet INTERREG IV A a été engagé entre la province de Verbania-Cuso-Ossola et l'IVfW. Nommé «Alpinkultur am Beispiel der Walser», il consiste d'une part à poursuivre le projet de musée virtuel Walser *(Museumstrasse)* et à mieux l'articuler à la base de données Walser cultura, élaborée par la province de Verbania et d'autre part à valoriser des sentiers culturels et des chemins à thème entre les deux régions.

Les communautés Walser vont-elles dès lors trouver l'impulsion (c'est-à-dire des personnes motivées) pour poursuivre une collaboration, en dehors des Walsertreffen, qui ne restent qu'une célébration ponctuelle?

Cette expérience inédite de mise en réseau de communautés culturelles à travers les Alpes nous montre les processus à l'œuvre dans l'identification de ces différentes communautés autour d'une «cause commune» et, en même temps, l'absence de cette dernière. Les discours convergent pour qualifier le Walser et, dès lors, englober toutes les communautés qui se réclament d'un héritage de ce type. Cette définition, nous l'avons vu, se nourrit beaucoup de références scientifiques, parce qu'elle s'appuie sur des écrits attestant de la présence d'un peuplement Walser à certains endroits et pas à d'autres et parce que le modèle de peuplement décrit par les scientifiques (pour simplifier, la migration en haute altitude) est appliqué pour chaque communauté Walser, ainsi légitimée dans son essence.

Mais nous avons vu aussi que le projet n'avait pas été un mouvement uniforme de valorisation d'une culture: il a été au contraire un lieu où se sont concrétisés plusieurs intérêts d'associations culturelles, de scientifiques et d'individus, motivés mais parfois divisés. Au-delà de la simple entente sur des traits communs, certains protagonistes du projet Walser Alps se sont attelés à rechercher des solutions pragmatiques pour les communautés Walser. Pour ces protagonistes, le projet aura été conçu comme un moyen d'apporter des éléments de réponse aux problèmes de manque d'attractivité de ces régions dites reculées, de l'important taux d'émigration qui en découle, mais aussi de travailler sur le potentiel important de développement d'un tourisme doux autour de l'exploitation du patrimoine et de la nature. Cela dit, cette tendance à la généralisation de «best practices» (même si le mot ici est probablement trop fort) et à leur opérationnalité sur plusieurs sites a été plusieurs fois nuancée, dans la mesure où les situations économiques des villages participants étaient parfois très dissemblables (des stations à très haute capacité touristique, comme Davos, s'opposent aux villages en dépopulation, comme dans la vallée du Safien).

4.3 De l'art de se brancher à des réseaux pour revitaliser un plateau

Dans le cas d'Ossona, les réseaux sont utilisés comme une ressource par les porteurs de projet, à savoir la commune de Saint-Martin. L'étude de ce projet nous amène à parler d'une stratégie (communale) qui consiste à instrumentaliser des réseaux pour mener à bien le projet en tant que tel. La démarche est rigoureusement inverse à celle de Mountain Wilderness, qui se sert d'une réalité locale pour faire passer des idées globales. La commune de Saint-Martin, au contraire, s'efforce de se raccrocher à des tendances (agricoles, touristiques, …) pour justifier son projet au niveau local.

Bien évidemment, les ressources mobilisées sont de natures très différentes: tantôt ce sont des réseaux au sens où nous l'avons entendu, à savoir des liens tissés entre de entités non contiguës dans l'espace, tantôt ce sont ce que nous appelons des ressources institutionnelles, à savoir les possibilités financières et logistiques offertes par les échelons politiques dont relèvent les porteurs de projet, tantôt ce sont des ressources privées, émanant de fondations ou d'associations, qui peuvent d'ailleurs fonctionner sur le mode du réseau.

La particularité du projet d'Ossona est justement d'être redevable de toutes ces formes de ressources à la fois. En effet, la commune de Saint-Martin a tiré parti d'une combinaison de ressources institutionnelles (en profitant des appuis cantonaux et fédéraux) et de réseaux montagnards (comme Alliance dans les Alpes principalement).

4.3.1 Les réseaux politiques : de Christophe Darbellay à Doris Leuthard

> Ah tu connais lui il est sous-directeur de l'Office fédéral de l'agriculture, il sera bientôt Conseiller d'Etat, il faut qu'il nous aide s'il veut être soutenu. Il s'appelle Christophe Darbellay. Et on fait un projet pilote en Valais. Et après il y en a un qui est chef de l'agriculture, il vient du Val d'Hérens, donc il faudrait qu'il nous aide nous (OG 32).

Cet extrait d'entretien, quoique quelque peu critique vis-à-vis de la stratégie menée par les porteurs de projet, démontre bien les ressources qui ont été mobilisées. Si l'histoire des réseaux d'influence activés pour l'obtention du projet DRR reste à faire, il semble que des appuis très personnels aient pu être trouvés. Dès le début du projet d'Ossona, le président de la commune de Saint-Martin a cherché à gagner les faveurs de personnes haut placées.

> Donc c'est clair on se taille la grande part du gâteau sur ce projet [DRR], mais bon c'est vrai que c'est aussi par rapport à ce qu'on a fait. Et on a la chance d'avoir le soutien des autorités politiques, puisque l'année dernière [2004], le Conseil d'Etat et l'évêché font une sortie Etat – Eglise, là c'est les délégués de l'évêché, là c'est le conseiller d'Etat Rey-Bellet, le conseiller d'Etat Schnyder, Fournier et Burgener et le responsable de la communication [il montre un cliché de cette visite d'Ossona]. Donc ils connaissent très bien le projet puis on a la chance de les avoir avec nous (OG 11).

Il est évidemment difficile de vérifier si effectivement l'actuel Conseiller national valaisan Christophe Darbellay a pesé de tout son poids en faveur de la désignation du Val d'Hérens comme région pilote. En tout cas, en constituant la fondation pour le Développement durable de Saint-Martin, amenée à gérer la mise en œuvre du projet d'Ossona, la commune demande à Gérald Dayer, Hérensard et directeur du Service d'agriculture, de rejoindre le conseil de Fondation[168]. Cette stratégie d'appuis politiques

---

168 Même si le projet de DRR était déjà attribué au Val d'Hérens au moment où la Fondation a été créée.

atteint son paroxysme en août 2007, avec la visite de la Conseillère fédérale Doris Leuthard, qui a encore contribué à donner plus de publicité au projet. Même si cette visite en terre valaisanne intervenait quelques mois avant les élections fédérales, Doris Leuthard, dans le *Nouvelliste*, s'était défendue de mener campagne, mais avait au contraire insisté sur la «vraie» raison de son déplacement:

> Ça ne m'intéresse pas de simplement serrer des mains et encourager nos membres. Si je me déplace dans une commune suisse, je veux pouvoir parler d'un projet concret de mon département qui la concerne (OG 24).

Les porteurs de projet reconnaissent volontiers l'importance de bénéficier de ces réseaux politiques. Mais la commune de Saint-Martin a aussi sollicité des associations privées pour parvenir à financer le projet d'Ossona. Le Fonds Suisse pour le Paysage a ainsi accordé, en 1999, un prêt sans intérêt de 400'000 francs, qui a été utilisé pour acheter les terrains en 2000[169]. La Loterie Romande a également consenti un financement de 600'000 francs à la Fondation pour le développement durable de Saint-Martin en 2005. Enfin, le Parrainage pour les régions de montagne du supermarché Coop a octroyé un don de 150'000 francs à l'exploitant en 2006 pour financer les infrastructures agricoles.

Bien sûr, ce type de financement est courant pour n'importe quel projet, mais c'est la combinaison de plusieurs sources qui est moins banale. Elle illustre une rupture avec la «tradition» valaisanne de méfiance de ce qui vient de l'échelon politique supérieur, au titre d'une autonomie à s'arroger ou à conserver. La commune de Saint-Martin, au contraire, joue habilement avec ces échelons politiques et avec des *alter ego* montagnards. Elle sait tirer parti et aller dans le sens d'une orientation confédérale et cantonale. L'équipe communale a su aussi emmener les autres communes du Val d'Hérens dans son sillage. Par ailleurs, des réseaux traditionnellement considérés comme appartenant au mouvement écologiste ont été habilement mobilisés: le réseau Alliance dans les Alpes de la CIPRA et le Fonds suisse pour le paysage (très marqué par la conservation du sol et de la nature). De même, le WWF a très tôt été associé à toutes les discussions sur l'avenir de la commune.

---

169 WEISS Hans, «Saint-Martin innove», *Bulletin du Fonds suisse pour le paysage*, n° 9, décembre 1999, pp. 7-8.

4.3.2 *Alliance dans les Alpes : une belle vitrine*

L'adhésion au réseau de communes Alliance dans les Alpes en 1997 peut paraître marginale par rapport à l'ensemble des appuis qu'a pu gagner la commune. Mais il semble pourtant que ce réseau ait considérablement aidé la commune à capter l'attention. Elle a fait partie de la phase pilote du réseau et est même restée la seule commune francophone pendant de nombreuses années. Ces 27 communes ont formellement fondé l'association Alliance dans les Alpes lors de la conférence annuelle de la CIPRA en 1997. Au début des années 1990, Dominik Siegrist, actif dans la CIPRA, réfléchit avec quelques autres à la mise en œuvre de la Convention Alpine, en proie à des difficultés d'acceptation locale. Une délégation de huit personnes entame alors en 1992 une traversée des Alpes, non seulement pour dénoncer les menaces qui planent sur ce massif, mais aussi pour prendre langue avec des communes qui pourraient être motivées à se constituer en réseau[170]. Le contexte en Valais au début des années 1990 est plutôt tendu et les organisations dites écologistes n'y sont pas forcément les bienvenues. En février 1991, le secrétaire régional du WWF a été passé à tabac devant son domicile à Vercorin. L'affaire avait fait grand bruit à l'époque. Dominik Siegrist, inquiet de cette situation, contacte la commune de Saint-Martin pour vérifier que la sécurité est assurée. Le président de Saint-Martin propose à la délégation de les rencontrer.

> Et puis là dans la discussion, […] en définitive ce réseau de communes qui essaye de se mettre en place et ça ça va vraiment dans la direction que Saint-Martin a prise. Alors on s'est dit mais pourquoi pas. Et puis après on est resté en contact avec M. Siegrist et après est venu ce réseau de communes et puis c'est parti un peu comme ça, un peu bêtement […] (OG 11).

La commune va choisir de s'inscrire dans deux domaines d'action (parmi une liste de domaines prédéfinis par le réseau et qui sont calqués sur les

---

170   Il s'agit du projet TransALPedes qui a rassemblé huit personnes déterminées qui ont traversé les Alpes à pied entre juin et octobre 1992 de Vienne à Nice. Ce périple visait à dénoncer les menaces qui pesaient sur les Alpes et à rencontrer sur le parcours des personnes qui luttaient contre ces menaces. Le slogan du projet était le suivant : « Wir setzen der drohenden Zerstörung des Alpenraumes ein paar Füsse entgegen – unser Widerstand gegen eine Entwicklung, die wir nicht wollen » (« Nous allons à pied au devant des menaces de destruction de l'espace alpin – notre résistance contre un développement que nous ne voulons pas ») (SIEGRIST *et al.* 1993, p. 7).

protocoles de la Convention Alpine) : l'agriculture et le tourisme. La commune met aussi en avant des projets, comme ceux du sentier Maurice Zermatten et d'Ossona. Par ailleurs, l'adhésion au réseau permet, une fois encore, de se positionner face à une tendance générale de rejet de tout ce qui peut tourner autour de la Convention Alpine :

> Bon théoriquement c'est vrai que l'objectif de l'Alliance des Alpes[171] est d'appliquer les critères de la Convention alpine. Et bon c'est vrai que ça peut poser des problèmes si on prend en Valais, l'enneigement artificiel, les canons à neige et tout ça. Pour Saint-Martin, on était un peu égoïste, ça nous pose pas de problèmes. Alors c'est un peu pour ça qu'on a adhéré à ce réseau (OG 11).

De l'aveu même de ceux qui l'ont souhaitée, l'adhésion à Alliance dans les Alpes a procuré une ouverture à la commune.

> Et ça ce qui était intéressant dans l'Alliance des Alpes parce qu'on a rencontré des gens qui venaient de Slovénie, d'Italie, de France, d'Allemagne. On s'est rendu compte qu'on avait tous les mêmes problèmes. On avait tous la même motivation parce qu'on devait essayer de trouver des solutions pour survivre dans ces régions, mais d'un autre côté on se heurtait souvent aux mêmes difficultés [...]. L'Alliance des Alpes a apporté une contribution parce qu'elle a rassemblé autour de la même table des gens qui venaient de régions totalement différentes mais qui se retrouvaient avec les mêmes problèmes qu'on rencontre dans les Alpes (OG 7).

La référence aux Alpes est manifeste, moins selon une perspective identitaire qui tenterait de chercher des caractères communs aux membres du réseau que selon une vision pragmatique, guidée par le principe d'échanges d'expériences. De par sa situation, la commune de Saint-Martin se reconnaissait bien dans un réseau qui privilégiait la recherche de solutions endogènes, dans un contexte difficile (dépopulation, perte d'attractivité économique, etc.). Du coup, la réflexion change d'échelle, celle des Alpes devient pertinente.

> L'idée de l'Alliance des Alpes était une très bonne idée. C'était un peu un forum. Et de prendre comme unité les Alpes, ça veut dire, ça invitait tous les gens à raisonner au-delà des frontières politiques, au-delà des mentalités. C'était plus une question de discuter avec la commune voisine, mais on prenait un peu de la hauteur pour premièrement se rendre compte que tout le monde avait les mêmes problèmes et que si à travers les Alpes tout le monde faisait la même chose, c'est-à-dire un développement intensif et ne se préoccuper pas d'équilibrer ça, tout le monde était perdant indirectement (OG 7).

171 La plupart des responsables des communes adhérentes de ce réseau n'emploient pas le terme exact : Alliance *des* Alpes au lieu d'Alliance *dans* les Alpes.

L'interaction avec des communes éloignées est dite conférer une plus-value à la gestion ou au positionnement de chacune de ces communes. C'est évidemment le principe d'un réseau, qui facilite ou encourage les échanges d'expériences. Cette forme d'échanges par connexité plutôt que par contiguïté est soulignée par les responsables du réseau:

> Ce qui est intéressant, c'est la possibilité d'échanger, de connaître, de trouver des solutions chez les voisins, un voisin qui n'est pas juste ton voisin de pallier mais de trois vallées plus loin. Cela doit fonctionner justement par taches. Tu es toujours jaloux de ce que fait juste ton voisin, par contre si tu vois trois vallées plus loin, il a fait ceci, c'est pas mal, c'est bien ce qu'ils ont fait là. Tu ne réinventes pas la roue mais tu peux tirer parti d'exemples que d'autres ont mis en œuvre, ont réalisé (OG 14).

Selon les autorités communales de Saint-Martin, la participation à ce réseau a amené une réflexion et la réalisation concrète d'un objet, le sentier Maurice Zermatten.

> Le sentier didactique Maurice Zermatten est venu de par Alliance des Alpes. On a jamais pensé le faire à Saint-Martin. Et puis là dans la discussion des chemins à thème, des chemins didactiques qui se réalisaient un peu dans les différentes communes du réseau. Mais vous n'avez pas sur Saint-Martin un écrivain, ça c'est Siegrist qui nous a dit, on a regardé un peu là-dessus, et une année après, le sentier didactique était réalisé (OG 11).

Dans le cas de ce sentier, le rôle de l'animateur du réseau est décisif, bien qu'on attende des communes qu'elles s'inspirent avant tout des projets que les autres membres mettent en avant. D'ailleurs, le réseau organise des workshops qui se tiennent dans une commune membre sur un thème précis. Des visites de projets sont, à chaque fois, prévues. En septembre 2005, Saint-Martin devait accueillir un workshop sur le thème «Communes et gestion des conflits: participation, médiation». La commune y aurait «vendu» comme exemple de bonne pratique la rénovation des alpages de l'A Vieille (c'est d'ailleurs l'un des projets cités par la présentation de la commune dans le réseau Alliance dans les Alpes[172]). Le workshop a finalement été annulé, en raison des fortes intempéries qui avaient touché les Alpes à cette époque.

---

172 Voir Siegele, Rainer *et al.*, *Rapport 1997-2002. Les 5 premières années du réseau de communes «Alliance dans les Alpes»*. Mäder: Alliance dans les Alpes, 2002.

Bien plus que dans ces échanges de savoir-faire, les retombées du réseau, pour Saint-Martin, sont assurément à rechercher dans le bénéfice d'image :

> Financièrement directement, la commune n'a pas eu beaucoup de soutiens de ce réseau de communes. Mais par contre indirectement le fait d'appartenir à ce réseau de communes, on a eu de la chance, on a pu toucher passablement d'argent, par millions (OG 11).

Le pragmatisme est de mise : le lien entre le réseau Alliance dans les Alpes, la visibilité qu'il procure et les financements octroyés est établi. Pour certains, il est hors de doute que le projet DRR a été attribué au Val d'Hérens grâce à l'appartenance de Saint-Martin à Alliance dans les Alpes (voir aussi III 3.3.2).

> Ce sont des bons exemples, des bons élèves, qui se sont pris en charge, qui s'organisent, qui échangent entre elles, et puis qui en plus veulent faire avancer les projets dans leurs vallées et que le canton peut aussi mettre en avant aussi lorsqu'il s'agit de dire on fait quelque chose de bien, donc tout le monde y trouve son compte. Et à la Confédération ils obtiennent une oreille bienveillante, que ce soit au niveau de l'office fédéral de l'agriculture pour les améliorations foncières, […] lorsque l'Office Fédéral de l'Agriculture va lancer des projets pilotes avec financement à l'appui, comme par hasard on retrouve les communes qui sont membres du réseau de communes Alliance dans les Alpes, elles ont tiré profit de ça (OG 14).

La commune de Saint-Martin, à laquelle il est implicitement fait référence, est, encore une fois, jugée sur sa valeur d'exemple. Se brancher à des réseaux tels que celui-ci serait signe d'innovation. Adhérer à ce réseau traduirait une attitude avant-gardiste qui donnerait un signal fort de l'orientation résolument moderne de la commune. Pour les autorités communales, il est également hors de doute que les financements obtenus auprès du Fonds suisse pour le paysage et auprès de la Ville de Zurich[173] au début du projet sont dus à l'engagement dans le réseau Alliance dans les Alpes, qui a été passablement couvert au niveau médiatique, notamment dans la partie germanophone de la Suisse.

---

173   La Ville de Zurich a en effet octroyé un financement de 50'000 francs à la commune de Saint-Martin en janvier 2000. Le montant a été alloué au financement du Sentier Maurice Zermatten, à la construction de la cabane des Becs de Bosson et enfin à la rénovation des chottes d'alpages de l'A Vieille.

4.3.3 Rechercher des compétences du côté du Vercors et du Tessin

Mais les échanges à distance qu'a pu entretenir Saint-Martin avec d'autres *alter ego* montagnards ne se sont pas limités à du bénéfice en terme d'image. A deux reprises au moins, la commune a tenté de rechercher des compétences et des savoir-faire mis à disposition par les réseaux dans lesquelles elle est active. En octobre 2005, l'animateur du réseau Alliance dans les Alpes a organisé une excursion dans le Parc naturel régional du Vercors, qui *« a beaucoup d'expérience parce que c'était les premiers à se doter d'outils »* (OG 14). Ainsi, le projet d'Ossona devient l'exemple idéal, pour les responsables d'Alliance dans les Alpes, que l'échange d'expérience fonctionne.

> L'objectif était de profiter des nombreuses expériences réalisées dans le PNR dans la perspective du développement de l'agritourisme dans le Val d'Hérens et donc d'offrir aux élus politiques et responsables de projet des informations pratiques sur les chances et difficultés dans le domaine en question. Deux agriculteurs y ont participé, dont l'exploitant d'Ossona (OG 27).

Cette visite montre bien aussi que l'échange se déroule dans les deux sens, puisque les communes de Lans-en-Vercors et Corrençon sont devenues membre collectif (en tant que « Communes du Vercors ») d'Alliance dans les Alpes en octobre 2006 après le passage chez elles de la commune de Saint-Martin. Pour mener à bien leur complexe agrotouristique, les porteurs de projet à Saint-Martin sont demandeurs d'expériences sur le montage d'une offre de ce type à partir d'une exploitation agricole « ordinaire ». Des compétences sur la vente des produits sont recherchées, d'une part :

> Il faut faire des produits de niche et qu'on peut vendre cher, sinon ça sert à rien, on n'est pas concurrent. Ça existe des gens qui vivent très bien de ça. Nous avons été visiter avec la commune de Saint-Martin dans le Vercors qui font des trucs superbes avec 25 hectares et qui vivent très bien (OG 8).

Et pour l'accueil proprement dit des touristes, d'autre part :

> Au niveau accueil on sait pas trop où on met les pieds, alors on va aller voir un peu ce qui se fait là-bas. [...]. Et on va aller visiter différents sites agrotouristiques pour voir ce qui se fait au niveau de l'accueil, pour pouvoir démarrer l'année prochaine [2006] avec les constructions en bas (OG 11).

Une autre visite organisée par le Conseil de Fondation du développement durable de la commune de Saint-Martin en mars 2006 a eu lieu en Haute-

Provence, dans la région de Sisteron en particulier, et dans le Piémont, pour visiter des gîtes et mesurer le succès de l'agritourisme et le taux de remplissage très élevé de ce type d'hébergement. Elle a montré aux porteurs de projet d'Ossona la nécessité d'une professionnalisation accrue et de l'accueil très personnalisé des hôtes[174].

En 2007, la collaboration avec les *alter ego* du Vercors s'est poursuivie avec l'accompagnement du projet d'Ossona mené par l'Association pour la formation des ruraux aux métiers du tourisme (AFRAT) qui a son siège dans le Vercors. Un document a été rédigé, donnant des recommandations par rapport à l'exploitation touristique du site (la communication touristique, la gestion de l'auberge et des gîtes).

Cette coopération a eu un effet très concret, puisqu'elle a suscité la planification d'un objet particulier, la salle polyvalente. Pour des raisons budgétaires, le projet a été abandonné. Cette salle devait être issue de la transformation d'un bâtiment existant. Au final, celui-ci sera converti en logement de groupes. Toujours est-il que la salle polyvalente était rendue nécessaire et justifiée par les expériences agrotouristiques dans le Vercors:

> Les visites qu'on a pu faire en France sur les gîtes ruraux, ces programmes agrotouristiques nous ont montré l'intérêt grandissant des séminaires d'une semaine, de toute nature, qui peuvent être professionnels, qui peuvent être sur le yoga ou sur autre chose et qui fait que ça c'est des programmes qui permettent de stabiliser un peu les nuitées sur l'année en-dehors des saisons touristiques. En plus là comme on est quand même pas très loin, ça peut être aussi une salle des fêtes, de mariage, il y a toute sorte d'événements qui peuvent se prêter là. Voilà pourquoi on a prévu cet équipement (OG 9).

Le second échange avec un autre *alter ego* est probablement moins directement profitable, plus orientée institutionnellement et concerne plus largement l'ensemble du Val d'Hérens. Il s'agit de la visite d'une délégation de l'ACVH en mai 2006 à Brontallo, au Valle Maggia (Tessin), l'autre région désignée projet pilote pour le développement rural régional par la Confédération. La visite a été jugée *«très enrichissant*[e]*, [et l']* échange d'idées constructives» (OG 83). Des points positifs ont ainsi été relevés: les acteurs du projet DRR dans le Val d'Hérens pourraient s'en inspirer, notamment *«le soin architectural tout particulier est donné lors de la rénovation des villages; la distribution des informations est très active» (idem)*.

---

174   Entretien téléphonique, Commune de Saint-Martin, novembre 2008.

De manière générale, la collaboration avec ce projet pourrait être plus poussée, selon l'un de ceux qui ont participé à l'excursion :

> Donc ce qu'il faudrait c'est que peut-être ensemble des cercles intéressés aillent là-bas. On a par exemple pas pu avoir les principaux exploitants agricoles qui sont pressentis dans le projet Hérens ne sont pas allés voir là-bas. Et ça c'est une erreur (OG 31).

Cet échange est ainsi resté très limité.

4.3.4 Objets « exogènes » : la difficile cohabitation entre la fonctionnalité et l'image du lieu

Comme le suggèrent les tenants de la sociologie de la traduction, une action ne se produit pas sans un réseau qui relie des humains et des non humains. C'est le troisième sens du terme de réseau que nous avons retenu. Le cas d'Ossona illustre assez bien la « dé-localisation » (GIDDENS 1994 [1990]), c'est-à-dire l'affranchissement des contraintes spatiales et temporelles et le surgissement d'objets dés-ancrés.

Pour parvenir à l'objectif de réhabiliter un site comme celui d'Ossona, avec toutes les mesures que cette action implique (l'installation d'une exploitation agricole, la rénovation des bâtiments, etc.), quantité d'objets nouveaux doivent être introduits. L'un des reproches majeurs au projet est précisément que celui-ci a fait recours à des objets « piqués » hors du contexte du lieu et réincorporés dans le projet. Nous mentionnons rapidement quatre controverses sur la nécessité d'objets « exogènes » et les choix faits en la matière, en particulier dans le domaine agricole.

Une première option a pu susciter quelque controverse : lors de la mise au concours du poste, c'est un agriculteur jurassien qui a été retenu, plutôt qu'un Saint-Martinois ou même un Hérensard. Les compétences sont à rechercher à une large échelle. La connaissance des lieux ne suffit pas et n'est même pas une condition requise.

> On a été très restrictif. On a été très exigeant dans le cahier des charges. On a demandé une maîtrise fédérale d'agriculteur, parce qu'il faut être sérieux, là on peut pas bricoler (OG 11).

Les porteurs de projet n'hésitent pas non plus à introduire des objets architecturaux nouveaux qui correspondent à l'agriculture telle qu'elle se pratique aujourd'hui. Des nouvelles constructions agricoles sont donc édifiées, alors que les anciennes granges trouvent difficilement une réaffectation. Quelques critiques se sont là aussi fait entendre au début du projet.

> Pour la ferme, on détruit les bâtiments existants et on construit du neuf, alors qu'il y aurait beaucoup de bâtiments à récupérer et à faire un système décentralisé (OG 10).

L'exploitant agricole a porté son choix sur une race de bétail qui n'est pas indigène, loin s'en faut. Il s'agit de vaches montbéliardes (Figure 14). Des critiques ont été formulées sur cette préférence au détriment de la race d'Hérens, qui constitue un symbole local et régional très fort. Mais le choix est justifié par des motifs de productivité.

> On a des Montbéliardes qui sont bien adaptées à la montagne, c'est des vaches à deux fins, assez laitières, assez bien pour la viande, et solides en montagne (OG 5).

On ne parle pas d'une adaptation à un lieu ou à une région, mais à une catégorie générique, la montagne.

Figure 14: Les vaches de race montbéliarde sortent de l'étable (Cliché: Mathieu Petite, décembre 2006).

Confronté à une insuffisance de fourrage, due à un manque de surfaces de fauche, l'exploitant agricole s'est résolu à compléter son volume par la plantation de maïs. Cette décision a soulevé un tollé chez les opposants au projet, en particulier le WWF.

Ainsi, nous constatons que le projet en tant qu'image souhaitée et les représentations diffusées (l'idéologie patrimoniale, les représentations de renaissance et de paradis perdu) est quelque peu trahi par la nécessaire fonctionnalité des objets.

Ce cas d'Ossona est un exemple particulièrement frappant de la mobilisation de réseaux (aux deux sens de ce terme) dans un objectif de mener à bien un projet. Dans ce contexte, les objets non seulement servent de « monnaie d'entrée » dans un réseau (Alliance dans les Alpes, par exemple), mais sont directement redevables de ces mêmes réseaux (informels et institutionnels) et n'existeraient probablement pas sans eux. Ces réseaux permettent aux porteurs de projets d'accéder à des ressources financières, de renforcer une image de marque et de bénéficier de savoir-faire et d'expériences utiles à la réalisation du projet.

4.4 Démonter des installations : une action transnationale

L'action de Mountain Wilderness est vouée à se déployer sur l'ensemble des montagnes du monde. La cause défendue n'est pas celle d'un lieu particulier, mais c'est la Montagne avec un grand m, ou plutôt c'est au nom de cette entité que des positions sont prises à propos de lieux particuliers. Cette cause est traduite dans les thèses de Biella qui inspirent la totalité des actions menées par toutes les associations nationales.

Cela dit, si les fondements sont communs à l'ensemble des sections nationales, les stratégies pour parvenir au but recherché (retirer les installations) diffèrent.

Mountain Wilderness France a été la première section à s'intéresser à la question et à en faire des objets problématiques. Cet intérêt naissant est justifié par une sollicitation des adhérents : l'association n'aurait fait que de « remonter » leurs préoccupations.

> On a commencé sur les installations obsolètes, c'était les adhérents qui nous ont signalé qu'au cours de leurs randonnées, ils trouvaient ça et là des énormes choses rouillées qui dénaturaient le paysage, en altitude surtout (IO 10).

C'est alors que l'association s'engage dans un vaste recensement de ce type d'installations. Ce travail a été mené en collaboration avec des gestionnaires d'espaces protégés de France, puisque le recensement ne devait couvrir initialement que ces espaces. Cette procédure montre que les objets ne sont identifiés qu'au travers d'un réseau d'acteurs qui est tissé pour l'occasion.

Dans une action menée pour démonter une installation obsolète, il y a nécessité de tisser un réseau. Entre le WWF Vaud et Mountain Wilderness Suisse, les intérêts ont convergé pour appuyer la démolition de la télécabine du Pic Chaussy; Mountain Wilderness France cherche, à chaque opération de démontage, des partenaires selon une logique de réseau. Par exemple, lors du démontage des téléskis du Col du Frêne, Mountrain Wilderness France s'est associé avec le Parc naturel régional des Bauges et s'est assuré les services d'une entreprise spécialisée dans le démontage. Pour être pensés et traités, ces objets sont donc insérés dans des réseaux (d'associations, d'institutions, de personnes, de compétences).

Là où les stratégies diffèrent entre les sections nationales, c'est dans le degré d'intervention que doit privilégier l'association. Mountain Wilderness France a, depuis de nombreuses années, l'expérience des démontages.

> On explique que c'est possible de démonter. Et on réalise, on aide ou on fait nous-mêmes des démontages le plus souvent ou systématiquement avec pas mal de partenaires. On engage des démontages sur le terrain pour montrer que c'est faisable, pour montrer l'exemple (IO 10).

Toutes les sections ne sont pas unanimes quant au rôle que doit jouer Mountain Wilderness. En Suisse, par exemple, des manifestations symboliques (au Pic Chaussy et au Schwyberg) et un lobby politique sont les deux orientations retenues pour combattre le problème, mais il n'est pas envisagé d'organiser de démontages.

> On s'est acheté des jaquettes rouges, comme sur les chantiers, mais nous on est pas les ouvriers. Il y a quand même le principe de celui qui fait un dommage qui doit assurer (IO 9).

De même, Mountain Wilderness Catalogne a lancé à son tour en 2006 un recensement sur la chaîne des Pyrénées. Ce recensement soutenu par une fédération d'excursionnistes et financé par le gouvernement catalan ainsi qu'une fondation pour la protection du paysage est alimentée par les observations des randonneurs. La section catalane, lors du bureau exécutif de l'association internationale, a fait part de son doute à mener elle-même des démontages. *« MW Catalonia is interested, but wary of being downgraded to mere ‹mountain cleaners› »*[175] (IO 35). Pour la section française, *« Il n'est pas question de devenir les ‹éboueurs› de la montagne »* (IO 23).

> Eux [MW Suisse] également un peu comme les Italiens surtout sous forme de manifestations, de lobby, pour que le problème soit traité au niveau réglementaire. Manifestation on n'a jamais fait à MW France. Notre forme de manifestation, c'est d'aller aider au démontage pour montrer que ça fonctionne, alors que les Suisses ne sont pas rentrés là-dedans, ils préfèrent manifester (IO 10).

Pour être pensés et traités, ces objets sont donc insérés dans des réseaux (d'associations, d'institutions, de personnes, de compétences).

Synthèse du chapitre 4

Ce chapitre a particulièrement insisté sur les relations entre des objets, des projets et des réseaux. Nous avons vu, au travers des exemples proposés, que des objets activent des réseaux. A la fois, ces objets symbolisent ces réseaux, mais constituent en eux-mêmes et réellement une base d'échange entre partenaires (l'exemple de la passerelle bhoutanaise). En effet, le rôle des objets dans leur stimulation de réseaux peut être double. D'abord, les objets définissent une ontologie de chacun des collectifs et des partenaires. Ceux-ci sont dès lors reliés les uns aux autres, parce qu'ils partagent des objets semblables, lesquels fondent une similarité présentée comme naturelle et indiscutable. Ensuite, des objets, moins précis, moins localisés, relèvent d'une «communauté de problèmes», à savoir des problèmes communs partagés par des collectifs qui s'échangent des savoir-faire particulièrement utiles de ce point de vue-là.

---

175 «Les membres de MW Catalogne sont intéressés, mais craignent d'être considérés comme de simples éboueurs de la montagne» (trad. libre).

La relation inverse se produit également: des réseaux cherchent des objets pour se légitimer. Un collectif peut ainsi se brancher à un réseau en brandissant des objets qui justifient celui-ci. C'est le cas de Vallorcine dans le projet Walser Alps.

Les réseaux font aussi circuler des représentations à large échelle: ce sont ces idées auxquelles peut se raccrocher un collectif pour légitimer des actions (par exemple, les sections nationales de Mountain Wilderness).

Dire que des projets sont connectés à des réseaux signifie enfin reconnaître que des ressources matérielles et des objets qui ne proviennent pas du lieu dans lequel le projet est implanté jouent un rôle décisif au sein de ce dernier. En d'autres termes, les projets étudiés ici ont dû être constitués d'objets et d'individus ou même de collectifs, qui n'étaient jusqu'à leur arrivée pas territorialisés dans l'espace en question. L'exemple du projet d'Ossona est éloquent à cet égard. Cela confirme que les représentations homogénéisantes de la montagne gagnent en importance.

Tout au long de cette analyse, les discours sont apparus assez homogènes, bien qu'ils soient l'apanage d'individus très différents quant à leur motivation et leur posture par rapport au projet. Cependant, on ne saurait diagnostiquer un effet cumulatif des énoncés: il n'y a pas d'homogénéité, l'ensemble des individus ne partageant pas toutes les significations.

* * * * * *

Synthèse et conclusion

Tout au long de cette étude, nous nous sommes intéressé au rôle de la matérialité dans les projets de diverses collectivités. Dans ce contexte, nous avons tenté d'examiner la conjonction d'un projet, des idéologies qu'il sous-tend, de sa mise en discours, de sa mise en objets et de la réception sociale qui en découle.

Dans toutes les études de cas, nous avons envisagé le projet comme un processus qui associe des groupes, des individus et des institutions politiques. Les motivations d'un tel projet ont été analysées, à la fois au travers des justifications contenues dans les rapports d'étude et autres dossiers de presse et par le biais de la méthode de l'entretien semi-directif. Ces justifications soit s'appuient sur une autorité (de la tradition, d'un expert ou du « peuple »), soit renvoient à des valeurs (la nature, l'authenticité, par exemple), soit réfèrent à la rationalité et aux effets escomptés du projet ; le plus souvent, elles combinent ces différents types.

Ces justifications renvoient à des idéologies qui « naturalisent » une identité et un territoire singuliers proclamés par un groupe. La « naturalisation » signifie ici la dissimulation des processus qui ont abouti à une situation de fait désignée comme légitime. C'est notre première hypothèse. Ces idéologies orientent tout à la fois le sens donné aux objets et le processus opérationnel de montage du projet (qui exige des coopérations verticales et horizontales entre des groupes et des individus). Ce sont nos deuxième et troisième hypothèses. Les objets sont mobilisés dans la constitution d'un groupe qui se reconnaît ainsi dans un territoire et au travers d'une identité commune.

Cette synthèse vise à mettre en perspective les quatre cas d'étude. Elle revient sur les idéologies diffusées par les différents groupes. Elle montre en particulier que trois d'entre elles peuvent être régulièrement repérées dans chacun des projets étudiés. En parallèle, le rôle joué par les objets dans la matérialisation de ces idéologies est exposé. Finalement, cette synthèse revient plus particulièrement sur l'effet social des objets : leur capacité à territorialiser des groupes et les identifier, ainsi qu'à créer ou à être créés par des réseaux.

Les idéologies des projets ou
comment les idéologies se concrétisent dans les objets

Cet ouvrage a tenté de démontrer la mobilisation de représentations dans des projets qui agencent des objets matériels. Ces représentations sont aussi diverses que les groupes qui investissent ces projets.

Les groupes ont tendance à combiner ce que nous avons appelé des représentations homogénéisantes et des représentations particularisantes. Par exemple, Mountain Wilderness invoque un état universel de la montagne, mais en même temps se réfère aux qualités d'un lieu. Leurs projets conjuguent plusieurs espaces de référence ; ils ne sont pas limités à une seule échelle. Tantôt leur action est à visée locale, tantôt elle est tributaire d'une vision portant sur des espaces beaucoup plus larges.

Dans le processus du projet, chaque groupe véhicule des idéologies, des représentations qui fondent le projet lui-même ou l'action de sa contestation. Seules certaines de ces représentations vont en définitive se matérialiser dans le projet final. Ces idéologies se manifestent par les discours qui sont énoncés. En se référant à des idéologies, des individus donnent à voir des objets relatifs à la naturalité du site dans lequel ces derniers sont implantés (par exemple, une installation obsolète compromettrait la richesse naturelle d'un lieu) ; ils mettent en scène des objets caractéristiques d'une tradition représentant une époque révolue mais dont ils voudraient qu'elle soit rappelée à tout un chacun (les objets d'artisanat à Vallorcine, par exemple) ; ils justifient le projet par l'effet (social, économique) qu'il est apte à produire (par exemple, le projet d'Ossona). En d'autres termes, les projets sont justifiés tantôt par l'invocation de la nature, tantôt par celle de la tradition et encore par celle de la primauté du lieu et de ses habitants.

Nous avons dit qu'une idéologie était une représentation qui dissimulait son statut construit et historicisé. Elle s'impose comme une vérité incontestable pour tous : elle dit qu'il ne peut en être autrement. Or, si l'on peut se permettre ce truisme, certaines vérités sont plus vraies que d'autres et contribuent à légitimer des acteurs à les dire. Quelques groupes ou institutions sont en effet habilités à diffuser des idéologies qui susciteront d'autant plus l'adhésion que leurs auteurs sont légitimement reconnus.

Ces idéologies semblent faire partie d'un ensemble des représentations « incontournables » dans les régions alpines (sans pouvoir inférer la réflexion aux régions de montagne) et ce, au sein de chaque projet inscrit dans des lieux qualifiés implicitement (sans qu'il n'y ait de besoin d'affirmer cette appartenance) de montagnards ou d'alpins. Toutes ces idéologies ont un rapport étroit avec l'ensemble des images (les imaginaires) des Alpes et de la montagne. Elles tendent toutes à faire assimiler les espaces dans lesquels elles sont produites à des qualités, désignées par les termes de montagnité et d'alpinité.

Elles jouent également un rôle justificatoire très important. Les groupes les énonçant visent à faire adhérer à celles-ci un large nombre d'individus. Les groupes qui contestent le projet ou qui y trouvent un intérêt sont également porteurs d'idéologies, parfois convergentes, parfois divergentes.

Celles-ci, nous l'avons vu, sont des représentations qui orientent l'ensemble des actions prises dans un projet. Par exemple, dans le projet d'Ossona, une idéologie très solide (que nous avons qualifiée de localisante) est exprimée autour de l'agriculture et de son rôle déterminant dans les régions de montagne en général. De ce principe découle l'ensemble des mesures visant à restaurer l'exploitation agricole sur le plateau.

A Vallorcine, les porteurs locaux du projet se fondent sur le présupposé que les habitants ont en commun une origine Walser; et ils appuient leur propos par la connaissance savante de cette colonisation. Cette idéologie, patrimoniale et localisante, conditionne l'ensemble du projet.

Dans le cas des installations obsolètes, l'acteur principal, l'association Mountain Wilderness, tient pour indiscutable la pollution visuelle qu'occasionneraient les friches touristiques. Cette idéologie de la Nature (qui postule la naturalité originelle des espaces de montagne) justifie fortement la lutte que l'association mène pour retirer ces installations.

Pour le cas de la passerelle bhoutanaise, c'est l'association Montagne 2002 qui porte une idéologie très affirmée: la similarité des peuples de montagne ou tout du moins la proximité des problèmes auxquels ils font face. Cette idéologie est à l'origine de la coopération et a conduit à la désignation ainsi qu'à la construction d'une passerelle comme objet symbolique.

Au final, on ne peut que relever la consubstantialité de l'objet et l'idéologie. Les deux émergent simultanément. Il n'y a pas d'un côté un objet préexistant et de l'autre, une idéologie qui viendrait s'y cristalliser. Le sens de l'objet est celui de l'idéologie qui le traverse. En même temps, l'objet est doué d'une certaine autonomie… Il offre des résistances, il évolue dans une direction imprévue, ce qui nécessite des ajustements. Mais surtout, de nombreux groupes s'en emparent pour lui faire dire quelque chose. L'objet joue pleinement son rôle d'actant, pour reprendre la terminologie de la sociologie de la traduction.

L'invocation de la nature et de la tradition

Les groupes impliqués dans les projets diffusent des représentations de la nature, lesquelles peuvent être concrétisées dans des objets particuliers (des prairies sèches, un versant de montagne, une pinède…). Les projets sont l'occasion d'énoncer un discours sur la fragilité écologique, qui est majoritairement alimenté par l'autorité d'experts (des associations, des institutions, des scientifiques). On attend de l'expertise scientifique qu'elle établisse les valeurs des milieux naturels touchés par le projet. Les arguments y font beaucoup référence pour prendre des mesures de protection vis-à-vis d'un objet, ou pour ne pas en prendre. Nous avons vu que ces expertises pouvaient être contradictoires et aboutir à des positions divergentes. Par exemple, dans le projet d'Ossona, le WWF ne partage pas un certain nombre de conclusions des rapports d'expert. Des considérations plus morales fondent parfois la conviction que la montagne est naturelle et doit être exempte de traces humaines (dans le cas des installations obsolètes). La justification d'ordre rationnel, quant à elle, est affirmée lorsqu'une mesure ou une action est destinée à améliorer ou restaurer des espèces naturelles. De la sorte, une certaine connaissance opérationnelle (issue des associations, des bureaux d'étude ou d'autres instances qui ont à appliquer des connaissances sur le terrain) justifie le lancement d'un projet.

Pour deux des cas (Vallorcine et Saint-Martin), les objets sont le produit d'une soi-disant tradition. La définition de ce terme réfère dans les deux projets à une époque révolue, celle du système agro-pastoral. Souvent, le discours proclame la tradition comme étant le produit d'une relation homme-montagne, forcément originale (à Vallorcine, on parle de « traditions montagnardes »). Les traditions seraient directement tributaires d'un environnement spécifique. L'idéologie patrimoniale ressortit ainsi à la fois à une identité de l'espace et à une identité des populations qui habitent celui-ci. Divers types d'argumentaires permettent de déceler l'idéologie patrimoniale et la mise en avant de traditions. Les projets sont logiquement justifiés par la conformité à cette soi-disant tradition. Mais d'autres argumentaires entrent en ligne de compte : notamment l'autorité populaire qui oriente la sauvegarde d'un objet. Les argumentaires se réfèrent aussi à des valeurs morales : ne pas dilapider un patrimoine (dans le projet d'Ossona, par exemple) ou connaître son histoire, pour mieux s'orienter dans l'avenir (dans le projet Walser Alps). De même, l'autorité de l'expert est fréquemment convoquée pour attester d'une tradition qui serait authentique car prouvée par une certaine vérité scientifique.

L'idéologie « localisante »

Dans toutes les études de cas, il est possible de repérer une idéologie localisante, laquelle tend à mettre le projet et les objets au service d'abord et avant tout d'un lieu et de ses habitants. Par cela, les objets et les projets qu'ils forment sont autant d'exemples, au sens où ils servent de modèles à d'autres projets.

Le projet est exemplaire d'intentions plus globales et pour des espaces de référence variés. C'est pourquoi deux niveaux correspondant aux deux sens du mot exemple sont distingués (*Cf.* I 3.2.3).

Premièrement, il rend possible une nouvelle orientation. Sa planification et sa réalisation font que des partenaires et des groupes sociaux se sont mis à collaborer (pour la passerelle, par exemple) ; qu'une nouvelle vision du développement a émergé (à Saint-Martin, par exemple), en d'autres termes que ce projet a impulsé des dynamiques sociales sans précédent. Le projet est ainsi le maillon d'une chaîne de valorisation territoriale : il s'inscrit dans une démarche de développement touristique (à Finges, par exemple) et il est guidé par le souci de créer du lien social (à Vallorcine, par exemple). Pour résumer le discours récurrent à ce sujet, le fait de valoriser un objet étoffera une offre touristique et sera apte à procurer des devises. Un lien de causalité est donc souhaité entre l'objet (donc le projet) et son potentiel d'attractivité touristique. Ce type d'argumentaire peut être combiné avec d'autres, notamment avec celui qui prend comme prétexte l'autorité populaire. L'intérêt commun des habitants apparaît alors comme une justification possible d'une mise en valeur touristique.

Deuxièmement, le projet peut jouer le rôle de modèle, dans le sens où il est considéré, par certains groupes, comme reproductible dans d'autres lieux. Les projets, tel qu'ils sont pensés et mis en discours, s'imposent comme des modèles et comme des exemples pour d'autres projets qui seraient à venir. Même si beaucoup de personnes avouent que le type de projet en question ne pourra jamais être reproduit, il n'empêche que, dans les discours officiels, l'idée d'exemplarité est souvent évoquée.

Dans les deux sens de l'exemplarité du projet, l'argumentaire de type rationnel prédomine. Un lien de cause à effet est recherché entre le projet et les dynamiques qu'il peut instaurer.

L'idéologie localisante, fondée sur des arguments rationnels, se révèle dans les discours énonçant la nécessité de créer des conditions favorables pour les populations des régions de montagne, ainsi que de susciter la coopération verticale et motiver la coopération horizontale. Pour le premier objectif, purement focalisé sur le local, ou éventuellement le régional, l'idéologie est assurément mobilisée dans un but politique, voire militant. Elle contient l'idée que les régions (de montagne, alpines, ou périphériques : on trouve toutes ces dénominations) souffrent de handicaps et de désavantages par rapport à d'autres régions et que des stratégies pour garantir leur attractivité doivent être recherchées. Ce type de discours est aisément perceptible pour deux des cas d'étude : le projet d'Ossona et le projet Walser Alps. D'une façon générale, la montagne est ici assimilée à un ensemble de conditions naturelles défavorables qui influence directement le mode d'organisation (économique, culturel et social) d'une population. La montagne est aussi vue comme espace périphérique (par rapport à un centre, qui serait les régions urbaines). De cette définition découle la proposition selon laquelle il s'agit de dépasser ces handicaps ou de mettre à profit ces spécificités (si cette définition sous-tend une perception positive de la situation montagnarde) pour garantir à ces régions le statut d'espace de vie. L'invocation des handicaps structurels auxquels seraient confrontées les régions de montagne appelle l'utilisation d'argumentaires variés. Des argumentaires d'ordre rationnel sont essentiellement développés : des actions précises sont imaginées en tant qu'elles auront un effet sur la cohésion sociale (à Vallorcine, par exemple), sur le tissu économique (à Saint-Martin, par exemple). Il n'est pas de doute non plus que c'est l'autorité populaire, donc l'intérêt d'une population, qui souvent oriente fortement les discours énoncés dans un projet.

Cet important discours justificatoire doit aussi être mobilisé afin de solliciter des ressources institutionnelles. Construire le projet nécessite des financements : ceux-là ne sont pas accordés sans une forte justification de la pertinence du projet en devenir. Pour se réaliser, celui-ci a en effet besoin de ressources institutionnelles, à savoir des appuis (financiers, entre autres) émanant des instances politiques dont relèvent les porteurs de projets. Ces derniers sont donc dans l'obligation de développer une argumentation convaincante qui poussera diverses autorités à soutenir le projet en question. Nous avons aussi souligné que la recherche des ces subventions publiques était souvent indissociable de l'implication dans des réseaux montagnards au travers d'une coopération moins institutionnalisée : c'est la combinaison de ces deux formes de stratégies qui singularise nos cas d'études. Dans chacun de ceux-ci, des ressources institutionnelles ont été sollicitées en vis-à-vis de l'investissement dans de la coopération.

La volonté d'amorcer la coopération horizontale s'exprime par deux formes de discours. D'une part, sont affirmées des caractéristiques ontologiques communes, dans le but de justifier la coopération entre deux partenaires plus ou moins distincts (par exemple, le Valais et le Bhoutan) d'un point de vue culturel, économique, etc. D'autre part, des « problèmes » communs, c'est-à-dire des situations plus ou moins précises identifiées comme insatisfaisantes, sont diagnostiqués chez les partenaires impliqués, ce qui justifie là aussi une coopération dans la gestion et, éventuellement, dans la résolution de ces problèmes. Le besoin de coopération se fait ici sentir par la conscience, non pas forcément de partager des caractéristiques fondamentales communes, mais que, du fait d'une situation alpine ou montagnarde, des problèmes communs ou semblables surgissent dans nombre de communes ou de vallées de ces espaces. La coopération est donc dictée par la nécessité de trouver des solutions à ces problèmes, au travers de l'échange d'expériences et de savoir-faire. On reconnaît là évidemment l'un des objectifs du réseau de communes Alliance dans les Alpes. Mais cette visée pragmatique de la collaboration est très perceptible aussi pour les liens Valais – Bhoutan et le projet Walser Alps. Nous observons le plus souvent un couplage d'une justification identitaire, qui peut être repérée dans les discours autour de la passerelle (« nous sommes tous des montagnards ») et d'une justification plus rationnelle (« échangeons entre nous de l'expérience »). La première forme de discours s'appuie volontiers sur des croyances collectives, alors que la seconde se fonde davantage sur des notions opérationnelles. Les deux peuvent reposer sur des connaissances scientifiques.

Les références à la montagne et aux Alpes

Les travaux de Bernard Crettaz ou de Jean-Paul Bozonnet, parmi de nombreux autres, ont mis en évidence un certain nombre d'images structurantes associées à la montagne et qui ont traversé l'histoire. La manipulation de ces images dans les projets qui nous intéressent a été interrogée : sommes-nous en face de projets qui mobilisent activement ces images selon une logique de sélection ? Assistons-nous à l'énonciation d'idéologies qui s'apparentent plus ou moins à ces imaginaires historiquement constitués au cours des siècles ? Nous tentons de répondre à ces questions en passant une nouvelle fois en revue les cas d'étude pour y déceler quel espace de référence (Alpes ou montagne) est activé et de quelle manière.

Dans le projet de passerelle, l'association Montagne 2002, puisque c'était son objectif et même sa raison d'être, s'est constamment référée à la montagne. Pour ce groupe, il était hors de doute que c'était cet espace de référence qui fondait l'ensemble des actions : la coopération, la passerelle, notamment. C'est parce que le Valais et le Bhoutan se situent en montagne et sont habituellement qualifiés de régions montagnardes que leurs habitants ont des choses à se dire et des choses à partager. Nous avons observé, en revanche, que du point de vue d'autres groupes, cette référence à la montagne n'était absolument pas incontournable pour penser la passerelle. Ainsi, ni l'association Pfyn-Finges, ni Leuk Tourismus, par exemple, n'activent la référence à la montagne : ces deux instances mettent plutôt en avant l'espace local et régional.

Dans le cas des installations obsolètes, l'association Mountain Wilderness, à l'instar de l'association Montagne 2002 pour la passerelle, a vocation à faire appel à la montagne dans sa globalité, en lui définissant des attributs récurrents dans l'ensemble des contextes montagnards mondiaux, en tout cas européens. C'est toujours au nom de la montagne et de l'exigence de sa protection que Mountain Wilderness exécute des actions, dont celle contre les installations obsolètes. Et même si l'on pourrait croire que les opposants au démontage activent plus volontiers des références locales, notamment pour revendiquer le droit d'une commune ou d'une station à maintenir des friches, on se rend compte en fait que beaucoup de ces opposants tentent de brandir le même espace de référence (la montagne) mais dont la connotation vient en parfait contrepied de celle que porte Mountain Wilderness. L'idéologie patrimoniale et l'idéologie de la naturalité s'entrechoquent.

Dans le projet d'Ossona, la référence à la montagne est évoquée tant par les autorités cantonales et leur projet DRR, tant par la Coop, qui associe le subventionnement du projet à sa campagne pour les régions de montagne et sa ligne de produits de montagne, que le WWF, qui se réfère à cet espace pour lui donner une connotation naturelle. Le principal porteur de projet, la commune de Saint-Martin, ne ressent pas le besoin de référer son action à une telle échelle; pour les autorités, c'est davantage l'espace communal qui fait sens, ou au mieux l'espace régional (le Val d'Hérens). Les autres échelles peuvent être de temps à autre mobilisées: l'espace de référence alpin lorsqu'il faut collaborer avec d'autres communes alpines, par exemple.

La référence alpine, justement, est exclusivement exposée par les porteurs du projet Walser Alps. Du point de vue de l'ensemble des partenaires, les Alpes sont évoquées comme le lieu d'implantation des Walser, peu importe si cette population ne couvre qu'une petite partie du massif. Par son caractère exemplaire, la population Walser mérite qu'on la qualifie d'alpine «par excellence» partout où elle s'est installée. A Vallorcine, ces attributs alpins sont volontiers repris et réappropriés par les responsables locaux du projet.

Est-il alors possible de repérer parmi ces représentations, parmi ces idéologies, des traits qui se rapprocheraient des imaginaires de la montagne et des Alpes? Dans nos études de cas, l'échelle alpine est pertinente pour certains groupes en certaines occasions. L'échelle montagnarde l'est aussi pour certains groupes lorsqu'il s'agit d'énoncer des attributs génériques qui justifient soit une mise en réseau (la coopération Valais–Bhoutan, par exemple), soit une sollicitation institutionnelle (le projet DRR, par exemple). Quant à savoir si effectivement des groupes usent volontiers de stéréotypes (ces imaginaires de la montagne et des Alpes) pour mieux faire accepter leurs idéologies, on mentionnera des discours enclins à jouer sur cette corde: les discours sur le passé agricole d'une communauté, rappelant étrangement des imaginaires nostalgiques, les discours sur la richesse de la faune et de la flore, renvoyant à des imaginaires de la nature… autant d'images dont on pourrait faire remonter la genèse à plusieurs siècles.

Les objets configurateurs de relations sociales

Certains groupes porteurs de projet tiennent le recours à la matérialité pour indispensable à la réalisation de celui-ci. Mais le rapport que les groupes entretiennent avec la matérialité, et d'ailleurs le type même de matérialité, est différent d'un projet à un autre.

Dans le cas de la passerelle bhoutanaise, les concepteurs de projet se servent de la matérialité, en l'occurrence la passerelle, pour faire passer leurs idées et les faire durer dans le temps (au-delà de l'année internationale de la montagne). Mais la matérialité, voulue configurante, n'est pas si aisément transformable pour diffuser un message; il faut lui ajouter d'autres objets, comme le chorten. C'est alors que le rapport de ses concepteurs à la matérialité qu'ils ont créé se modifie: elle devient le support et le prétexte du message d'autres groupes (*Cf.* la polémique autour du chorten).

Dans le projet Walser Alps, l'ensemble des partenaires a cherché, dans un premier temps, à éviter le recours un peu trop convenu à la matérialité et notamment aux attributs «classiques» des Walser (l'architecture, les outils, par exemple), pour se concentrer sur ce qu'ils ont appelé les valeurs Walser. Mais, dans un second temps, et pour certains partenaires, les objets matériels ont été introduits en tant que représentations, dans plusieurs des projets: celui de musée transnational, celui de Sentier Walser, notamment.

A Saint-Martin, l'ensemble des groupes en jeu (la commune, le WWF, les habitants, etc.) nourrissent un rapport avec un complexe d'objets, tantôt techniques (la ferme, par exemple), tantôt symboliques (la vigne), tantôt «naturels» (des prairies sèches), tantôt artificiels ou, relevant le plus souvent de plusieurs de ces qualités et de ces registres à la fois. La manière d'agencer ces objets et de donner davantage d'importance à certains d'entre eux reflètent les intentions de chacun des groupes qui sont intervenus dans ce projet.

Dans le cas des installations obsolètes, le rapport à la matérialité est extrêmement fort, bien qu'il soit différent des autres cas. C'est en effet un objet matériel (une remontée mécanique, des restes militaires) que certains groupes s'attachent à faire disparaître ou que d'autres s'efforcent au contraire de maintenir.

Nous avons également constaté que la réception sociale peut directement influencer les objets en question. Par réception sociale, nous avons entendu les pratiques et le discours de l'ensemble des usagers des objets. Et des représentations divergentes parfois ont contribué à creuser un fossé entre ce que les concepteurs «mettaient» dans l'objet et ce que leurs usagers y voyaient.

Cela revient à dire que le projet initial, un programme d'action au sens large, est à maintes reprises adapté selon les contingences du déroulement des événements: l'entrée en scène de groupes nouveaux et certains événements contraignent à réajuster le programme initial.

Les groupes sociaux gravitent autour des objets, les transforment et s'identifient à eux. Par l'intermédiaire de ces objets, ils font interagir leurs membres et se relient à d'autres groupes sociaux. Dans les projets, le rôle conféré aux objets est triple: le premier est la continuité temporelle qu'ils permettent d'assurer dans un groupe social, le second est la structuration d'un espace approprié par leur entremise et, enfin, le dernier est l'effet de rassemblement de personnes qu'ils entraînent, en d'autres termes, leur pouvoir communautaire.

D'abord, les objets que nous étudions, à la notable exception de la passerelle bhoutanaise, existaient bien avant qu'ils ne soient intégrés dans les projets et sont, donc, dépositaires d'une mémoire collective. Le rôle de l'espace et de la matérialité dans la fixation d'une mémoire collective a été bien étudié dans les sciences sociales (*Cf.* I 3.1). Précisément, l'objet se voit aussi attribuer un rôle de concrétisation d'intentions et d'idéologies, lesquelles doivent durer dans le temps. C'est pourquoi l'objectif de certains de ces projets consiste à faire perdurer ces objets dans le temps, en somme à les patrimonialiser. Or, on sait que l'un des rôles du patrimoine est de faire dire que l'objet traverse le temps, sinon s'en affranchit. Au final, l'inscription temporelle du groupe social qui s'est emparé de l'objet s'en trouve renforcée. Toutes ces matérialités, qui n'ont souvent plus aucune utilité économique ou pratique, ont tout de même un effet considérable sur la mémoire collective que peuvent entretenir des groupes et l'identité qu'ils peuvent afficher.

La dimension temporelle de l'objet renvoie bien entendu à des argumentaires liés à l'autorité de conformité à une tradition et à l'autorité populaire. C'est parce que ces objets sont séculaires qu'ils méritent d'être valorisés (les objets d'artisanat de Vallorcine, par exemple); c'est parce qu'ils appartiennent à une communauté plus ou moins large et vague qu'il faut les perpétuer (les mayens d'Ossona, par exemple); et c'est pour qu'ils se fassent l'écho d'une époque, révolue mais désormais survalorisée, que l'on doit les conserver.

Ensuite, l'objet est approprié par quelques individus soucieux d'ancrer spatialement le groupe qu'ils disent représenter. Il en vient à se référer «naturellement» à un espace connu du groupe. Cette territorialisation par l'objet, moins prégnante quand il s'agit de la passerelle bhoutanaise et des installations obsolètes, est particulièrement frappante dans les cas d'Ossona et de Vallorcine.

Les objets se voient également attribuer un rôle identificatoire. Car ils confèrent de la singularité à un espace dans lequel ils sont insérés. Cette remarque vaut autant dans une perspective touristique (les objets procurent une plus-value touristique, comme nous l'avons déjà souligné) que dans une perspective identitaire (par les objets, un groupe peut se penser différent des autres groupes et des espaces de ces groupes).

Enfin, l'action temporelle et spatiale de l'objet se combine avec celle de la fréquentation et du rassemblement. L'objet rassemble des personnes qui se trouvent un intérêt commun (un nettoyage par Mountain Wilderness qui mobilise des adhérents, les objets d'artisanat à Vallorcine, qui ont fait se rencontrer deux générations, la passerelle qui est traversée par des groupes et de nombreux individus). Cette vertu de l'objet peut paraître relativement banale, mais dans certains cas d'étude, les objets sont pensés non seulement comme pouvant avoir un effet concret au niveau du déplacement des personnes, mais aussi comme facteurs rendant possibles des interactions sociales. A ce niveau, l'objet est donc référentiel pour un ou des collectifs, par l'interaction matérielle de ces membres qu'il permet. Le type d'argumentaire qui ressort ici en permanence est l'autorité populaire. La qualité de l'objet est rapportée à son utilité pour le collectif.

L'objet est également capable de relier de collectifs sociaux différents et distants les uns des autres. Dans les projets que nous avons étudiés, lorsque ceux-ci sont tournés vers la coopération entre *alter ego* montagnards, il peut assurer un travail de justification de cette coopération.

Il sert de référence pour deux ou plusieurs collectifs qui se voient ainsi connectés (par exemple, dans le réseau Alliance dans les Alpes, des objets sont pensés, par chaque membre, comme des «bonnes pratiques»). La construction ou la transformation de l'objet permet de faire converger vers lui des personnes, des collectifs qui n'auraient pas eu de raison, sans cela, d'interagir.

En outre, l'objet procure des ressemblances physiques, qui font que, au travers de celui-ci, les collectifs se trouvent des points communs, qui, là aussi, justifient une coopération entre eux (pour les cas de la coopération Valais – Bhoutan et du projet Walser Alps).

Se connecter à des réseaux : entre pragmatisme et affinités identitaires

Classiquement, chaque projet est redevable de ressources institutionnelles qui permettent de le financer. Car la plupart des projets que nous avons étudiés sont des projets publics et, donc, nécessitent des fonds publics, octroyés par les différentes instances dont ils relèvent : la commune, le canton, le Département, la région, l'Etat ou la Confédération. C'est ce que nous avons appelé de la coopération verticale. Un projet a d'autant plus de chance d'aboutir si ses concepteurs parviennent à convaincre ces instances du bien-fondé de leur entreprise. Le projet doit donc référer à des espaces institutionnels, selon une logique ici d'emboîtement d'échelles. Il faut prouver que le projet est utile localement, mais qu'il l'est aussi pour la région, voire la nation. Nous avons vu que les autorités communales de Saint-Martin avaient été très efficaces de ce point de vue-là. Mais les subventions publiques ne suffisent pas à lancer des projets d'envergure, comme celui d'Ossona ou de la passerelle (les deux autres, Walser Alps à Vallorcine et le démontage d'installations, étant plus modestes, ont été financés uniquement par les pouvoirs publics) : il faut recourir à des financements privés (des fondations, etc.) ou à d'autres sources hors des circuits institutionnels « verticaux ». C'est pourquoi il est possible de parler parfois de réseaux circonstanciés : en fonction des besoins et des opportunités, les porteurs de projet se raccrochent à des réseaux qui vivent justement de ces connexions parfois éphémères (l'année internationale de la montagne pour l'association Pfyn-Finges, Alliance dans les Alpes pour Saint-Martin, le PNR des Bauges pour Mountain Wilderness au Col du Frêne). Ce n'est pas seulement affaire de financements : c'est parfois pour une acquisition de compétences ou de savoir-faire nécessaires au projet ou encore pour se doter d'une plus grande visibilité que le projet se connecte à ces réseaux. Dans d'autres cas (la passerelle), certains groupes pensent et justifient cette mise en réseau (entre des Valaisans et des Bhoutanais, en l'occurrence) par des motifs identitaires, en plus de motifs pratiques.

Ces connexions à des réseaux, souvent limitées dans le temps, illustrent ce qui est décrit par plusieurs auteurs au niveau individuel (*Cf.* I 1.3.2) : la construction délibérée d'une identité à partir de ressources à disposition, quelles qu'elles soient. Il en va de même pour les groupes et éventuellement les institutions. Ces projets participent de représentations, qui sont endossées un certain temps, puis supplantées par d'autres. Il y a une superposition de projets à travers le temps, sans que ceux-ci n'aient forcément de parenté très claire entre eux.

Cette acception du terme de réseau n'est pas, on l'aura compris, celle des politologues. Ce type de réseau est forcément tissé autour d'un projet si l'on considère, comme les sociologues de la traduction, que celui-ci est le produit de relations entre des entités hétérogènes et plus forcément fixées à un lieu. Tous les cas d'étude l'attestent : la passerelle bhoutanaise ne doit rien à l'histoire du lieu ; elle emprunte au contraire à des références «lointaines», la culture himalayenne, les montagnes du monde. Le plateau d'Ossona est revitalisé par des entités inédites, des vaches montbéliardes, un agriculteur jurassien. A Vallorcine, la référence aux Walser est introduite «ex-nihilo» ; là aussi elle est issue d'un espace plus large et éloigné. Toutes ces «ressources» étaient au fondement de chaque projet. Mais le risque encouru par cette «délocalisation», comme dirait Anthony Giddens, est l'éventuel rejet, la non acceptation ou d'incompréhension de la part de groupes ou d'individus.

Tous ces projets, qui agencent de multiples objets, symboliques et techniques, sont élaborés par des collectifs divers qui chacun produisent un discours. Celui-ci naturalise l'appartenance du projet et des objets à un territoire et à une identité, revendiqués l'un et l'autre comme spécifiques. Dans le projet Walser Alps, un discours métaphorique des Alpes toutes entières a motivé la collaboration des participants. Dans le projet de la passerelle, c'est une représentation de la montagne rassemblant les peuples qui est diffusée. A Ossona, avec l'avènement du projet agrotouristique, la double idée d'une renaissance d'un passé agricole ainsi que d'un avenir maîtrisé et prospère est promulguée. Lorsque l'association Mountain Wilderness milite pour le démantèlement d'installations obsolètes, ses membres manipulent assurément une vision d'une montagne originelle, pensée sans traces humaines.

Toutes ces représentations circulent entre les porteurs de projet, les partenaires proches ou lointains, avec lesquels ils sont en relation et éventuellement la population. Elles peuvent se heurter à d'autres représentations contradictoires portées par d'autres groupes. Le couplage entre une idéologie particulière et de la matérialité (construite ou récupérée) est le fait de groupes plus légitimes que d'autres qui parviennent à imposer leurs représentations, au travers de discours justificatoires.

* * * * * * *

Bibliographie

AKRICH Madeleine (1993). «Les objets techniques et leurs utilisateurs. De la conception à l'action», in CONEIN Bernard, Nicolas DODIER et Laurent THÉVENOT. *Les objets dans l'action. De la maison au laboratoire.* Paris: EHESS: 34-57.

AMOSSY Ruth (2002). «Stéréotype», in CHARAUDEAU Patrick et Dominique MAINGUE-NEAU. *Dictionnaire d'analyse du discours.* Paris: Seuil: 544-548.

AMOSSY Ruth (2006). *L'argumentation dans le discours.* Paris: Armand Colin.

ANDERSON Benedict (1996 [1983]). *L'imaginaire national. Réflexions sur l'origine et l'essor du nationalisme.* Paris: La Découverte.

APPADURAI Arjun (2001a). *Après le colonialisme. Les conséquences culturelles de la globalisation.* Paris: Payot & Rivages.

ARNOLD Peter (1998). «Zum Geleit – Die vier Entdeckungen der Walser», in KÄMPFEN Othmar et Volmar SCHMID. *Die Walser. Ein Arbeitsheft für Schulen.* Brig: Vereinigung für Walsertum: 1-2.

ATKINSON David (2005). «Heritage», in ATKINSON David, Peter JACKSON, David SIBLEY et Neil WASHBOURNE. *Cultural Geography. A critical dictionary of key concepts.* London: I. B. Tauris: 141-150.

AUSTIN John L. (1991 [1965]). *Quand dire, c'est faire.* Paris: Seuil.

AVANZA Martina & Gilles LAFERTÉ (2005). «Dépasser la «construction des identités»: Identification, image sociale, appartenance». *Genèses* (61): 134-152.

BALANDIER Georges (1984). *Anthropologie politique.* Paris: Presses Universitaires de France.

BARBIER Rémi & Jean-Yves TRÉPOS (2007). «Humains et non-humains: un bilan d'étape de la sociologie des collectifs». *Revue d'anthropologie des connaissances* (1): 35-58.

BAREL Yves (1986). «Le social et ses territoires», in AURIAC Franck et Roger BRUNET. *Espaces, jeux et enjeux.* Paris: Fayard: 129-139.

BARKER Chris & Dariusz GALASINSKI (2001). *Cultural Studies and Discourse Analysis. A Dialogue on Language and Identity.* London: SAGE.

BARTH Fredrik (1995 [1969]). «Les groupes ethniques et leurs frontières», in POUTIGNAT Philippe et Jocelyne STREIFF-FÉNART. *Théories de l'ethnicité.* Paris: Presses Universitaires de France: 203-249.

BARTHES Roland (1957). *Mythologies.* Paris: Seuil.

BARTHES Roland (1964). «Rhétorique de l'image». *Communications* 4: 40-51.

BARTHES Roland (1985 [1966]). «Sémantique de l'objet», in BARTHES Roland. *L'aventure sémiologique.* Paris: Seuil: 249-260.

BÄTZING Werner, Paul MESSERLI & Thomas SCHEURER (2004). «Rapport de session. La Convention alpine, entre législation internationale et mise en oeuvre fédéraliste: obstacles et perspectives». *Revue de Géographie Alpine* 92(2): 107-117.

BÄTZING Werner & Henri ROUGIER (2005). *Les Alpes. Un foyer de civilisation au cœur de l'Europe.* Le Mont-sur-Lausanne: Loisirs et Pédagogie.

BAUDRILLARD Jean (1968). *Le système des objets. La consommation des signes.* [Paris] : Denoël Gonthier.

BAUDRILLARD Jean (1981). *Simulacres et simulation.* Paris : Galilée.

BAUMAN Zygmunt (2000). « Identité et mondialisation », in MICHAUD Yves. *L'Individu dans la société aujourd'hui.* Paris : Odile Jacob : 55-70.

BAYART Jean-François (1996). *L'illusion identitaire.* Paris : Arthème Fayard.

BENSA Alban (1996). « A propos de la technologie culturelle. Entretien avec Robert Cresswell ». *Genèses* 24(4) : 120-136.

BERDOULAY Vincent (1979). « Notes sur les idéologies comme objet d'étude géographique ». Colloque Idéologie et géographie. Cambridge.

BERGER Peter & Thomas LUCKMANN (1996 [1966]). *La construction sociale de la réalité.* Paris : Armand Colin.

BERNBAUM Edwin (1999). « La dimension spirituelle et culturelle des montagnes », in MESSERLI Bruno et Jack D. IVES. *Les montagnes dans le monde. Une priorité pour un développement durable.* Grenoble : Glénat : 43-62.

BERTHOUD Gérald (1967). *Changements économiques et sociaux de la montagne. Vernamiège en Valais.* Berne : Francke.

BERTHOUD Gérald (2001). « The ‹spirit of the Alps› and the making of political and economic modernity in Switzerland ». *Social Anthropology* 9(1) : 81-94.

BLANDIN Bernard (2002). *La construction du social par les objets.* Paris : Presses Universitaires de France.

BLUMER Herbert (1969). *Symbolic Interactionism. Perspective and Method.* Berkeley, Los Angeles, London : University of California Press.

BOLTANSKI Luc & Laurent THÉVENOT (1991). *De la justification. Les économies de la grandeur.* Paris : Gallimard.

BONNOT Thierry (2004). « Itinéraire biographique d'une bouteille de cidre ». *L'Homme. Revue française d'anthropologie* (170) : 139-164.

BOUDON Raymond & François BOURRICAUD (1994). *Dictionnaire critique de la sociologie.* Paris : Presses Universitaires de France.

BOURDIEU Pierre (1972). *Esquisse d'une Théorie de la Pratique.* Genève : Droz.

BOURDIEU Pierre (1979). *La distinction. Critique sociale du jugement.* Paris : Minuit.

BOURDIEU Pierre (1980). « L'identité et la représentation. Eléments pour une réflexion critique sur l'idée de région ». *Actes de la recherche en sciences sociales* 35(1) : 63-72.

BOURDIN Alain (1984). *Le patrimoine réinventé.* Paris : Presses Universitaires de France.

BOURDIN Alain (1996). « L'ancrage comme choix », in HIRSCHHORN Monique et Jean-Michel BERTHELOT. *Mobilités et ancrages. Vers un nouveau mode de spatialisation?* Paris : L'Harmattan : 37-56.

BOUTINET Jean-Pierre (1990). *Anthropologie du projet.* Paris : Presses Universitaires de France.

BOZONNET Jean-Paul (1992). *Des monts et des mythes. L'imaginaire social de la montagne.* Grenoble : Presses Universitaires de Grenoble.

BOZONNET Jean-Paul (2002). « Un siècle d'imaginaires dans les Alpes. Mutation du récit d'ascension et fin de l'initiation institutionnelle », in GRANGE Daniel J. *L'espace alpin et la modernité. Bilans et perspectives au tournant du siècle.* Grenoble : Presses Universitaires de Grenoble : 339-354.

BRENNER Neil (2001). «The limits to scale? Methodological reflections on scalar structuration». *Progress in Human Geography* 25 (4): 591-614.

BRETON Philippe (2006). *L'argumentation dans la communication*. Paris: La Découverte.

BROMBERGER Christian, Pierre CENTLIVRES & Gérard COLLOMB (1989). «Entre le local et le global: les figures de l'identité», in SEGALEN Martine. *L'Autre et le Semblable. Regards sur l'ethnologie des sociétés contemporaines*. Paris: CNRS: 137-145.

BRUBAKER Rogers (2001). «Au-delà de l'‹identité›». *Actes de la recherche en sciences sociales* 139 (3): 66-85.

BUCHER Engelbert (1980). «Die Heimatmuseen in den Walsergebieten und ihre Bedeutung für das Walsertum». *7. Walsertreffen in Triesenberg am 13./14. Sept. 1980.* Triesenberg.

BULKELEY Harriet (2005). «Reconfiguring environmental governance: Towards a politics of scales and networks». *Political geography*(24): 815-902.

BUREAU Luc (1984). *Entre l'Eden et l'Utopie*. Montréal: Québec Amérique.

BUREAU Luc (2003). «Préface», in LASSERRE Frédéric et Aline LECHAUME. *Le territoire pensé. Géographie des représentations territoriales*. Québec: Presses de l'Université du Québec.

CALLON Michel (1986). «Eléments pour une sociologie de la traduction. La domestication des coquilles Saint-Jacques et des marins-pêcheurs dans la baie de Saint-Brieuc». *L'Année sociologique* 36: 169-208.

CALLON Michel (2006). «Sociologie de l'acteur réseau», in AKRICH Madeleine, Michel CALLON et Bruno LATOUR. *Sociologie de la traduction. Textes fondateurs*. Paris: Ecole des Mines: 267-276.

CALVEZ Jean-Yves (1956). *La pensée de Karl Marx*. Paris: Seuil.

CASTELLS Manuel (1999a). *L'ère de l'information. La société en réseaux*. Paris: Fayard.

CASTELLS Manuel (1999b). *L'ère de l'information. Le pouvoir de l'identité*. Paris: Fayard.

CASTORIADIS Cornelius (1975). *L'institution imaginaire de la société*. Paris: Seuil.

CÉFAÏ Daniel (2007). *Pourquoi se mobilise-t-on? Les théories de l'action collective*. Paris: La Découverte.

CENTLIVRES Pierre (2002). «Le portrait introuvable: la Suisse des expositions nationales». *Ethnologie française* 37(2): 311-320.

CENTLIVRES Pierre, et al. (1981). «Appartenance régionale et processus d'identification», in BASSAND Michel. *L'identité régionale*. Saint-Saphorin: Georgi: 233-248.

CHALAS Yves (2000). *L'Invention de la Ville*. Paris: Anthropos-Economica.

CHARAUDEAU Patrick (2005). *Le discours politique. Les masques du pouvoir*. Paris: Vuibert.

CHARAUDEAU Patrick (2007). «De l'argumentation entre les visées d'influence de la situation de communication», in BOIX Christian. *Argumentation, manipulation, persuasion*. Paris: L'Harmattan: 13-36.

CHATEAURAYNAUD Francis (2003). *Prospéro. Une technologie littéraire pour les sciences humaines*. Paris: CNRS Editions.

CHIVALLON Christine (2007). «Retour sur la ‹communauté imaginée› d'Anderson. Essai de clarification théorique d'une notion restée floue». *Raisons politiques* 27(3): 131-172.

CHIVALLON Christine (2008). «L'espace, le réel et l'imaginaire: a-t-on encore besoin de la géographie culturelle?». *Annales de géographie* (660-661): 67-89.

CHOAY Françoise (1996). *L'allégorie du patrimoine*. Paris: Seuil.

CICOUREL Aaron V. (1979). *La sociologie cognitive*. Paris: Presses Universitaires de France.

CONEIN Bernard (1991). «Cognition située et coordination de l'action. La cuisine dans tous ses états». *Réseaux* 8(43): 99-110.

COOK Ian (2004). «Follow the Thing: Papaya». *Antipode* 36(4): 642-664.

COPE Meghan (2005). «Coding Qualitative Data», in HAY Iain. *Qualitative Research Methods in Human Geography*. Victoria: Oxford University Press: 223-233.

CORCUFF Philippe (2000). *Les nouvelles sociologies*. Paris: Nathan Université.

CRANG Philip, Claire DWYER & Peter JACKSON (2003). «Transnationalism and the spaces of commodity culture». *Progress in Human Geography* 27(4): 438-456.

CRESSWELL Tim (2004). *Place. A short introduction*. Oxford: Blackwell.

CRETTAZ Bernard (1987). «Un si joli village. Essai sur un mythe helvétique», in CRETTAZ Bernard, Hans-Ulrich JOST et Rémy PITHON. *Peuples inanimés, avez-vous donc une âme? Images et identités suisses au XXᵉ siècle*. Lausanne: Université de Lausanne: 5-18.

CRETTAZ Bernard (1993). *La beauté du reste. Confessions d'un conservateur de musée sur la perfection et l'enfermement de la Suisse et des Alpes*. Genève: Zoé.

CRETTAZ Bernard & Juliette MICHAELIS-GERMANIER (1984). «Une Suisse miniature ou les grandeurs de la petitesse». *Bulletin annuel du Musée d'ethnographie de la Ville de Genève* (25-26): 63-185.

DAFFLON Bernard & Steve PERRITAZ (2000). *La collaboration intercommunale. Proposition d'une méthode d'analyse comparative des aspects institutionnels, opérationnels et socio-économiques de diverses formes d'intercommunalité*. Université de Fribourg, Dpt d'Economie Politique: 40.

Dal NEGRO Silvia (2004). *The Decay of Language. The Case of German Dialect in the Italian Alps*. Bern: Peter Lang.

DEBARBIEUX Bernard (1995a). «Le lieu, le territoire et trois figures de rhétorique». *L'Espace géographique* (2): 97-172.

DEBARBIEUX Bernard (1995b). «Les Alpes: trois approches régionales comparées», in BAILLY Antoine. *Géographie régionale et représentations*. Paris: Anthropos-Economica: 75-84.

DEBARBIEUX Bernard, Cristina DEL BIAGGIO & Mathieu PETITE (2009). «Spatialités et territorialités du tourisme. Dialectique du flux et de l'ancrage dans le tourisme alpin». *Civilisations*, 57 (1-2): 75-89.

DEBARBIEUX Bernard & Martin VANIER (2002). «Les représentations à l'épreuve de la complexité territoriale: une actualité? une prospective?», in DEBARBIEUX Bernard et Martin VANIER. *Ces territorialités qui se dessinent*. La Tour d'Aigues: Ed. de l'Aube: 7-26.

DEBARBIEUX Bernard & Gilles RUDAZ (2007). «Des communes suisses en réseau. La référence à la montagne dans les partenariats à distance noués par des acteurs locaux». *Geographica Helvetica* 62 (2): 86-92.

DEBARBIEUX Bernard & Martin F. PRICE (2008). «Representing Mountains: From Local and National to Global Common Good». *Geopolitics* 13 (1): 148-168.

DELANEY David (2005). *Territory. A short introduction*. Oxford: Blackwell.

DI MÉO Guy (2001). *Géographie sociale et territoires*. Paris: Nathan Université.

DI MÉO Guy (2002). «L'identité: une médiation essentielle du rapport espace/société». *Géocarrefour* 77 (2): 175-184.

DI MÉO Guy & Pascal BULÉON (2005). *L'espace social. Lecture géographique des sociétés.* Paris: Armand Colin.

DIENER Roger, et al. (2006). *La Suisse. Portrait urbain.* Bâle: Birkhäuser.

DODIER Nicolas (1993). «Les appuis conventionnels de l'action. Eléments de pragmatique sociologique». *Réseaux* (62): sans pag.

DUBAR Claude (2000). *La crise des identités. L'interprétation d'une mutation.* Paris: Presses Universitaires de France.

DUBET François & Danilo MARTUCCELLI (1998). *Dans quelle société vivons-nous?* Paris: Seuil.

DURAND Gilbert (1992 [1972]). *Les structures anthropologiques de l'imaginaire. Introduction à l'archétypologie générale.* Paris: Dunod.

DURAND Gilbert (1999). «Une cartographie de l'imaginaire. Entretien avec Gilbert Durand». *Sciences Humaines* (90): 28-30.

DURKHEIM Emile (1896). *Le suicide. Etude de sociologie.* Paris: Alcan.

ELSIG Patrick (1998). «L'Etat du Valais et la protection du patrimoine bâti». *Vallesia* 53: 387-411.

EQUIPE MIT (2002). *Tourismes 1. Lieux communs.* Paris: Belin.

EQUIPE MIT (2005). *Tourismes 2. Moments de lieux.* Paris: Belin.

EVÉQUOZ Francine (1991). «Une forme de migration: l'abandon», in ANTONIETTI Thomas et Marie-Claude MORAND. *Valais d'émigration / Auswanderungsland Wallis.* Sion: Musées cantonaux du Valais: 213-225.

FAIRCLOUGH Norman (2003). *Analysing Discourse. Textual analysis for social research.* London: Routledge.

FEATHERSTONE David, Richard PHILLIPS & Johanna WATERS (2007). «Introduction: spatialities of transnational networks». *Global Networks* 7 (4): 383-391.

FEATHERSTONE Mike & Scott LASH (1995). «Globalization, Modernity and the Spatialization of Social Theory: An Introduction», in FEATHERSTONE Mike, Scott LASH et Roland ROBERTSON. *Global Modernities.* London: SAGE: 1-24.

FOURNY Marie-Christine (1992). «Stratégies d'aménagement et perception de l'isolement: le cas de Vallorcine (Haute-Savoie, France)». *Revue de Géographie Alpine* 80 (1): 37-51.

FOURNY Marie-Christine (2003). *Le rapport à la frontière et la construction d'espaces transfrontaliers. Rapport final,* Rapport d'étude pour le Ministère de l'aménagement du territoire et de l'environnement: 41.

FOURNY Marie-Christine (2005). *Identités et dynamiques territoriales. Coopération, différenciation, temporalités.* Thèse d'habilation à diriger des recherches. Grenoble: Université Joseph-Fourier.

FOURNY Marie-Christine & Ruggero CRIVELLI (2003). «Cette montagne que l'on partage. Frontière et montagne dans les coopérations transfrontalières de régions alpines». *Revue de Géographie Alpine* (3): 57-70.

FRANCILLON Claude (1997). «Les Alpes sont de plus en plus pénalisées par leurs friches touristiques». *Le Monde,* 14 août 1997.

FRÉMONT Armand (1990). «Vingt ans ‹d'espace vécu›», in BAILLY Antoine et Renato SCARIATI. *L'Humanisme en géographie.* Paris: Anthropos-Economica.

GARABUAU-MOUSSAOUI Isabelle & Dominique DESJEUX, Eds. (2000). *Objet banal, objet social. Les objets quotidiens comme révélateurs des relations sociales.* Paris: L'Harmattan.

GARFINKEL Harold (1996). «Ethnomethodology's Program». *Social Psychology Quarterly* 59 (1): 5-21.

GAUCHON Christophe (1997). «Anciennes remontées mécaniques dans les montagnes françaises: pour une géographie des friches touristiques». *Bulletin de l'Association des Géographes Français* (3): 298-310.

GIDDENS Anthony (1987 [1984]). *La constitution de la société*. Paris: Presses Universitaires de France.

GIDDENS Anthony (1994 [1990]). *Les conséquences de la modernité*. Paris: L'Harmattan.

GIERYN Thomas (2002). «What buildings do». *Theory and Society* 31(1): 35-74.

GODELIER Maurice (1984). *L'idéel et le matériel. Pensée, économies, sociétés*. Paris: Arthème Fayard.

GRAHAM Brian (2002). «Heritage as Knowledge: Capital or Culture?». *Urban Studies* 39 (5-6): 1003-1017.

GRAHAM Brian, G.J. ASHWORTH & J.E. TUNBRIDGE (2000). *A Geography of Heritage. Power, Culture and Economy*. London: Arnold.

GRAHAM Brian & Peter HOWARD, Eds. (2008). *The Ashgate Research Companion to Heritage and Identity*. Aldershot: Ashgate.

GRANOVETTER Mark (1973). «The Strength of Weak Ties». *The American Journal of Sociology* 78 (6): 1360-1380.

GREGSON Nicky (2005). «Agency Structure», in CLOKE Paul & Ron JOHNSTON. *Spaces of Geographical Thought. Deconstructing Human Geography's Binaries*. London: SAGE: 21-41.

GREGSON Nicky, Alan METCALFE & Louise CREWE (2007). «Moving things along: the conduits and practices of divestment in consumption». *Transactions of the Institute of British Geographers* 32: 187-200.

GRIZE Jean-Blaise (1996). *Logique naturelle et communications*. Paris: Presses Universitaires de France.

GROSS Maurice (1950). «Les «Walser» ont-ils colonisé la haute vallée du Trient?». *Annales valaisannes* 7 (1): 325-351.

GUÉRIN-PACE France (2006). «Sentiment d'appartenance et territoires identitaires». *L'espace géographique* 35 (4): 298-308.

GUÉRIN Jean-Paul (1989). «Significations des Alpes». *Revue de Géographie Alpine* 67 (1-2-3): 267-278.

GUÉRIN Jean-Paul (1998). «Patrimoine et architecture vernaculaire», in CLIVAZ Michel et Jean-Paul BRUSSON. *Patrimoine rural de l'arc alpin: architecture et paysage*. Genève & Sion: Institut d'architecture de l'Université de Genève & Institut universitaire Kurt Boesch: 63-66.

GUICHONNET Paul (1951). «La saison touristique de l'été 1950 dans le Massif du Mont Blanc». *Revue de Géographie Alpine* 39 (2): 357-380.

GUICHONNET Paul (1976). «La Haute Arve et Vallorcine», in SA Electricité d'Emosson. *Emosson… le Rhône et l'Arve réunis*. Martigny: Electricité d'Emosson SA.

GUICHONNET Paul (1991). «Les Walser de la Vallorcine». *Le Messager*, 18 octobre 1991.

GURVITCH Georges (1957). *La vocation actuelle de la sociologie*. Paris: Presses Universitaires de France.

HALBWACHS Maurice (1938). *Morphologie sociale*. Paris: Armand Colin.

HALL Stuart (1997). «The work of representation», in HALL Stuart. *Representation: Cultural Representations and Signifying Practices*. London & Milton Keynes: SAGE & The Open University: 13-74.

HALL Stuart (2000). «Who needs ‹identity›?», in DU GAY Paul, Patricia EVANS & Peter REDMAN. *Identity: a reader*. London: SAGE: 15-30.

HANNERZ Ulf (1996). *Transnational connections. Culture, people, places*. London: Routledge.

HOBSBAWM Eric (1995 [1983]). «Inventer des traditions». *Enquête* (2): 1-13.

HOELSCHER Steven (1998). «Tourism, ethnic memory and the other-directed place». *Ecumene* 5 (4): 369-398.

HOWARTH David & Yannis STAVRAKAKIS (2000). «Introducing discourse theory and political analysis». *Discourse theory and political analysis. Identities, hegemonies and social change*. Manchester: Manchester University Press: 1-23.

HOYAUX André-Frédéric (2003). «Les constructions territoriales à l'heure d'Internet: de la mobilité à la mobilisation». *Géographie et Cultures* (45): 111-133.

JACKSON Peter (2000). «Rematerializing social and cultural geography». *Social and cultural geography* 1 (1): 9-14.

JEUDY Henri-Pierre (2008). *La Machine patrimoniale*. Belval: Circé.

JODELET Denise (1989). «Représentations sociales: un domaine en expansion», in JODELET Denise. *Les représentations sociales*. Paris: Presses Universitaires de France: 424.

JOLIVET Marie-José & Philippe LÉNA (2000). «Des territoires aux identités». *Autrepart* (14): 5-16.

JULIEN Marie-Pierre & Céline ROSSELIN (2005). *La culture matérielle*. Paris: La Découverte.

KAUFMANN Jean-Claude (1996). *L'entretien compréhensif*. Paris: Armand Colin.

KAUFMANN Jean-Claude (2005). *L'invention de soi. Une théorie de l'identité*. Paris: Hachette.

KEARNES Matthew B. (2003). «Geographies that matter – the rhetorical deployment of physicality?». *Social and cultural geography* 4 (2): 139-152.

KILANI Mondher (1984). «Les images de la montagne au passé et au présent. L'exemple des Alpes valaisannes». *Archives suisses des traditions populaires* 80 (1-2): 27-55.

KING Anthony D. (2004). *Spaces of Global Cultures. Architecture Urbanism Identity*. London: Routledge.

KLEIN Juan-Luis, et al. (2003). «Les milieux d'appartenance au Québec. Une perspective méthodologique», in LASSERRE Frédéric et Aline LECHAUME. *Le territoire pensé. Géographie des représentations territoriales*. Québec: Presses de l'Université du Québec: 233-256.

KOPYTOFF Igor (1986). «The cultural biography of things: commoditization as process», in APPADURAI Arjun. *The social life of things. Commodities in cultural perspective*. Cambridge: Cambridge University Press: 65-91.

LABANDE François (2004). *Sauver la montagne*. Genève: Olizane.

LAJARGE Romain (1999). «Quatre modalités pour ‹faire› du territoire», in GERBAUX Françoise. *Utopie pour le territoire: cohérence ou complexité?* Paris: Ed. de l'Aube: 80-100.

LAPIERRE J. W. (1984). «L'identité collective, objet paradoxal: d'où nous vient-il?». *Recherches sociologiques* 15 (2/3): 195-206.

LATOUR Bruno (1993). *La clef de Berlin et autres leçons d'un amateur des sciences*. Paris: La Découverte.

LATOUR Bruno (1994). «Une sociologie sans objet? Remarques sur l'interobjectivité». *Sociologie du travail* (4): 287-607.

LE BOSSÉ Mathias (1999). «Les questions d'identité en géographie culturelle. Quelques aperçus contemporains». *Géographie et Cultures* (31): 115-126.

LEGROS Patrick, et al. (2006). *Sociologie de l'imaginaire*. Paris: Armand Colin.

LEITNER Helga, Claire PAVLIK & Eric SHEPPARD (2002). «Networks, Governance, and the Politics of Scale: Inter-urban Networks and the European Union», in HEROD Andrew & Melissa W. WRIGHT. *Geographies of Power. Placing scale*. Oxford: Blackwell: 275-303.

LENCLUD Gérard (2007). «Etre un artefact», in DEBARY Octave et Laurier TURGEON. *Objets & Mémoires*. Paris et Québec: Editions de la Maison des sciences de l'homme et Presses de l'Université Laval: 59-90.

LÉVI-STRAUSS Claude (1962). *La pensée sauvage*. Paris: Plon.

LÉVY Jacques (1998). «Les identités nouvelles sont arrivées: nous habitons des lieux multiples», in KNAFOU Rémy. *La planète « nomade ». Les mobilités géographiques d'aujourd'hui*. Paris: Belin: 193-197.

LORETZ Peter & Jürg SIMONETT (1991). «Die dreimalige Entdeckung der Walser», in ANTONIETTI Thomas et Marie-Claude MORAND. *Valais d'émigration / Auswanderungsland Wallis*. Sion: Editions des Musées cantonaux du Valais: 255-261.

LOTMAN Youri (1999). *La sémiosphère*. Limoges: Presses universitaires de Limoges.

LOWENTHAL David (1998). «La fabrication d'un héritage», in POULOT Dominique. *Patrimoine et modernité*. Paris: L'Harmattan: 107-127.

LUSSAULT Michel (2007). *L'Homme spatial. La constuction sociale de l'espace humain*. Paris: Seuil.

MADIC Flora (1993). «Du costume d'antan à la réserve naturelle. Le choix de Riederalp et Verbier», in ANTONIETTI Thomas et Marie-Claude MORAND. *Mutations touristiques contemporaines. Valais 1950-1990*. Sion: Ed. des Musées cantonaux du Valais: 111-129.

MAINGUENEAU Dominique (2002). «Pragmatique», in CHARAUDEAU Patrick et Dominique MAINGUENEAU. *Dictionnaire d'analyse de discours*. Paris: Seuil: 454-457.

MANESSE Jacques & Ulf TÖDTER (1995). «Une organisation non gouvernementale et la recherche appliquée dans les Alpes: la CIPRA et la Convention sur la Protection des Alpes». *Revue de Géographie Alpine* 83 (2): 75-85.

MAROY Christian (1995). «L'analyse qualitative d'entretiens», in ALBARELLO Luc, Françoise DIGNEFFE & Jean-Pierre HIERNAUX. *Pratiques et méthodes de recherche en sciences sociales*. Paris: Armand Colin: 83-110.

MARSTON Sallie A. (2000). «The social construction of scale». *Progress in Human Geography* 24 (2): 219-242.

MARTIN Denis-Constant (1994). «Identités et politique. Récit, mythe et idéologie», in MARTIN Denis-Constant. *Cartes d'identité. Comment dit-on « nous » en politique?* Paris: Presses de la Fondation nationale des sciences politiques: 304.

MARTIN James (2005). «Identity», in ATKINSON David, Peter JACKSON, David SIBLEY & Neil WASHBOURNE. *Cultural Geography. A critical dictionary of key concepts*. London: I.B. Tauris: 97-102.

MASSEY Doreen (1991). «A Global Sense Of Place». *Marxism Today* (June): 24-29.

MASSEY Doreen (2003). «Imagining the field», in PRYKE Michael, Gillian ROSE et Sarah WHATMORE. *Using Social Theory. Thinking through Research*. London: SAGE: 71-88.

MAYORAZ Didier (2003). *Le val d'Hérens face au défi touristique hivernal (1960-2000)*. Mémoire de licence en histoire contemporaine. Fribourg, Université de Fribourg: 218.

MICHELAT Guy (1975). «Sur l'utilisation de l'entretien non directif en sociologie». *Revue française de sociologie* 16 (2): 229-247.

MICOUD André (1995). «Le Bien Commun des patrimoines», in Coll. *Patrimoine culturel, patrimoine naturel*. Paris: La Documentation française: 25-38.

MICOUD André (2004). «Des patrimoines aux territoires durables. Ethnologie et écologie dans les campagnes françaises». *Ethnologie française* 34 (1): 13-22.

MICOUD André (2005). «La patrimonialisation, ou comment redire ce qui nous relie. Un point de vue sociologique», in BARRÈRE Christian, Denis BARTHÉLÉMY, Martino NIEDDU et Frank-Dominique VIVIEN. *Réinventer le patrimoine. De la culture à l'économie, une nouvelle pensée du patrimoine*. Paris: L'Harmattan: 81-97.

MIÉVILLE-OTT Valérie (2001). «De l'ordre et de l'entretien. Les représentations paysannes de la nature et du paysage», in DROZ Yvan et Valérie MIÉVILLE-OTT. *On achève bien les paysans. Reconstruire une identité paysanne dans un monde incertain*. Chêne-Bourg: Georg: 59-101.

MILES Matthew B. & A. Michael HUBERMAN (2003). *Analyse des données qualitatives*. Paris, Bruxelles: De Boeck.

MILLER Daniel (1987). *Material culture and mass consumption*. Oxford: Blackwell.

MILLER Daniel (2005). «Materiality: An Introduction», in MILLER Daniel. *Materiality*. Durham and London: Duke University Press: 3-50.

MONDADA Lorenza (2000). *Décrire la ville. La construction des savoirs urbains dans l'interaction et dans le texte*. Paris: Anthropos-Economica.

MONNET Jérôme (2000). «Les dimensions symboliques de la centralité». *Cahiers de géographie du Québec* 44 (123): 399-418.

MORAND Marie-Claude (1991). «L'invention du Valais comme ‹pays à part›», in EPINEY Simon, Philippe THEYTAZ et Stéphane DECOUTÈRE. *Valais où vas-tu ? Un autre regard sur un canton en mutation*. Vissoie: sans pagination.

MORAND Marie-Claude (1993). «Les nouveaux tourismes», in ANTONIETTI Thomas et Marie-Claude MORAND. *Mutations touristiques contemporaines. Valais 1950-1990*. Sion: Editions des Musées cantonaux du Valais: 19-39.

MURDOCH Jonathan (1997). «Towards a geography of heterogeneous associations». *Progress in Human Geography* 21 (3): 321-337.

OGGIER Pierre-Alain (2005). «Un développement durable entre Sierre et Loèche». *Traces*: 1-7.

PAILLÉ Pierre (2004). «Méthode d'analyse de contenu qualitative par théorisation», in MUCCHIELLI Alex. *Dictionnaire des méthodes qualitatives en sciences humaines*. Paris: Armand Colin: 214-220.

PALMER Catherine (2005). «An Ethnography of Englishness. Experiencing Identity through Tourism». *Annals of Tourism Research* 32 (1): 7-27.

PÉCHOUX Pierre-Yves (1999). «Vallorcine: une frontière française des Alpes». *Bulletin de la Société de Géographie de Toulouse*: 56-69.

PÉRIGOIS Samuel (2006). « Signes et artefacts. L'inscription spatiale de temporalités à travers les figures de la patrimonialisation des petites villes ». *Espaces Temps.net*.

PERLIK Manfred (1996). « Polarisation de l'arc alpin en régions urbanisées de navetteurs et en régions de dépopulation. Quatre types de changement structurel majeurs : essai méthodologique ». *Revue de Géographie Alpine* 24 (1) : 23-34.

PÉRON Françoise (1998). « Les territoires ordinaires des citoyens ordinaires », in HÉRIN Robert et Colette MULLER. *Espaces et Sociétés à la fin du XXᵉ siècle. Quelles géographies sociales ?* Caen : Université de Caen : 63-73.

PETITE Geneviève & Thomas EGGER (2007). *Rapport final du projet Interreg III B PUSEMOR (Services publics dans les régions de montagne sous-peuplées)*. Berne, Groupement suisse pour les régions de montagne (SAB) : 84.

PHARO Patrick (1985). « Problèmes empiriques de la sociologie compréhensive ». *Revue française de sociologie* 26 (1) : 120-149.

PHILLIPS Nelson & Cynthia HARDY (2002). *Discourse analysis. Investigating Processes of Social Construction*. Thousand Oaks : SAGE.

PHILO Chris (2000). « More words, more worlds. Reflections on the ‹ cultural turn › and human geography », in COOK Ian, David CROUCH, Simon NAYLOR & James R. RYAN. *Cultural Turns / Geographical Turns : Perspectives on Cultural Geography*. Harlow : Pearson : 27-53.

PHILO Chris & Ola SÖDERSTRÖM (2004). « La géographie sociale : la société dans son espace », in BENKO Georges et Ulf STROHMAYER. *Horizons géographiques*. Paris : Bréal : 75-149.

POCHE Bernard (1996). *L'espace fragmenté. Eléments pour une analyse sociologique de la territorialité*. Paris : L'Harmattan.

POCHE Bernard (1999). *Le monde bessanais. Société et représentation*. Paris : CNRS Editions.

POCHE Bernard (2000). « L'auto-définition culturelle des mondes locaux. Le cas des mondes alpins », in BERTRAND Georges. *Identités et cultures dans les mondes alpin et italien (XVIIIᵉ-XXᵉ siècle)*. Paris : L'Harmattan : 209-226.

POCHE Bernard & Jean-Paul ZUANON (1986). « Les collectivités de montagne : image externe et représentation propre », in CRHIPA. *Spécificité du milieu alpin. Actes du XIᵉ colloque franco-italien d'études alpines*. Grenoble : CRHIPA : 5-22.

POLLETTA Francesca & James M. JASPERS (2001). « Collective Identity and Social Movements ». *Annual Review of Sociology* (27) : 283-305.

POMIAN Krzysztof (1987). *Collectionneurs, amateurs et curieux. Paris, Venise : XVIᵉ-XVIIIᵉ siècle*. Paris : Gallimard.

POMIAN Krzysztof (1997). « Histoire culturelle, histoire des sémiophores », in RIOUX Jean-Pierre et Jean-François SIRINELLI. *Pour une histoire culturelle*. Paris : Seuil : 73-100.

POMIAN Krzysztof (1998). « Conclusion de la journée du 6 janvier », in LE GOFF Jacques. *Patrimoine et passions identitaires*. Paris : Fayard : 110-117.

POMIAN Krzysztof (1999). *Sur l'histoire*. Paris : Gallimard.

PRALONG Félix (2006). *St-Martin au XXᵉ siècle*. Sierre : Editions à la Carte.

PRICE Martin F. (1999). *Cooperation in the European Mountains. 1 : The Alps*. Cambridge : IUCN.

PRICE Martin F. (2004). « Introduction : Sustainable mountain development from Rio to Bishkek and beyond », in PRICE Martin F., Libor JANSKY et Andrei A. IASTENIA. *Key issues for mountain areas*. Tokyo, New York, Paris: United Nations University Press: 1-17.

PRIETO Luis Jorge (1975). *Pertinence et pratique. Essai de sémiologie*. Paris: Minuit.

RAFFESTIN Claude (1986). «Ecogénèse territoriale et territorialité», in AURIAC Franck et Roger BRUNET. *Espaces, jeux et enjeux*. Paris: Fayard: 172-185.

RAFFESTIN Claude (1988). «Le Salève ou ‹l'île promise des Genevois›», in COLL. *Le grand livre du Salève*. Genève: Tribune Editions.

RAFFESTIN Claude & Mercedes BRESSO (1982). «Tradition, modernité, territorialité». *Cahiers de géographie du Québec* 26 (68): 185-198.

RAUTENBERG Michel (2004). «La patrimonialisation, entre appropriation sociale et désignation institutionnelle», in DEBARBIEUX Bernard et Marie-Christine FOURNY. *L'effet géographique. Construction sociale, appréhension cognitive et configuration matérielle des objets géographiques*. Grenoble: MSH-Alpes: 71-87.

REICHLER Claude (2005). «Le bon air des Alpes. Entre histoire culturelle et geographie des représentations». *Revue de Géographie Alpine*(1): 9-14.

RIZZI Enrico (1993). *Storia dei Walser*. Anzola d'Ossola: Fondazione E. Monti.

ROBERT Jean (1936). «Un habitat de transition: Vallorcine». *Revue de Géographie Alpine* 24 (3): 667-700.

ROJO Luisa Martín & Teun A. VAN DIJK (1997). «‹There was a problem, and it was solved›: legitimating the expulsion of ‹illegal› migrants in Spanish parliamentary discourse». *Discourse and Society* 8(4): 523-566.

ROSE Gillian (2001). *Visual methodologies*. London: SAGE.

RUDAZ Gilles (2005). *Porter la voix de la montagne. Objectivation et différenciation du territoire par le Groupement de la population de montagne du Valais romand (1945-2004)*. Thèse de doctorat en géographie. Genève, Université de Genève: 295.

RUQUOY Danielle (1995). «Situation d'entretien et stratégie de l'interviewer», in ALBA-RELLO Luc, Françoise DIGNEFFE & Jean-Pierre HIERNAUX. *Pratiques et méthodes de recherche en sciences sociales*. Paris: Armand Colin: 59-82.

SANGUIN André-Louis (1983). *La Suisse, essai de géographie politique*. Gap: Ophrys.

SANSOT Pierre (1988). «La France: un fait d'imagination?». *Cahiers internationaux de sociologie* 84: 135-149.

SCHMID Volmar (2006). «Ein Walserprojekt». *Wir Walser* 44 (2): 5-7.

SCHNELL Klaus-Dieter & Barbara PFISTER GIAUQUE (2006). *Evaluation finale INTER-REG III Suisse*. Berne, Secrétariat d'Etat à l'économie: 90.

SEMPRINI Andrea (1995). *L'objet comme procès et comme action. De la nature et de l'usage des objets dans la vie quotidienne*. Paris: L'Harmattan.

SENCÉBÉ Yannick (2004). «Etre ici, être d'ici. Formes d'appartenance dans le Diois (Drôme)». *Ethnologie française* 34 (1): 23-29.

SHOVE Elizabeth & Mika PANTZAR (2005). «Consumers, Producers and Practices. Understanding the invention and reinvention of Nordic walking». *Journal of Consumer Culture* 43 (5): 43-64.

SIEGRIST Dominik (2002). «Pourquoi un réseau de communes?», in SIEGELE Rainer, Elke KLIEN, Gabriele GREUSSING et Dominik SIEGRIST. *Rapport 1997-2002. Les 5 premières années du réseau de communes «Alliance dans les Alpes»*. Mäder: Alliance dans les Alpes: 5-6.

SIEGRIST Dominik, et al. (1993). *Alpenglühn: Auf TransALPedes-Spuren von Wien nach Nizza*. Zürich: Rotpunktverlag.

SILVERMAN David (1993). *Interpreting Qualitative Data. Methods for Analysing Talk, Text and Interaction*. London: SAGE.

SMITH Richard G. (2003). «Baudrillard's nonrepresentational theory: burn the signs and journey without maps». *Environment and Planning D: Society and Space* 21: 67-84.

SNOW David (2001). «Collective Identity and Expressive Forms», Center for the Study of Democracy.

SÖDERSTRÖM Ola (1994). *Le passé composé. Politique du patrimoine et aménagements conflictuels dans trois villes suisses*. Zurich: PNR Ville et transport.

SÖDERSTRÖM Ola (2006). «Studying cosmopolitan landscapes». *Progress in Human Geography* 30 (5): 553–558.

SPENCER Liz, Jane RITCHIE & William O'CONNOR (2003). «Analysis: Practices, Principles and Processes», in RITCHIE Jane & Jane LEWIS. *Qualitative Research Practice. A Guide for Social Science Students and Researchers*. London: SAGE: 199-218.

STOCK Mathis (2006). «Construire l'identité par la pratique des lieux», in DE BIASE Alessia et Cristina ROSSI. *Chez nous. Territoires et identités dans les mondes contemporains*. Paris: Ed. de la Villette: 142-159.

STRAUSS Anselm & Juliet CORBIN (2003). «L'analyse de données selon la *grounded theory*. Procédures de codage et critères d'évaluation», in CÉFAÏ Daniel. *L'enquête de terrain*. Paris: La Découverte: 363-379.

STRAUSS Anselm & Juliet CORBIN (2004). *Les fondements de la recherche qualitative. Techniques et procédures de développement de la théorie enracinée*. Fribourg: Academic Press.

STREMLOW Matthias (1998). *Die Alpen aus der Untersicht – von der Verheissung der nahen Fremde zur Sportarena*. Bern: Paul Haupt.

SWYNGEDOUW Erik (2004). «Globalisation or ‹Glocalisation›? Networks, Territories and Rescaling». *Cambridge Review of International Affairs* 17 (1): 25-48.

TAP Pierre (1986). «Introduction», in TAP Pierre. *Identités collectives et changements sociaux*. Toulouse: Privat: 11-15.

THRIFT Nigel (2000). «Non-representational theory», in JOHNSTON R.J., Derek GREGORY, Geraldine PRATT & Michael WATTS. *The dictionary of Human Geography*. Oxford: Blackwell: 556.

TILLEY Christopher (2006). «Objectification», in TILLEY Christopher, Webb KEANE, Susanne KÜCHLER, Michael ROWLANDS & Patricia SPYER. *Handbook of Material Culture*. London: SAGE: 61-73.

TORRICELLI Gian Paolo (2001). «Changement structurel et organisation des territoires montagnards: le cas de la Suisse». *L'Espace géographique* (4): 333-347.

TURCO Angelo (1997). «Aménagement et processus territoriaux : l'enjeu sémiologique». *Espaces et Sociétés* (90-91).

TURGEON Laurier (2007). «La mémoire de la culture matérielle et la culture matérielle de la mémoire», in DEBARY Octave et Laurier TURGEON. *Objets & Mémoires*. Paris & Québec: Maison des sciences de l'homme & Presses de l'Université Laval: 15-36.

TWIGGER-ROSS Clare L. & David L. UZZELL (1996). «Place and Identity Process». *Journal of Environmental Psychology* 16: 205-220.

URRY John (2005 [2000]). *Sociologie des mobilités: une nouvelle frontière pour la sociologie?* Paris: Armand Colin.

VAN LEEUWEN Theo (2007). «Legitimation in discourse and communication». *Discourse and Communication* 1 (1): 91-112.

VAN LEEUWEN Theo & Ruth WODAK (1999). «Legitimizing immigration control: a discourse-historical analysis». *Discourse Studies* 1 (1): 83-118.

VIARD Jean (1994). *La société d'archipel. Les territoires du village global.* La Tour d'Aigues: Ed. de l'Aube.

WAIBEL Max (2007). «500 Jahre Walserforschung. Ein kritischer Rückblick». *Wir Walser* 45 (1): 19-33.

WAITT Gordon (2005). «Doing Discourse Analysis», in HAY Iain. *Qualitative Research Methods in Human Geography.* Victoria: Oxford University Press: 163-191.

WALTER François (1998). «La symbolique de l'Arc Alpin», in DUMONT Gérard-François et Anselm ZURFLUH. *L'Arc Alpin. Histoire et géopolitique d'un espace européen.* Paris & Zurich: Economica & Thesis Verlag: 93-105.

WALTER François (2004). *Les figures paysagères de la nation. Territoire et paysage en Europe (16e-20e siècle).* Paris: Ecole des hautes études en sciences sociales.

WHATMORE Sarah (2006). «Materialist returns: practising cultural geography in and for a more-than-human world». *Cultural Geographies* 13: 600-609.

WINDISCH Uli (1992). *Les relations quotidiennes entre Romands et Suisses allemands. Les cantons bilingues de Fribourg et du Valais. Tome II.* Lausanne: Payot.

ZIMMER Oliver (1998). «In Search of Natural Identity: Alpine Landscape and the Reconstruction of the Swiss Nation». *Comparative Studies in Society and History* 40(4): 637-665.

ZINSLI Paul (2002 [1968]). *Walser Volkstum. In der Schweiz, in Vorarlberg, Liechtenstein und Italien.* Chur: Verlag Bündner Monatsblatt.

ZURRER Peter (1993). «Différence de bilinguisme dans les communautés Walser de la Vallée d'Aoste», in SANGUIN André-Louis. *Les minorités ethniques en Europe.* Paris: L'Harmattan: 141-148.

Liste des tableaux et des figures

Tableaux

Figures

Annexes

Annexe 1 : Sources primaires

Passerelle bhoutanaise (PB)

1-9 : entretiens.
10. Allocution du conseiller d'Etat Jean-Jacques Rey-Bellet, chef du Département des transports, de l'équipement et de l'environnement, Cérémonie marquant le début des travaux de la passerelle bhoutanaise sur l'Illgraben, Finges. Mars 2005.
11. Brève allocution de Roberto Schmidt, président de la commune de Loèche. Pose de la première pierre et premier coup de pioche pour la construction de la passerelle bhoutanaise sur l'Illgraben. Mars 2005.
12. Allocution de Roberto Schmidt, président de Loèche. Point de presse: «Inauguration de la passerelle bhoutanaise sur l'Illgraben» vendredi 15 juillet 2005.
13. Knubel Dominik, Bhuddas positive Strömungen. Das erste öffentliche Buddha-Monument des Wallis ist erstellt, Walliser Bote, Freitag 1. Juli 2005, p. 13.
14. Berchtold Lothar, «Es ist wie im Himmel...». Ingenieur Durga Sharma aus Bhutan und seine Arbeit beim Bau der Hängebrücke über den Illgraben, Walliser Bote, 13. Mai 2005, p. 11.
15. Koder Werner, Ein Symbol der Völkerverständigung, Walliser Bote, 16. Juli 2005, p. 11.
16. Berchtold Lothar, Und jetzt an die Arbeit... Im Pfynwald erfolgte der Spatenstich für die bhutanische Hängebrücke über den Illgraben, Walliser Bote, 15. März 2005, p. 15.
17. Berchtold Lothar, Bhutans Jugend in Bildern. Fotoausstellung in Leuk-Stadt, Walliser Bote, 26. Juli 2005, p. 17.
18. Berchtold Lothar, Bhutan dem Wallis näher bringen. Kulturelle Veranstaltungen rund um die Bhutan-Brücke im Pfynwald, Walliser Bote, 4. Juni 2005, p. 9.
19. Allocution de Jörg Wyder, président de l'Association Montagne 2002. Point de presse: «Inauguration de la passerelle bhoutanaise sur l'Illgraben» vendredi 15 juillet 2005.
20-22 : entretiens.
23. Grand Conseil, Postulat des députés Gabriel Bender, Narcisse Crettenand et consorts concernant Valais und Wallis (15.12.2004) 4.484.
24. Département des transports, de l'équipement et de l'environnement du canton du Valais, A9-info. No 3. Avril 2001.
25. Association Montagne 2002, Année internationale de la montagne 2002. Rapport final de l'Association Montagne 2002, 2005, 46 pp.

26. Méroz Charles, Le futur parc se dessine, Le Nouvelliste, 2 juin 2008, p. 19.
27. Berchtold Lothar, Diese Plattform gilt es zu nutzen. Leuk als Pilotgemeinde für das nationale Projekt «ViaCook», Walliser Bote, 4. Juni 2005, p. 11.
28. Berchtold Lothar, Trachten betrachten, Trachten achten. Trachten aus dem Wallis und aus Bhutan – eine Modeschau der informativen Art in Leuk-Stadt, Walliser Bote, 4. Oktober 2005, p. 15.
29. WB, Herbsttagung der Walliser Städte. Gemeinde Leuk empfing die Walliser Städte, Walliser Bote, 23. September 2005, p. 23.
30. Espace de vie et de découverte Pfyn-Finges (LER Pfyn-Finges), Concept touristique Pfyn-Finges 2010. Projet. Loèche/Sierre, juin 2002, 37 p.
31. SAB, DDC, Le Dialogue Nord Sud ouvre le débat. Une brève présentation à l'aide d'exemples concrets. Février 2007, 6 p.
32. DDC, Année internationale de la montagne, factsheet.
33. Russi Dominique, Bhutanesische Hängebrücke eingeweiht. Gemeinde Leuk-Info, Auf. 2, August 2005, pp. 18-19.
34. Sans auteur, Leuk empfing die Walliser Städte. Gemeinde Leuk-Info, Auf. 3, Dezember 2005, p. 12.
35. Via Storia – Zentrum für Verkehrsgeschichte, Kulturwege Schweiz – im Wallis bald Realität! Medienmitteilung 2. September 2005.
36. Schmidt Roberto, ViaCook: Leuk als Pilotgemeinde für ein neues Tourismusprojekt. Pressekonferenz vom 2. September 2005.
37. Beck Jörg, ViaCook durch die Gemeinde Leuk. Der Einstieg zur nachhaltigen Tourismusstrategie in Gemeinde und Region. Stiftung für die nachhaltige Entwicklung der Bergregionen, Medienmitteilung 2. September 2005.
38. Vogel Marcel, Ein Signal aus einer Randregion. Das Schutzgebiet «Pfyn-Finges» ist offiziell als Walliser Naturpark anerkannt. Walliser Bote, 19. November 2005, p. 10.
39. Section valaisanne du TCS, SRCE, section des routes nationales, Finges, un dossier. Voies de communication et mise en valeur du site. Juin 2001, 4 pp.
40. Conseil d'Etat, Décision concernant la protection du site de Finges à Sierre, Salquenen, Varone et Loèche du 17 décembre 1997. 451.120.
41. Département de l'éducation, de la culture et du sport Service de la culture – Encouragement des activités culturelles et Loterie romande. Appel de projets culturels du programme «Valais singulier, pluriel». 2007.
42. Etat du Valais, Année internationale de la montagne: la reine du Bhoutan reçue en Valais, Communiqué pour les médias, 19 juin 2002.
43. Etat du Valais, Tourisme et moyenne montagne: deux accompagnateurs bhoutanais de trekking en Valais, Communiqué pour les médias, 27 mai 2003.
44. Echanges Bhoutan – Valais 2004. Compte-rendu de voyage et de travail de Matthew Richards et Mali Wiget. Formation Accompagnateur en Moyenne Montagne du Valais. Juillet 2004, 13 p.
45. Crittin David, François Rolland, Entre tradition et modernité. Projet d'exposition photo-textes et reportage sur la jeunesse du Bhoutan, sans date.
46. Mounir Etienne, Endlich ist es so weit!!!!!! Kaum sind die ersten Sommer-Sonnenstrahlen da, soll der Bhutanesische Hängelaufsteg über den Illgraben gespannt werden. Newsletter Februar 2005.

47. Fondation pour le développement durable des régions de montagne, Début des travaux de construction d'une passerelle bhoutanaise sur l'Illgraben, jeudi 17 mars 2005.

48. Etat du Valais, Inauguration de la passerelle bhoutanaise sur l'Illgraben, Communiqué pour les médias, 15 juillet 2005.

49. Etat du Valais, Documentation de base, Point de presse : « Inauguration de la passerelle bhoutanaise sur l'Illgraben », vendredi 15 juillet 2005.

50. Helvetas Association suisse pour la coopération internationale. Helvetas au Bhoutan : des ponts pour le développement. Point de presse : « Inauguration de la passerelle bhoutanaise sur l'Illgraben », vendredi 15 juillet 2005.

52. Exposé d'Etienne Mounir, chef du projet de la passerelle. Projet « Pont Bhoutanais sur le Illgraben » – Résumé. Point de presse : « Inauguration de la passerelle bhoutanaise sur l'Illgraben », vendredi 15 juillet 2005.

53. Esposito Nadia, Enjamber le bois de Finges pour le préserver, Le Nouvelliste, 4 décembre 2006, p. 2.

54. Siegrist Marjorie, Bois de Finges (VS). Un souffle d'Himalaya, Terre & Nature, 17.11.2005, p. 16.

55. Claivaz Pascal, Finges à la bhoutanaise. La grande passerelle himalayenne sera enfin construite sur l'Illgraben. Elle scelle l'alliance de deux pays montagnards. Le Nouvelliste, 18 mars 2005.

56. Montani Jonas, Im Zeichen des Austauschs. Bhutanesen und Einheimische feierten das einjährige Bestehen der Hängebrücke bei Susten. Walliser Bote, 17. Juli 2006, p. 6

57. Bhutan Brücken Wallis 2005. dépliant.

58. Berchtold Lothar, Bhutanischer Hängelaufsteg im Vanöischi ? Im kommenden « Jahr der Berge » soll der Illgraben mit einer Hängebrücke bestückt werden, Walliser Bote, 29. November 2001, p. 12.

59. Mounir Etienne, Projekt « Bhutanesicher Hängelaufesteg über den Illgraben ». Zusammenfassender Bericht. Leuk Region. 2005. 14 p.

60. Elsig Alexandre, La transe du yogi. Une passerelle himalayenne enjambe désormais l'Illgraben dans la forêt de Finges. Hier, son inauguration a consacré le principal projet du jumelage entre le royaume du Bhoutan et le Valais. Le Nouvelliste, 16 juillet 2005, p. 23.

61 Mounir Etienne, Bhutanesischer Hängelaufsteg über den Illgraben. Kurzbericht Jahr 2002. 2 p.

62. Gähwiler Franz, Möglicher Standort für Hängelaufsteg im Wallis. Helvetas, Zurich, Département des transports, de l'équipement et de l'environnement, SRCE, Routes nationales, Sion, August 2001.

63. Association Montagne 2002, L'année internationale de la montagne 2002. Collaboration Bhoutan – Valais. Dossier de sponsoring, sans date, 11 p.

64. Berchtold Lothar, « Ähnlichkeiten sind unübersehbar ». Fotoausstellung über Bhutan in Leuk-Stadt. Walliser Bote, 29. Juli 2005, p. 10.

65. L. F., La destruction des bouddhas d'Illgrabâmiyân, La Distinction, 112, 13 mai 2006.

66. Berchtold Lothar, Blödsinniger Lausbubenstreich oder eine bewusste Provokation ? Mutwillige Beschädigung des Buddha-Monuments bei der Hängebrücke über den Illgraben, Walliser Bote, 20. Januar 2006.

67.   Exposition sur la passerelle bhoutanaise et les ponts du Bhoutan du 13 juillet au 31 décembre 2007. Marie-Thérèse Roux et Christof Frei. Mai 2007.
68.   Wermus Daniel, «Deux pays montagnards se rencontrent au sommet», Info-Sud, article repris dans Le Courrier, 28 juin 2004, p. 4.
69.   Pellegrini Vincent, «Bhoutan-Valais: un pont qui en jette!», Le Nouvelliste, 18 février 2002.
70.   Année internationale de la montagne en Valais 2002. Rapport intermédiaire. Projet de construction d'une passerelle bhoutanaise dans le Bois de Finges. Fondation pour le développement durable des régions de montagne. <www.fondation2006.ch>, p. 2.

Walser Alps (WA)

1.   Devillaz Nathalie, Walser de tous pays…, Le Dauphiné Libéré, 2 novembre 2005.
1.   Devillaz Nathalie, L'enfant et l'histoire de sa vallée, Le Dauphiné Libéré, 3 décembre 2005.
1.   Devillaz Nathalie, La culture walser, un patrimoine unique, Le Dauphiné Libéré, 11 novembre 2002.
1.   Devillaz Nathalie, Une première dans le cadre du projet «Alpes Walser», Le Dauphiné Libéré, 26 octobre 2005.
1.   Devillaz Nathalie, Le projet «Alpes Walser» en bonne voie, Le Dauphiné Libéré, 4 mai 2004.
1.   Devillaz Nathalie, Quels objectifs pour le projet «Alpes Walser»?, Le Dauphiné Libéré, septembre 2003.
2.   Devillaz Nathalie, Conférence du futur pour les Alpes Walser, Le Dauphiné Libéré, 17 mai 2007.
2.   Devillaz Nathalie, Culture Walser: trois années fructueuses, Le Dauphiné Libéré, 18 mai 2007.
2.   Devillaz Nathalie, Le «regat», un élément original de l'habitat montagnard, Le Dauphiné Libéré, [sans date].
2.   Devillaz Nathalie, La métamorphose des regats, Le Dauphiné Libéré, [sans date].
3.   Devillaz Nathalie, Compte-rendu de la réunion des 20 et 21 octobre 2006 dans la Kleinwalsertal. Vendredi 20 octobre à Hirschegg.
4.   Devillaz Nathalie, Quels sentiments, quels intérêts suscite la culture Walser, aujourd'hui, à Vallorcine. WP 8–Action de l'identité dans le projet «Alpes Walser». Mars 2005.
5-11: entretiens.
12.   Ancey Dominique, Nathalie Devillaz, Exposition du 15 août 2006 consacrée au projet européen «INTERREG III B – Alpes Walser».
13.   Walser Alps Schweiz, Leitfaden für Praktiker «Strategien zur Entwicklung in abgelegen alpinen Gebieten», Interreg III B Projekt Walser Alps Tradition und Moderne im Herzen Europas, flyer 2005.

14. Tagung Walser Alps, Kleinwalsertal, 20 et 21 octobre 2006, notes personnelles de réunion.
15. Devillaz Nathalie, La parole donnée aux jeunes, article à paraître dans le Dauphiné Libéré, janvier 2006.
16. Gross Maurice, Les «Walser» ont-ils colonisé la haute vallée du Trient?, Annales valaisannes 7 (1) 1950: 325-351.
17. Projet «Alpes Walser» – Modernité et tradition au cœur de l'Europe, document Word présentation.interreg vallorcine 10 06 04.doc. Juin 2004.
18. Fondation Enrico Monti, Projet Kuratorium Walser, 2002, 7 p.
19. Réunion WP7 Walser Alps paysage Vallorcine, le 2 décembre 2005. Notes personnelles de réunion.
20. Bessat Hubert, Recherche sur la microtoponymie de Vallorcine, projet Walser Alps, juin 2007, 77 p.
21. INTERREG IIIB Alpine Space Programme. Application Form. Walser Alps – modernity and tradition in the heart of Europe. The Walser settlements area – a laboratory to experience a post-industrial sustainable Alpine society in a bottom-up process. Adapted 10.2004. Fichier Excel 2005_03_02_WALSER ALP_final AF90.xls.
22. Arnold Renato, Vorweg nur so viel …, Wir Walser «Walser-Alpen». Das INTERREG-Projekt der Walser. Sonderheft no 2/ 2006, p. 3.
23. Cerise Alberto, Il progetto «Walser Alps» – Premessa, Wir Walser «Walser-Alpen». Il progetto Walser INTERREG. Numero speciale no 2/ 2006, p. 8.
24. Loretz Peter, Verein «Walser Alpen – Alpi Walser» Schweiz, Wir Walser «Walser-Alpen». Das INTERREG-Projekt der Walser. Sonderheft no 2/ 2006, pp. 12-13.
25. Loretz Peter, Die «Schublade» der Walservereinigung Graubünden, Wir Walser «Walser-Alpen». Das INTERREG-Projekt der Walser. Sonderheft no 2/2006, p. 23.
26. Steffen Hans, Jugendprojekt, Wir Walser «Walser-Alpen». Das INTERREG-Projekt der Walser. Sonderheft no 2/ 2006, pp. 36-44.
27. Schmid Volmar, Ein Walser Kompetenzzentrum, Wir Walser «Walser-Alpen». Das INTERREG-Projekt der Walser. Sonderheft no 2/ 2006, p. 45.
24-25: entretiens
26. Ancey Dominique, Sylvie Monfleur, Projet « Walser de Vallorcine ». Dossier pour le Conseil Général. Juin 2004, 5 p.
27. Vorarlberger Walservereinigung, Das Interreg-Projekt Walser Alpen, Web-Seite.
28. Leitz Antonia, Thomas Fleury, Programme Espace Alpin INTERREG IIIB. Les projets 2000-2006, Rosenheim: JTS Espace alpin
29. Schmid Volmar, INTERREG Projekt www walser web walk Walserkulturpfade Percorsi Culturali Walser, Alpinkultur am Beispiel der Walser. Projekteingabe der IVfW. Brig, 24.1.2008
30. Vallorcine, Bulletin Municipal Printemps 2008, 21 pp.
31. Red., Mitteilungen und Anlässe. Die Walser und INTERREG IIIB, Wir Walser no 1/2004, pp. 37-40.
33. Gannaz Laurent, Vallorcine a sa télécabine, Actumontagne.com, 26 octobre 2004.
34. Beltrame Paola, I Walser cittadini d'Europa, Swissinfo, 22 luglio 2006.
35. Chandellier Antoine, Les raisons de la colère. Ils veulent garder leurs sources, Le Dauphiné Libéré, 20 novembre 2007.

36. Cortay Philippe, La guerre de l'eau. Bataille autour du futur réseau communal, Le Dauphiné Libéré, 31 octobre 2007.

37. Devillaz Nathalie, La France représentée aux Walsertreffen, Le Dauphiné Libéré, 25 septembre 2007.

38. Devillaz Nathalie, Les Walser, hier, aujourd'hui et demain, Le Dauphiné Libéré, 15 octobre 2007.

39. Commune de Vallorcine. Révision du plan local d'urbanisme. Rapport de présentation. Bureau MC2 Urbanisme et aménagement du territoire. Juillet 2003, 70 pp.

40. Chandellier Antoine, Vallorcine. Vote sanction et plébiscite, Le Dauphiné Libéré, 11 mars 2008.

41. Vallorcine, demain. Préservons notre originalité pour choisir notre avenir, publié le 5 février 2008 sur <http://vallorcinedemain.unblog.fr/>, site de la liste «Vallorcine, demain» aux Elections municipales 2008.

42. Devillaz Nathalie, Mathieu Petite, Bilan du projet Interreg IIIB Walser Alps dans la commune de Vallorcine. Partie I: Vallorcine, en territoire Walser. Synthèse du projet, implication et perception de la population locale. Partie II: Rapport critique, analyse des actions et des impacts du projet Walser Alps à Vallorcine. Rapport réalisé dans le cadre du WP 8 (Identité). Novembre-Décembre 2007.

43. Progetto «Sentieri tematici Walser» Proposta. Provincia di Vercelli, Comune di Carcoforo, Progamma INTERREG IIIB Spazio Alpino, sans date, 7 pp.

44. Grand Sentier Walser. Vallorcine – Col du Théodule. Dépliant. 2007.

45. Devillaz André et Nathalie, Projet de liaison de Vallorcine avec le Grand Sentier Walser, 2005.

46. Progetto di mostra itinerante sulla cultura Walser. Studio di Fattibilità, Fondazione Fitzcarraldo. Maggio 2007, 67 pp.

47. Progetto di rete museale della cultura Walser. Studio di Fattibilità, Fondazione Fitzcarraldo. Maggio 2007, 38 pp.

48. Devillaz Nathalie, Vallis Triensis- Sites des vallées du Trient et de l'Eau Noire. Inventaire des sites situés sur la commune de Vallorcine, sans date, 6 pp.

49. Plan d'exposition aux risques naturels et prévisibles (PER). Commune de Vallorcine. Direction départementale de l'agriculture et de la forêt (DDAF), Restauration des terrains en montagne.

50. Hodeau Julie, L'Association Foncière Pastorale de Vallorcine. Un acteur clé pour l'entretien des paysages du fond de la Vallée, Projet INTERREG IIIB Walser Alps, Septembre 2007, 9 pp.

51. Hodeau Julie, Une haie pour tous. Dépliant.

52. Curtaz Eleonora, Desy Napoli, Luigi Busso, Progetto INTERREG IIIB Spazio alpino «Walser Alps». WP 7. La percezione del paesaggio. Sans date, 41 p.

53. Bucher Peter, Walser Alps. Leitfaden «Strategien zur Entwicklung in abgelegenen ländlichen Gebieten». Walservereinigung Graubünden (VWG), Chur 2007, 30 p.

54. Hodeau Julie. Présentation et résultats des entretiens réalisés dans le cadre du projet Alpes Walser. Réalisation d'un processus de sensibilisation et de prise de conscience de la valeur du paysage et de son impact sur l'identité. WP 7 – Le paysage Sous projet 1 – Portraits du paysage. Vallorcine, printemps 2005, 146 p.

55. Devillaz Nathalie, Le sentier des artisans, sans date, 6 p.

56.   Steffen Hans, Jugendprojekt Kippel (Lötschental VS). Work Package 4: Identitäts-Fenster Postindustrielle Walser Identität – Kohäsion zwischen den Generationen. Das Interreg-Projekt «Walser Alpen». In Zusammenarbeit mit Bundesamt für Raumplannung, Zwischenbericht per 31. Juli 2006, 15 pp.

57.   Jost Dieter, Gymnasiumsprojekt Brig Klasse 3C. Das Interreg-Projekt «Walser Alpen». In Zusammenarbeit mit Bundesamt für Raumplannung, sans date, 5 pp.

58.   Devillaz Nathalie, Vallorcine à quatre voix. Quand la parole est donnée aux jeunes…Synthèse des dossiers réalisés par Jérémy Vallas, Meigane Burnet, Sacha Devillaz et Stévie Séguda lors du concours organisé dans le cadre du projet européen «Alpes Walser-Interreg III-B» WP 8, avril-mai 2007, 20 p.

59.   Jugendprojekt Prättigau 5 Porträts von Kindern und Jugendlichen aus dem Prättigau. Ein Dokumentarfilm von Anna-Lydia Florin im Auftrag der Walservereinigung Graubünden DV-Cam, 30 Minuten, Januar 2006, 14 p.

60.   Devillaz Nathalie, Première rencontre internationale des jeunes Walser à Gressoney, novembre 2007.

61.   «Walser Alpen – Alpi Walser» – ein Interreg III B-Projekt, das auch uns betrifft, Mitteilungen, Walservereinigung Graubünden, nr. 49, Frühling 2004, p. 22-26.

62.   Vallorcine. Le Chemin des Diligences. Sentier thématique. Patrimoine et Culture au Pays du Mont-Blanc. Office de tourisme de Vallorcine.

63.   Architectures de la vallée de Chamonix. Inventaire des typologies. CAUE, Mairie de Chamonix, juillet 2004.

64.   Région Rhône-Alpes, Programme européen Espace alpin 2000-2006. Interreg IIIB. Participation des partenaires français dans les projets, 2006, p. 95.

65.   Compte-rendu de la réunion de Macugnaga, «Etats généraux Walser», 4 mai 2002, 3 p.

Ossona Gréféric (OG)

1.   Petermann Aline, Les vacances à la ferme de Saint-Martin. Coopération no 44, 31 octobre 2006, p. 9-15.

2.   Développement rural régional du Val d'Hérens. Description générale du projet. Service de l'agriculture, canton du Valais, novembre 2004, 21 p.

3.   PIC Interreg III A Italie Suisse 2000 – 2006. Communauté de Montagne Grand Combin. Communes du Val d'Hérens, La montagne de l'homme. Une gestion territoriale conjointe entre la Valpelline et le Val d'Hérens pour la valorisation du patrimoine naturel et paysager et pour l'application opérationnelle du concept de développement durable, avril 2004, 22 p.

4.   Amélioration agricole intégrale «Le Terré – Les Flaches – Ossona». «Exploitation agricole» Dossier de présélection. Commune de Saint-Martin, avril 2003.

5-14: entretiens

15.   Weiss Hans, Saint-Martin innove, Bulletin du Fonds suisse pour le paysage, no 9/ décembre 1999, pp. 7-8.

16.   Weiss Hans, St-Martin renonce à de nouveaux téléphériques et skilifts, Bulletin du Fonds suisse pour le paysage, no 12/ février 2001, pp. 7-9.

17. Page Pinto Marie-Thérèse, Pour un développement durable à Saint-Martin, GastroJournal 39/2000.
18. Wagenseil Urs und Giovanni Danielli, Touristische Wertsteigerung von Attraktionspunkten im südlichen Val d'Hérens Valais. Hochschule für Wirtschaft Luzern (HSW), Institut für Tourismuswirtschaft (ITW), 9. märz 2007.
20. Obrist Christophe, Florence Vuistiner, Doris Leuthard développe l'«agritourisme» dans le Val d'Hérens, Journal 19.00, Télévision suisse romande, 22 août 2007.
21. Dayer Gérald, Service de l'agriculture, Message à l'intention du Conseil d'Etat accompagnant le projet de décision concernant le financement – en application de l'art. 93 al.1 let.c LAgr – d'un projet-pilote de développement agro-touristique du Val d'Hérens, 18.01.2005.
22. Catalogue d'idées et recommandations pour le développement d'un tourisme intégré dans la Commune de St-Martin Valais. Mountain Wilderness Suisse. Bernhard Batschelet / Markus Lüthi, août 1997, 11 p.
23. Wicky Norbert, Saint-Martin marche vers l'avenir. Un concept original de développement durable «par paliers» est en voie de réalisation dans la commune hérensarde. Le Nouvelliste 18 août 2001, pp. 2-3.
24. Fragnière Vincent, Doris Leuthard lance la campagne du PDC. Le Nouvelliste, 23 août 2007, pp. 2-3.
25. Ribordy Véronique, Du raccard à l'appart' chic. Saint-Martin a dévoilé hier le futur visage d'Ossona, un village modèle pour un agritourisme entièrement planifié par une commune. Le Nouvelliste, 28 avril 2006, p. 29.
26. DYNALP – Dynamic rural alpine space Valorisation de la nature et du paysage pour le marketing et le tourisme dans l'espace alpin, Rapport final. Alliance dans les Alpes, INTERREG IIIB. Mai 2006.
27. St-Martin -projet Ossona-Gréféric. Bref rapport de l'excursion dans le Parc régional du Vercors sur le thème de l'agrotourisme. Alliance dans les Alpes. Bureau Hintermann et Weber, 9.11.2005, 4 p.
28. Plan d'aménagement détaillé La Margueronna – Sévannes – Couet – Les Mounerèche. Prise de position du WWF et Pro Natura sur le dossier de Sévanne (avril 2007).
29. Sangra Marie-Thérèse Secrétaire régionale WWF Valais, Opposition à la demande d'autorisation de construire pour un projet d'amélioration foncière subventionné, notamment une étable à bovins principal pour 34 UGB + divers aménagements extérieurs (accès, eau-électricité) aux coordonnées 598'850 /115'150, une étable à bovins secondaire pour 10.8 UGB + logement (598'825 /115'040), et une chèvrerie pour 13.26 UGB aux coordonnées 598'900 /114'400 au lieu dit Ossona-Gréféric, à St Martin. Lettre au Département des finances, de l'agriculture et des affaires extérieures, Office des améliorations foncières, 29 mars 2005.
30. Bamert Franz, Agro-tourisme: un village tout en douceur…Saint-Martin, dans le Val d'Hérens, se veut un projet pilote agro-touristique. Même la conseillère fédérale Doris Leuthard s'y intéresse. Coopération 4 septembre 2007, pp. 10-11.
31-32: entretiens.
33. Wicky Norbert, L'avenir du Valais vu par le WWF. Paysage, harmonie, soleil et eau feront le bonheur du canton. Le Nouvelliste, 10 mars 1999, p. 14.

34. Schmidt Christine, Bisbilles dans les pâturages. Le type d'exploitation agricole envisagé dans le cadre du projet agrotouristique de Saint-Martin est contesté par le WWF Valais. Le Nouvelliste, 20 avril 2005, p. 19.

35. Chaligné Martine, Accompagnement du projet d'Ossona. Réunion de travail du 14 septembre 2007. AFRAT.

36. Filliez Xavier, Valaisans par conviction. Le Jurassien Daniel Beuret règne sur Ossona, tandis que la Hollandaise Louise de Bruijn dirige la ferme pédagogique d'Hérémence. Le Nouvelliste, 6 septembre 2006, p. 29.

37. Filliez Xavier, Le berger d'Ossona, apôtre du tourisme doux. Le Nouvelliste, 18 mars 2007, pp. 2-3.

38. Schneider Bernard-Olivier, Pascal Guex, Bataille contre le désert. Le Val d'Hérens servira de modèle pour redonner vie à des régions rurales menacées par l'exode des hommes et l'avancée des forêts. Le Nouvelliste, 19 janvier 2005, pp. 2-3.

39. Wicky Norbert, La PC fait le ménage à Ossona. L'un des paliers de l'agrotourisme par étage de la commune de Saint-Martin reprend vie grâce à un projet de remise en valeur du paysage. Le Nouvelliste, 18 octobre 2003, p. 18.

40. Filliez Xavier, Et au milieu, coule le bisse d'Ossona. Après quarante ans de silence, le bisse d'Ossona a recommencé à ruisseler lentement. Le Nouvelliste, 22 octobre 2005, p. 27.

41. Arbellay, Charly-G., Saint-Martin vedette du petit écran. Un film documentaire ethnographique fait la part belle au projet en cours dans le val d'Hérens, avec une séquence consacrée à la plantation de la nouvelle vigne entre Gréféric et Ossona. Le Nouvelliste, 3 mai 2007, p. 23.

43. Gabbud, Jean-Yves, Le Val d'Hérens dessine son avenir. Les dirigeants hérensards ont signé hier soir les lignes directrices du développement économique de leur vallée. Le Nouvelliste, 19 décembre 2007, p. 33.

44. Arbellay, Charly-G., L'homme et la montagne. La Confédération appuie la candidature de la Réserve de biosphère Maya/Mont-Noble. 600 000 francs ont été versés aux cinq communes concernées. Le Nouvelliste, 28 décembre 2004, p. 15.

45. Chevrier Patrick, Projet pilote DRR-Hérens. Présentation du projet de développement régional du Val d'Hérens. Juin 2007, 10 pp.

46. Biosphère Val d'Hérens. Projet Parc Naturel Régional et Biosphère Val d'Hérens. Association des communes du Val d'Hérens & Commune de Grône. Dépliant, 2008.

47. PW, Ce hameau d'Ossona qui renaquit de ses orties. Une nouvelle offre d'agritourisme inaugurée le week-end dernier au cœur du Val d'Hérens. GastroJournal, 21 août 2004, p. 15.

48. Une nouvelle association des communes du Val d'Hérens. Hérémence Contact, décembre 2005, p. 6.

49. Miéville-Ott Valérie, Olivier Roque, Mise en réseau des acteurs et développement agricole, l'exemple du projet IMALP en faveur de l'agriculture durable dans le Val d'Hérens (Suisse). Joint Congress of the European Regional Science Association (47th Congress) and ASRDLF (Association de Science Régionale de Langue Française, 44th Congress) Paris – August 29th – September 2nd, 2007.

50. Bréal Florence, Mise en réseau des fermes d'accueil du Val d'Hérens : étude de base concernant la conception d'itinéraires de liaison au moyen d'un système d'information géographique (SIG). Rapport de stage réalisé dans le cadre du projet IMALP de l'IER-AR (Institut d'économie rurale – Antenne romande). MAS interdisciplinaire Développement Territorial, février 2006, 79 p.

51. Helbling Malvine, Agrotourisme en Valais. Recommandations pour la reconnaissance de l'offre existante et le développement des activités para-agricoles. Rapport élaboré pour la Chambre Valaisanne d'Agriculture et le Service de l'Agriculture. Août 2006, 76 p.

52. Rudaz Sylvie, Impacts du tourisme sur le territoire et la population : évaluation de la durabilité touristique. Le cas du val d'Hérens. Mémoire du DESS en Etudes Urbaines, Août 2006, 92 p.

53. Courtine Nathalie, Le développement durable : une chance économique pour les régions de montagne ? Exemple de St-Martin. Travail réalisé pour l'obtention du diplôme de l'Ecole suisse du tourisme à Sierre (Valais), février 2002, 45 p.

54. Vacances à la montagne. Sur le plateau d'Ossona-Gréferic, une offre d'agrotourisme permet de se ressourcer à la montagne. Coopération, 19 août 2008, pp. 76-77.

55. Fauchère Pascal, Mont-Noble tombe pour six voix. Nax, Vernamiège et Mase ne formeront pas une nouvelle collectivité valaisanne. Le Nouvelliste, 25 février 2008.

56. Fauchère Pascal, Le ciel s'éclaircit pour la commune du Mont-Noble. Nax, Mase et, cette fois, Vernamiège ont dit oui au principe d'un mariage à trois. Le Nouvelliste, 8 septembre 2008.

57. Triverio Philippe, Jacqueline Veuve raconte son paradis valaisan. Le Festival de Locarno dévoile jeudi «Un petit coin de paradis» de Jacqueline Veuve qui retrace la résurrection d'un hameau valaisan. Le Nouvelliste/ATS, 13 août 2008.

58. Fauchère Pascal, Une nouvelle vie pour Ossona. Le site de Saint-Martin sera officiellement inauguré ce week-end. Le Nouvelliste, 14 août 2008.

59. Giroud Manuela, L'art de bâtir des ponts. En racontant dans son nouveau film la renaissance du hameau d'Ossona, Jacqueline Veuve poursuit son travail de transmission. Le Nouvelliste, 18 octobre 2008.

60. Fauchère Pascal, Une carte d'identité pour la biosphère. Le projet de biosphère du Valais central refait surface et prend une ampleur transfrontalière. Le Nouvelliste, 23 avril 2008.

61. Gillioz Vincent, «Saint-Martin opte pour le tourisme rural». Montagna : la revue pour les régions de montagne, 5, 2005, pp. 30-32.

62. Noverraz Pierre, Ressusciter le hameau. Privé d'eau et difficilement accessible, le plateau d'Ossona allait à l'abandon. Grâce à la volonté des habitants de Saint-Martin (VS), ce bijou du Val d'Hérens est en passe de renaître sous la forme d'un site agrotouristique. Terre & Nature, juillet 2005.

63. Vos Anton, Quelles options pour le tourisme de montagne ? Le tourisme représente directement ou indirectement le tiers de l'économie du Valais. Portrait d'Anzère et de Saint-Martin, deux villages qui vont aborder le XXIe siècle de manière totalement différente. Le Temps, 16 février 2001.

64. Wilk Rolf et Sébastien Mabillard, Projet Réserve de Biosphère Maya Mt Noble. Un Projet de développement économique et social. Projet Regio Plus. Association Maya Mt Noble, Août 2003.

65. Réseau de communes «Alliance dans les Alpes». Fiche de présentation de la commune de St-Martin, 1997.
66. Les lignes directrices du développement économique du Val d'Hérens. Association des communes du Val d'Hérens. Communiqué de presse 18 décembre 2007, 5 p.
67. Allocution du conseiller d'Etat Wilhelm Schnyder, chef du Département des finances, de l'agriculture et des affaires extérieures, Projet pilote de développement du Val d'Hérens: Un nouveau modèle de développement rural régional. Conférence de presse: «Projet-pilote de développement du Val d'Hérens: un nouveau modèle de développement rural régional» mardi 18 janvier 2005.
68. Présentation de Markus Wildisen, responsable de la section Améliorations foncières, Office fédéral de l'agriculture, Berne, Activités liées à la mise en œuvre de l'art. 93, al. 1, let. c, LAgr (projets de développement régional). Projet pilote de développement du Val d'Hérens: Un nouveau modèle de développement rural régional. Conférence de presse: « Projet-pilote de développement du Val d'Hérens: un nouveau modèle de développement rural régional » mardi 18 janvier 2005.
69. République et Canton du Valais & Région Autonome Vallée d'Aoste, Plan de coordination territoriale (PCT) Valais – Vallée d'Aoste. INTERREG, Mai 2001, 107 p.
70. INTERREG III A «La Montagne de l'Homme». Bases du projet et Synthèse. Communauté de Montagne Grand Combin & Hérens Vacances, sans date, 24 p.
71. Bonvin Samuel, Ossona, la résurrection. La commune de Saint-Martin inaugure le site agritouristique d'Ossona. Le hameau entame sa seconde vie. Entretien. Le Journal Canal 9, 13 août 2008.
72. Règlement du plan d'aménagement détaillé de la zone des mayens «Les Flaches – Gréféric – Ossona», homologué le 08.10.2003.
73. Mise à l'enquête publique d'un projet d'amélioration foncière subventionné. Revitalisation agricole et agritouristique du plateau d'Ossona-Gréféric. Administration communale de Saint-Martin, 1er septembre 2006.
74. S. Godat et G. Volkart, Prairies et Pâturages Secs de Suisse. Procédé et résultats pour le canton du Valais, Bureau Atena, Fribourg, Décembre 2005, 21 p.
75. G. Volkart et Ch. Hedinger, Site prioritaire PPS Saint-Martin, VS. Projet pilote 2004. TWW PPS GmbH, atena, Fribourg – oekoskop, Basel – puls, Bern – UNA, Bern, 12.5.2004, 35 p.
76. Cartographie et description des objets naturels de la Commune de St-Martin. Bureau d'études biologiques Raymond Delarze. Janvier 1998, 11 p.
77. Projet pilote Ossona – Gréféric. Plan d'exploitation. PRA Ingénieurs Conseils SA. 19.07.05.
78. Lignes directrices pour l'exploitation agricole. Plan d'exploitation. Monsieur Daniel Beuret. Commune de Saint-Martin. Etabli en collaboration avec Pierre-Alain Oggier, Frédéric Obrist et Paul Michelet. Juin 2005, 8 p.
79. Fondation pour le développement durable de St-Martin. Procès-verbaux des séances (2005-2007).
80. Hameau Ossona – Gréféric. Inventaire et diagnostic des bâtiments. Commune de St-Martin. INTERREG IIIB DYNALP, septembre 2002.

81.   Parrainage Coop pour les régions de montagne. Dossier de Presse. Chandolin, 12 septembre 2006, 10 p.

82.   Siegele Rainer, Elke Klien, Gabriele Greussing, Dominik Siegrist, Rapport 1997-2002. Les 5 premières années du réseau de communes «Alliance dans les Alpes». Mäder: Alliance dans les Alpes, 2002.

83.   Association des communes du Val d'Hérens. Procès-verbaux des séances (2007).

84.   Capol Jürg, Mise en valeur du plateau d'Ossona-Gréféric, St-Martin VS, Travail de diplôme, Institut d'architecture de l'Université de Genève, 40 p.

Installations obsolètes (IO)

1.   Démontage des anciens téléskis du Col du Frêne… Un projet mené en partenariat avec Mountain Wilderness. Communiqué Mountain Wilderness France 28.11.2005, <http://france.mountainwilderness.org>.

2.   Di Matteo Karim, «Le projet du Pic-Chaussy, c'est le moteur de la station». L'avenir de la station reste lié au développement du domaine du Pic-Chaussy, dossier toujours bloqué par un recours du WWF. Une situation qui rebute les investisseurs et navre les Remontées mécaniques. 24 Heures, 5 avril 2007.

3.   Monay Patrick, Future destruction des télécabines obsolètes? L'antenne suisse de Mountain Wilderness organise samedi un rassemblement de protestation au col des Mosses. 24 Heures, 25 août 2005.

4.   Brunel Lilian, Affaire du Bentaillou – Avis du CEA (Comité Ecologique Ariégeois) au sujet du démantèlement partiel d'installations minières envisagé dans le secteur du Bentaillou, par Mountain Wilderness. Avril-mai-juin 2006.

5.   Pic Chaussy – Retour à la nature! Communiqué de presse de Mountain Wilderness Suisse, août 2005.

6.   Leleu Jacques, Les dernières traces et de nouvelles pistes. Les Bauges font disparaître les vestiges de leurs anciennes installations, tandis que les quatre stations jouent la carte de l'accueil et du respect de l'environnement. Bernard David nous raconte comment tournaient les «tire-fesses» des années 60. Entre sourires et nostalgie. Le Dauphiné Libéré, 20 décembre 2005, p. 2.

7.   Masson Nicolas, Démontage de la station de la Haute Vallée, Communiqué Mountain Wilderness France 04.06.07 <http://france.mountainwilderness.org/>.

8-10: entretiens.

11.   Col du Frêne: nettoyage des installations obsolètes. Exposition montée par le Parc Naturel Régional des Bauges et par Mountain Wilderness, mars 2006.

12.   Dautrey Aurélien, Installations obsolètes: Bilan de 5 années de travail, Revue Mountain Wilderness, no 68, juillet 2006.

13.   Remontées mécaniques historiques. Schweizer Heimatschutz, Patrimoine Suisse, Heimatschutz Svizzera, Protecziun da la Patria. Rapport annuel 2005, p. 2.

14.   Téléfériques historiques. Schweizer Heimatschutz, Patrimoine Suisse, Heimatschutz Svizzera, Protecziun da la Patria. Rapport annuel 2006, p. 2.

15.   Réunion du groupe de travail Installations obsolètes, Mountain Wilderness France, 25.03.06 Chambéry, notes personnelles.

16. Instal-lacions obsoletes. Cataloguem les instal-lacions obsoletes de les nostres muntanyes. Revista Mountain Wilderness de Catalunya no 19, febrer 2007.
17. «Installations Obsolètes»: les coulisses d'un projet. Revue Mountain Wilderness, no 55, 1er trimestre 2003, pp. 11-15.
18. Thiébault Hugues, Un exemple à suivre, Le démontage de la station du Mas de la Barque. Revue Mountain Wilderness, no 62, hiver 2005, p. 14.
19. Billaudel Cathy, Installations Obsolètes: une nouvelle étape à franchir. Revue Mountain Wilderness no 67, été 2006, p. 11.
19. Patrimoine, installations obsolètes ou patrimoine obsolète? Position de Raymond Lestournelle, Président de la Société Géologique et Minière du Briançonnais. Revue Mountain Wilderness, no 67, été 2006, p. 15.
20. Grasmick Carmen et Christophe Roulier, Le Sommeiller enfin rendu à la nature! Revue Mountain Wilderness, no 70, février 2007, p. 11.
21. Grasmick Carmen, Bauges: Un Parc naturel régional pionnier en démontage, Revue Mountain Wilderness no 66, printemps 2006, p. 22.
22. Réception de travaux du démontage des anciens téléskis du col du Frêne, le 16 décembre 2005, Mairie de Sainte-Reine, notes personnelles.
23. Nettoyons les paysages montagnards. Installations Obsolètes. Document Mountain Wilderness France, novembre 2006 [2e édition].
24. Sesselbahn Oberdorf – Weissenstein. Ein nationales Denkmal ist gefährdet! Medienmitteilung. chweizer Heimatschutz, Patrimoine Suisse, Heimatschutz Svizzera, Protecziun da la Patria. 25. August 2006.
25. Recours contre la concession de télésiège Kandersteg-Oeschinen. Enquête insuffisante de l'OFT. Communiqué de presse. Schweizer Heimatschutz, Patrimoine Suisse, Heimatschutz Svizzera, Protecziun da la Patria. 10 septembre 2007.
26. Le télésiège historique Kandersteg-Oeschinen. Abandon du recours au Tribunal fédéral. Communiqué de presse. Schweizer Heimatschutz, Patrimoine Suisse, Heimatschutz Svizzera, Protecziun da la Patria. 18 février 2008.
27. Wildi Tobias, Denkmäler in der Wildnis: Seilbahnen. Überlegungen zum Ungang mit einem neue Typ von Kulturgütern, Schweizer Heimatschutz, Baden/Zürich, märz 2006.
28. Inventar von ungenutzten Bauten und Anlagen. Mountain Wilderness Schweiz. Stand 20.11.2007.
29. Mountain Wilderness Schweiz, Les installations obsolètes dans les montagnes suisses. Un rapide tour d'horizon et quelques propositions d'actions, avant-projet de Denis Dorsaz pour Mountain Wilderness Schweiz, juin-octobre 2004, 28 p.
30. Mountain Wilderness France, En finir avec les Installations obsolètes... Analyse de la situation dans les espaces protégés des montagnes françaises et propositions d'actions pour une requalification paysagère, Etude réalisée par l'association Mountain Wilderness pour le Ministère de l'écologie et du développement durable, décembre 2002, sans pag.
31. Nettoyons les paysages montagnards. Installations Obsolètes. Document Mountain Wilderness France, juin 2003 [1ère édition].
32. «Rückbau zur Wildnis». Mountain Wilderness Deutschland. Dossier Nummer 2, September 2006.

33. Rückbau zur Wildnis Installations obsolètes. Projektkonzept, Eine Kampagne von Mountain Wilderness Schweiz, 2007, 29 p.

34. Les thèses de Biella (1ᵉʳ novembre 1987). Mountain Wilderness France, juin 2002, 4 p.

35. Mountain Wilderness International, Minutes of the 2007 Executive Board Meeting Lugano (Switzerland) – November 24-25, 2007.

36. Mountain Wilderness France, Anciennes mines du Bentaillou. Proposition de partenariat avec l'ONF. 20 octobre 2005.

37. Anleitung zur Kriterienbewertung. Rückbau zur Wildnis. Mountain Wilderness Schweiz. Stand 28.2.2007.

38. Mountain Wilderness France, Anciennes mines sur la commune de Sentein – Ariège, CR de visite de terrain. 27 septembre 2005.

39. L'échelle du glacier Blanc est démontée. Site web du Parc national des Ecrins. <http://www.les-ecrins-parc-national.fr/frame/f_actu.htm>, 3 juin 2008.

40. Plus d'escalier au Glacier Blanc. Site web Mountain Wilderness France <http://mountainwilderness.fr/>, 6 juin 2008.

41. Installations obsolètes. Clip vidéo Mountain Wilderness France, 23 avril 2008.

42. Comité Ecologique Ariégeois, Projet de démantèlement d'installations minières, le 8-12-2006, 3 p.

43. Direction régionale de l'industrie, de la recherche et de l'environnement de Midi-Pyrénées. Bilan 2003 et Objectifs 2004. Mars 2004, 19 p.

44. Parc Naturel Régional du Massif des Bauges. Nouvelle Charte 2007-2019. Rapport d'Orientations Opérationnelles et Rapport d'Orientations Stratégiques, décembre 2006, 2 volumes de 81 p.

45. Palisse Marianne, Les Bauges entre projets institutionnels et dynamiques locales: patrimoines, territoires et nouveaux lieux du politique. Thèse de doctorat en sociologie et en anthropologie. Université Lumière-Lyon II, janvier 2006, 326 p.

46. Allégement de 9 350 Kg d'installations abandonnées été 2006. Parc national du Mercantour, Mountain Wilderness France, dans le cadre de la campagne «installations obsolètes: nettoyons nos paysages montagnards», 4 p.

47. Etude stratégique des transports publics dans le Chablais. Phase 2. Programme d'actions, Priorités. Rapport final. Roland Ribi & Associés SA Aménagistes et ingénieurs-conseils. Service des transports du Canton du Valais et du Service de la mobilité du Canton de Vaud, décembre 2004, 23 p.

48. Diversification touristique: utopie ou nécessité. Forum économique de l'Association régionale du District d'Aigle (ARDA) ayant eu lieu lors du 11e Comptoir d'Aigle et du Chablais, vendredi 27 avril 2007, 69 p.

49. Di Matteo Karim, La renaissance du Pic-Chaussy s'enlise dans les démêlés administratifs. 24 Heures, 20 mars 2007.

50. Lathion Jérôme, L'écologie met en péril le grand tourisme hivernal. La revitalisation du domaine skiable est «gelée» par les actions du WWF sur le col. Autorités et acteurs du tourisme crient à la catastrophe. 24 Heures, 13 septembre 2006.

51. Pic Chaussy: le WWF obtient gain de cause. 24 Heures, 13 avril 2007.

52. Remontées Mécaniques Suisses ne veut pas de remontées mécaniques en ruine. Communiqué de presse de Remontées mécaniques Suisses (RMS) du 26 août 2005.

53. Col des Mosses: le WWF gagne ses recours! Communiqué de presse du WWF du vendredi 13 avril 2007.
54. Analyse stratégique sur l'organisation et la gestion des sociétés de remontées mécaniques des Alpes vaudoises. L'avenir des remontées mécaniques des Alpes vaudoises. Rapport Service de l'économie et du tourisme du Département de l'économie du Canton de Vaud, ARW Dr. Peter Furger SA. Juin 2003, mise à jour novembre 2007.
55. Conseil communal d'Ormont-Dessous. Procès-verbal de la séance du 29 mars 2007, pp. 36-45.
56. Conseil communal d'Ormont-Dessous. Procès-verbal de la séance du 28 juin 2007, pp. 46-56.
57. Conseil communal d'Ormont-Dessous. Procès-verbal de la séance du 11 décembre 2007, pp. 57-65.
58. Projet Installations obsolètes. Action du Pic Chaussy. Site web Mountain Wilderness Suisse. <http://www.mountainwilderness.ch/francais/projets/installations-obsoletes/actions/pic-chaussy-col-de-mosses-vd>, consultée le 26 novembre 2008.
59. J.-A. Schneider, P.-A. Perret et C. Dufaux, Des écologistes veulent démolir les remontées mécaniques abandonnées. Journal 19.30, Télévision Suisse Romande, 27 août 2005.
60. «Keine weiteren Schwyberge». Protestaktion der Alpenschutzorganisation Mountain Wilderness <www.freiburger-nachrichten.ch>, 16. Juli 2005.
61. Vallotton Marc, Schwyberg SA au Lac Noir. Pas d'exploitation cet hiver, La Gruyère, 13 septembre 2001.
62. Fehlmann Laura, Aktion am Schwyberg/Schwarzsee. Für intakte Bergwelt demonstriert, Berner Zeitung, 15. Juli 2005, p. 2.
63. Jungo Tony, Mountain Wilderness réclame le démontage de vieilles installations. Des remontées mécaniques à l'agonie. Et un restaurant d'alpage détruit par Lothar. Une association manifeste pour que le site retourne à la nature. La Liberté, 16 juillet 2005.
64. Keine weiteren Schwyberge! Die Rückbaupflicht von ungenutzten Bahnen soll ins neue Seilbahngesetz Medienmitteilung Mountain Wilderness Schweiz Sperrfrist 15. Juli 2005.

Annexe 2 : Actions du projet Walser Alps à Vallorcine

Workpackage	Action
4 Communication	Sentier Walser (panneau et brochure)
	Site web walser-alps.eu
5 Patrimoine Culturel	Archivage et collecte des documents (Classement des archives communales et inventaire du musée vallorcin)
	Etude sur la microtoponymie
	Inventaire des sites géomorphologiques
6 Quotidien/Langue	Enregistrement du patois
7 Paysage	Enquête sur la perception du paysage
	Brochure sur les haies
	Activités de l'AFP pour l'entretien du paysage (subvention accordée à l'AFP)
8 Identité	Enquête sur l'identité Walser
	Inventaire des musées «Museumstrasse»
	L'enfant à l'écoute de son village (participation à une publication du CREPA)
	Sensibilisation des jeunes à l'artisanat local
	Exposition du 15 août
	Concours des jeunes (Propositions de jeunes Vallorcins pour l'avenir de leur village)

D'après DEVILLAZ N. & M. PETITE, *Bilan du projet Interreg IIIB Walser Alps dans la commune de Vallorcine*. Novembre-Décembre 2007.